全国高等专科教育自动化类专业系列教材

现代调速控制系统

主　编　侯崇升
副主编　韩星海　裴永清
参　编　管丰年　王晓卫　唐述宏
主　审　曾　毅

机械工业出版社

调速控制系统广泛地应用于工业生产的不同领域和各类生产机械中，新型调速装置和控制技术不断涌现，控制方式数字化、网络化是发展的必然趋势。作为面向高职高专自动化类专业学生的一门专业课，必须做到理论适度，紧密结合生产实际。因此，本书按照循序渐进的原则，对交、直流调速系统的基本构成、控制规律、性能特点作了分析，在此基础上介绍了当今工业控制系统广泛应用的数字直流调速器和交流变频调速器，以及网络运动控制和PROFIBUS总线控制的基本知识。为体现高职高专教材的实用性，在尽量压缩理论公式推导等内容的同时，将MATLAB/Simulink仿真技术引入本书，使学生通过仿真结果直观地理解各种调速系统的原理和意义。

全书结构紧凑，内容充实，简明易懂，突出实用性和可操作性，适用于普通高职高专自动化类学生使用，也适用于应用型本科自动化类专业学生使用，还可作为工程技术人员的参考用书。

为方便教学，本书配有免费电子课件，凡选用本书作为授课教材的学校，均可来电索取，咨询电话：010—88379564。

图书在版编目（CIP）数据

现代调速控制系统/侯崇升主编.—北京：机械工业出版社，2006.9（2026.1重印）
全国高等专科教育自动化类专业系列教材
ISBN 978-7-111-19881-9

Ⅰ.现… Ⅱ.侯… Ⅲ.调整控制器-高等学校-教材 Ⅳ.TM571

中国版本图书馆CIP数据核字（2006）第107987号

机械工业出版社（北京市百万庄大街22号 邮政编码100037）
策划编辑：于 宁 高 倩 责任编辑：于 宁 高 倩
版式设计：冉晓华 责任校对：李秋荣
封面设计：鞠 杨 责任印制：邓 博
涿州市般润文化传播有限公司印刷
2026年1月第1版第12次印刷
184mm×260mm · 16.25印张 · 401千字
标准书号：ISBN 978-7-111-19881-9
定价：49.50元

电话服务
客服电话：010-88361066
010-88379833
010-68326294

网络服务
机 工 官 网：www.cmpbook.com
机 工 官 博：weibo.com/cmp1952
金 书 网：www.golden-book.com
机工教育服务网：www.cmpedu.com

前 言

本教材是在教育部高职高专自动化类专业教学指导委员会的指导下，为适应高职高专电气工程及自动化类专业人才培养而编写的新一轮规划教材，教学安排参考学时为50学时，因此也可兼顾应用型本科相关专业的教学要求。

调速控制系统广泛地应用于工业生产的不同领域和各类生产机械，新型调速装置和控制技术不断涌现，使控制方式数字化、网络化成为发展的必然趋势。作为面向自动化类专业学生的一门专业课，紧密结合生产应用是必须的。因此，本书按照循序渐进的原则，对交、直流调速系统的基本构成、控制规律、性能特点作了分析，并在此基础上介绍了当今工业控制系统广泛应用的数字直流调速器和交流变频调速器，以及网络运动控制和PROFIBUS总线控制的基本知识；还介绍了功能强大的系统仿真工具——MATLAB/Simulink。

全书共分7章，包括：单闭环直流调速系统、多环直流调速系统、直流可逆调速系统及数字直流调速器、交流调压和串级调速系统、交流变频调速系统、变频器的应用、网络运动控制及PROFIBUS总线控制。

本书内容工程应用性强，强调实验教学环节。鉴于不同学校实验条件不同，实验教学参考内容没有列出。建议对带电流截止负反馈的单闭环直流调速系统，转速-电流双闭环不可逆直流调速系统，双闭环逻辑控制无环流可逆调速系统，双闭环可逆直流脉宽调速系统，双闭环交流调压调速系统及双闭环变压变频调速系统的相关实验要重点开设。

本书由侯崇升任主编，韩星海、裴永清任副主编。书中第1章由韩星海编写；第2章由韩星海、王晓卫、管丰年编写；第3、4章由裴永清、侯崇升编写；第5章由管丰年、唐述宏、侯崇升编写；第6、7章及附录由侯崇升编写。全书由侯崇升统稿。

本书由山东大学曾毅教授主审，曾毅教授认真仔细地审阅了全部书稿，并提出了许多宝贵的建议，在此表示衷心的感谢。另外，孟德昌为本书的文字录入和插图绘制作了大量的工作，在此一并感谢。

本书在编写过程中查阅和参考了大量文献资料，书中未能一一列出，在此对资料作者一并表示诚挚的谢意。编者虽竭尽全力，但由于学识和水平有限，书中难免会存有这样或那样的错误，热忱欢迎各位读者提出建议和意见。

编 者

目　　录

第1章　单闭环直流调速系统

直流电动机的调速主要采用变电压调速。本章主要讨论单闭环直流调速系统的性能特点，其内容包括：直流调速方式及其机械特性；反馈控制单闭环直流调速系统的稳态性能分析；电流截止负反馈；比例-积分控制规律和无静差调速系统；电压反馈电流补偿控制的直流调速系统等。在本章最后引入了MATLAB/Simulink仿真软件，以协助分析单闭环直流调速系统。

1.1　直流调速方式及晶闸管-电动机系统

1.1.1　直流调速方式及调速用可控直流电源

直流电动机具有良好的起动、制动性能，宜于在大范围内平滑调速，是电力拖动控制系统的主要执行部件，在轧钢机、矿井卷扬机、挖掘机、海洋钻机、金属切削机床、造纸机、高层电梯等高性能可控电力拖动的领域中得到了广泛的应用，而且直流拖动控制系统在理论和实践上都比较成熟。尽管近几年来交流调速发展很快，但随着电力电子技术的飞速发展，直流调速的控制越来越精准，所以直流调速的应用也越来越广泛。而且从闭环控制的角度来看，它又是拖动控制系统的基础，因此应该首先很好地掌握直流调速系统。

1. 直流调速方式

直流电动机转速稳态表达式可由式（1-1）描述：

$$n = \frac{U - IR}{K_e \Phi} \tag{1-1}$$

式中　n——转速（r/min）；

U——电枢电压（V）；

I——电枢电流（A）；

R——电枢回路总电阻（Ω）；

Φ——励磁磁通（Wb）；

K_e——电动势常数。

由式（1-1）可以看出，调节直流电动机的转速有3种方法，即调节电枢供电电压U；减弱励磁磁通Φ；改变电枢回路电阻R。其中，以调节电枢供电电压的方式为最好；改变电阻只能实现有级调速；减弱磁通虽然能够平滑调速，但调速范围不大，往往只是配合调压方案，在基速（额定转速）以上作小范围的弱磁升速。因此，自动控制的直流调速系统往往以调压调速为主。

2. 调压调速用的可控直流电源

调压调速是直流电动机调速的主要方式，调节直流电动机的电枢供电电压需要有专门的可控直流电源，常用的可控直流电源有以下3种。

（1）旋转变流机组　由交流电动机和直流发电机组成机组，以获得可调的直流电压。图

1-1 所示为旋转变流机组供电的直流调速系统原理图，由交流电动机（异步机或同步机）拖动直流发电机 G 实现变流，由 G 给需要调速的直流电动机 M 供电，调节 G 的励磁电流 i_f 即可改变其输出电压 U，从而调节电动机的转速 n，因此简称 G-M 系统，国际上通称为 Ward-Leonard 系统。为了供给直流发电机和电动机的励磁电流，通常专门设置一台直流励磁发电机 GE，可同轴装在变流机组上，也可另外单用一台交流电动机拖动。

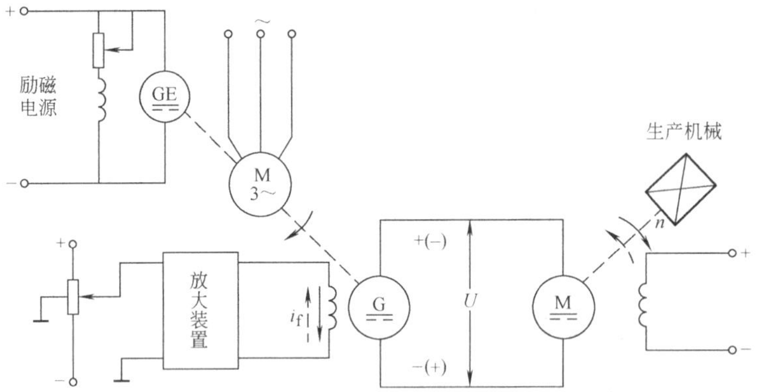

图 1-1　旋转变流机组供电的直流调速系统原理图

该系统的优点是改变 i_f 的方向时，U 的极性和 n 的转向都跟着改变，系统的可逆运行是很容易实现的。其次，无论正转减速还是反转减速都能实现回馈制动，能够方便地实现四象限运行。图 1-2 所示为采用变流机组供电时电动机可逆运行的机械特性。图中横坐标 T_e 为励磁转矩，纵坐标为电动机转速 n，n_0 为电动机额定转速，T_L 为负载转矩。

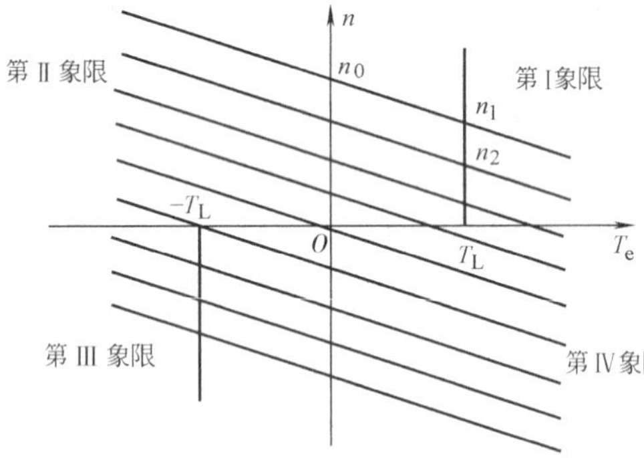

图 1-2　G-M 系统的机械特性

不足之处是该系统需要旋转变流机组，至少包含两台与调速电动机容量相当的旋转电动机，还要一台励磁发电机，因此设备多，体积大，费用高，效率低，安装需打地基，运行有噪声，维护不方便。因此，20 世纪 60 年代以后人们开始采用各种静止式的变压或变流装置来替代旋转变流机组。

（2）静止式可控整流器　用静止式的可控整流器，获得可调的直流电压。采用静止式晶闸管整流装置供电的拖动系统称为晶闸管-电动机调速系统（简称 V-M 系统，又称静止的 Ward-Leonard 系统）。图 1-3 是它的简单原理图，图中 UR 是晶闸管可控整流器。通过调节触发装置 GT 的控制电压 U_c 来改变触发脉冲的相位，即可改变整流电压 U_d，从而实现平滑调速。

与旋转变流机组相比，晶闸管整流装置不仅在经济性和可靠性上都有很大提高，而且在技术性能上还有很大的优势。如晶闸管可控整流器的功率放大倍数在 10^4 以上，在控制的快速性上，变流机组是秒级，而晶闸管整流器是毫秒级，这将会大大提高系统的动态性能。目前，世界上各主要工业国家的直流调速系统大部分都已改用晶闸管可控整流器来供电。

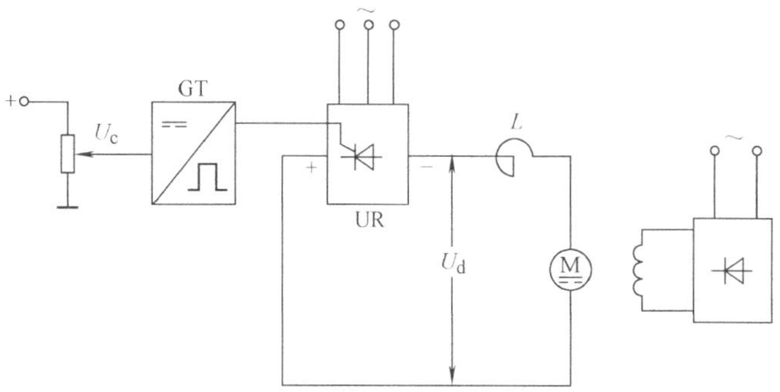

图 1-3 V-M 系统

晶闸管整流器的缺点主要表现在以下几方面。

1）由于晶闸管的单向导电性，给系统的可逆运行造成困难。必须进行四象限运行时，只好采用正、反两组全控整流电路，所用变流设备要增加一倍。

2）晶闸管对过电压、过电流和过高的 du/dt 与 di/dt 都十分敏感，其中任何一项指标超过允许值都可能在很短的时间内损坏器件，因此必须有可靠的保护电路和符合要求的散热条件，而且在选择器件时还应留有适当的余量。

3）当系统处于深调速状态，即较低速运行时，晶闸管的导通角很小，使系统的功率因数很低，并产生较大的谐波电流，引起电网电压波形畸变，殃及附近的用电设备。谐波与无功功率造成的“电力公害”是晶闸管可控整流装置进一步普及的障碍。

（3）直流斩波器或脉宽调制变换器　用恒定直流电源或不控整流电源供电，利用电力电子开关器件斩波或进行脉宽调制，以产生可变的平均电压。

在铁路电力机车、城市电车和地铁电动机车等电力牵引设备上，常采用直流串励或复励电动机，由恒压直流电源供电。过去采用切换电枢回路电阻来控制电动机的起、制动和调速，但电阻中电能损耗很大。为了节能，并实行无触点控制，现在多改用电力电子开关器件，如快速晶闸管、GTO、IGBT 等。采用简单的单管控制时，称作直流斩波器，后来逐渐发展成采用各种脉冲脉宽调制开关电路，统称脉宽调制（Pulse Width Modulation，PWM）变换器。

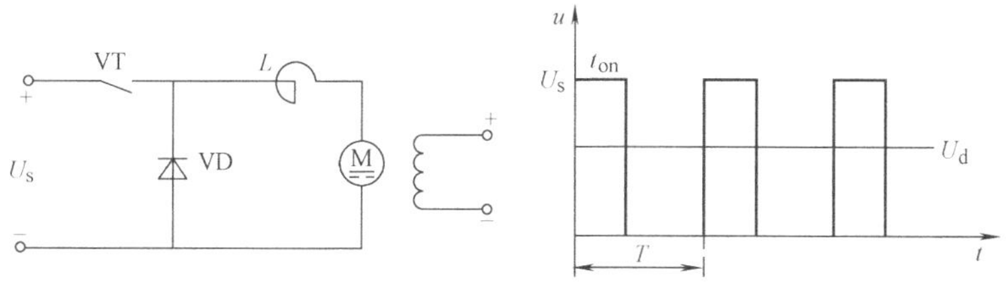

图 1-4 直流斩波器-电动机系统的原理图和电压波形

a）原理图　b）电压波形图

直流斩波器-电动机系统的原理图如图 1-4a，其中 VT 用开关符号表示电力电子开关器件，VD 表示续流二极管。当 VT 导通时，直流电源电压 U_s 加到电动机上；当 VT 关断时，直流电源与电动机脱开，电动机电枢经 VD 续流，两端电压接近于零。如此反复，得电枢端电压波形 $u=f(t)$，如图 1-4b 所示，电源电压 U_s 在 t_{on} 时间内被接上，又在 $(T-t_{on})$ 时

间内被斩断，故称“斩波”。这样，电动机得到的平均电压为

$$U_d = \frac{t_{on}}{T} U_s = \rho U_s$$

式中 T——功率开关器件的开关周期（s）；

t_{on}——开通时间（s）；

ρ——占空比，$\rho = t_{on}/T = t_{on} \cdot f$，其中 f 为开关频率。

PWM 变换器具有一系列优点：

1）主电路线路简单，需用的功率器件少；

2）开关频率高，电流容易连续，谐波少，电动机损耗及发热都较小；

3）低速性能好，稳速精度高，调速范围宽，可达 1：10000 左右；

4）若与快速响应的电动机配合，则系统频带宽，动态响应快，动态抗扰能力强；

5）功率开关器件工作在开关状态，导通损耗小，当开关频率适当时，开关损耗也不大，因而装置效率较高；

6）直流电源采用不控整流时，电网功率因数比采用相控整流器时高。

1.1.2 晶闸管-电动机系统开环机械特性

前面介绍了不同直流电源供电的直流调速系统，其中 G-M 系统现在已经基本淘汰，这里主要讲述 V-M 系统的开环机械特性。

1. 电流连续时开环机械特性

当电流连续时，V-M 系统的机械特性方程式：

$$n = \frac{1}{C_e}\left(U_{d0} - I_d R\right) = \frac{1}{C_e}\left(\frac{m}{\pi} U_m \sin\frac{\pi}{m}\cos\alpha - I_d R\right)$$

式中 $C_e = K_e \Phi_N$——电动机在额定磁通下的电动势系数；

α——从自然换相点算起的触发延迟角（rad）；

U_m——$\alpha = 0$ 时的整流电压波形峰值（V）；

m——交流电源一周内的整流电压脉波数。

图 1-5 为电流连续时 V-M 系统的机械特性，改变延迟角 α，得一族平行直线。图中电流较小的部分画成虚线，表明这时电流波形可能断续，上式就不适应了。这说明只要电流连续，晶闸管可控整流器就可以看成是一个线性的可控电压源。

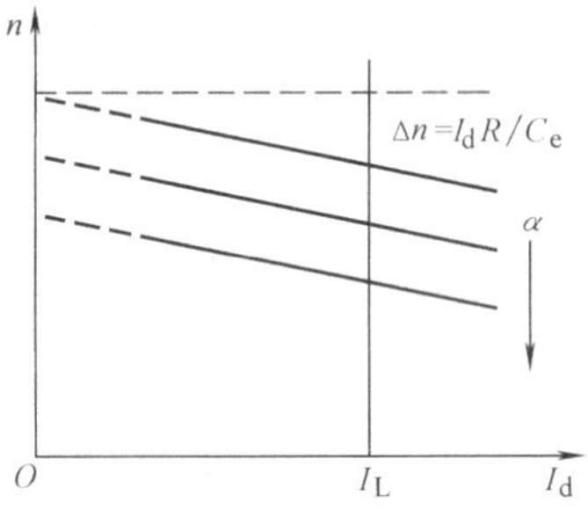

图 1-5 电流连续时 V-M 系统的机械特性

2. 电流断续时开环机械特性

当电流断续时，机械特性方程要复杂得多。以三相半波整流电路构成的 V-M 系统为例，电流断续时机械特性表达式为

$$n = \frac{\sqrt{2}U_2\cos\varphi\left[\sin\left(\frac{\pi}{6}+\alpha+\theta-\varphi\right)-\sin\left(\frac{\pi}{6}+\alpha-\varphi\right)e^{-\theta\cot\varphi}\right]}{C_e\left(1-e^{-\theta\cot\varphi}\right)}$$

$$I_d = \frac{3\sqrt{2}U_2}{2\pi R}\left[\cos\left(\frac{\pi}{6}+\alpha\right)-\cos\left(\frac{\pi}{6}+\alpha+\theta\right)-\frac{C_e}{\sqrt{2}U_2}\theta n\right]$$

式中 $\varphi = \arctan\dfrac{\omega L}{R}$；

θ——电流脉波的导通角（rad）。

图 1-6 所示为完整的 V-M 系统机械特性图，其中包含了整流状态（$\alpha<90°$）和逆变状态（$\alpha>90°$），电流连续区和电流断续区。当电流连续时，特性比较硬；断续段特性则很软，而且呈显著的非线性，理想空载转速翘得很高。

脉动电流会增加电动机的发热，产生脉动转矩，为了避免或减轻这种影响，需采用抑制电流脉动的措施，主要有：

1）增加整流电路相数，或采用多重化技术；

2）设置平波电抗器。

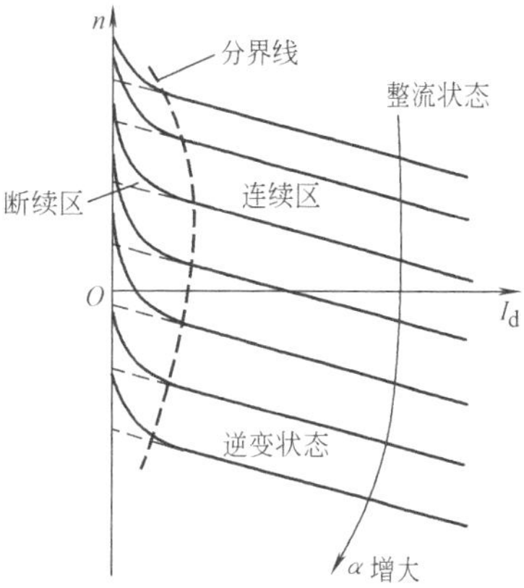

图 1-6 完整的 V-M 系统机械特性

1.2 反馈控制单闭环直流调速系统的稳态性能分析

1.2.1 稳态性能指标及开环系统性能

任何一台需要控制转速的设备，其生产工艺对调速性能都有一定的要求。例如，最高转速与最低转速之间的范围，是有级还是无级调速，在稳态运行时允许转速波动的大小，从正转到反转运行的时间间隔，突加或突减负载时允许的转速波动，运行停止时要求的定位精度等等。归纳起来，对于调速系统转速控制的要求有以下三个方面。

调速：在一定的最高转速和最低转速范围内，分档地（有级）或平滑地（无级）调节转速；

稳速：以一定的精度在所需转速上稳定运行，在各种干扰下不允许有过大的转速波动；

加、减速：频繁起、制动的设备要求加、减速尽量快，不宜经受剧烈速度变化的机械则要求起、制动尽量平稳。

上述三个方面要求可具体转化为调速系统的稳态和动态性能指标。

1. 稳态性能指标

为了进行定量的分析，可以针对前两项要求定义两个调速指标，叫作“调速范围”和“静差率”。这两个指标合称调速系统的稳态性能指标。

1）调速范围。生产机械要求电动机提供的最高转速 n_{max} 和最低转速 n_{min} 之比叫作调速范围，用字母 D 表示，即

$$D = \frac{n_{max}}{n_{min}} \tag{1-2}$$

其中，n_{max} 和 n_{min} 一般都指电动机额定负载时的最高和最低转速，对于少数负载很轻的机械，也可用实际负载时的最高和最低转速来代替，例如精密机床。

2）静差率。当系统在某一转速下运行时，负载由理想空载增加到额定值时所对应的转速降落 Δn_N 与理想空载转速 n_0 之比，称作静差率 s，即

$$s=\frac{\Delta n_N}{n_0} \tag{1-3}$$

或用百分数表示为
$$s=\frac{\Delta n_N}{n_0}\times 100\%$$

静差率是用来衡量调速系统在负载变化下转速的稳定度的。它和机械特性的硬度有关，特性越硬，静差率越小，转速的稳定度就越高。然而静差率与机械特性硬度又是有区别的。对于同样硬度的特性，理想空载转速越低时，静差率越大，转速的相对稳定度也就越差。一般变压调速系统在不同转速下的机械特性是相互平行的，对于同一个负载运行在不同的机械特性上时，静差率是不一样的，这是因为它们的理想空载转速不同，如图 1-7 所示。由此可见：调速范围和静差率这两项指标并不是彼此孤立的，必须同时提才有意义。**调速系统的静差率指标应以最低速时所能达到的数值为准。**

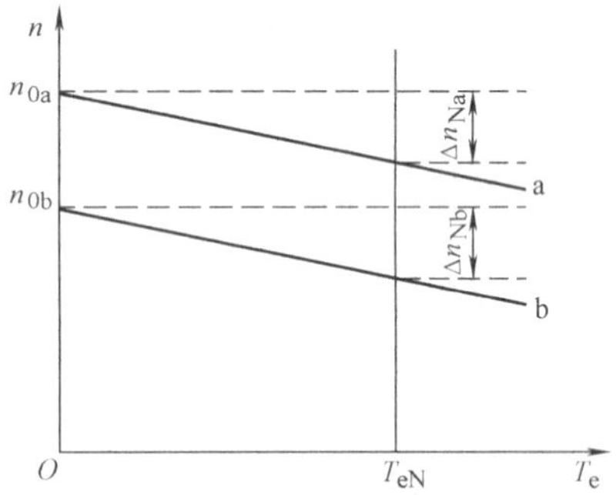

图 1-7　不同转速下的静差率

3）调速系统中调速范围 D、静差率 s 和额定速降 Δn_N 之间的关系。在直流电动机变压调速系统中，一般以电动机的额定转速 n_N 作为最高转速，因此，该系统静差率应该是最低速时的静差率，即

$$s=\frac{\Delta n_N}{n_{0\min}}=\frac{\Delta n_N}{n_{\min}+\Delta n_N}$$

最低转速为
$$n_{\min}=\frac{\Delta n_N}{s}-\Delta n_N=\frac{(1-s)\ \Delta n_N}{s}$$

而调速范围为
$$D=\frac{n_{\max}}{n_{\min}}=\frac{n_N}{n_{\min}}$$

将上式代入得

$$D=\frac{n_N s}{\Delta n_N\ (1-s)} \tag{1-4}$$

调速系统的调速范围、静差率和额定速降之间所应满足的关系，如果对静差率要求越严，即要求 s 值越小，则系统能够允许的调速范围也越小。**一个调速系统的调速范围，是指在最低速时还能满足所需静差率的转速可调范围。**

【例 1-1】　某直流调速系统电动机额定转速为 $n_N=1430\text{r/min}$，额定速降 $\Delta n_N=115\text{r/min}$，当要求静差率 $s\leqslant 30\%$ 时，允许多大的调速范围？如果要求静差率 $s\leqslant 20\%$，则调速范围是多少？如果希望调速范围达到 10，所能满足的静差率是多少？

解：要求 $s\leqslant 30\%$，调速范围为

$$D=\frac{n_N s}{\Delta n_N\ (1-s)}=\frac{1430\times 0.3}{115\times\ (1-0.3)}=5.3$$

如果要求 $s\leqslant 20\%$，则调速范围只有

$$D=\frac{n_N s}{\Delta n_N(1-s)}=\frac{1430\times0.2}{115\times(1-0.2)}=3.1$$

若调速范围达到 $D=10$，则静差率只能是

$$s=\frac{D\Delta n_N}{n_N+D\Delta n_N}=\frac{10\times115}{1430+10\times115}=0.446=44.6\%$$

2. 开环调速系统及其存在的问题

图1-3所示的V-M系统是开环调速系统，调节控制电压 U_c 就可以改变电动机的转速。如果负载的生产工艺对运行时的静差率要求不高，这样的开环调速系统都能实现一定范围内的无级调速。但是，许多需要调速的生产机械常常对静差率有一定的要求。例如龙门刨床，由于毛坯表面粗糙不平，加工时负载大小常有波动，但是，为了保证工件的加工精度和加工后的表面粗糙度，加工过程中的速度却必须基本稳定，也就是说，静差率不能太大，一般要求，调速范围 $D=20\sim40$，静差率 $s\leqslant5\%$。又如热连轧机，各机架轧辊分别由单独的电动机拖动，钢材在几个机架内连续轧制，要求各机架出口线速度保持严格的比例关系，使被轧金属的每秒流量相等，才不致造成钢材拱起或拉断，根据工艺要求，需使调速范围 $D=3\sim10$ 时，保证静差率 $s\leqslant0.2\%\sim0.5\%$。在这些情况下，开环调速系统往往不能满足要求。

【例1-2】 某龙门刨床工作台拖动采用直流电动机，其额定数据如下：60kW，220V，305A，1000r/min，采用V-M系统，主电路总电阻 $R=0.18\Omega$，电动机电动势系数 $C_e=0.2\text{V}\cdot\text{min/r}$。如果要求调速范围 $D=20$，静差率 $s\leqslant5\%$，采用开环调速能否满足要求？若要满足这个要求，系统的额定速降 Δn_N 最多能达到多少？

解：当电流连续时，V-M系统的额定速降为

$$\Delta n_N=\frac{I_{dN}R}{C_e}=\frac{305\times0.18}{0.2}\text{r/min}=275\text{r/min}$$

开环系统机械特性连续段在额定转速时的静差率为

$$s=\frac{\Delta n_N}{n_N+\Delta n_N}=\frac{275}{1000+275}=21.6\%$$

这已大大超过了5%的要求，更不必谈调到最低速时的情况了。

如果要求 $D=20$，$s\leqslant5\%$，则由式（1-4）可知：

$$\Delta n_N=\frac{n_N s}{D(1-s)}\leqslant\frac{1000\times0.05}{20\times(1-0.05)}\text{r/min}=2.63\text{r/min}$$

由［例1-2］可以看出，开环调速系统的额定速降是275r/min，而生产工艺的要求却只有2.63r/min，相差几乎百倍。由此可以看出，开环调速系统的稳速性能较差。开环调速系统通过调节控制电压 U_c，虽然可以改变电动机的转速，实现一定范围内的无级调速，但开环调速系统稳态速降大，静差率数值高，往往不能满足生产机械的要求，只适用于对调速性能要求不高的场合。

1.2.2 闭环系统的组成及静特性

前面讲过，对于生产工艺要求较高的调速系统，开环调速已无能为力，采用反馈控制的闭环调速系统能否解决这个问题，下面进行分析。

根据自动控制原理，反馈控制的闭环系统是按被调量的偏差进行控制的系统，只要被调

量出现偏差，它就会自动产生纠正偏差的信号。调速系统的转速降落正是由负载引起的转速偏差，显然，引入转速闭环将使调速系统应该能够大大减少转速降落。

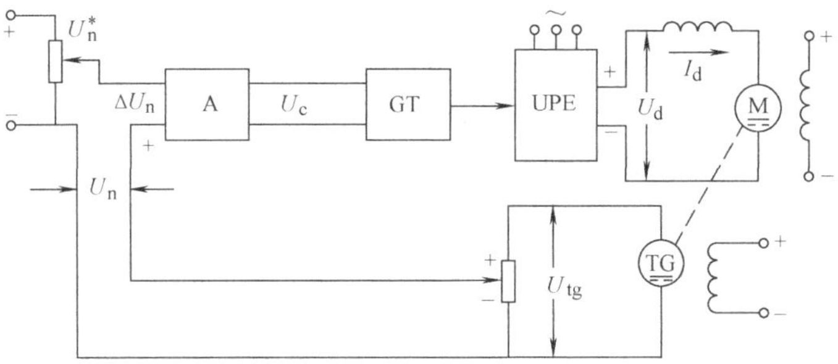

图 1-8　采用转速负反馈的直流调速系统

如图 1-8 所示，在反馈控制的闭环直流调速系统中，与电动机同轴安装一台测速发电机 TG，从而引出与被调量转速成正比的负反馈电压 U_n，与给定电压 U_n^* 相比较后，得到转速偏差电压 ΔU_n，经过放大器 A，产生电力电子变换器 UPE 的控制电压 U_c，用以控制电动机转速 n。

下面分析闭环调速系统的稳态特性，以确定它如何能够减少转速降落。为了突出主要矛盾，先作如下的假定：

1）忽略各种非线性因素，假定系统中各环节的输入、输出关系都是线性的，或者只取其线性工作段；

2）忽略控制电源和电位器的内阻。

在以上假定条件成立的前提下，转速负反馈直流调速系统中各环节的稳态关系如下：

电压比较环节　$\Delta U_n = U_n^* - U_n$

放大器　$U_c = K_p \Delta U_n$

电力电子变换器　$U_{d0} = K_s U_c$

调速系统开环机械特性　$n = \dfrac{U_{d0} - I_d R}{C_e}$

测速反馈环节　$U_n = \alpha n$

式中　K_p——放大器的电压放大系数；

K_s——电力电子变换器的电压放大系数；

α——转速反馈系数，（V · min/r）；

U_{d0}——UPE 的理想空载输出电压（V）；

R——电枢回路总电阻（Ω）。

从上述五个关系式中消去中间变量，整理后，即得转速负反馈闭环直流调速系统的静特性方程式：

$$n = \frac{K_p K_s U_n^* - I_d R}{C_e(1+K)} \tag{1-5}$$

式中　K 为闭环系统的开环放大系数，$K = \dfrac{K_p K_s \alpha}{C_e}$。

它相当于在测速反馈电位器输出端把反馈回路断开后，从放大器输入端到测速反馈输出端止总的电压放大系数，是各环节单独的放大系数的乘积。

注意：电动机环节放大系数为

$$\frac{n}{E}=\frac{1}{C_e}$$

闭环调速系统的静特性表示闭环系统电动机转速与负载电流（或转矩）间的稳态关系，它在形式上与开环机械特性相似，但本质上却有很大不同，故定名为“静特性”，以示区别。根据各环节的稳态关系可以画出闭环系统的稳态结构图，如图1-9所示。

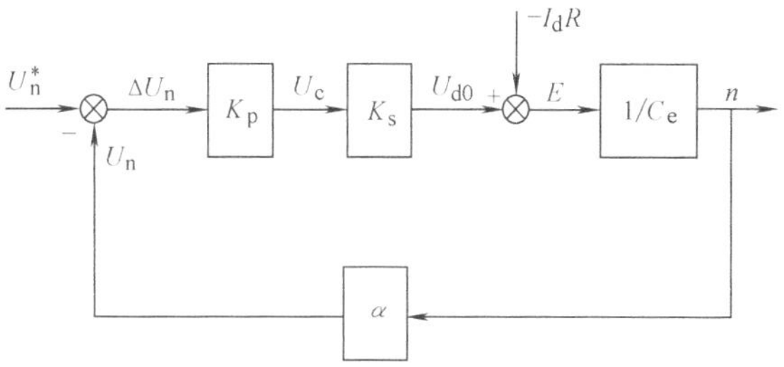

图1-9 转速负反馈闭环直流调速系统稳态结构图

1.2.3 开环系统机械特性和闭环系统静特性的关系

系统的开环机械特性为

$$n=\frac{U_{d0}-I_dR}{C_e}=\frac{K_pK_sU_n^*}{C_e}-\frac{RI_d}{C_e}=n_{0op}-\Delta n_{op}$$

而闭环时的静特性可写成：

$$n=\frac{K_pK_sU_n^*}{C_e\ (1+K)}-\frac{RI_d}{C_e\ (1+K)}=n_{0cl}-\Delta n_{cl}$$

其中 n_{0op} 和 n_{0cl} 分别表示开环和闭环系统的理想空载转速；Δn_{op} 和 Δn_{cl} 分别表示开环和闭环系统的稳态速降。

1. 闭环系统静特性比开环系统机械特性硬得多

开环系统和闭环系统的转速降落分别为

$$\Delta n_{op}=\frac{RI_d}{C_e}$$

$$\Delta n_{cl}=\frac{RI_d}{C_e\ (1+K)}$$

故有

$$\Delta n_{cl}=\frac{\Delta n_{op}}{1+K} \tag{1-6}$$

当 K 值较大时，Δn_{cl} 比 Δn_{op} 小得多，也就是说，闭环系统的特性要硬得多。

2. 闭环系统的静差率要比开环系统小得多

闭环系统和开环系统的静差率分别为

$$s_{cl}=\frac{\Delta n_{cl}}{n_{0cl}}$$

$$s_{op}=\frac{\Delta n_{op}}{n_{0op}}$$

按理想空载转速相同的情况比较，即 $n_{0op}=n_{0cl}$ 时，有

$$s_{cl}=\frac{s_{op}}{1+K} \tag{1-7}$$

故可以认为闭环系统静差率比开环小得多。

3. 如果所要求的静差率一定，则闭环系统可以大大提高调速范围

开环时：

$$D_{op}=\frac{n_N s}{\Delta n_{op}\ (1-s)}$$

闭环时：

$$D_{cl}=\frac{n_N s}{\Delta n_{cl}\ (1-s)}$$

可以得出：

$$D_{cl}=\ (1+K)\ D_{op} \tag{1-8}$$

要取得上述三项优势，闭环系统必须设置放大器，且 K 足够大。由上述分析可得结论：闭环调速系统可以获得比开环调速系统硬得多的稳态特性，从而在保证一定静差率的要求下，能够提高调速范围，为此所需付出的代价是，需增设放大器以及检测与反馈装置。下面来分析一下闭环系统能减少稳态速降的实质。

在开环系统中，当负载电流增大时，电枢压降也增大，转速只能降下来；闭环系统装有反馈装置，转速稍有降落，反馈电压就会降低，通过比较和放大，提高电力电子装置的输出电压 U_{do}，使系统工作在新的机械特性上，因而转速又有所回升。在图 1-10 中，设原始工作点为 A，负载电流为 I_{d1}。当负载增大到 I_{d2}时，开环系统的转速必然降到 A'点所对应的数值，闭环后，由于反馈调节作用，电压可升到 U_{d2}，使工作点变成 B，稳态速降比开环系统小得多。这样，在闭环系统中，每增加（或减少）一点负载，就相应地提高（或降低）一点电枢电压，因而就改换一条机械特性。闭环系统的静特性就是这样在许多开环机械特性上各取一个相应的工作点，如图 1-10 中的 A、B、C、D、…，再由这些工作点连接而成的。

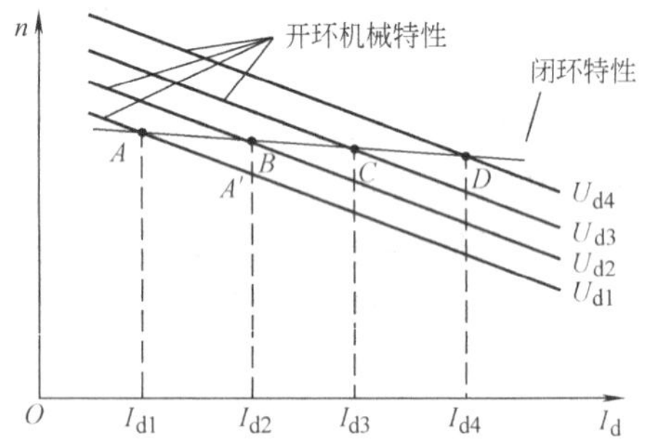

图 1-10　闭环静特性和开环机械特性的关系

闭环系统能够减少稳态速降的实质在于它的自动调节作用，在于它能随着负载的变化而相应地改变电枢电压，以补偿电枢回路电阻压降的变化。

1.2.4　闭环控制的性质

转速反馈闭环调速系统是一种基本的反馈控制系统，它具有下述三个基本特征，也就是反馈控制的基本规律。各种不另加其他调节器的基本反馈控制系统都服从于这些规律。

1. 只用比例放大器的反馈控制系统，其被调量仍有静差

从静特性分析中可以看出，闭环系统的开环放大系数 K 值越大，系统的稳态性能越好。然而，只要所设置的放大器仅仅是一个比例放大器，即 K_p = 常数，稳态速差就只能减小，却不可能消除。因为闭环系统的稳态速降为

$$\Delta n_{cl}\ =\frac{RI_d}{C_e(I+K)}$$

只有 $K=\infty$，才能使 $\Delta n_{cl}=0$，而这是不可能的。因此，这样的调速系统叫作有静差调速系统。实际上，这种系统正是依靠被调量的偏差进行控制的。

2. 反馈控制系统的作用是抵抗扰动、服从给定

反馈控制系统具有良好的抗扰性能，它能有效地抑制一切被负反馈环所包围的前向通道上的扰动作用，但完全服从给定作用。

除给定信号外，作用在控制系统各环节上的一切会引起输出量变化的因素都叫作“扰动因素”。上面只讨论了负载变化这样一种扰动因素，除此以外，交流电源电压的波动（使 K_s 变化），电动机励磁的变化（造成 C_e 变化），放大器输出电压的漂移（使 K_p 变化），由温升引起主电路电阻的增大等等，所有这些因素都和负载变化一样，最终都要影响到转速，都会被测速装置检测出来，再通过反馈控制的作用，减小它们对稳态转速的影响。在图 1-11 中，上述各种扰动作用都表示出来了，反馈控制系统对它们都有抑制功能。但是，如果在反馈通道上的测速反馈系数 α 受到某种影响而发生变化，它非但不能得到反馈控制系统的抑制，反而会增大被控量的误差。反馈控制系统所能抑制的只是被反馈环包围的前向通道上的扰动。

抗扰性能是反馈控制系统最突出的特征之一。正因为有这一特征，在设计闭环系统时，可以只考虑一种主要扰动作用。例如在调速系统中只考虑负载扰动。按照克服负载扰动的要求进行设计，则其他扰动也就自然都受到抑制了。

与众不同的是，在反馈环外的给定作用下，图 1-11 中的转速给定信号 U_n^* 的微小变化都会使被控量随之变化，丝毫不受反馈作用的抑制。因此，全面地看，反馈控制系统的规律是：一方面能够有效地抑制一切被包在负反馈环内前向通道上的扰动作用；另一方面，被控量紧紧地跟随着给定，对给定信号的任何变化都是“惟命是从”的。

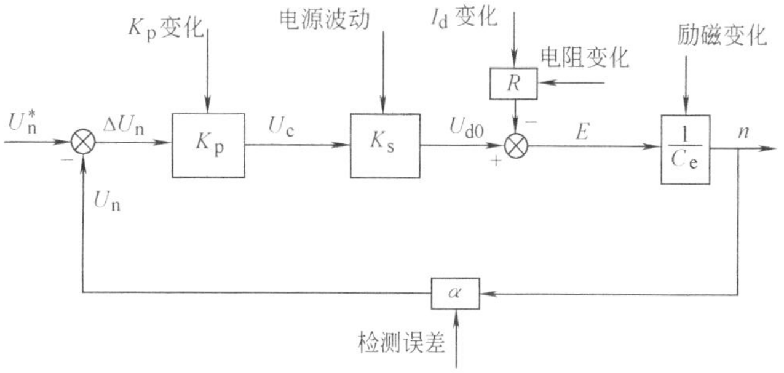

图 1-11 闭环调速系统的给定作用和扰动作用

3. 系统的精度依赖于给定和反馈检测的精度

如果产生给定电压的电源发生波动，反馈控制系统无法鉴别是对给定电压的正常调节还是不应有的电压波动。因此，高精度的调速系统必须有更高精度的给定稳压电源。

反馈检测装置的误差也是反馈控制系统无法克服的。对于上述调速系统来说，反馈检测装置就是测速发电机。如果测速发电机的励磁发生变化，会使反馈电压失真，从而使闭环系统的转速偏离应有数值。而测速发电机电压中的换向纹波、制造或安装不良造成转子偏心等都会给系统带来周期性的干扰。采用光电编码盘的数字测速，可以大大提高调速系统的精度。

1.2.5 闭环直流调速系统稳态参数的计算

稳态参数计算是自动控制系统设计的第一步，它决定了控制系统的基本构成环节，有了基本环节组成系统之后，再通过动态参数设计，就可使系统臻于完善。近代自动控制系统的控制器主要是模拟电子控制和数字电子控制。由于具有明显的优点，数字控制系统在实际应用中已占主要地位，但从物理概念和设计方法上看，模拟电子控制仍是基础。

【例 1-3】 用线性集成电路运算放大器作为电压放大器的转速负反馈闭环直流调速系统如图 1-12 所示，主电路是晶闸管可控整流器供电的 V-M 系统。已知电动机的额定数据为 10kW，220V，55A，1000r/min，电枢电阻 $R_a = 0.5\Omega$；晶闸管触发整流装置为三相桥式可控整流电路，整流变压器 Y/Y 联结，二次线电压 $U_{21} = 230V$，电压放大系数 $K_s = 44$；V-M 系统电枢回路总电阻 $R = 1.0\Omega$；测速发电机为永磁式，额定数据为 23.1W，110V，0.21A，1900r/min；直流稳压电源为 ±15V。若生产机械要求调速范围 $D = 10$，静差率 $s \leqslant 5\%$，试计算调速系统的稳态参数（暂不考虑电动机的起动问题）。

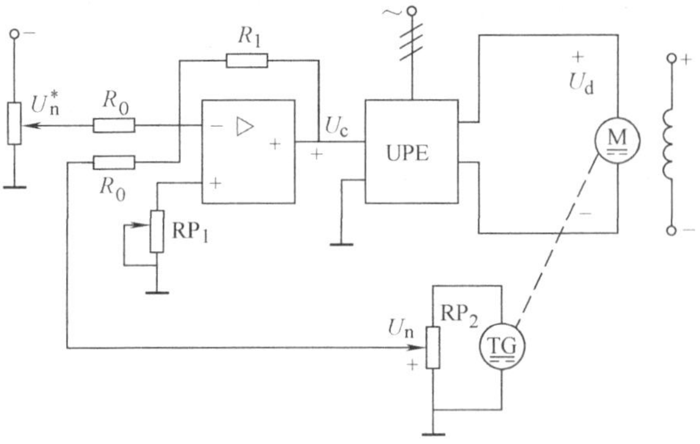

图 1-12 电压放大器转速负反馈直流调速系统

解：1）为满足调速系统的稳态性能指标，额定负载时的稳态速降应为

$$\Delta n_{cl} = \frac{n_N s}{D(1-s)} \leqslant \frac{1000 \times 0.05}{10 \times (1-0.05)} r/min = 5.26 r/min$$

2）求闭环系统应有的开环放大系数。

先计算电动机的电动势系数：

$$C_e = \frac{U_N - I_N R_a}{n_N} = \frac{220V - 55A \times 0.5\Omega}{1000r/min} = 0.1925V \cdot min/r$$

则开环系统额定速降为

$$\Delta n_{op} = \frac{I_N R}{C_e} = \frac{55 \times 1.0}{0.1925} r/min = 285.7 r/min$$

闭环系统的开环放大系数应为

$$K = \frac{\Delta n_{op}}{\Delta n_{cl}} - 1 \geqslant \frac{285.7}{5.26} - 1 = 54.3 - 1 = 53.3$$

3）计算转速反馈环节的反馈系数和参数。转速反馈系数 α 包含测速发电机的电动势系数 C_{etg} 和其输出电位器的分压系数 α_2，即

$$\alpha = \alpha_2 C_{etg}$$

根据测速发电机的额定数据，有

$$C_{etg} = \frac{110V}{1900r/min} = 0.0579V \cdot min/r$$

先试着取 $\alpha_2 = 0.2$，再检验是否合适。现假定测速发电机与主电动机直接连接，则在电动机最高转速 1000r/min 时，转速反馈电压为

$$U_n = \alpha_2 C_{etg} \times 1000 = 0.2 \times 0.0579 \times 1000V = 11.58V$$

稳态时 ΔU_n 很小，U_n^* 只要略大于 U_n 即可，现有直流稳压电源为 ±15V，完全能够满足给定电压的需要。因此，取 $\alpha_2 = 0.2$ 是正确的。

于是，转速反馈系数的计算结果是：

$$\alpha = \alpha_2 C_{etg} = (0.2 \times 0.0579) V \cdot min/r = 0.01158V \cdot min/r$$

电位器的选择方法如下：为了使测速发电机的电枢压降对转速检测信号的线性度没有显著影响，取测速发电机输出最高电压时，其电流约为额定值的20%，则

$$R_{RP2} \approx \frac{C_{etg} n_N}{0.2 I_{Ntg}} = \frac{0.0579 \times 1000\text{V}}{0.2 \times 0.21\text{A}} = 1379\Omega$$

此时 RP_2 所消耗的功率为

$$W_{RP2} = C_{etg} n_N \times 0.2 I_{Ntg} = 0.0579 \times 1000 \times 0.2 \times 0.21\text{W} = 2.43\text{W}$$

为了不致使电位器温度很高，实选电位器的瓦数应为所消耗功率的一倍以上，故可将 RP_2 选为10W、1.5kΩ 的可调电位器。

4）计算运算放大器的放大系数和参数

根据调速指标要求，前已求出，闭环系统的开环放大系数应为 $K \geqslant 53.3$，则运算放大器的放大系数 K_p 应为

$$K_p = \frac{K}{\dfrac{\alpha K_s}{C_e}} \geqslant \frac{53.3}{\dfrac{0.01158 \times 44}{0.1925}} = 20.14$$

实取 $K_p = 21$。

图1-12中运算放大器的参数计算如下：根据所用运算放大器的型号，取 $R_0 = 40\text{k}\Omega$，则

$$R_1 = K_p R_0 = 21 \times 40\text{k}\Omega = 840\text{k}\Omega$$

1.3 电流截止负反馈

1.3.1 引入电流截止负反馈的原因

众所周知，直流电动机全电压起动时，如果没有限流措施，会产生很大的冲击电流，这不仅对电动机换向不利，对过载能力低的电力电子器件来说，更是不能允许的。采用转速负反馈的闭环调速系统突然加上给定电压时，由于惯性，转速不可能立即建立起来，反馈电压仍为零，相当于偏差电压 $\Delta U_n = U_n^*$，差不多是其稳态工作值的 $(1+K)$ 倍。这时，由于放大器和变换器的惯性都很小，电枢电压 U_d 一下子就达到它的最高值，对电动机来说，相当于全压起动，当然是不允许的。

另外，有些生产机械的电动机可能会遇到堵转的情况。例如，由于故障使机械轴被卡住，或挖土机运行时碰到坚硬的石块等等。由于闭环系统的静特性很硬，若无限流环节，电流将远远超过允许值。如果只依靠过电流继电器或熔断器保护，一旦过载就跳闸，也会给正常工作带来不便。

为了解决反馈闭环调速系统起动和堵转时电流过大的问题，系统中必须有自动限制电枢电流的环节。根据反馈控制原理，要维持哪一个物理量基本不变，就应该引入那个物理量的负反馈。那么，引入电流负反馈，就应能保持电流基本不变，使它不超过允许值。但是，这种作用只应在起动和堵转时存在，在正常运行时又得取消，让电流自由地随着负载增减。这种当电流大到一定程度时才出现的电流负反馈，叫作电流截止负反馈，简称截流反馈。

1.3.2 电流截止负反馈环节

直流调速系统中的电流截止负反馈环节如图1-13所示，电流反馈信号取自串入电动机

电枢回路中的小阻值电阻 R_s，I_dR_s 正比于电流。设 I_{dcr} 为临界的截止电流，当电流大于 I_{dcr} 时，将电流负反馈信号加到放大器的输入端；当电流小于 I_{dcr} 时，将电流反馈切断。为了实现这一作用，须引入比较电压 U_{com}。图 1-13a 中用独立的直流电源作为比较电压，其大小可用电位器调节，相当于调节截止电流。在 I_dR_s 与 U_{com} 之间串接一个二极管 VD，当 $I_dR_s > U_{com}$ 时，二极管导通，电流负反馈信号 U_i 即可加到放大器上去；当 $I_dR_S \leqslant U_{com}$ 时，二极管截止，U_i 即消失。显然，在这一线路中，截止电流 $I_{dcr} = U_{com}/R_s$。

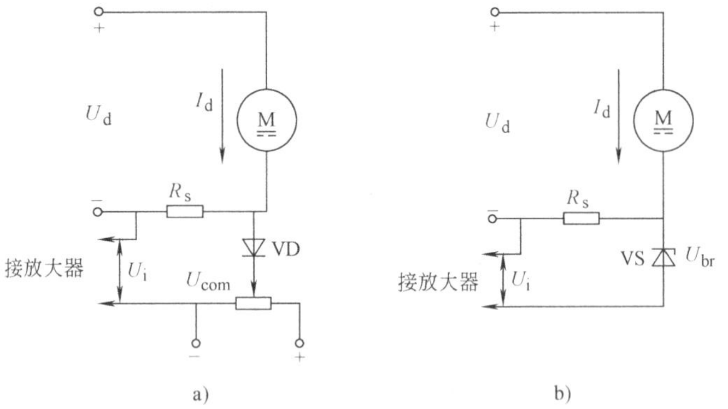

图 1-13 电流截止负反馈环节

a) 用独立电源作比较电压 b) 利用稳压管产生比较电压

图 1-13b 中利用稳压管 VS 的击穿电压 U_{br} 作为比较电压，线路要简单得多，但不能平滑调节截止电流值。

在用微机控制时，可由软件实现电流截止，只要采用条件语句即可，显然要比模拟控制简单得多。

1.3.3 带电流截止负反馈闭环调速系统的稳态结构图和静特性

电流截止负反馈环节的输入/输出特性如图 1-14 所示。它表明当输入信号（$I_dR_s - U_{com}$）为正值时，输出和输入相等；当（$I_dR_s - U_{com}$）为负值时，输出为零。这是一个两段线性环节，将它画在方框中，再和系统其他部分的框图连接起来，即得带电流截止负反馈闭环调速系统的稳态结构图。

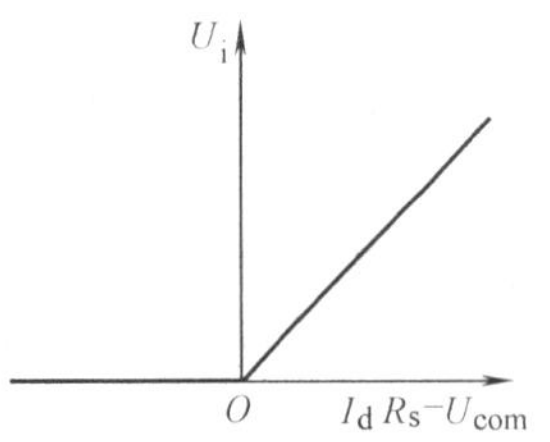

图 1-14 电流截止负反馈环节输入/输出特性

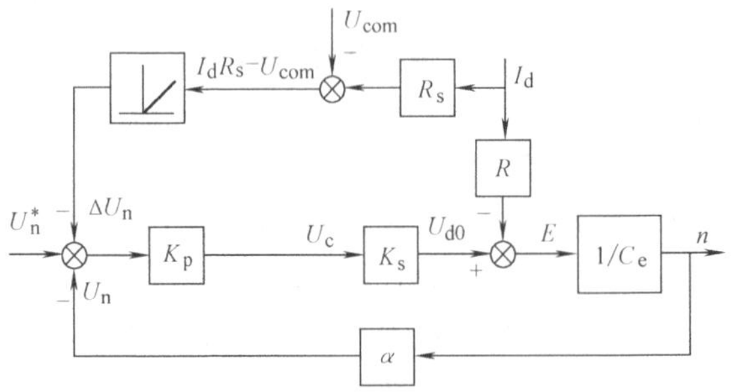

图 1-15 带电流截止负反馈的闭环直流调速系统稳态结构图

系统稳态结构图如图 1-15 所示，当 $I_d \leqslant I_{dcr}$ 时，电流负反馈被截止，系统静特性方程只表现为转速负反馈调速系统的静特性表达式：

$$n=\frac{K_pK_sU_n^*}{C_e(1+K)}-\frac{RI_d}{C_e(1+K)}$$

$I_d>I_{dcr}$后，电流截止负反馈发挥作用，系统静特性方程变为

$$\begin{aligned}n&=\frac{K_pK_sU_n^*}{C_e(1+K)}-\frac{K_pK_s}{C_e(1+K)}(R_sI_d-U_{com})-\frac{RI_d}{C_e(1+K)}\\&=\frac{K_pK_s(U_n^*+U_{com})}{C_e(1+K)}-\frac{(R+K_pK_sR_s)I_d}{C_e(1+K)}\end{aligned}\tag{1-9}$$

通过上述分析，静特性曲线如图1-16所示，电流负反馈不起作用的CA段，它就是闭环调速系统本身的静特性，显然是比较硬的；电流截止负反馈起作用后，相当于图中的AB段。

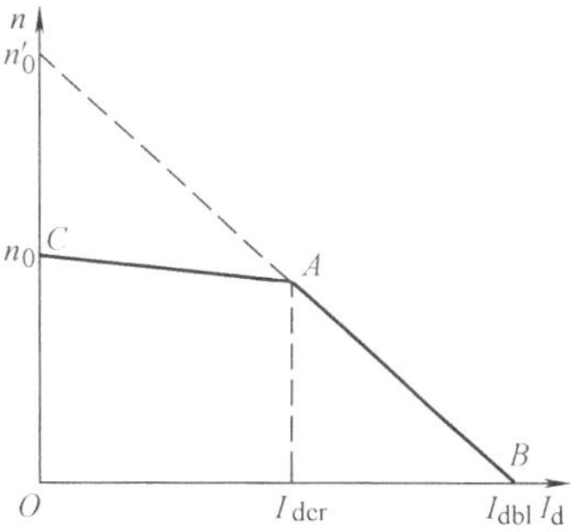

图1-16 带电流截止负反馈的闭环直流调速系统的静特性

从静特性方程可以看出，带电流截止负反馈的闭环直流调速系统的静特性有两个特点：

1）电流截止负反馈的作用相当于在主电路中串入一个大电阻$K_pK_sR_s$，因而稳态速降极大，特性急剧下垂。

2）比较电压U_{com}与给定电压U_n^*的作用一致，好像把理想空载转速n_0提高到n_0'点。

$$n_0'=\frac{K_pK_s(U_n^*+U_{com})}{C_e(1+K)}$$

这样的两段式静特性常称作下垂特性或挖土机特性。

令$n=0$，得电动机堵转电流I_{dbl}：

$$I_{dbl}=\frac{K_pK_s(U_n^*+U_{com})}{R+K_pK_sR_s}$$

一般$K_pK_sR_s>>R$，因此有

$$I_{dbl}\approx\frac{U_n^*+U_{com}}{R_s}\tag{1-10}$$

I_{dbl}应小于电动机允许的最大电流，一般为（1.5～2）I_N。

1.4 比例-积分控制规律和无静差调速系统

采用比例（P）放大器控制的直流调速系统是有静差的调速系统，还存在稳定性与稳态精度的矛盾。采用积分（I）调节器或比例积分（PI）调节器代替比例放大器，可构成无静差调速系统。

1.4.1 积分调节器和积分控制规律

图1-17a中绘出了用运算放大器构成的积分（I）调节器的原理图，由图可知：

$$U_o=\frac{1}{C}\int i\mathrm{d}t=\frac{1}{R_0C}\int U_i\mathrm{d}t=\frac{1}{\tau}\int U_i\mathrm{d}t$$

式中 τ——积分时间常数，$\tau=R_0C$。

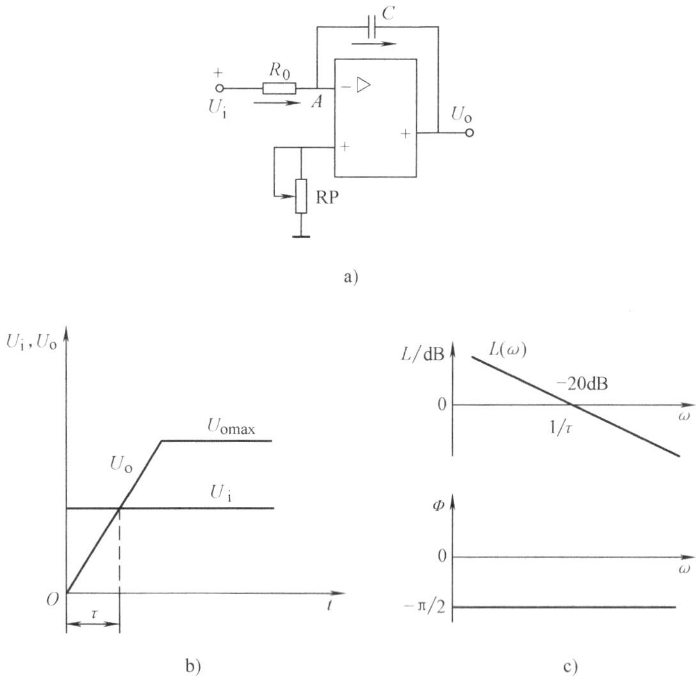

图 1-17 积分调节器

a）积分调节器（I 调节器）的原理图 b）积分调节器的输出时间特性 c）积分调节器的博德图

当 U_o 的初始值为零时，积分调节器的输出时间特性如图 1-17b。

$$U_o = \frac{U_i}{\tau} t$$

积分调节器的传递函数为

$$G_1(s) = \frac{U_o(s)}{U_i(s)} = \frac{1}{\tau s} \tag{1-11}$$

其博德图如图 1-17c。

控制电压 U_c 是转速偏差电压 ΔU_n 的积分，$U_c = \frac{1}{\tau}\int_0^t \Delta U_n \mathrm{d}t$，若初值不是零，还应加上初始电压 U_{c0}，则积分式变成：

$$U_c = \frac{1}{\tau}\int_0^t \Delta U_n \mathrm{d}t + U_{c0}$$

只有 $U_n^* = U_n$，$\Delta U_n = 0$ 时，U_c 才停止积分；当 $\Delta U_n = 0$ 时，U_c 并不是零，而是一个终值 U_{cf}；如果 ΔU_n 不再变化，这个终值便保持恒定而不再变化，这是积分控制的特点。因此，积分控制可以使系统在无静差的情况下保持恒速运行，实现无静差调速。

当负载突增时，积分控制的无静差调速系统动态过程曲线如图 1-18 所示，有静差调速系统的转速 n、偏差电压和控制电压 U_c 的变化过程如图 1-19 所示。

因此，可得下述结论：比例调节器的输出只取决于输入偏差量的现状，而积分调节器的输出则包含了输入偏差量的全部历史。

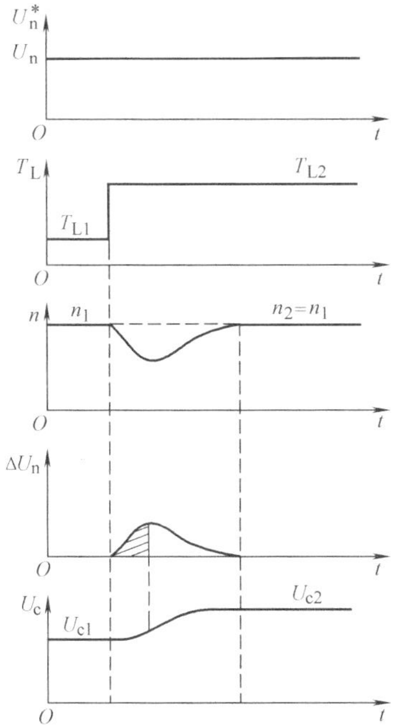

图 1-18 无静差调速系统突加负载时的动态过程

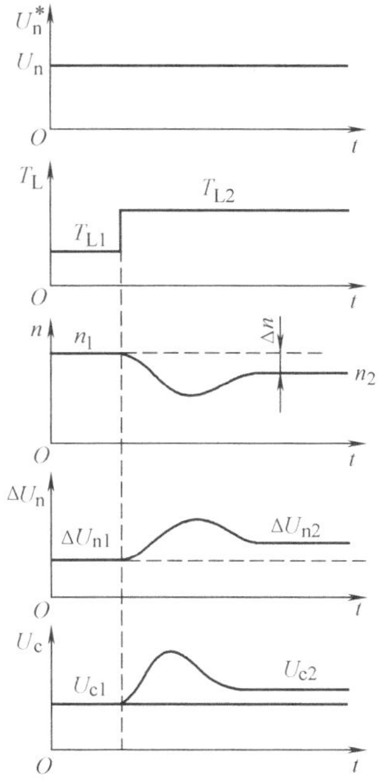

图 1-19 有静差调速系统突加负载时的动态过程

1.4.2 比例-积分控制规律

上一小节从无静差的角度突出地表明了积分控制优于比例控制的地方，但是从另一方面看，在控制的快速性上，积分控制却又不如比例控制。同样在阶跃输入作用之下，比例调节器的输出可以立即响应，而积分调节器的输出却只能逐渐地变化，见图 1-17b。如果既要稳态精度高，又要动态响应快，只有把比例和积分两种控制结合起来才能实现，这便是比例-积分控制。

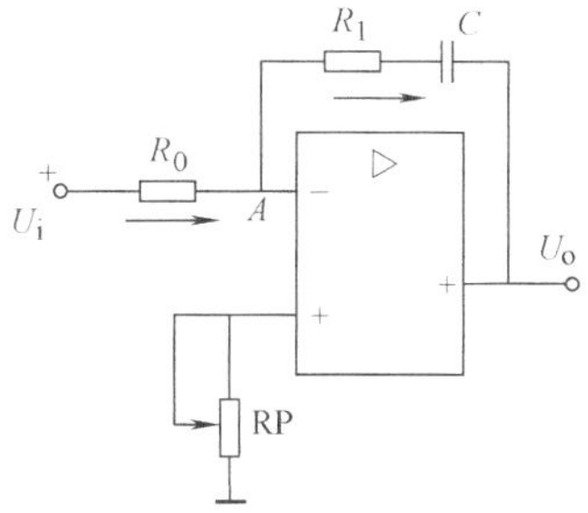

图 1-20 比例积分调节器

比例积分调节器如图 1-20 所示，其输出是由比例和积分两部分相加而成：

$$U_o = \frac{R_1}{R_0}U_i + \frac{1}{R_0 C}\int U_i \mathrm{d}t = K_{pi}U_i + \frac{1}{\tau}\int U_i \mathrm{d}t$$

式中 $K_{pi} = \frac{R_1}{R_0}$——PI 调节器比例部分的放大系数；

$\tau = R_0 C$——PI 调节器的积分时间常数。

PI 调节器的传递函数：

$$G_{pi}(s) = \frac{U_o(s)}{U_i(s)} = K_{pi} + \frac{1}{\tau s} = \frac{K_{pi}\tau s + 1}{\tau s}$$

令 $\tau_1 = K_{pi}\tau = R_1 C$，则 PI 调节器的传递函数也可以写成如下的形式：

$$G_{pi}(s) = \frac{\tau_1 s + 1}{\tau s} = K_{pi}\frac{\tau_1 s + 1}{\tau_1 s} \tag{1-12}$$

PI 调节器也可以用一个积分环节和一个比例微分环节来表示，τ_1 是微分项中的超前时间常数，它和积分时间常数 τ 的物理意义是不同的。

由 PI 调节器原理图可以看出，系统突加输入信号或突加负载时，由于电容 C 两端电压不能突变，相当于两端瞬间短路，在运算放大器反馈回路中只剩下电阻 R_1，电路等效于一个放大系数为 K_{pi} 的比例调节器，在输出端立即呈现电压 $K_{pi}U_i$，实现快速控制，发挥了比例控制的长处。此后，随着电容 C 被充电，输出电压 U_o 以积分形式不断增长，直到稳态。稳态时，C 两端电压等于 U_o，R_1 已不起作用，又和积分调节器一样了，这时又能发挥积分控制的优点，实现了稳态无静差。

在零初始状态和阶跃输入下，PI 调节器输出电压的时间特性如图 1-21a，从这个特性可以看出比例-积分作用的物理意义。

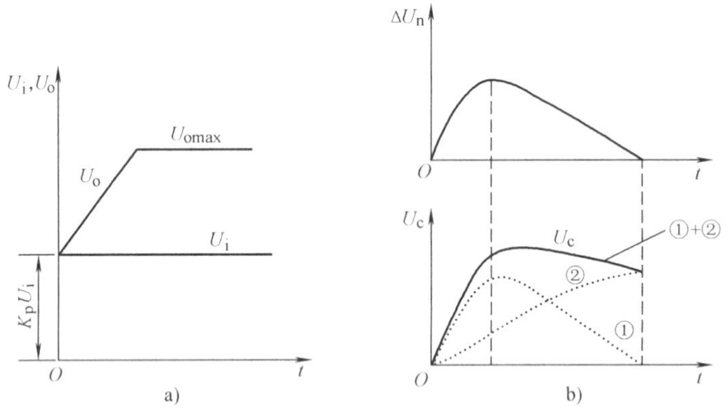

图 1-21　比例-积分调节器的输出特性曲线

图 1-21b 绘出了比例-积分调节器的输入和输出动态过程。假设输入偏差电压 ΔU_n 的波形如图所示，则输出波形中比例部分①和 ΔU_n 成正比，积分部分②是 ΔU_n 的积分曲线，而 PI 调节器的输出电压 U_c 是这两部分之和。可见，U_c 既具有快速响应性能，又足以消除调速系统的静差。除此以外，比例-积分调节器还是提高系统稳定性的校正装置，因此，它在调速系统和其他控制系统中获得了广泛的应用。

由此可见，比例-积分控制综合了比例控制和积分控制两种规律的优点，又克服了各自的缺点，扬长避短，互相补充。比例部分能迅速响应控制作用，积分部分则最终消除稳态偏差。

1.5　电压反馈-电流补偿控制的直流调速系统

被调量的负反馈是闭环控制系统的基本反馈形式，对于调速系统，就是要用转速负反馈。但是，要实现转速负反馈必须有转速检测装置，例如前述的测速发电机，以及数字测速用的光电编码盘、电磁脉冲测速器等等，其安装和维护都比较麻烦，常常是系统装置中可靠运行的薄弱环节。因此，人们自然会想到，在调速指标要求不高的系统中，用其他更简单的反馈方式来代替测速反馈，电压反馈和电流补偿控制正是用来解决这个问题的。

1.5.1　电压负反馈直流调速系统

在电动机转速较高时，电枢电阻压降比电枢端电压要小得多，因而可以认为，直流电动机的电动势与端电压近似相等，或者说电动机转速近似与端电压成正比。在这种情况下，采用电压负反馈就基本上代替转速负反馈的作用了，而检测电压显然要比检测转速方便得多。电压负反馈直流调速系统的原理图如图 1-22 所示。

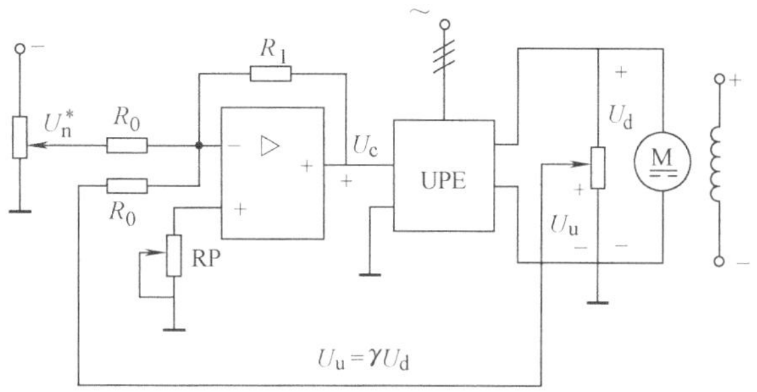

图 1-22　电压负反馈直流调速系统原理图

图 1-23 所示是比例控制的电压负反馈直流调速系统稳态结构图，它和转速负反馈系统稳态结构图不同的地方仅在于负反馈信号的取出处。电压负反馈取自电枢端电压 U_d，为了在结构图上把 U_d 显示出来，须把电枢回路总电阻 R 分成两个部分，即

$$R = R_{pe} + R_a$$

式中　R_a——电动机电枢电阻；

R_{pe}——电力电子变换器内阻。

因而

$$U_{d0} - I_d R_{pe} = U_d$$

$$U_d - I_d R_a = E$$

这些关系都反映在结构图中了。

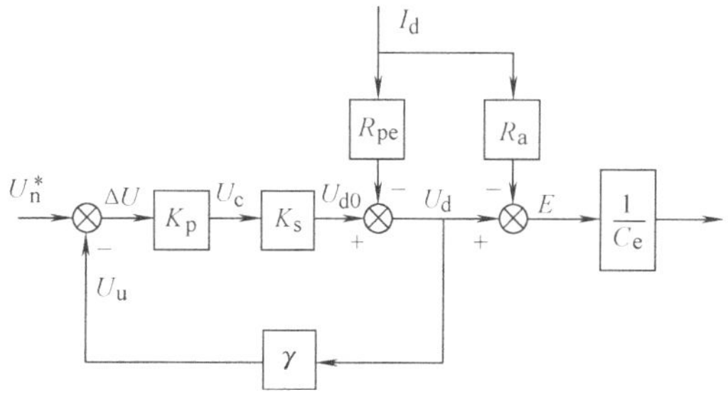

图 1-23　比例控制的电压负反馈直流调速系统稳态结构图

利用结构图运算规则，分别求出每部分的输入输出关系，叠加起来，即得电压负反馈直流调速系统的静特性方程式：

$$n = \frac{K_p K_s U_n^*}{C_e (1 + K)} - \frac{R_{pe} I_d}{C_e (1 + K)} - \frac{R_a I_d}{C_e} \tag{1-13}$$

式中　$K = \gamma K_p K_s$。

由稳态结构图和静特性方程式可以看出，因为电压负反馈系统实际上只是一个自动调压系统，所以只有被反馈环包围的电力电子装置内阻引起的稳态速降被减小到 $1/(1+K)$，而电枢电阻速降 $R_a I_d / C_e$ 处于反馈环外，仍和开环系统中一样。显然，电压负反馈系统的稳态性能比带同样放大器的转速负反馈系统要差一些。在实际系统中，为了尽量减小稳态速降，电压负反馈信号的引出线应尽量靠近电动机电枢两端。需要指出，电力电子变换器的输出电压除了直流分量 U_d 外，还含有交流分量。把交流分量引入运算放大器，非但不起调节作用，反而会产生干扰，严重时会造成放大器局部饱和，从而影响了它的正常工作。为此，电压反馈信号必须经过滤波，这在图 1-22 中没有画出。此外，图中用电位器输出电压反馈信号，这固然简单，但却把主电路和低压的控制电路串起来了，从安全角度上看并不合适。对于小容量调速系统还可容许，对于电动机容量较大、电压较高的系统，最好改用电压隔离变换器，使主电路与控制电路之间没有直接电的联系。

1.5.2 带电流正反馈和电压负反馈的直流调速系统

仅采用电压负反馈的调速系统固然可以省去一台测速发电机，但是由于它不能弥补电枢压降所造成的转速降落，调速性能不如转速负反馈系统。在采用电压负反馈的基础上，再增加一些简单的措施，使系统能够接近转速负反馈系统的性能是完全可行的，电流正反馈便是这样的一种措施。带电流正反馈的电压负反馈直流调速系统原理图如图 1-24 所示。

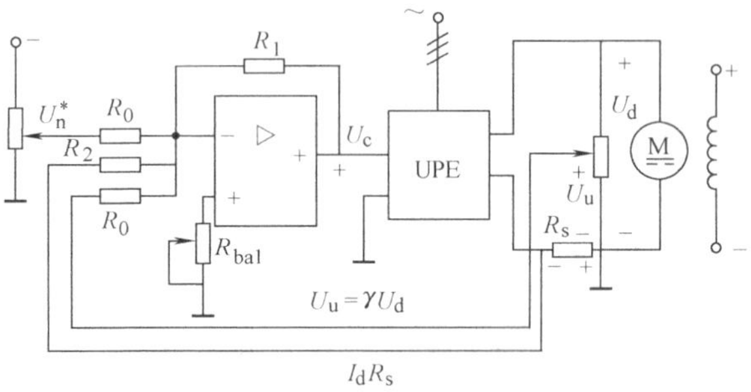

图 1-24 带电流正反馈和电压负反馈的直流调速系统原理图

图中电压负反馈系统部分与图 1-22 相同。除此以外，在主电路中再串入取样电阻 R_s，由 I_dR_s 取出电流正反馈信号。要注意串接 R_s 的位置，须使 I_dR_s 的极性与转速给定信号 U_n^* 的极性一致，而与电压负反馈信号 $U_u=\gamma U_d$ 的极性相反。在运算放大器的输入端，转速给定和电压负反馈的输入回路电阻都是 R_0，电流正反馈输入回路的电阻是 R_2，以便获得适当的电流反馈系数 β，其定义为

$$\beta=\frac{R_0}{R_2}R_s$$

当负载增大使静态速降增加时，电流正反馈信号也增大，通过运算放大器使电力电子装置控制电压随之增加，从而补偿了转速的降落。因此，电流正反馈的作用又称作电流补偿控制。具体的补偿作用有多少，由系统各环节的参数决定。

根据原理图可以绘出带电压负反馈和电流正反馈的直流调速系统稳态结构图，如图 1-25 所示。再利用结构图运算规则，可直接写出系统的静特性方程式：

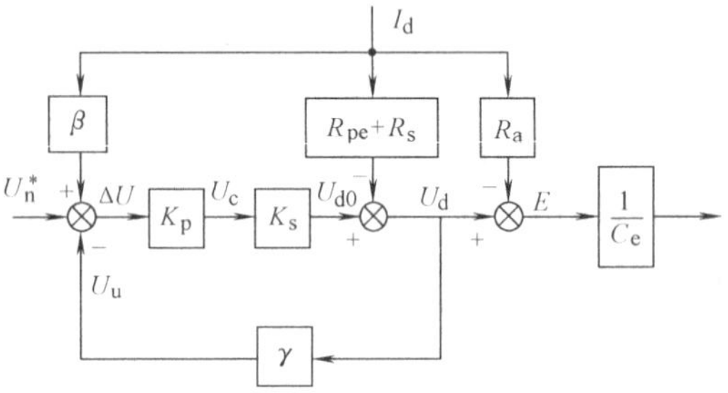

图 1-25 带电压负反馈和电流正反馈的直流调速系统稳态结构图

$$n=\frac{K_pK_sU_n^*}{C_e(1+K)}+\frac{K_pK_s\beta I_d}{C_e(1+K)}-\frac{(R_{pe}+R_s)I_d}{C_e(1+K)}-\frac{R_aI_d}{C_e} \tag{1-14}$$

很明显，如果加大电流反馈系数 β 就可以减少静差。那么，把 β 加大到一定程度，理论上可实现无静差，即只要满足下式：

$$\frac{K_pK_s\beta}{1+K}-\frac{R_{pe}+R_s}{1+K}-R_a=0$$

就做到了无静差。整理后，可得无静差的条件为

$$\beta=\frac{R+KR_a}{K_pK_s}=\beta_{cr} \tag{1-15}$$

式中 R——电枢回路总电阻，$R=R_{pe}+R_s+R_a$；

β_{cr}——临界电流反馈系数。

采用补偿控制的方法使静差为零，叫作“全补偿”。不同补偿条件下的静特性如图 1-26 所示，特性①是带电压负反馈和适当电流正反馈的全补偿特性，是一条水平线。如果 $\beta<\beta_{cr}$，则仍有一些静差，叫作“欠补偿”（特性③）；如果 $\beta>\beta_{cr}$，则特性上翘，叫作“过补偿”（特性②）。图中还绘出了只有电压负反馈系统的静特性（特性④）和开环系统的机械特性（特性⑤），以进行比较。所有的特性都是以同样的理想空载转速 n_0 为基准的。

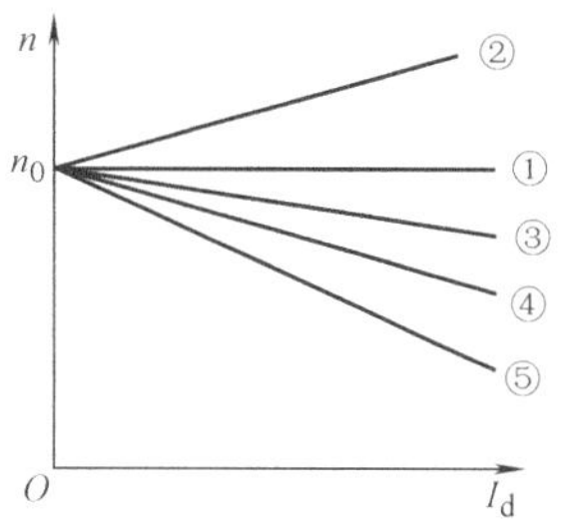

图 1-26 电流补偿控制和电压负反馈控制的静特性

如果取消电压负反馈，单纯采用电流正反馈的补偿控制，则静特性方程式变为

$$n=\frac{K_pK_sU_n^*}{C_e}+\frac{K_pK_s\beta I_d}{C_e}-\frac{RI_d}{C_e} \tag{1-16}$$

此时，全补偿的条件是：

$$\beta=\frac{R}{K_pK_s} \tag{1-17}$$

可见，无论有没有其他负反馈控制，只用电流正反馈就足以把静差补偿到零。

总起来看，由被调量负反馈构成的反馈控制和由扰动量正反馈构成的补偿控制，是性质不同的两种控制规律。反馈控制只能使静差减小，补偿控制却能把静差完全消除，这似乎是补偿控制的优越性。但是，反馈控制在原理上是自动调节的作用，无论环境如何变化，都能可靠地减小静差。而补偿控制则要靠参数的配合，当参数受温度等因素的影响而发生变化时，补偿的条件就要受到破坏，消除静差的效果就改变了。再进一步看，反馈控制对一切被包在负反馈环内前向通道上的扰动都有抑制效能，而补偿控制则只是针对某一种扰动而言的。电流正反馈只能补偿负载扰动，如果遇到电网电压波动那样的扰动，它反而会起负面作用。因此，在实际调速系统中，很少单独使用电流补偿控制，只是在电压（或转速）负反馈系统的基础上，加上电流补偿，作为减少静差的补充措施。此外，决不能用到全补偿这种临界状态，因为如果设计好全补偿之后，万一参数发生变化，偏到过补偿区域，不仅静特性要上翘，还会出现动态不稳定。

有一种特殊的欠补偿状态，当参数配合适当，使电流正反馈作用恰好抵消电枢电阻产生的那部分速降，即 $K_pK_s\beta=KR_a$ 时，则

$$n=\frac{K_pK_sU_n^*}{C_e(1+K)}-\frac{RI_d}{C_e(1+K)} \tag{1-18}$$

于是，带电流补偿控制的电压负反馈系统静特性方程和转速负反馈系统的静特性方程就完全一样了。这时的电压负反馈加电流正反馈与转速负反馈完全相当，一般把这种电压负反馈加电流正反馈叫作电动势负反馈。但是，这只是参数的一种巧妙配合，系统的本质并未改变。虽然可以认为电动势是正比于转速的，但是这样的“电动势负反馈”调速系统决不是真正的转速负反馈调速系统。

1.6　单闭环直流调速系统的 MATLAB/Simulink 仿真[⊖]

应用计算机仿真技术对交直流调速系统进行仿真分析，可以加深学生对所学理论的理解，提高其实践动手能力。计算机仿真还是一种低成本的实验手段，近年来获得了广泛应用。

目前，使用 MATLAB 对控制系统进行计算机仿真的主要方法是以控制系统的传递函数为基础，使用 MATLAB 的 Simulink 工具箱对其进行计算机仿真研究。Simulink 是 The MathWorks 公司于 1990 年推出的产品，是在 MATLAB 环境下建立系统框图和仿真的模块库。“Simu”一词表明它可以用于计算机模拟，而“Link”一词表明它能进行系统连接，即把一系列模块连接起来，构成复杂的系统模型。正是由于 Simulink 的这两大功能和特色，使它成为仿真领域首选的计算机环境。

在 Simulink 环境下使用的电力系统仿真模块库（Power System Blockset）主要是由加拿大的 HydroQuebec 和 TECSIM International 公司共同开发的，其功能非常强大，可以用于电路、电力电子系统、电机系统、电力传输等领域的仿真，提供一种类似电路搭建的方法，用于系统模型的绘制。Simulink/Power System 模块库所包含的模块很多，关于其名称和具体用途参见附录 A。本书以 MATLAB6.5 版本为基础介绍如何建模和进行仿真。

1.6.1　Simulink/Power System 模块库中模块调用与系统建模

下面以一个简单例子来介绍 Simulink 的使用方法和模块的使用方法，如模型窗口和菜单、模块旋转、模块连接等，并介绍搭建系统模型的方法，了解 Simulink 模块函数库的组成及调用方法，掌握基本模块的调用和修改方法。

1. Simulink 动态仿真环境的进入和退出步骤

（1）启动 MATLAB 命令窗口　在 Windows 操作系统中，双击桌面上的 MATLAB 快捷方式图标，将进入 MATLAB 的命令窗口，如图 1-27 所示。

（2）启动模块设计窗口　在“File”菜单中选择“New”项，在“New”子菜单中选择“Model”项，选择后系统就会自动启动模块函数设计窗口（如图 1-28 所示）。

（3）给仿真系统命名　在模块函数设计窗口内用鼠标左键单击“File”菜单，在“File”菜单中选择“Save”项，选择后系统就会自动启动仿真文件保存对话窗口（如图 1-29 所示）。将文件名“untitled”改为“A2001”，然后点击“保存（S）”按钮，窗口返回到模块函数设计窗口，此时窗口标题已改为“A2001”（如图 1-30 所示）。

（4）退出 MATLAB　在模块设计窗口内，用鼠标左键单击“File”菜单，选择菜单中“Exit MATLAB”项，系统就会退出并返回到 Windows 窗口。

2. 调用模块、组织建模与系统仿真

某控制系统如图 1-31 所示，通过 MATLAB 仿真，试观察在阶跃输入信号的作用下，该控制系统的输出随时间变化的情况。

⊖ 为与实际软件环境一致，在本书中凡涉及用 MATLAB 软件进行分析的内容，参、变量一律不区分正斜体，但其含义与书中其他章节一致。

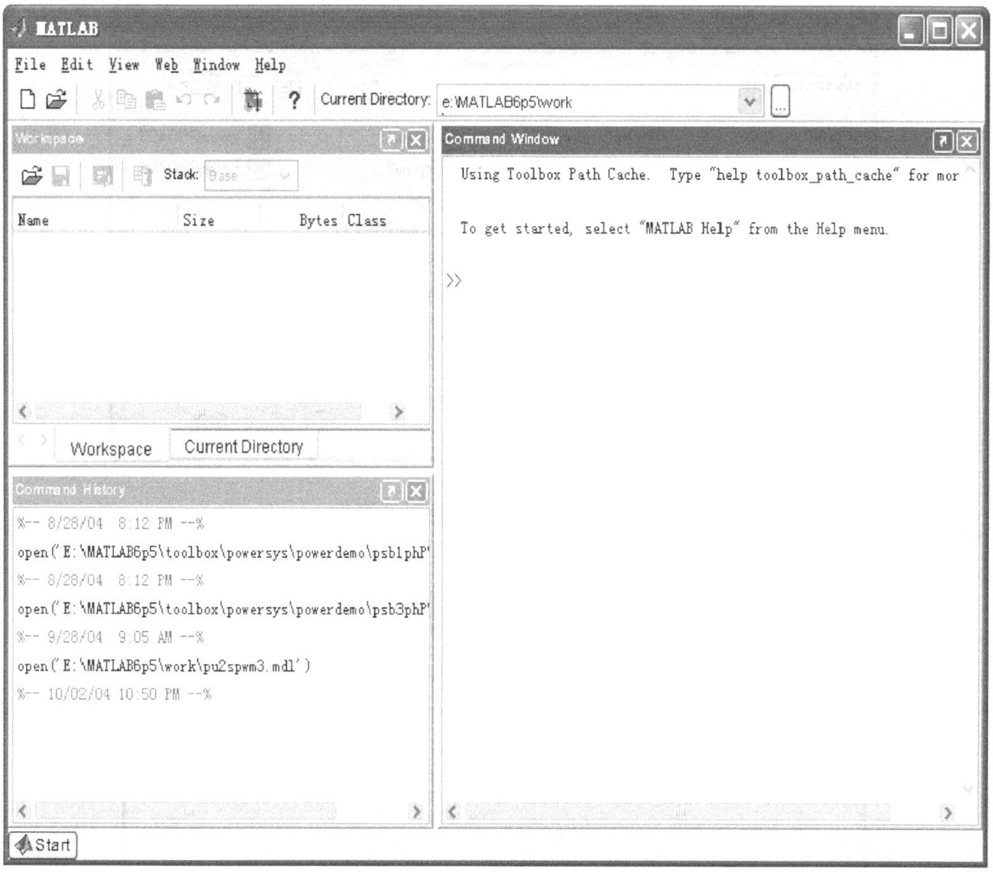

图 1-27　MATLAB 的命令窗口

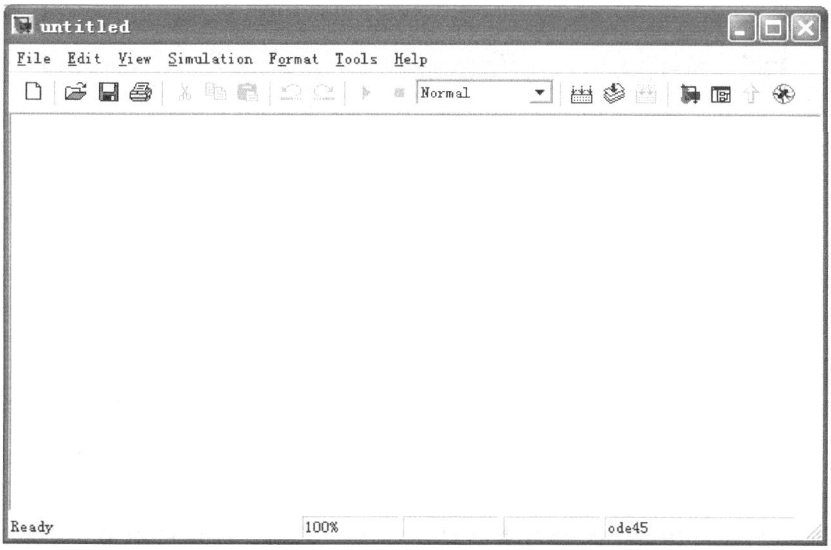

图 1-28　模块函数设计窗口

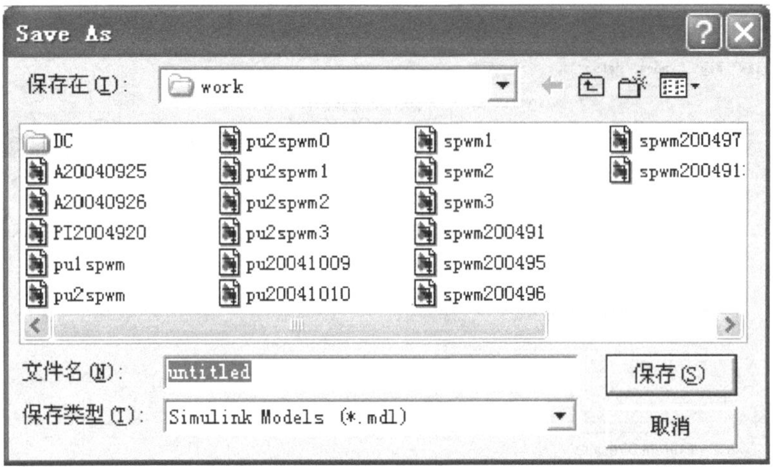

图 1-29　仿真文件保存对话窗口

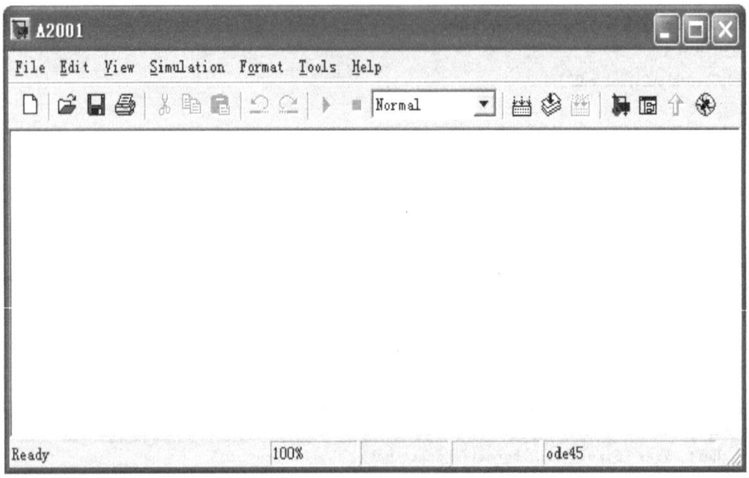

图 1-30　命名后的模块函数设计窗口

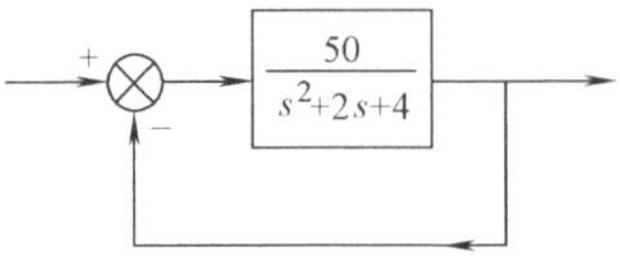

图　1-31

具体操作如下：

（1）打开模块函数设计窗口（A2001）（如图 1-30 所示），在该窗口内点击“Simulink 模块函数库浏览器”图标，将出现如图 1-32 所示窗口（同时显示 Simulink 的子模块库菜单）。

（2）把阶跃输入模块“Step”拖到模块设计窗口　方法是在 Simulink 的子模块库菜单（如图 1-32 所示）中，用鼠标右键单击信号源子库“Sources”项后出现一个带长条方框的标题，如图 1-33 所示（也可以直接单击在“Simulink 的子模块库菜单窗口”右侧的“Step”模块）。再用鼠标左键单击此方框，屏幕会出现信号源模块库（如图 1-34 所示）。

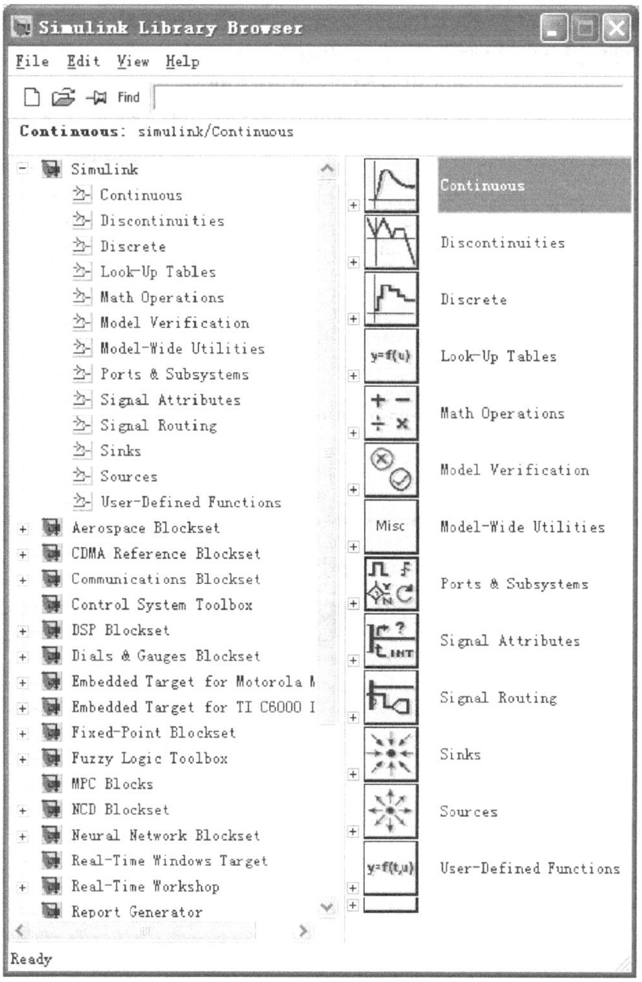

图 1-32　Simulink 模块函数库浏览器窗口

图 1-33　“Sources”项的注释框

在模块库中找到所需要的“Step”模块。当用鼠标在该模块上单击时，模块的四角上出现黑色的小方块，然后按下鼠标左键不放，把此模块拖到模块设计窗口“A2001”内的适当位置后松开鼠标左键（如图 1-35 所示）。

（3）把数学运算求和“Sum”模块拖到模块设计窗口　方法是在 Simulink 的子模块库菜单（如图 1-32 所示）中，用鼠标单击数学运算子库“Math Operations”项后，在该窗口的右侧找到数学运算求和“Sum”模块（如图 1-36 所示）。

当用鼠标在该模块上单击时，该模块的右侧说明部分改变着色，然后按下鼠标左键不放，把此模块拖到模块设计窗口“A2001”内的适当位置后松开鼠标左键，如图 1-37 所示

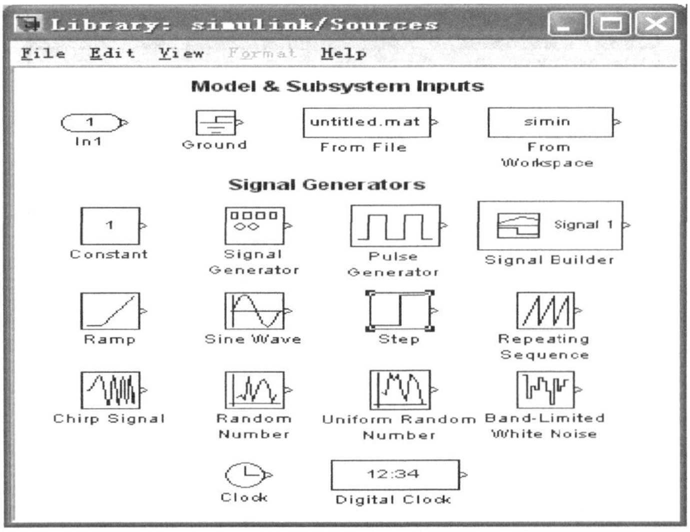

图 1-34　信号源模块库窗口

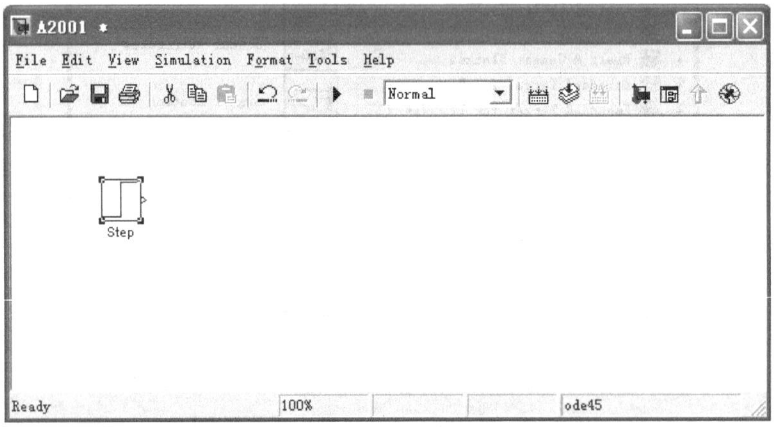

图 1-35　拖放模块到模块函数设计窗口

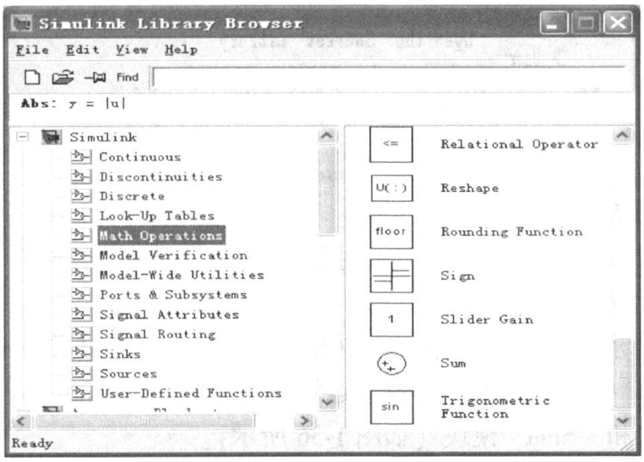

图 1-36　数学运算子库窗口

（也可以采用（2）所述方法）。

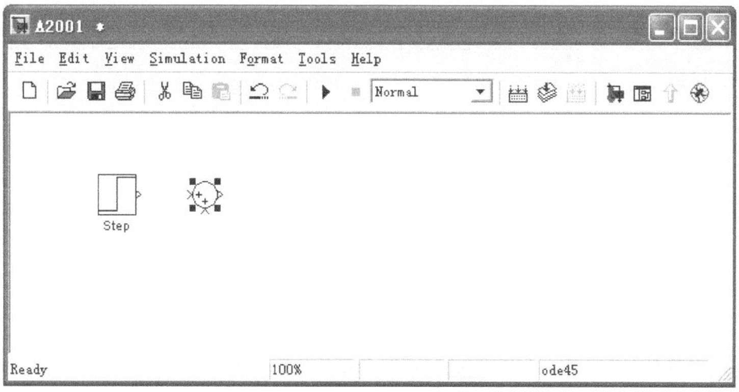

图 1-37 添加“Sum”模块

（4）把示波器“Scope”模块拖到模块设计窗口 方法是在 Simulink 的子模块库菜单中找到信号接收子库“Sinks”项（如图 1-38 所示）。

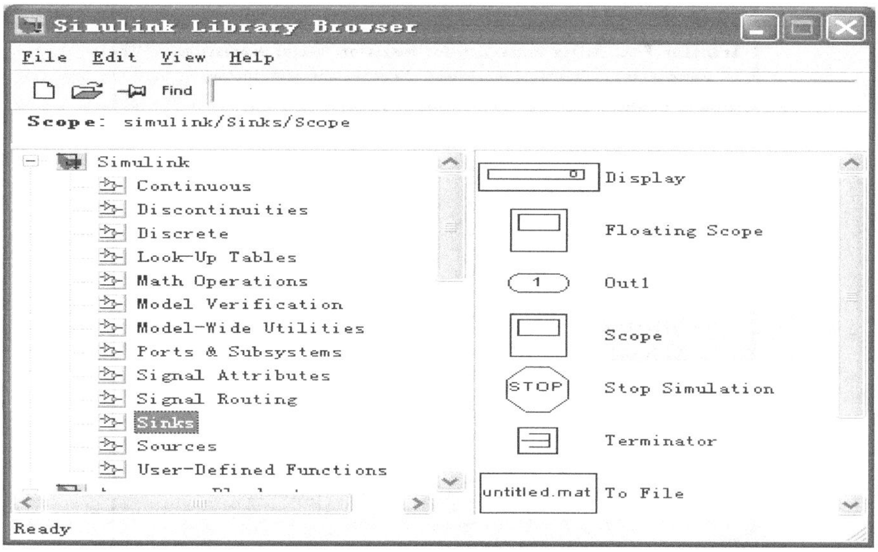

图 1-38 信号接收子库窗口

在该模块库中找到所需要的“Scope”模块，然后把此模块拖到模块函数设计窗口“A2001”内的适当位置（如图 1-39 所示）。

（5）把传递函数“Transfer Fcn”模块拖到模块函数设计窗口 方法是在 Simulink 的子模块库菜单中，找到连续系统子库“Continuous”项，如图 1-40 所示。

在该模块库中找到所需要的“Transfer Fcn”模块。然后把此模块拖到模块函数设计窗口“A2001”内的适当位置，如图 1-41 所示。

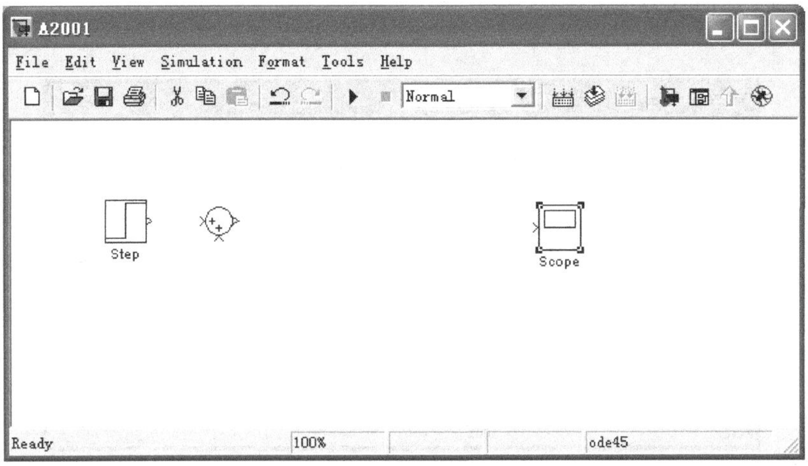

图 1-39　添加"Scope"模块

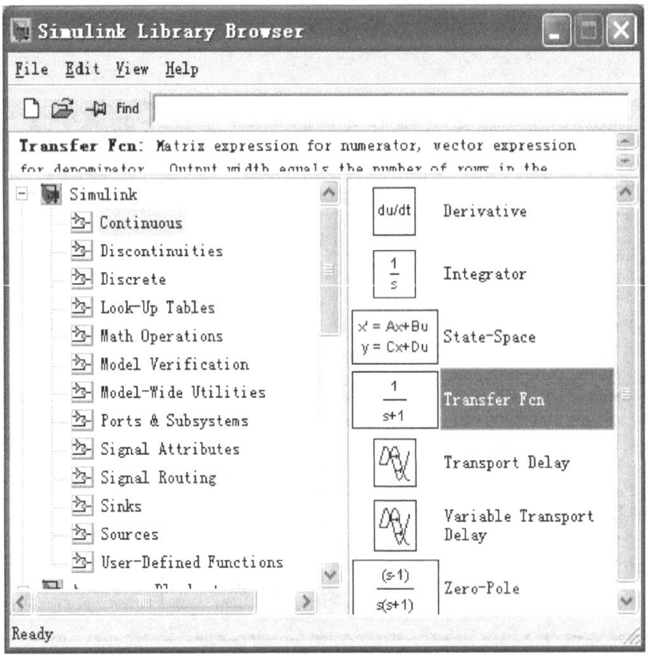

图 1-40　连续系统子库窗口

（6）修改"Sum"模块参数　用鼠标双击在"A2001"文件窗口内的"Sum"模块，系统会出现如图 1-42 所示的对话窗口，在该对话窗口内将"List of signs"的参数由"| + +"改为"| + -"（其中"|"表示两个输入信号的位置关系）。对话窗口修改后的结果如图 1-43 所示。修改完成后单击该对话窗口内的"OK"键返回原仿真窗口。此时的"Sum"模块由正反馈变成负反馈模块，如图 1-44 所示。

（7）修改"Transfer Fcn"模块参数　用鼠标双击在"A2001"文件窗口内的"Transfer-

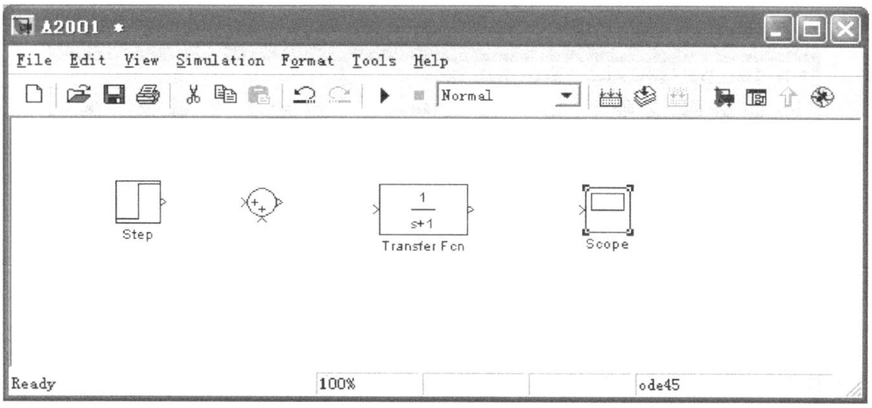

图 1-41 添加“Transfer Fcn”模块

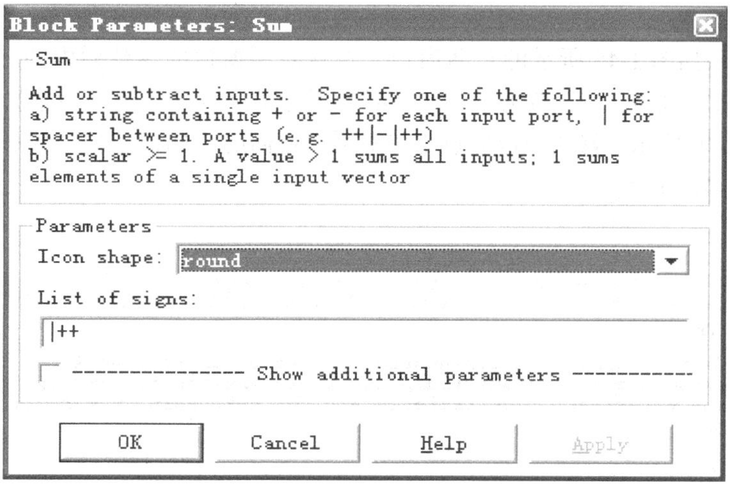

图 1-42 修改前的“Sum”模块参数对话框

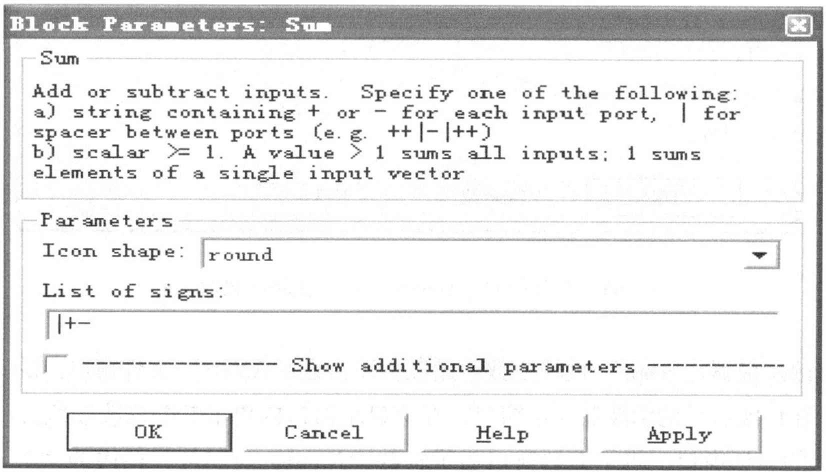

图 1-43 修改后的模块参数对话框

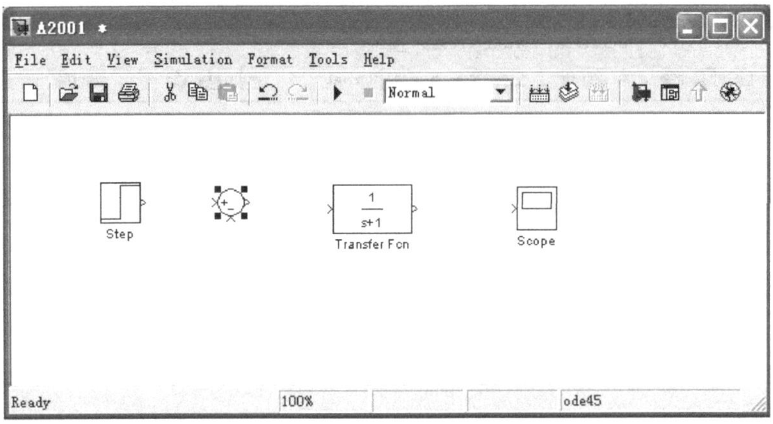

图 1-44　参数修改后的模块示意图

Fcn”模块会出现如图 1-45 所示的对话窗口，在该对话窗口的参数栏内的分子系数由“1”改为“50”，将分母系数“1”改为“1　2　4”（注意在数字之间有一空格）。对该窗口修改后的结果如图 1-46 所示。修改完成后点击该对话窗口内的“OK”键返回原仿真窗口。修改后的结果如图 1-47 所示。

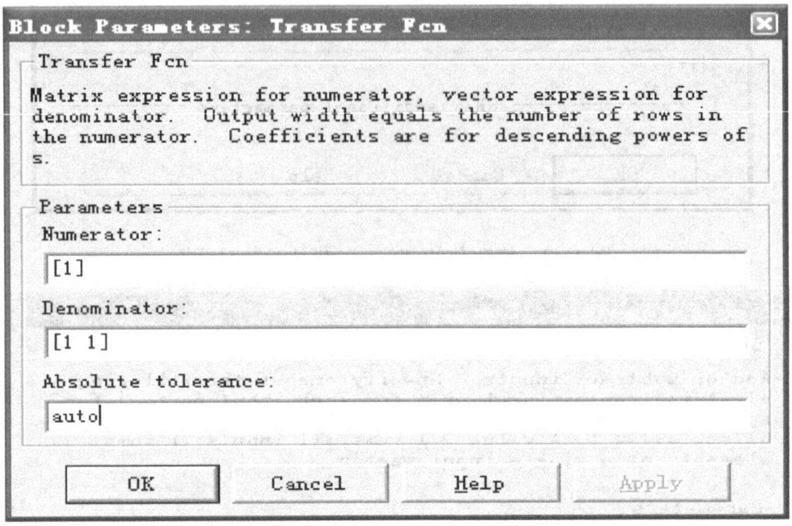

图 1-45　修改前的“Transfer Fcn”模块参数对话框

（8）修改示波器“Scope”模块参数　用鼠标双击在“A2001”文件窗口内的“Scope”模块会出现如图 1-48 所示的示波器显示窗口，在该显示窗口内单击参数修改项，将会出现如图 1-49 所示的对话窗口。将示波器窗口显示轴数“Number of axes”栏内的“1”改为“2”，该对话窗口修改后的结果如图 1-50 所示。修改完成后点击该对话窗口内的“OK”键返回原示波器显示窗口则变成如图 1-51 所示窗口。修改后的模块函数设计窗口如图 1-52 所示。

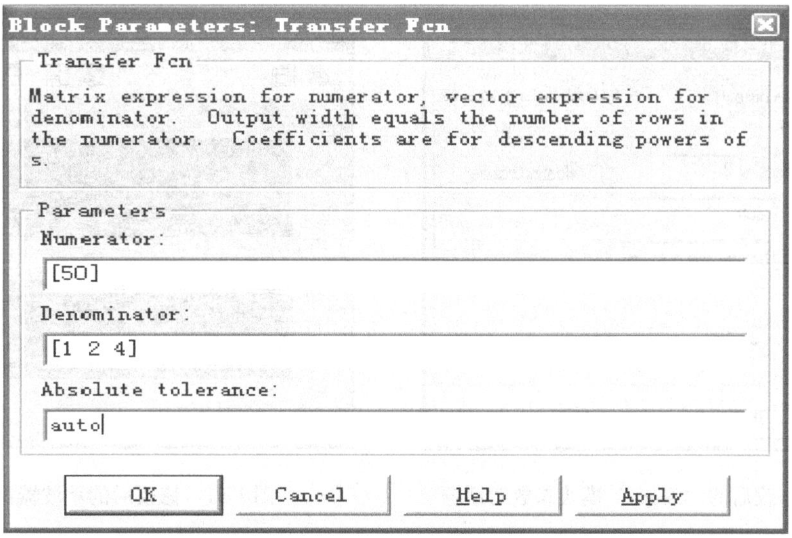

图 1-46　修改后的“Transfer Fcn”模块参数对话框

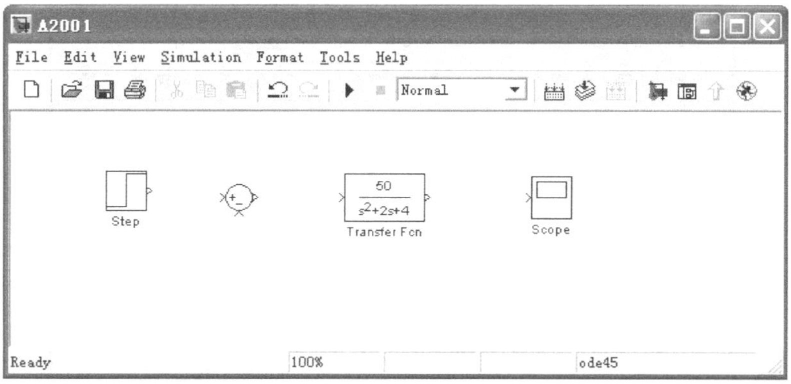

图 1-47　修改后的模块示意图

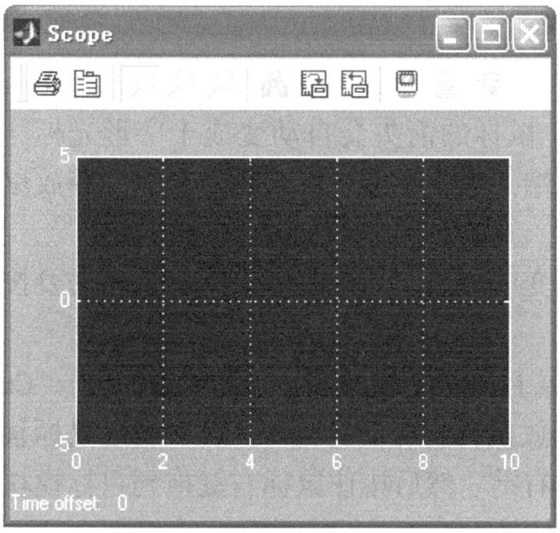

图 1-48　示波器显示窗口

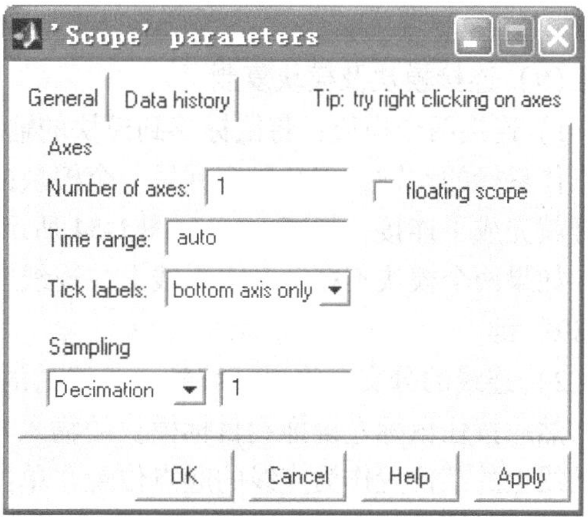

图 1-49　修改前的“Scope”模块参数对话框

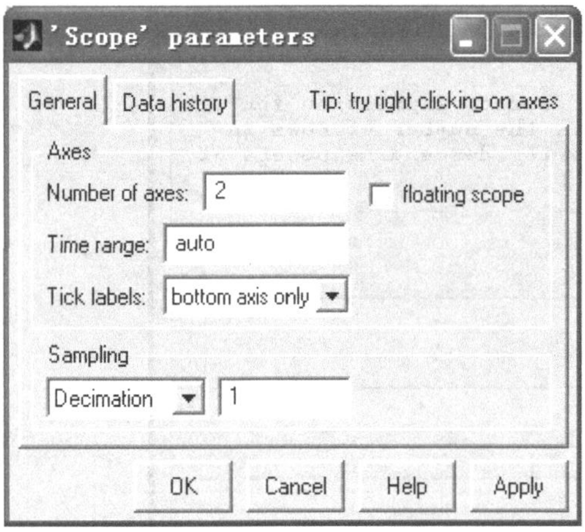

图 1-50　修改后的“Scope”模块参数对话框

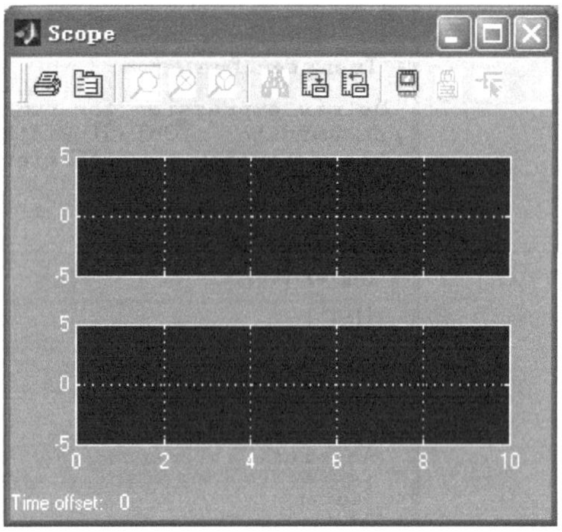

图 1-51　修改后的示波器窗口

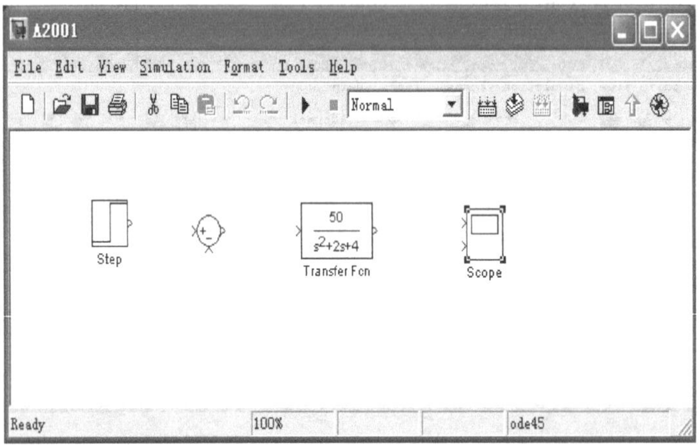

图 1-52　修改后的“Scope”模块示意图

(9) 连接模块及模块复制

1) 连接两个模块：将鼠标移到模块的输出端，鼠标的箭头会自动变成十字形光标，这时点住鼠标的左键，移动鼠标到另一个模块的输入端，当十字形光标出现重影时，释放鼠标左键就完成了连接，如图 1-53 和图 1-54 所示。

如果两个模块不在一个水平线上，连线会自动变成折线。如果要用斜线表示，需要按住“Shift”键。

2) 连线的分支：将鼠标移到一条线上的某位置上作为支线的起点位置，先按下“Ctrl”键，然后按住鼠标左键拖到目标模块的输入端，释放鼠标左键和“Ctrl”键。或把鼠标移到一条线上的某位置作为支线的起点位置，单击鼠标右键。然后按住鼠标右键拖到目标模块的输入端，释放鼠标右键，如图 1-55 所示。

连接后的模块函数设计窗口如图 1-56 所示。

(10) 仿真实验　为了便于观察实验结果用鼠标左键双击示波器，就会出现如图 1-57 所

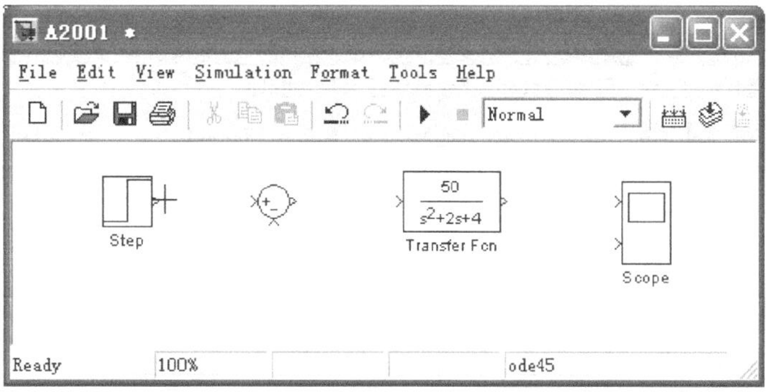

图 1-53 鼠标移至模块输出端时的状态

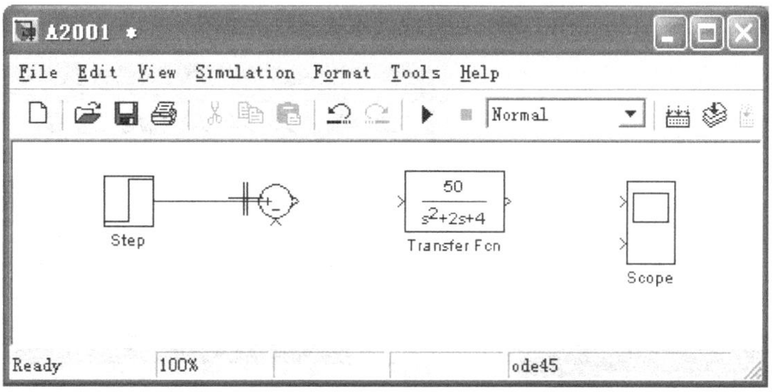

图 1-54 鼠标将两模块连接在一起时的状态

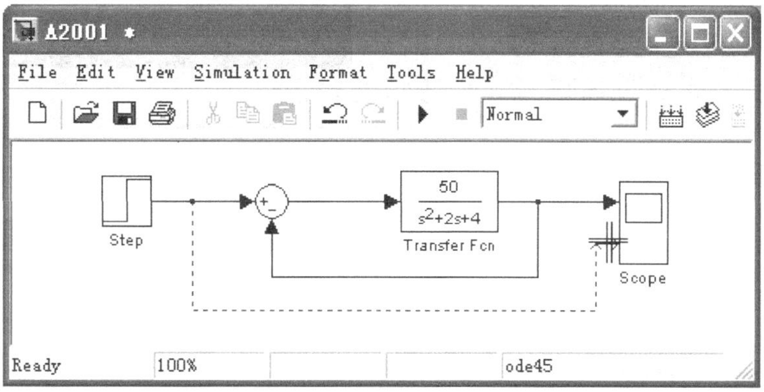

图 1-55 画支线示意图

示的示波器窗口，用鼠标左键单击模块函数设计窗口中的“▶”按钮就可以观察到实验结果如图 1-58 所示。

注意：显示窗口纵轴刻度设定方法是，将光标放入需要改变的显示窗口内，单击右键出现如图 1-59 所示窗口，用左键单击“Axes properties”项，将出现如图 1-60 所示对话窗口。将 Y 轴参数改为如图 1-61 所示参数，然后单击“OK”将会出现如图 1-58 所示窗口。

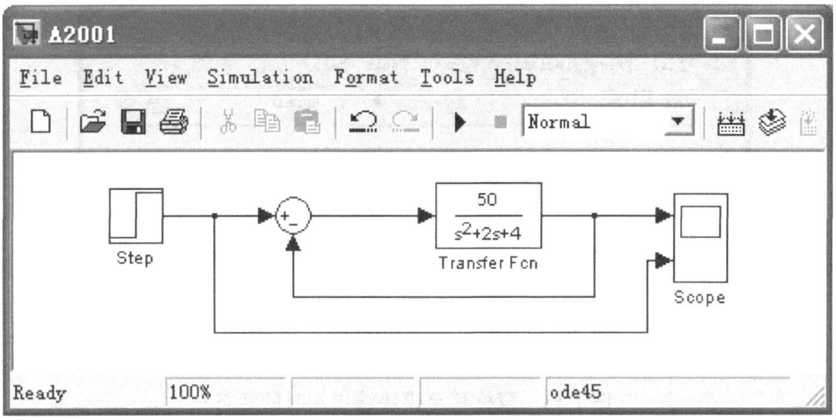

图 1-56　连好线的模块函数示意图

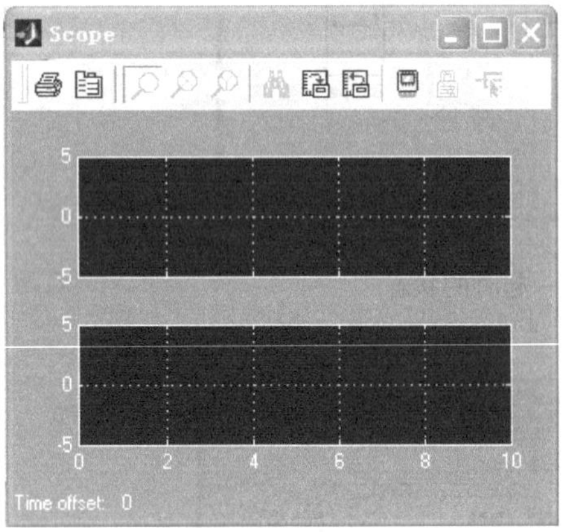

图　1-57

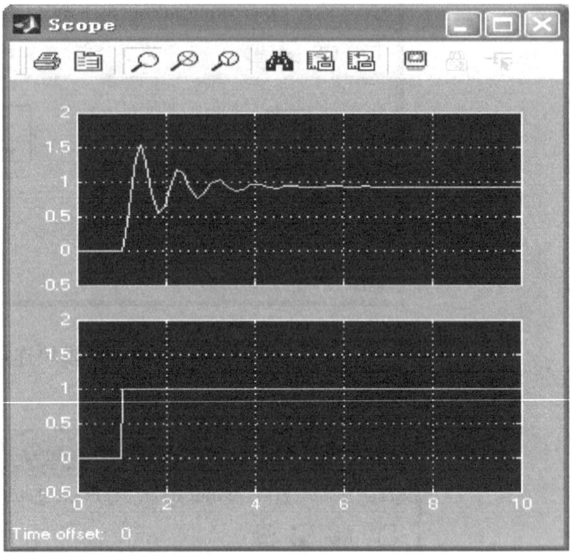

图　1-58

图 1-59　窗口显示选项菜单

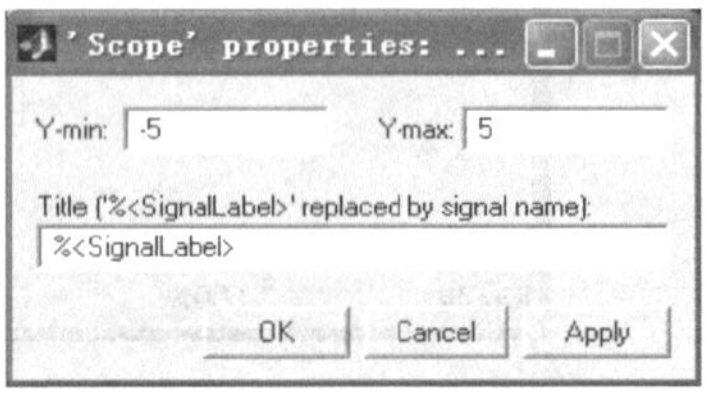

图 1-60　轴参数对话框

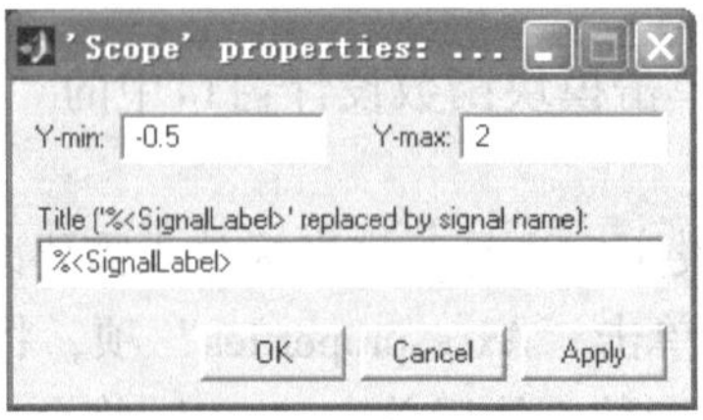

图 1-61　改变参数后的对话框

1.6.2　单闭环转速负反馈调速系统的建模与仿真

单闭环转速负反馈调速系统的电气原理结构图如图 1-8 所示，该系统由给定信号、速度调节器、同步脉冲触发器、晶闸管整流桥、平波电抗器、直流电动机、速度反馈环节等部分组成。图 1-62 是采用面向电气原理结构图方法构建的单闭环有静差转速负反馈调速系统的仿真模型。

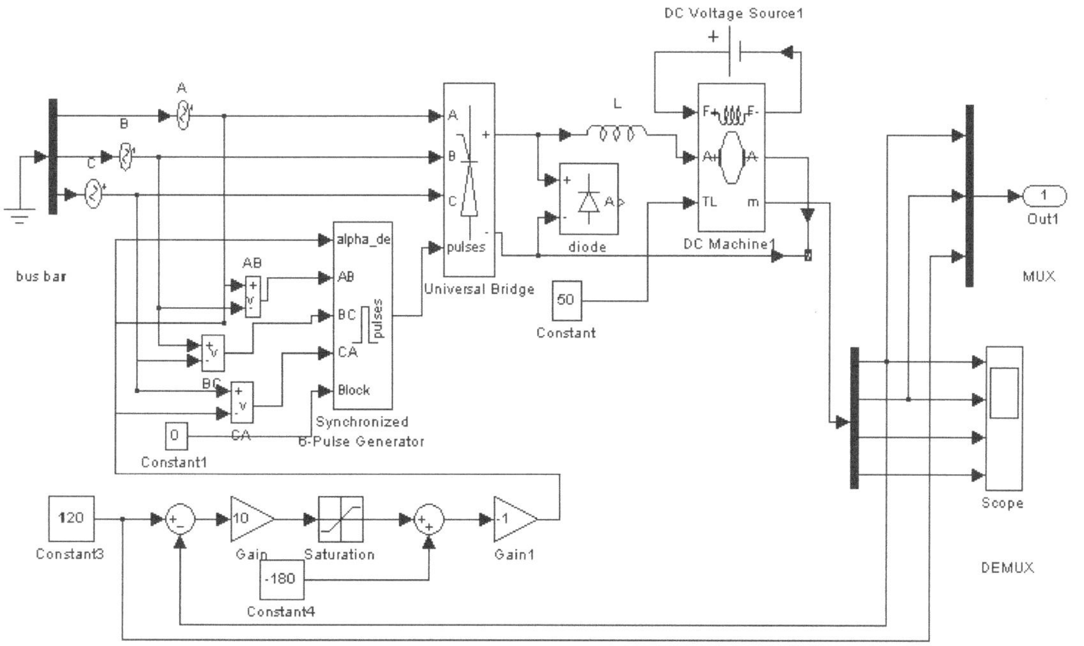

图 1-62　单闭环有静差转速负反馈调速系统的仿真模型

系统的建模包括主电路的建模和控制电路的建模两部分。

1. 主电路的建模和参数设置

单闭环直流调速系统的主电路由三相对称交流电压源、晶闸管整流桥、平波电抗器、直流电动机等部分组成，由于同步脉冲触发器与晶闸管整流桥是不可分割的两个环节，通常作为一个组合体来讨论，所以将触发器归到主电路进行建模。

（1）三相对称交流电压源的建模和参数设置　首先从电源模块组中选取一个交流电压源模块，再用复制的方法得到三相电源的另两个电源模块，并将模块标签分别改为 A 相、B 相、C 相；然后从连接器模块组中选取“Ground”元件和“Bus Bar”元件，按图 1-62 进行连接。

三相对称交流电压源其参数设置如下：幅值 220V，频率为 50Hz，相位设置互差 120°，如 A 相相位为 0°，设置对话框如图 1-63 所示。

（2）晶闸管整流桥的建模和参数设置　首先从电力电子模块组中选取“Universal Bridge”模块，然后双击模块图标打开参数设置对话框进行参数设置，一般情况下先取默认值进行仿真，若仿真结果不理想，则通过实验进行参数优化，最后确定参数。设置对话框如图 1-64 所示。

（3）平波电抗器的建模和参数设置　从元件模块组中选取“Series RLC Branch”模块，

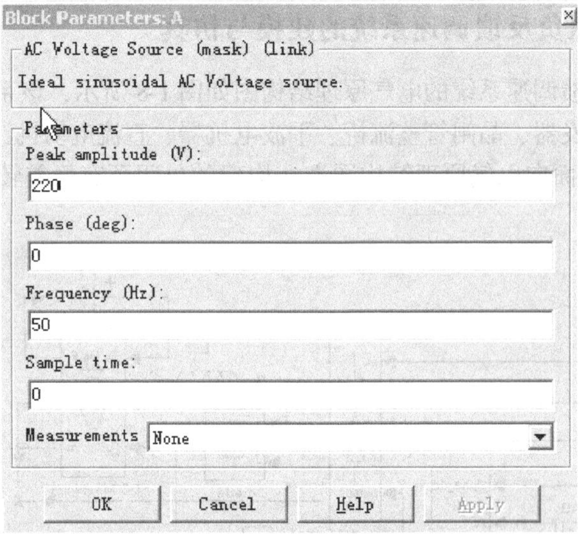

图 1-63 交流电压源参数设置对话框

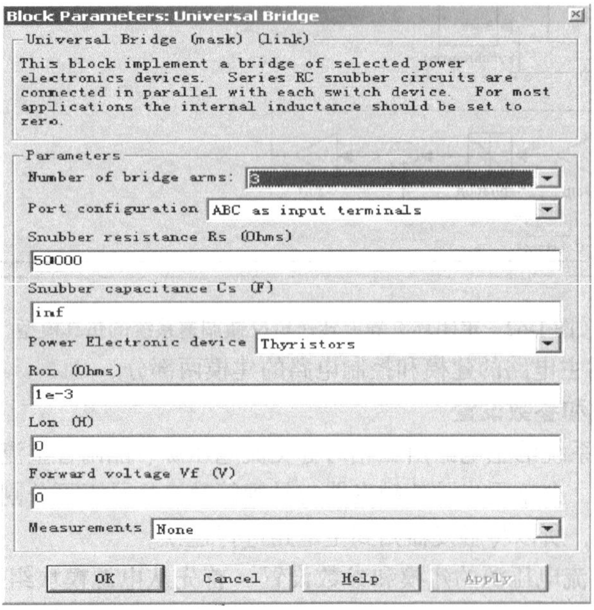

图 1-64 晶闸管整流桥参数设置对话框

其电感值通过试验比较后得到的优化参数，设置对话框如图 1-65 所示。

（4）直流电动机的建模和参数设置 首先从电动机系统模块组选取“DC machine”模块，从电源模块组中选取直流电压源模块，将电压参数设置为 220V；直流电动机的输出参数有转速 n、电枢电流 I_a、励磁电流 I_f、电磁转矩 T_e，分别通过示波器模块观察仿真输出和用“out1”模块将仿真信息返回到 MATLAB 命令窗口。直流电动机的参数设置原则和晶闸管整流桥相同。设置对话框如图 1-66 所示。

（5）同步脉冲触发器的建模和参数设置 脉冲触发器可从附加控制子模块获得，同步电源的任务是将三相交流电源的相电压换成线电压。设置对话框如图 1-67 所示。

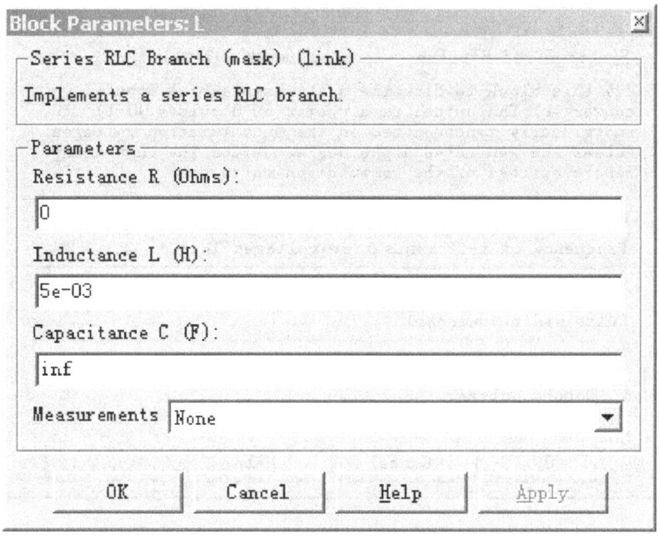

图 1-65 平波电抗器的参数设置对话框

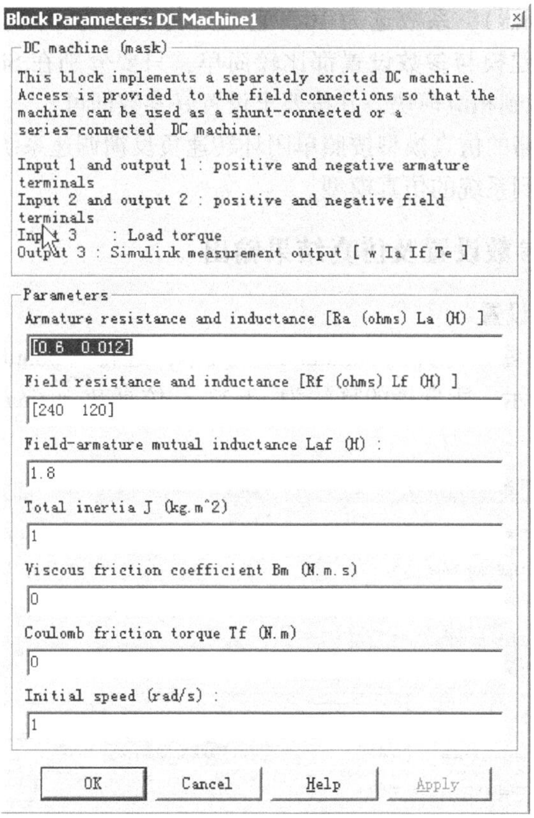

图 1-66 直流电动机的参数设置对话框

2. 控制电路的建模和参数设置

单闭环有静差的转速负反馈调速系统的控制电路由给定信号、速度调节器、速度反馈等环节组成，仿真模型根据需要，另增加了限幅器、偏置、反向器等模块。给定模块从输入源

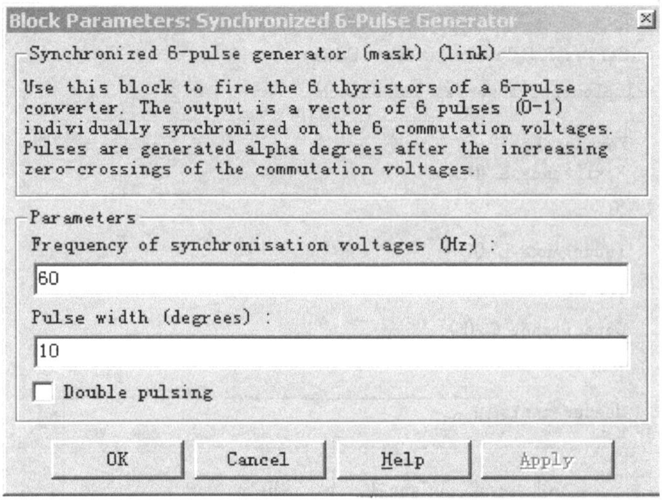

图 1-67 同步脉冲触发器参数设置对话框

模块组中选取“Constant”模块，参数设为 120rad/s，调节器选用比例调节器（无静差调速系统选用比例-积分调节器），系数选为 10，它通过仿真优化得到。速度调节器、限幅器、偏置、反向器等模块的建模与参数设置都比较简单，只要分别在 Simulink 的 Math、Nonlinear、Sources 模块库中找到相应模块，并按要求设置好参数即可。

将主电路和控制电路的仿真模型按照单闭环转速负反馈调速系统电气原理图的接线关系进行模型连接，即可得到系统的仿真模型。

1.6.3 系统的仿真参数设置及仿真结果输出

1. 系统的仿真参数设置

在 MATLAB 的模型窗口打开“Simulation”菜单，进行“Simulation Parameters”设置，设置对话框如图 1-68 所示。所选择的算法为 ode23s，仿真 Start time 设为 0，Stop time 设为 2，其他为默认值即可。

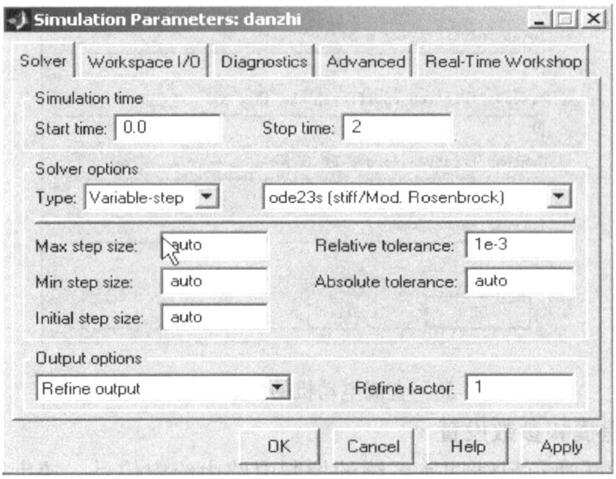

图 1-68 仿真参数设置对话框

2. 系统的仿真及仿真结果输出

在 MATLAB 的模型窗口打开“Simulation”菜单，单击“Start”命令后，系统开始进行仿真，这时打开“示波器”进行观察波形的变化，仿真结束后可输出仿真结果，如图 1-69 所示。

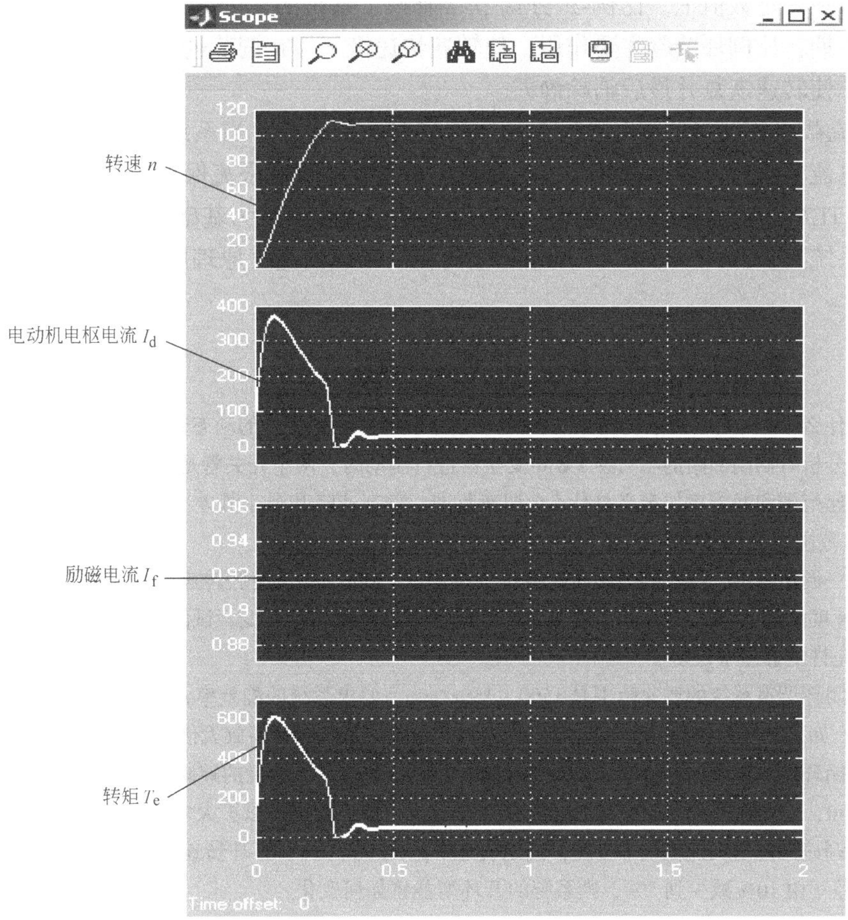

图 1-69　示波器模块输出仿真波形

本章小结

1. 直流电动机有三种调速方案：调节电枢电压，减弱励磁磁通，改变电枢回路电阻 R。其中调节电枢电压是直流调速系统的主要调速方案。开环 V-M 系统电流连续段的机械特性较硬，电流断续段很软。

2. 转速负反馈有静差系统的静特性较开环系统硬得多，负载扰动引起的稳态速降减小为原开环系统的 $1/(1+K)$。K 值越大，稳态速降就越小。

3. 在对静差率和调速范围要求不高，系统扰动量可以补偿或影响不大的情况下，可采用开环调速系统；在对静差率和调速范围要求较高，开环系统满足不了要求时，可采用转速负反馈的闭环调速系统；在要求不太高的场合，为省去安装测速发电机的麻烦，可采用能反映负载变化的电压负反馈加电流补偿控制的调速系统。

4. 有静差调速系统是靠偏差信号的变化进行自动调节的。它只能减小偏差而不能消除偏差。在无静差系统中，由于含有积分环节，则主要靠偏差信号对时间的积累来进行自动调节补偿，依靠积分环节，最后消除静差，所以稳态时偏差为零，依靠积分环节的记忆作用使输出量维持在一定数值上。比例-积分调节器兼顾了系统的无静差和快速性。系统在调节过程的初、中期，比例环节起主要作用，使转速快速恢复，在调节过程的后期，其积分环节起主要作用，使转速恢复并最后消除静差。

5. 电流截止负反馈是在电动机起动或堵转时才起作用。当系统正常运行时是不起作用的。含有电流截止负反馈的调速系统具有挖土机特性，可起限流保护作用。

6. MATLAB 的 Simulink 工具箱是以控制系统的传递函数为基础进行计算机仿真的工具，使用电力系统（Power System）工具箱可面向控制系统的电气原理图进行调速系统的建模与仿真。

习　题

1-1　为什么 PWM-电动机系统比晶闸管-电动机系统能够获得更好的动态性能?

1-2　试分析有制动回路的不可逆 PWM 变换器进行制动时，两个开关管是如何工作的。

1-3　调速范围和静差率的定义是什么？调速范围、静态速降和最小静差率之间有什么关系？为什么说"脱离了调速范围，要满足给定的静差率也就容易得多了"？

1-4　某一调速系统，测得的最高转速特性为 $n_{omax}=1500\text{r/min}$，最低转速特性为 $n_{om}=150\text{r/min}$，带额定负载时的速度降落 $\Delta n_N=15\text{r/min}$，且在不同转速下额定速降 Δn_N 不变，试问系统能够达到的调速范围有多大？系统允许的静差率是多少？

1-5　某闭环调速系统的调速范围是 1500～150r/min，要求系统的静差率 $s\leqslant2\%$，那么系统允许的静态速降是多少？如果开环系统的静态速降是 100r/min，则闭环系统的开环放大倍数应有多大？

1-6　某闭环调速系统的开环放大倍数为 15 时，额定负载下电动机的速降为 8r/min，如果将开环放大倍数提高到 30，它的速降为多少？在同样静差率要求下，调速范围可以扩大多少倍？

1-7　某调速系统的调速范围 $D=20$，额定转速 $n_N=1500\text{r/min}$，开环转速降落 $\Delta n_{NOP}=240\text{r/min}$，若要求系统的静差率由 10% 减少到 5%，则系统的开环增益将如何变化？

1-8　转速单闭环调速系统有哪些特点？改变给定电压能否改变电动机的转速？为什么？如果给定电压不变，调节测速反馈电压的分压比是否能够改变转速？为什么？如果测速发电机的励磁发生了变化，系统有无克服这种干扰的能力？

1-9　在转速负反馈调速系统中，当电网电压、负载转矩、电动机励磁电流、电枢电阻、测速发电机励磁各量发生变化时，都会引起转速的变化，问系统对上述各量有无调节能力？为什么？

1-10　在 V-M 调速系统，电动机参数为：$P_N=2.2\text{kW}$，$U_N=220\text{V}$，$I_N=12.5\text{A}$，$n_N=1500\text{r/min}$，电枢电阻 $R_a=1.20\Omega$，整流装置内阻 $R_{pe}=1.50\Omega$，触发整流环节的放大倍数 $K_s=35$。要求系统满足调速范围 $D=20$，静差率 $s\leqslant10\%$

（1）计算开环系统的静态速降 Δn_{op} 和调速要求所允许的闭环静态速降 Δn_{cl}。

（2）采用转速负反馈组成闭环系统，试画出系统的原理图和静态结构框图。

（3）调整该系统参数，使当 $U_n^*=15\text{V}$、$I_d=I_N$、$n=n_N$ 时，则转速负反馈系数 α 应该是多少？

（4）计算放大器所需的放大倍数。

1-11　在题 1-10 的转速负反馈系统中增设电流截止环节，要求堵转电流 $I_{dbl}\leqslant2I_N$，临界截止电流 $I_{dcr}\geqslant1.2I_N$，应该选用多大的比较电压和电流反馈采样电阻？要求电流反馈采样电阻不超过主电路总电阻的 1/3，如果做不到，需要增加电流反馈放大器，试画出系统的原理图和静态结构框图，并计算电流反馈放大系数。这时电流反馈采样电阻和比较电压各为多少？

1-12 在电压负反馈单闭环有静差调速系统中，当下列参数：

① 放大器的放大系数 K_p；

② 供电电网电压；

③ 电枢电阻 R_a；

④ 电动机励磁电流；

⑤ 电压反馈系数。

发生变化时系统是否有调节作用？为什么？

1-13 有一个 V—M 系统，已知：电动机 $P_N = 2.8kW$，$U_N = 220V$，$I_N = 15.6A$，$n_N = 1500r/min$，$R_a = 1.5\Omega$，整流装置内阻 $R_{pe} = 10\Omega$，触发整流环节的放大倍数 $K_s = 35$。

① 系统开环工作时，试计算调速范围 $D = 30$ 时的静差率 s 的值。

② 当 $D = 30$，$s = 10\%$ 时，计算系统允许的稳态速降。

③ 如组成转速负反馈有静差调速系统，要求 $D = 30$，$s = 10\%$，在 $U_n^* = 10V$ 时 $I_d = I_N$，$n = n_N$，计算转速负反馈系数 α 和放大器放大系数 K_p。

④ 如将上述调速系统改为电压负反馈有静差调速系统，仍要求在 $U_n^* = 10V$ 时 $I_d = I_N$，$n = n_N$，并保持系统原来的开环放大系数 K 不变，试求在 $D = 30$ 时的静差率。

1-14 在题 1-10 的系统中，若主电路电感 $L = 50mH$，系统运动部分的飞轮惯量 $GD^2 = 1.6N \cdot m^2$，整流装置采用三相零式电路，试判断按题 1-10 要求设计的转速负反馈系统能否稳定运行？如要保证系统稳定运行，允许的最大开环放大系数 K 是多少？

1-15 为什么用积分控制的调速系统是无静差的？在转速单闭环调速系统中，当积分调节器的输入偏差电压 $\Delta u = 0$ 时，调节器的输出电压是多少？它取决于哪些因素？

1-16 在无静差转速单闭环调速系统中，转速的稳态精度是否还受给定电源和测速发电机精度的影响？试说明理由。

1-17 采用比例-积分调节器控制的电压负反馈调速系统，稳态运行时的速度是否有静差？为什么？试说明理由。

1-18 试建立带电流截止负反馈的单闭环直流调速系统的 Simulink 仿真模型，并进行性能仿真分析。

1-19 试建立电压负反馈的单闭环直流调速系统的 Simulink 仿真模型，并进行性能仿真分析。

第 2 章　多环直流调速系统

所谓多环调速系统，是指按一环套一环的嵌套结构组成的具有两个或两个以上闭环的控制系统。

转速-电流双闭环控制的直流调速系统是性能优良、应用最广的直流调速系统。作为各种交直流电力拖动自动控制系统的重要基础，本章重点阐述其基本结构、控制规律、性能特点、改进方法及实际应用；另外简要介绍了三环调速系统；最后，介绍了双闭环直流调速系统的 MATLAB/Simulink 建模与仿真。

2.1　转速-电流双闭环调速系统

2.1.1　理想的起动电流波形

采用 PI 调节器又带电流截止负反馈环节的转速单闭环直流调速系统，既确保了系统的稳定运行，又实现了无静差调速，并且限制了起动时的最大电流，这对于一般要求性能不太高的调速系统来说，已基本上满足要求了。但单闭环直流调速系统中的电流截止负反馈环节在控制电流时，只能在电枢电流 I_d 超过临界值 I_{dcr} 以后，靠强烈的负反馈作用限制电流的冲击，并不能很理想地控制电流的动态波形。带电流截止负反馈的单闭环直流调速系统在电动机起动时的电流和转速控制情况如图 2-1 所示。

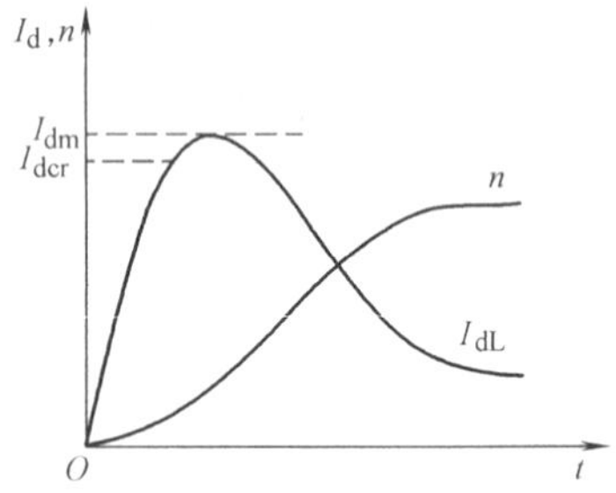

图 2-1　带电流截止负反馈的单闭环直流调速系统起动电流、转速波形

起动电流突破 I_{dcr} 以后，受电流负反馈的作用，电流只能再升高一点，经过某一最大值 I_{dm} 后就降低下来，电动机的电磁转矩也随之减小，这必然影响到起动的快速性，使起动时间延长。

对于需要经常正、反转运行的调速系统，为了提高生产效率和加工质量，应尽量缩短起、制动过程的时间，在电动机最大允许电流和转矩受限制的条件下，充分利用其过载能力，最好是在过渡过程中始终保持电流（转矩）为允许的最大值，使电力拖动系统以最大的加速度起动，到达稳态转速时立即让电流降下来，使转矩及时与负载相平衡，从而进入稳态运行，这样的理想起动过程如图 2-2 所示。即起动电流呈方形波，转速按线性增长。这是在最大电流（转矩）受限制时调速系统所能获得的最快的起动过程。

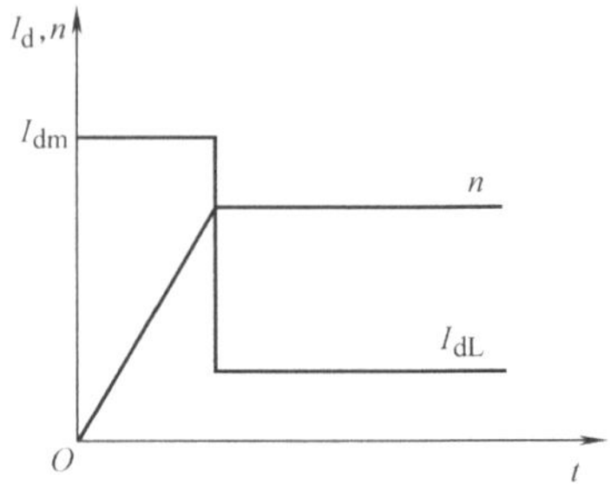

图 2-2　调速系统理想的快速起动过程

为了实现理想的起动过程，工程上常采用转速-电流双闭环负反馈调速方式。起动时，电流环起主要作用，使电动机获得一段使电流为最大值 I_{dm} 的恒流过程，转速线性变化，并迅速达到给定值；稳态运行时，转速环发挥主要作用，使转速满足给定值的要求，并且电流环跟随转速环调节电动机的电枢电流以平衡负载电流。

2.1.2 转速-电流双闭环调速系统的组成

1. 系统组成

图 2-3 所示为转速-电流双闭环直流调速系统的原理图。

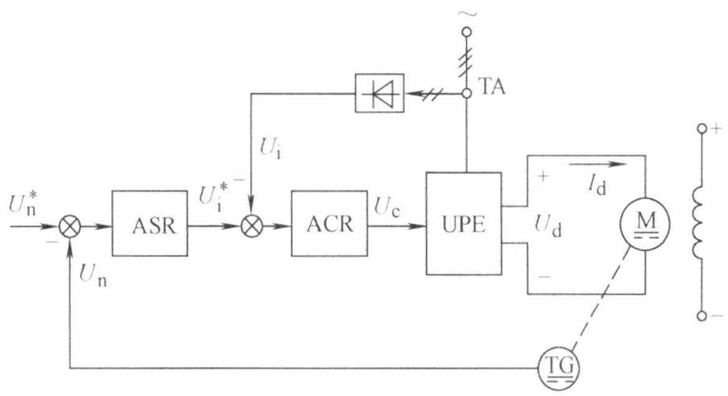

图 2-3 转速-电流双闭环调速系统原理图

为了使转速负反馈和电流负反馈分别起作用，系统中设置了电流调节器 ACR 和转速调节器 ASR。由图 2-3 可见，把转速调节器 ASR 的输出作为电流调节器 ACR 的输入，再由电流调节器 ACR 的输出去控制电力电子变换器 UPE。从闭环结构上看，电流环在里边称之为内环，转速环在外边称之为外环，这就形成了转速-电流双闭环调速系统。为了获得良好的静、动态性能，转速和电流两个调节器一般都采用 PI 调节器作用规律。

2. 系统工作原理

电流环是由电流调节器 ACR 和电流反馈环节组成的闭合回路，其主要作用是通过电流检测元件的反馈信号稳定电流。

由于 ACR 为 PI 调节器，稳态时其输入偏差电压大小为

$$\Delta U_i = U_i^* - U_i = U_i^* - \beta I_d = 0$$

即

$$I_d = \frac{U_i^*}{\beta}$$

式中 β——电流反馈系数。

当 U_i^* 一定时，由于电流负反馈的作用，使整流装置的输出电流保持在 U_i^*/β 的数值上。

当 $I_d > U_i^*/\beta$ 时，自动调节的过程为

$$I_d\uparrow \rightarrow |\Delta U_i| = |U_i^* - \beta I_d|\downarrow \rightarrow U_c\downarrow \rightarrow U_d\downarrow \rightarrow I_d\downarrow$$

最终保持电流稳定。当电流下降时也有类似的调节过程。

转速环是由转速调节器 ASR 和转速负反馈环节组成的闭合回路，其主要作用是通过转速检测元件的反馈信号稳定转速，最终消除转速偏差。

由于 ASR 采用 PI 调节器，所以在系统达到稳态时应满足：

$$\Delta U_n = U_i^* - \alpha n = 0$$

即

$$n = \frac{U_n^*}{\alpha}$$

当 U_n^* 一定时，转速 n 将稳定在 U_n^*/α 数值上。

当 $n < U_n^*/\alpha$，即负载突增时，其自动调节的过程为

$$T_L\uparrow \rightarrow n\downarrow \rightarrow \Delta U_n = (U_n^* - \alpha n)\uparrow \rightarrow |U_i^* < 0|\uparrow \rightarrow |\Delta U_i|\uparrow \rightarrow U_c\uparrow \rightarrow U_d\uparrow \rightarrow n\uparrow$$

最终保持转速稳定。当转速上升时也有类似的调节过程。

2.1.3 双闭环系统静态特性

双闭环系统的稳态结构框图如图 2-4 所示。电流调节器 ACR 和转速调节器 ASR 均采用带限幅的 PI 调节器。

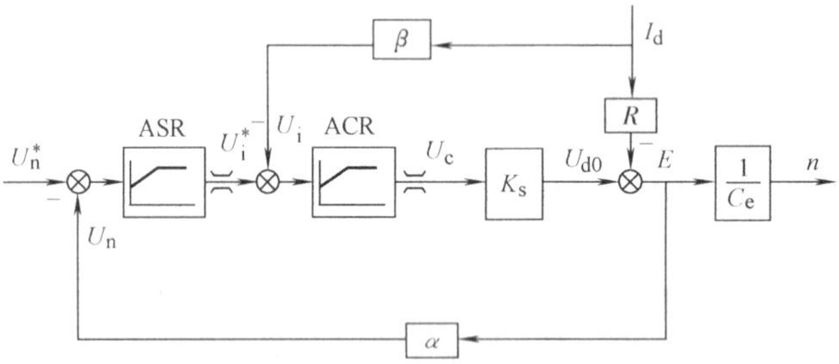

图 2-4 双闭环调速系统的稳态结构框图

实际上，在正常运行时，电流调节器一般是不会达到饱和状态的。因此，分析双闭环调速系统静特性的关键是掌握转速 PI 调节器 ASR 的稳态特征，其一般有两种状态：饱和状态下，也就是输出达到限幅值后恒定，输入的变化不再影响输出，除非有反向的输入信号使调节器退出饱和，此时转速环相当于开环；不饱和状态下，输出未达到限幅值，通过转速调节器的调节，使输入偏差电压 ΔU_n 在稳态时总为零。

1. 转速调节器不饱和状态

此时的转速调节器和电流调节器都不饱和，都发挥着调节作用。在处于稳定状态时，它们的输出偏差电压都是零，即

$$\Delta U_n = U_n^* - U_n = 0$$

$$\Delta U_i = U_i^* - U_i = 0$$

又因为

$$U_n^* = U_n = \alpha n \tag{2-1}$$

$$U_i^* = U_i = \beta I_d \tag{2-2}$$

所以

$$n = \frac{U_n}{\alpha} = \frac{U_n^*}{\alpha} = n_0$$

从而得图 2-5 所示的静特性的 *CA* 段。

由于转速调节器 ASR 不饱和，则 $U_i^* < U_{im}^*$，再由式（2-2）可知，$I_d < I_{dm}$。这就是说，CA 段特性是 I_d 从理想空载状态的 0 一直延续到 I_{dm}，而 I_{dm}一般都是大于额定电流 I_{dN}的。CA 段就是此系统静特性的运行段。

2. 转速调节器饱和状态

此时的转速调节器 ASR 的输出达到了限幅值 U_{im}^*，转速环呈开环状态，转速的变化不再对系统产生影响，双闭环调速系统也就变成了一个电流无静差的电流单闭环调速系统。在系统稳定时：

$$I_d = \frac{U_{im}^*}{\beta} = I_{dm} \tag{2-3}$$

式中，最大电流 I_{dm}是由设计者选定的，取决于电动机的容许过载能力和拖动系统允许的最大加速度。式（2-3）所描述的静特性就是图 2-5 中的 AB 段。AB 段只适用于 $n < n_0$ 的情况，因为如果 $n > n_0$，则 $U_i^* > U_{im}^*$，ASR 将退出饱和状态。

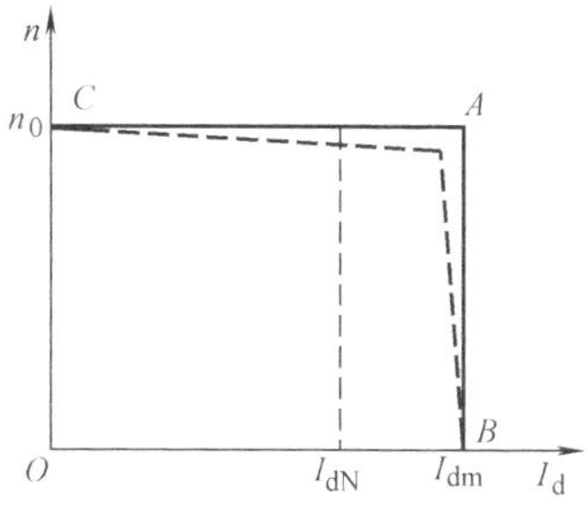

图 2-5 双闭环直流调速系统的静特性

由上面的分析可以看出，双闭环调速系统的静特性在负载电流 I_d 小于 I_{dm}时，转速负反馈回路起主要调节作用，表现为转速无静差；当负载电流 I_d 达到 I_{dm}后，转速调节器饱和，电流调节器起主要调节作用，系统表现为电流无静差，自动实现过电流保护。显然，双闭环调速系统这样的静特性比带电流截止负反馈的单闭环调速系统的静特性要好。然而，实际上运算放大器的开环放大系数并不是无穷大的，电流检测与转速检测又存在误差，这就使得 AB 和 AC 段的特性仍然都存在很小的静差，如图 2-5 中虚线所示。

2.1.4 双闭环系统的稳态参数计算

当系统的 ASR 和 ACR 两个调节器都不饱和且系统处于稳态时，各变量之间的关系为

$$U_n = \alpha_n = U_n^* = \alpha n_0 \tag{2-4}$$

$$U_i^* = U_i = \beta I_d = \beta I_{dL} \tag{2-5}$$

$$U_c = \frac{U_{d0}}{K_s} = \frac{C_e n + I_d R}{K_s} = \frac{C_e U_n^*/\alpha + I_{dL} R}{K_s} \tag{2-6}$$

由以上表达式可知，在稳态工作点上，转速 n 由给定电压 U_n^* 决定，而转速调节器的输出量 U_i^* 则由负载电流 I_{dL}决定，控制电压 U_c则由转速 n 和 I_d 的大小决定。很明显，比例调节器的输出量总是由输入量决定，而比例积分调节器与比例调节器不同，它的输出与输入无关，而是由它后面所接的环节决定。后面需要 PI 调节器提供多大的输出，它就能提供多大输出，直到饱和为止。

另外，转速反馈系数和电流反馈系数还可以分别通过下面两式计算。

转速反馈系数：

$$\alpha = \frac{U_{nm}^*}{n_{max}} \tag{2-7}$$

电流反馈系数：

$$\beta = \frac{U_{im}^*}{I_{dm}} \tag{2-8}$$

式中，U_{nm}^*和U_{im}^*分别是最大转速给定电压及转速调节器的输出限幅电压，由设计者选定，且受运算放大器允许输入电压和稳压电源的限制。

2.2 双闭环系统的动态性能分析及性能改进

2.2.1 起动过程分析

设置双闭环调速系统的一个重要目的就是要获得接近于图2-2所示的理想起动过程。因此，在分析双闭环调速系统的动态性能时，有必要首先探讨它的起动过程。双闭环调速系统的动态结构如图2-6所示。下面就结合图2-6和PI调节器的动态响应来进行分析。

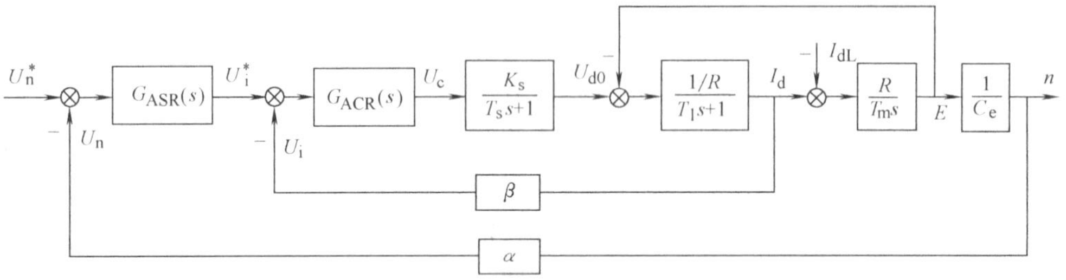

图2-6 双闭环调速系统的动态结构图

双闭环调速系统突加给定电压U_n^*由静止状态起动时，转速和电流的动态过程如图2-7所示。

由于在起动过程中转速调节器经历了不饱和、饱和、退饱和三种状态，所以可据此将整个动态过程分成三个阶段，分别在图中以Ⅰ、Ⅱ和Ⅲ表示。

第Ⅰ阶段（$0\sim t_1$）是电流上升阶段。突加给定电压U_n^*后，经过两个调节器的跟随作用，U_c、U_{d0}、I_d都跟着上升，但是在I_d没有达到负载电流I_{dL}以前，电动机还不能转动。当$I_d \geq I_{dL}$后，电动机开始起动。由于惯性的作用，转速不会很快增长，因而转速调节器ASR的输入偏差电压$\Delta U_n = U_n^* - U_n$的数值仍然较大，其输出电压迅速达到限幅值U_{im}^*，强迫电枢电流I_d迅速上升。直到$I_d \approx I_{dm}$，$U_i \approx U_{im}^*$，电流调节器很快就抑制了I_d的增长，标志着这一阶段的结束。在这一阶段中，ASR很快进入并保持饱和状态，而ACR一般不饱和。

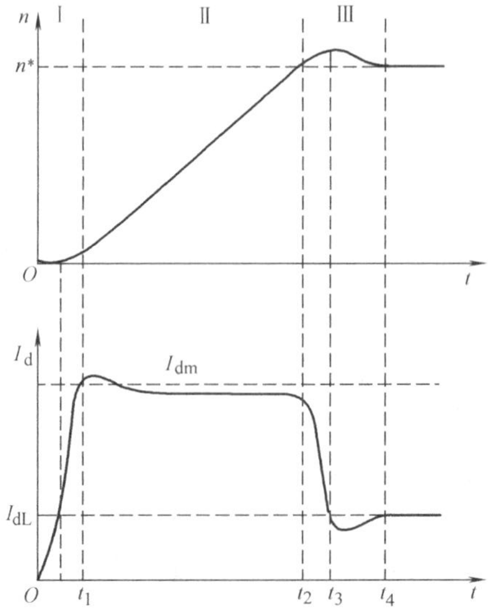

图2-7 双闭环调速系统起动过程转速和电流波形

第Ⅱ阶段（$t_1 \sim t_2$）是恒流升速阶段，是起动过程中的主要阶段。在这个阶段中，ASR始终是饱和的，转速环相当于开环，系统成为在恒

值电流给定 U_{im}^* 作用下的电流调节系统，I_d 基本上保持电流 I_{dm} 恒定，因而系统的加速度恒定，转速呈线性增长。与此同时，电动机的反电动势 E 也按线性增长（见图 2-7）。对电流调节系统来说，E 是一个线性渐增的扰动量（见图 2-6）。为了克服这个扰动，U_{d0} 和 U_c 也必须基本上按线性增长，才能保持 I_d 恒定。当 ACR 采用 PI 调节器时，要使其输出量按线性增长，其输入偏差电压 $\Delta U_i = U_{im}^* - U_i$ 必须维持一定的恒值，即 I_d 应略低于 I_{dm}（见图 2-7）。此外还应该指出，为了保证电流环的这种调节作用，在起动过程中 ACR 不应饱和，电力电子装置 UPE 的最大输出电压也需要留有余地，这些都是设计时必须注意的。

第Ⅲ阶段（t_2 以后）是转速调节阶段。当转速上升到给定值 $n^* = n_0$ 时，转速调节器 ASR 的输入偏差减小到零，其输出却由于积分作用还维持在限幅值 U_{im}^*，所以，电动机仍在加速，使转速超调。转速超调后，ASR 输入偏差电压变负，使它开始退出饱和状态，U_i^* 和 I_d 很快下降。但是，只要 I_d 仍大于负载电流 I_{dL}，转速就继续上升。直到 $I_d = I_{dL}$ 时，转矩 $T_e = T_L$，则 $dn/dt = 0$，转速 n 才到达峰值（$t = t_3$ 时）。此后，电动机开始在负载的阻力作用下减速，与此相应，在 $t_3 \sim t_4$ 时间内，$I_d < I_{dL}$，直到稳定。如果调节器参数整定得不够好，也会有一段振荡过程。在最后的转速调节阶段内，ASR 和 ACR 都不饱和，ASR 起主导的转速调节作用，而 ACR 则力图使 I_d 尽快地跟随其给定值 U_i^*，或者说，电流内环是一个电流随动子系统。

2.2.2 双闭环调速系统的抗扰性能

一般来说，双闭环调速系统具有比较满意的动态性能。对于调速系统，最重要的动态性能是抗扰性能，主要是抗负载扰动和抗电网电压扰动的性能。

1. 抗负载扰动

由双闭环调速系统的动态结构图 2-6 可以看出，负载扰动 I_{dL} 作用在电流环之后，和单闭环调速系统一样，只能靠转速环来抑制。因此，双闭环调速系统对负载扰动具有良好的抗扰作用。

2. 抗电网电压扰动

电网电压扰动和负载扰动作用点在系统动态结构图（如图 2-8）中的位置不同，系统相应的动态抗扰性能也不一样。

由图 2-8b 可知，电网电压扰动被包围在电流环内，当电网电压波动时，可以通过电流反馈及时得到抑制。而由图 2-8a 可知，在单闭环调速系统中，电网电压波动必须等到影响转速以后，才能通过转速负反馈来调节。所以，双闭环调速系统能有效提高系统对电网电压扰动的抗扰性能。

2.2.3 转速-电流调节器的作用

1. 转速调节器的作用

1）使转速 n 跟随给定电压 U_n^* 变化，稳态无静差；

2）对负载变化起抗扰作用；

3）其输出限幅值决定电动机所允许的最大电流 I_{dm}。

2. 电流调节器的作用

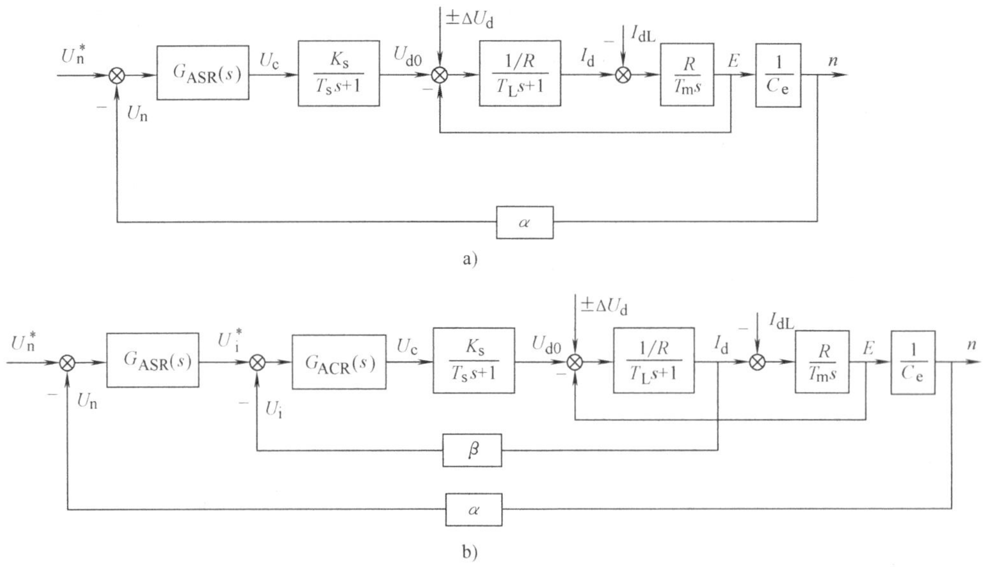

图 2-8 单、双闭环直流调速系统的动态抗扰作用比较

1）电动机起动时，保证获得大而稳定的起动电流，缩短起动时间，使系统具有较好的动态特性；

2）在转速调节过程中，使电流跟随其给定电压 U_i^* 变化；

3）当电动机过载甚至堵转时，限制电枢电流的最大值，起到安全保护作用。故障消失后，系统能够自动恢复正常；

4）对电网电压波动起快速抑制作用。

2.2.4 起动过程特点

根据对双闭环系统起动过程的分析，可以得出起动过程有如下 3 个特点。

1. 饱和非线性控制

随着转速调节器 ASR 的饱和与不饱和，整个系统处于两种完全不同的状态。当转速调节器饱和时，转速环呈现开环，系统表现为恒值电流调节的单闭环系统；当速度调节器不饱和时，转速环闭环，整个系统是一个无静差调速系统，而电流内环则表现为电流随动系统。在不同的情况下表现为不同结构的线性系统，这就是饱和非线性控制的特征，决不能简单地应用线性控制理论来分析和设计这样的系统，可以采用分段线性化的方法处理。

2. 准时间最优控制

起动过程中主要的阶段是第Ⅱ阶段，即恒流升速阶段，它的特征是电流保持恒定，一般选择为允许的最大值，以便充分发挥电动机的过载能力，使起动过程尽可能最快。这个阶段属于电流受限制条件下的最短时间限制，或称为“准时间最优控制”。

采用饱和非线性控制方法实现准时间最优控制是一种很有实用价值的控制策略，在各种多环控制系统中普遍得到应用。

3. 转速超调

由于采用了饱和非线性控制，起动过程进入第Ⅲ阶段，即转速调节阶段后，必须使转速调节器退出饱和状态。按照 PI 调节器的特性，只有使转速超调，ASR 的输入偏差电压 ΔU_n 为负值，才能使 ASR 退出饱和。这就是说，采用 PI 调节器的双闭环调速系统的转速动态响应必然有超调。在一般情况下，转速略有超调对运动系统的实际运行影响不大。如果工艺上不允许转速超调，就必须采用另外的控制措施，一种简单有效的办法就是在转速调节器上引入转速微分负反馈。

2.2.5 动态性能改进—转速微分负反馈

由双闭环直流调速系统起动过程的特点可知，动态性能的其中一点不足就在于起动过程中产生转速超调，而且抗扰性能的提高也受到一定的限制。实践证明，在转速调节器 ASR 上引入转速微分负反馈，可以抑制转速超调，显著降低动态速降，提高抗扰性能。

带转速微分负反馈的转速调节器如图 2-9 所示。

它和普通转速调节器相比较，在转速反馈环节上并联了微分电容 C_{dn} 和滤波电阻 R_{dn}，即在转速负反馈的基础上叠加上了一个带滤波的转速微分负反馈信号。在转速变化过程中，转速负反馈和转速微分负反馈两个信号一起与给定信号 U_n^* 相抵，将比普通双闭环系统更早达到平衡，开始退饱和。

图 2-10 中的曲线 1 为普通双闭环调速系统的起动过程。当 $t=t_2$ 时，n 达到给定转速值 n^*（O'点），ASR 开始退饱和，其后转速必然有超调。加入微分负反馈之后，系统提前到 T 点退饱和，进入了线性闭环系统的工作状态，所对应的转速 n_t 比 n^* 低。在 $I_d \geq I_{dL}$ 时转速虽然仍继续上升，但有可能不出现超调就趋于稳定，如图 2-10 中曲线 2 所示。

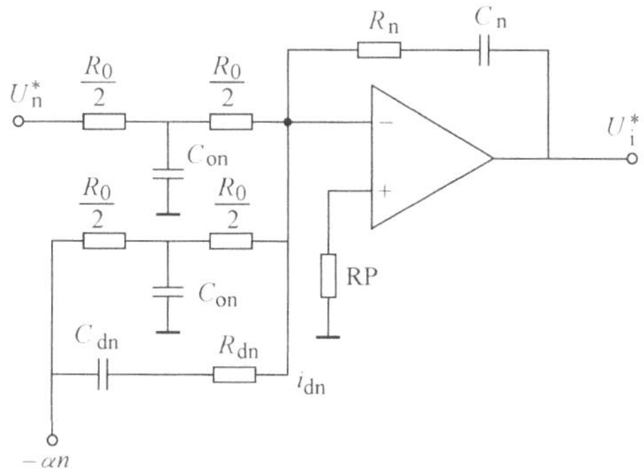

图 2-9 带转速微分负反馈的转速调节器

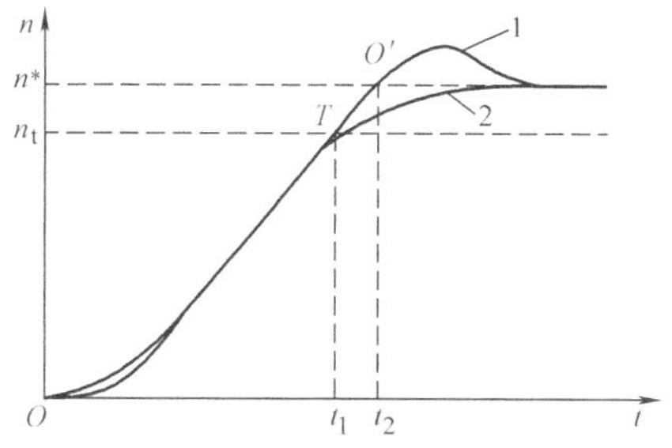

图 2-10 转速微分负反馈环节对系统动态性能的影响

2.3 双闭环直流调速控制模块的应用

前面讲述了双闭环直流调速系统的结构、原理及参数计算等，表明双闭环调速系统具有良好的静、动态性能，因此在拖动系统控制中得到了广泛应用。下面介绍实际应用的一种双闭环直流调速控制模块。

2.3.1 模块介绍

图 2-11 所示为双闭环直流调速控制模块的外观图。该模块多用于直流电动机调速控制。

1. 模块特点

① 采用进口芯片、高级芯片支撑板及其他高级热绝缘材料，特殊烧结工艺。

② 国外加工专用IC，大大提高智能化控制能力。

③ 热循环负载次数超过国家标准近10倍，使用寿命长。

④ 控制电路置于模块内部，简化了外围器件，增强可靠性。

⑤ 移相控制系统，主电路、导热基板相互隔离，介电强度≥2500VAC。

⑥ 三相模块主电路交流输入无相序。

⑦ 0~10V直流信号，可对主电路输出电压进行平滑调节。

图2-11 双闭环直流调速模块

⑧ 给定积分环节可实现直流电动机软起动，并且积分时间可调。

⑨ 电动机起动电流可调节。

⑩ 模块具有过流、过热和缺相三种保护。

2. 模块组成及内部电连接形式

1）该双闭环直流调速模块，内含功率晶闸管、移相控制电路、电流传感器、转速与电流双闭环调速电路，可对直流电动机进行速度调节与控制，其构成框图如图2-3所示。

2）双闭环直流调速模块的内部电联接形式如图2-12所示，包括三相全控桥、移相调控器、双闭环调速控制板。

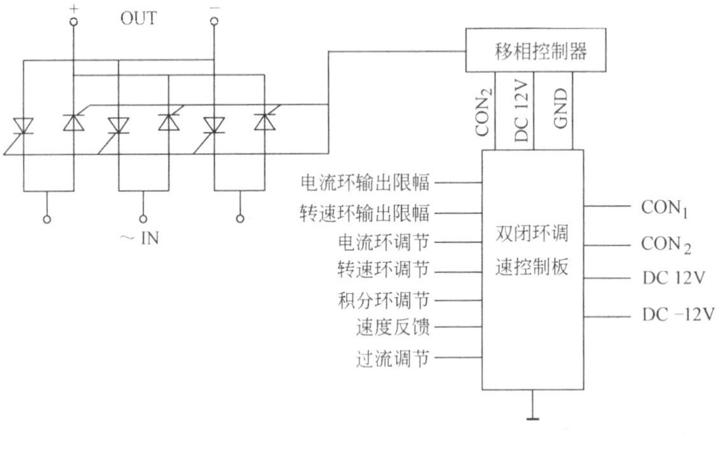

图2-12 双闭环直流调速模块的内部电连接图

3. 双闭环直流调速模块参数

本模块设计采用转速、电流双闭环直流调节，能够使系统获得很好的动、静态效果。其速度超调量<5%、电流超调量<5%、调整时间<0.5s、振荡次数≤2、转速稳态误差≤0.02、转速稳定度<0.5%。

晶闸管芯片详细参数见表2-1。

表 2-1 晶闸管芯片详细参数表

<table>
<tr><td rowspan="3">模块型号</td><td>I_T (AV)</td><td>V_{RRM}
V_{DRM}</td><td>I_{TSM}</td><td>I_{RRM}
I_{DRM}</td><td>R_{in}</td><td>T_j</td><td>di/dt</td><td>du/dt</td></tr>
<tr><td>$T_c=85$℃</td><td>$T_s=125$</td><td>45℃
10ms</td><td>125℃</td><td>max</td><td>max</td><td></td><td></td></tr>
<tr><td>A</td><td>V</td><td>A</td><td>mA</td><td>℃/W</td><td>℃</td><td>A/μs</td><td>μs</td></tr>
<tr><td>MSZ-ZLTS-500</td><td>320</td><td rowspan="6">1200 ~ 2200</td><td>8000</td><td>20</td><td>0. 04</td><td rowspan="10">125</td><td rowspan="10">100</td><td rowspan="10">500</td></tr>
<tr><td>MSZ-ZLTS-400</td><td>250</td><td>6400</td><td rowspan="2">15</td><td>0. 05</td></tr>
<tr><td>MSZ-ZLTS-320</td><td>200</td><td>5000</td><td>0. 06</td></tr>
<tr><td>MSZ-ZLTS-200</td><td>110</td><td>2000</td><td rowspan="5">10</td><td rowspan="2">0. 15</td></tr>
<tr><td>MDZ-ZLTS-200</td><td>100</td><td>1800</td></tr>
<tr><td>MSZ-ZLTS-150</td><td>75</td><td>1100</td><td>0. 30</td></tr>
<tr><td>MSZ-ZLTS-100</td><td>50</td><td rowspan="2">1200 ~ 1800</td><td>1100</td><td>0. 30</td></tr>
<tr><td>MDZ-ZLTS-100</td><td>50</td><td>300</td><td>0. 40</td></tr>
<tr><td>MSZ-ZLTS-55</td><td>27</td><td rowspan="2">1200 ~ 1600</td><td rowspan="2">520</td><td rowspan="2">5</td><td rowspan="2">0. 55</td></tr>
<tr><td>MDZ-ZLTS-55</td><td>27</td></tr>
</table>

2.3.2 模块的保护

1. 过流保护

该模块过流保护可采用外接快速熔断器、快速过电流继电器、传感器的方法。外接快速熔断器是最常用的方法。

1）接线方法：快速熔断器接在模块的交流输入端，以三相整流模块和单相整流模块为例，如图 2-13 所示。

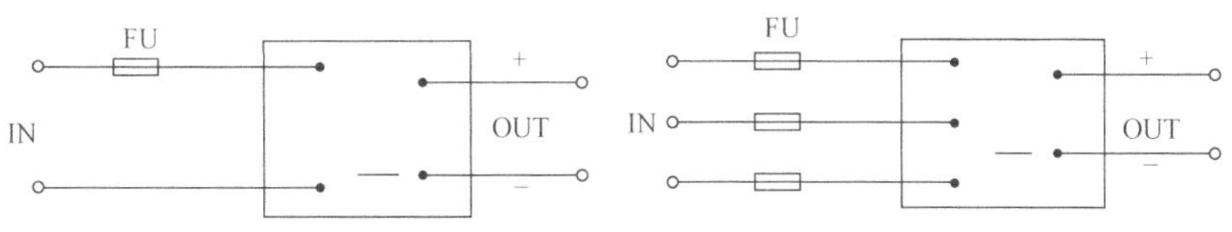

a)　　　　b)

图 2-13 单相整流模块和三相整流模块接线

a）单相双闭环直流调速模块 b）三相双闭环直流调速模块图

2）快速熔断器的选择：

① 熔断器的额定电压大于电路中正常工作电压。

② 熔断器额定电流的选取，参考表 2-2。

表 2-2　熔断器型号

<table>
<tr><th rowspan="2">模块型号</th><th colspan="3">熔　断　器</th></tr>
<tr><th>交流额定电压/V</th><th>额定电流/A</th><th>数量/只</th></tr>
<tr><td>MSZ-ZLTS-500</td><td rowspan="10">500</td><td>250</td><td rowspan="3">3</td></tr>
<tr><td>MSZ-ZLTS-400</td><td>160</td></tr>
<tr><td>MSZ-ZLTS-320</td><td>125</td></tr>
<tr><td>MSZ-ZLTS-200</td><td rowspan="3">80</td><td rowspan="2">3</td></tr>
<tr><td>MDZ-ZLTS-200</td></tr>
<tr><td>MSZ-ZLTS-150</td><td>1</td></tr>
<tr><td>MSZ-ZLTS-100</td><td rowspan="2">40</td><td>3</td></tr>
<tr><td>MDZ-ZLTS-100</td><td>1</td></tr>
<tr><td>MSZ-ZLTS-55</td><td rowspan="2">25</td><td>3</td></tr>
<tr><td>MDZ-ZLTS-55</td><td>1</td></tr>
</table>

2. 过压保护

双闭环直流调速模块的过压保护，推荐使用阻容吸收和压敏电阻两种方式并用。

(1) 阻容吸收回路　电容器把过电压的电磁能量变成静电能量存储，电阻防止电容与电感产生谐振。这种吸收回路能抑制晶闸管由导通到截止时产生的过电压，有效避免晶闸管被击穿。接线方法如图 2-14 所示，R 和 C 的数值根据表 2-3 选取。

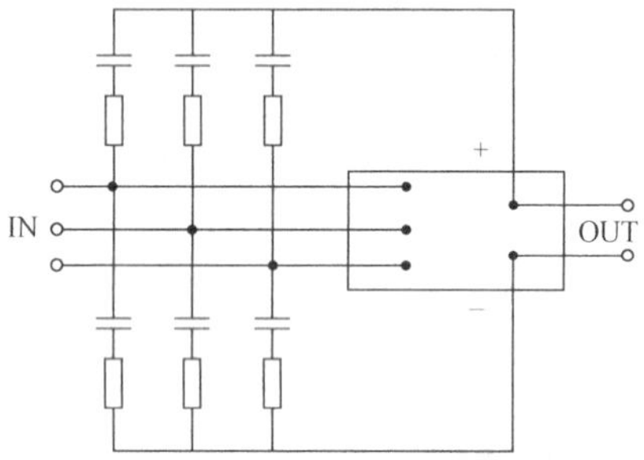

图 2-14　双闭环直流调速模块的阻容吸收保护电路

表 2-3　双闭环直流调速模块 R 和 C 数值选择表

模块型号	R/（Ω/W）	C/μF　（630V_{AC}）	数量/只
MSZ-ZLTS-500	8.2/15	0.68	各 6
MSZ-ZLTS-400	8.2/15	0.68	各 6
MSZ-ZLTS-320	8.2/15	0.68	各 6
MSZ-ZLTS-200	20/10	0.33	各 6
MDZ-ZLTS-200	20/10	0.33	各 4
MSZ-ZLTS-150	20/10	0.33	各 6
MSZ-ZLTS-100	33/5	0.22	各 6
MDZ-ZLTS-100	33/5	0.22	各 4
MSZ-ZLTS-55	62/5	0.22	各 6
MDZ-ZLTS-55	62/5	0.22	各 4

(2) 压敏电阻吸收过电压　压敏电阻吸收由于雷击等原因产生的能量较大、持续时间较长的过电压。压敏电阻标称电压（U_{1mA}），是指压敏电阻流过 1mA 电流时它两端的电压，压敏电阻电压选取：710V≤U_{1mA}≤1000V，接法如图 2-15 所示。

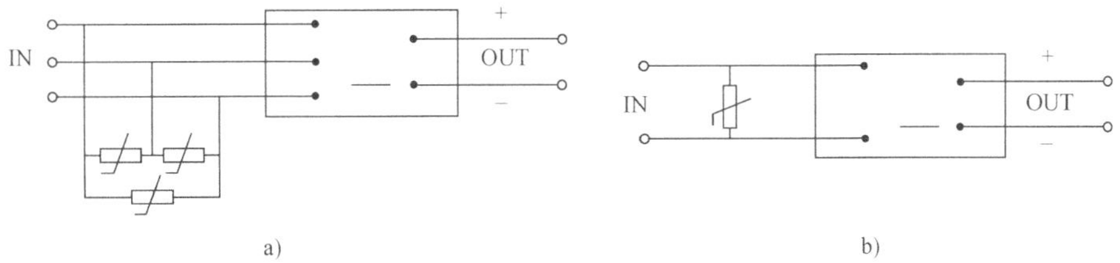

图 2-15 输入侧压敏电阻吸收过电压接线图

a）三相双闭环直流调速模块 b）单相双闭环直流调速模块

3. 过流和缺相保护

过流和缺相保护常采用电路形式置于模块内部。

2.3.3 双闭环直流调速模块主电路负载接线图及安装步骤

（1）双闭环直流调速模块主电路负载接线图如图 2-16 所示。

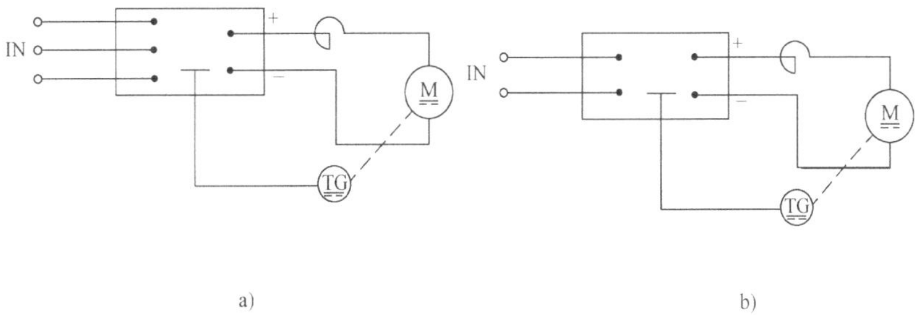

图 2-16 双闭环直流调速模块主电路负载接线图

a）三相双闭环直流调速模块 b）单相双闭环直流调速模块

（2）双闭环直流调速模块的安装步骤

1）把散热器和风机按通风要求安装好。

2）在模块导热底板表面与散热器表面均匀涂覆一层导热硅脂，用四个螺钉把模块固定于散热器上，注意四个螺钉用力要均等，使导热基板与散热器表面紧密接触。

3）用接线端头环带将铜线扎紧，以免接触不良而附加发热，然后套上绝缘热缩管，用热风或热水加热收缩。

4）将接线端头固定在模块电极上，用螺钉紧固，保持良好平面压力接触。

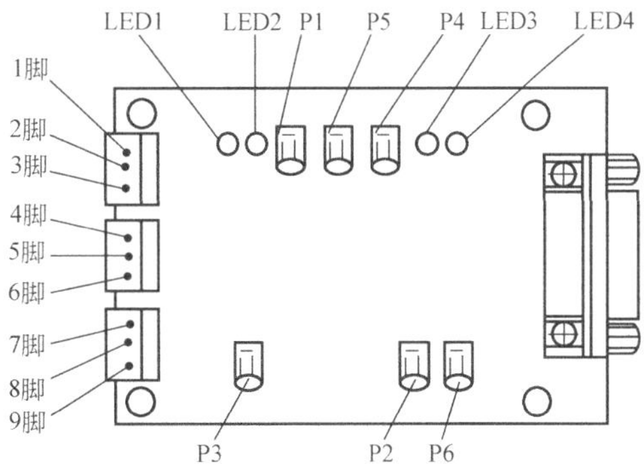

图 2-17 控制板引脚分布图

5）接控制板。控制板的引脚分布图详见图 2-17。

（3）控制板引脚说明 控制板引脚说明见表 2-4，在连接信号时应注意以下几个事项：

（1）4、5、6 脚一般接控制电位器，用户接电位器时 5 脚必须接中心抽头并且保证 5 脚初始状态为 0V。控制电位器一般选取 10 ~ 47kΩ 为宜。

（2）5 脚由仪表或计算机控制时，6 脚空置。

（3）7、8 脚最高输入电压 110V。

表 2-4　控制板引脚说明

引脚序号	连接信号	备　注
1	外接 +12V 电源	
2	地	
3	外接 -12V 电源	
4	地	
5	控制信号输入端	给定信号由此端输入
6	同 1 脚相连	
7	测速发电机正信号输入	
8	测速发电机负信号输入	
9	复位端	当模块处于保护状态时，此端接 +12V 对模块进行复位

（4）控制板上电位器功能说明

1）P1、P2：软起动积分时间调节旋钮，顺时针旋转增加积分时间。P1 改变积分信号大小，P2 改变积分常数大小。

2）P3：速度反馈信号大小调节旋钮，改变测速发电机信号大小。

3）P4：速度环限幅调节旋钮，顺时针旋转减小限幅值。

4）P5：电流环限幅调节旋钮，顺时针旋转减小限幅值。

5）P6：过流保护设定旋钮，顺时针旋转减小保护电流。

（5）控制板上发光二极管作用说明

1）LED1：+12V 电源指示。

2）LED2：-12V 电源指示。

3）LED3：过流指示。

4）LED4：过热指示。

5）LED3、LED4 全亮表示缺相。

（6）调节元件说明

1）C_4、R_{17}为转速环调节元件。

2）C_3、R_{16}为电流环调节元件。

2.3.4　双闭环直流调速模块的简单测试

1）按控制板的器件连接原理图连接好模块，接通电源，输出端接一假负载（如灯泡），调节给定信号使模块输出较小电压值（如 100V）。

2）接上直流电动机和直流测速发电机，缓慢调节给定信号，若电动机速度随给定信号缓慢改变，说明系统运行正常。否则需重新检查连线。如果连线正确，电动机仍运行正常，则需调节 C_4、R_{17}、C_3、R_{16}。

注：开机前应先送三相交流电源，否则系统将视缺相处理，而进入保护状态。

3）其他参数的整定方法。

①　过流保护：加大负载，使电动机电流达到最大值，调整 P6 使电动机刚刚进入保护状态。再调整 P6 使保护电流稍大于电动机最大电流即可。

② 电动机过载电压调整：调节电位器 P5（即电流环限幅值），使模块最大输出电压为电机最大工作电压即可。

③ 积分时间调整：调节电位器 P1、P2，即可调整积分（即电动机软起动）时间的长短。

④ 速度环、电流环参数调整：具体值可参照表 2-5 选取。表中 C_4、R_{17}、C_3、R_{16}为一般经验值，如果系统不稳定或动静特性不满足要求时，可适当进行调整。

调整方法参照以下原则：

增加 R_{17}可以减小系统稳态误差，但增加系统超调量，容易造成系统不稳定；

增加 C_4 可以增加系统稳定性，但调节过程变长；

C_3R_{16}同 C_4R_{17}大致一样，但电流环放大倍数不易过大，即 R_{16}不易增加。增加 C_3 容易造成系统不稳定；

以上原则是单方面的，有时需同时改变两个以上器件参数，并且反复凑试。

表 2-5　C_4R_7、C_3R_{16}参数选择对照表

直流电机参数			对应的 C_4R_{17}、C_3R_{16}的参数			
额定电压/V	额定电流/A	额定转速/r·min^{-1}	C_4/μF	R_{17}/kΩ	C_3/μF	R_{16}/kΩ
220	12.35	1500	0.5	680	2	56
220	41.8	1500	0.2	680	2	56
220	68.7	1500	0.2	700	2	56
220	115.4	1500	0.2	700	2	56
220	156.9	1500	0.18	800	2	56
220	208	1500	0.18	1000	2	56
220	284	1500	0.2	1200	2	56

4）注意事项：

① 双闭环直流调速模块电流规格的选取：根据电动机电流选取（一般取电动机额定电流的 2.5 倍）。

② ±12V 直流稳压电源要求：±12V 直流电源要求：±12，±0.5V；且电源的电流必须大于触发电源电流 2 倍以上，具体参照表 2-1（晶闸管芯片详细参数）。

若采用变压器整流式稳压电源，滤波电容必须大于 1000μF/25V。±12V 直流电源极性严禁反接，否则将烧坏模块。

③ 环境要求：环境适应温度 −25 ~ +45℃；工作场所要求干燥、通风、无尘、无腐蚀性气体。

④ 其他事项：因双闭环直流调速模块主电路引出极弯曲 90°，易掀起折断，所以接线时应防止外力或电缆重力将电极拉起折断；严禁不用接线端头而直接将铜线压接在双闭环直流调速模块电极上；测散热器的温度时，测试点选择靠近模块中心点、紧贴双闭环直流调速模块外壳的散热器表面，温度要求勿超过 70℃，否则会烧坏双闭环直流调速模块。

2.4 三环调速系统

前面着重分析了双闭环调速系统的基本原理、控制规律和抗扰性能，其中许多方面都代表着多环控制系统的一般规律，现在再来推广到其他多环控制系统。实际的多环调速系统种类很多，本节以带电流变化率内环和带电压内环的三环调速系统为例，来说明多环调速系统的控制规律。

1. 带电流变化率调节器的三环系统

(1) 电流变化率内环引入的原因　在双闭环调速系统中，为了提高系统的快速性，在电动机起动的初期和后期，希望电流能快速地上升或下降。但过高的电流变化率会使直流电动机产生很高的换向电动势，同时换向器上产生不能容许的火花等级；此外过高的电流变化率还伴随着很大的转矩变化率，会在机械传动机构中产生很强的冲击，从而加快机器磨损，缩短了设备的检修周期甚至使用寿命。为此在电流环内再设置一个电流变化率环，通过电流变化率内环的调节，使电流变化率不致过高的同时又能保持允许的最大变化率，使整个电流波形更接近理想的动态波形，这样就构成了转速、电流、电流变化率三环调速系统。

(2) 带电流变化率内环的三环系统组成　图 2-18 所示为带电流变化率内环的三环调速系统组成原理图。图中 ADR 是电流变化率调节器。

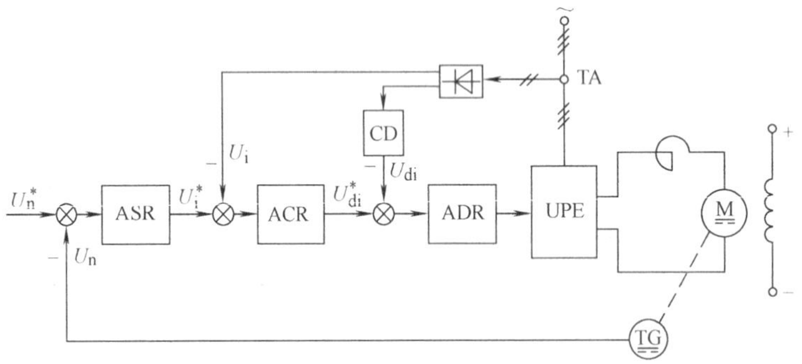

图 2-18　带电流变化率内环的三环调速系统

系统中，ASR 的输出仍是 ACR 的给定电流信号，其限幅值控制最大电流；但 ACR 的输出不直接控制触发电路，而是作为电流变化率调节器 ADR 的电流变化率给定信号，由 ADR 的输出去控制触发电路，其最大输出限幅值决定触发脉冲的最小触发延迟角 α_{min}。ADR 的负反馈信号也是来自电流检测器，并通过微分环节 CD 得到。同理，ACR 的输出限幅值控制最大的电流变化率。电流变化率调节器如图 2-19 所示。

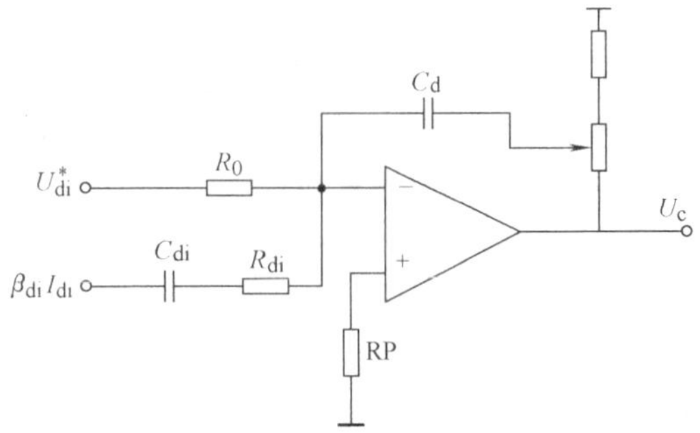

图 2-19　电流变化率调节器

2. 带电压内环的三环调速系统

实际调速系统中，转速、电流、带电压内环的三环调速系统适用于大容量而且对动态性能要求较高的调速系统，图2-20所示为带电压内环的三环调速系统原理图，其中AVR为电压调节器。电压环在抗电网电压扰动作用方面比电流环的调节更为及时。

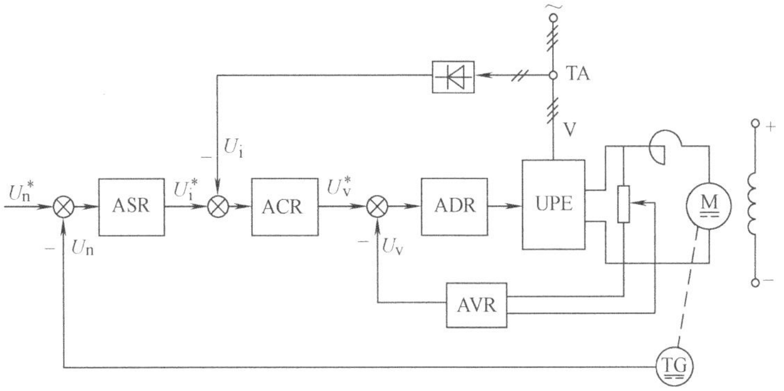

图2-20　带电压内环的三环调速系统原理图

2.5　双闭环直流调速系统的MATLAB/Simulink建模与仿真

本章第2.1节、第2.2节从理论上分析了双闭环直流调速系统的动、静态性能，其动、静态性能还可采用仿真手段来进一步探讨。

1. 系统的建模和模型参数设置

双闭环直流调速系统与开环、单环直流调速系统的主电路模型一样，主电路仍然是由交流电源、同步脉冲触发器、晶闸管整流桥、平波电抗器、直流电动机等方面组成。差别反映在控制电路上，转速-电流双闭环直流调速系统的电气原理仿真结构图如图2-21所示，图2-21是采用面向电气原理结构图的方法构建的双闭环系统仿真模型。

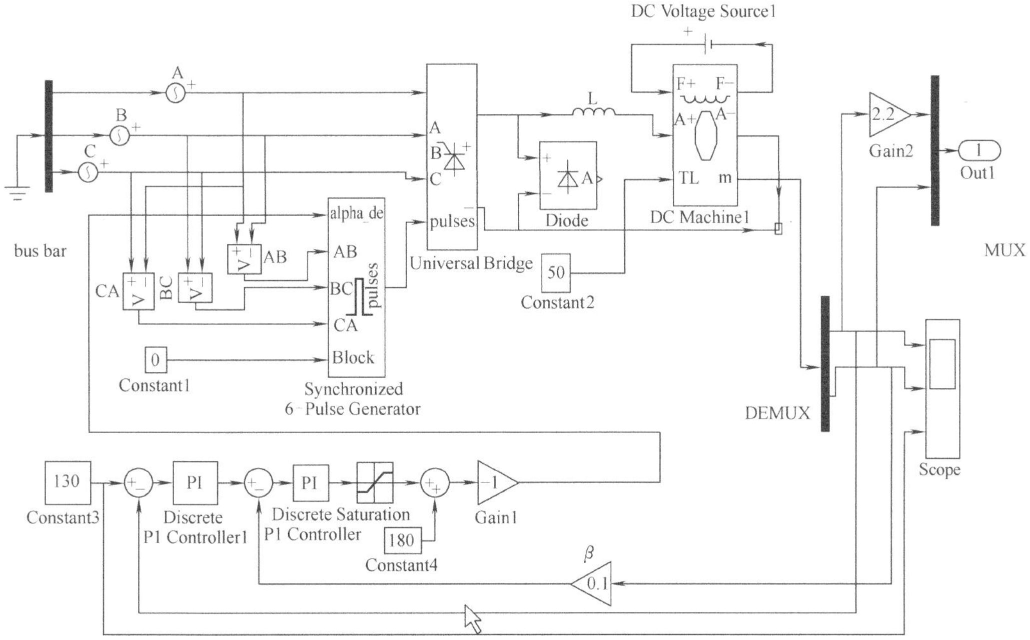

图2-21　双闭环直流调速系统的电气原理结构图

（1）主电路的建模和参数设置　转速、电流双闭环系统主电路的建模和模型参数设置与单闭环直流调速系统绝大部分相同，只是通过参数优化将平波电抗器的电感值改为 9e－02H。

（2）控制电路的建模和参数设置　转速-电流双闭环系统的控制电路包括：给定环节、转速调节器 ASR、电流调节器 ACR、限幅器、偏置电路、反向器、电流反馈环节、速度反馈环节等。限幅器、偏置电路、反向器的作用、建模和参数设置与第 1.6 节的方法相同。

给定环节的参数设置为 Constant3＝130rad/s；电流反馈系数 β 为 0.1；速度反馈系数 α 设为 1。双闭环系统有两个 PI 调节器——ASR 和 ACR。ASR（Discrete PI Controller1）的参数设置为：$K_{pn}=1.2$，$K_i=0.1$，上下限幅值为［40，－40］，设置窗口如图 2-22 所示。ACR（Discrete PI Controller）的参数设置为：$K_{pi}=2$，$K_i=0.01$，上下限幅值为［130，－130］，设置窗口如图 2-23 所示。饱和限幅器（Saturation）参数设置如图 2-24 所示。其他没作说明的为系统默认参数。

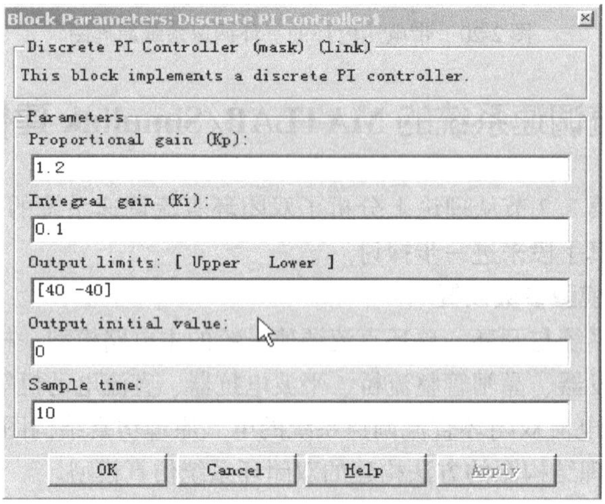

图 2-22　ASR 参数设置

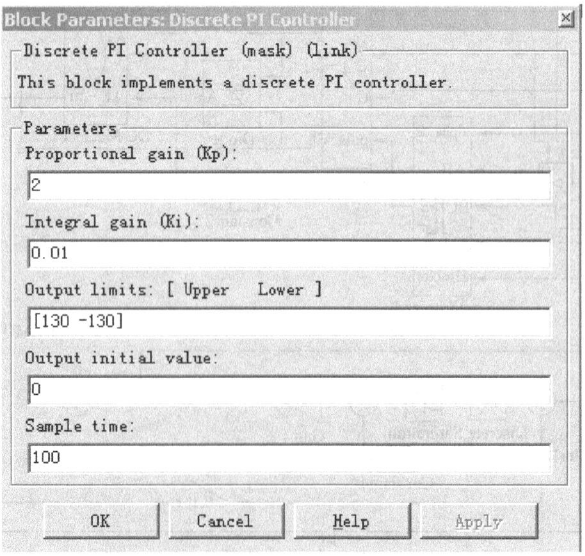

图 2-23　ACR 参数设置

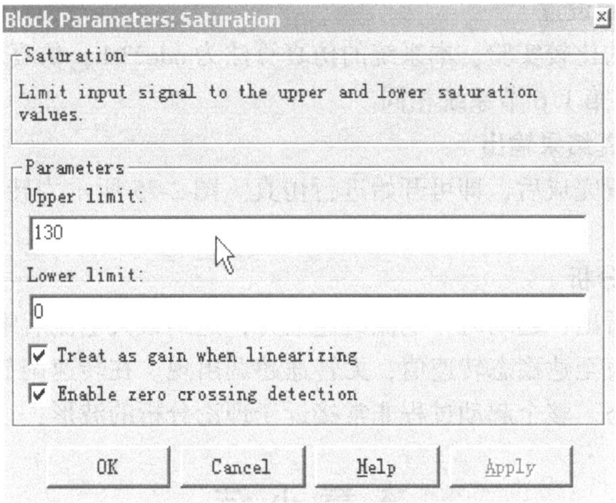

图 2-24　饱和限幅器参数设置

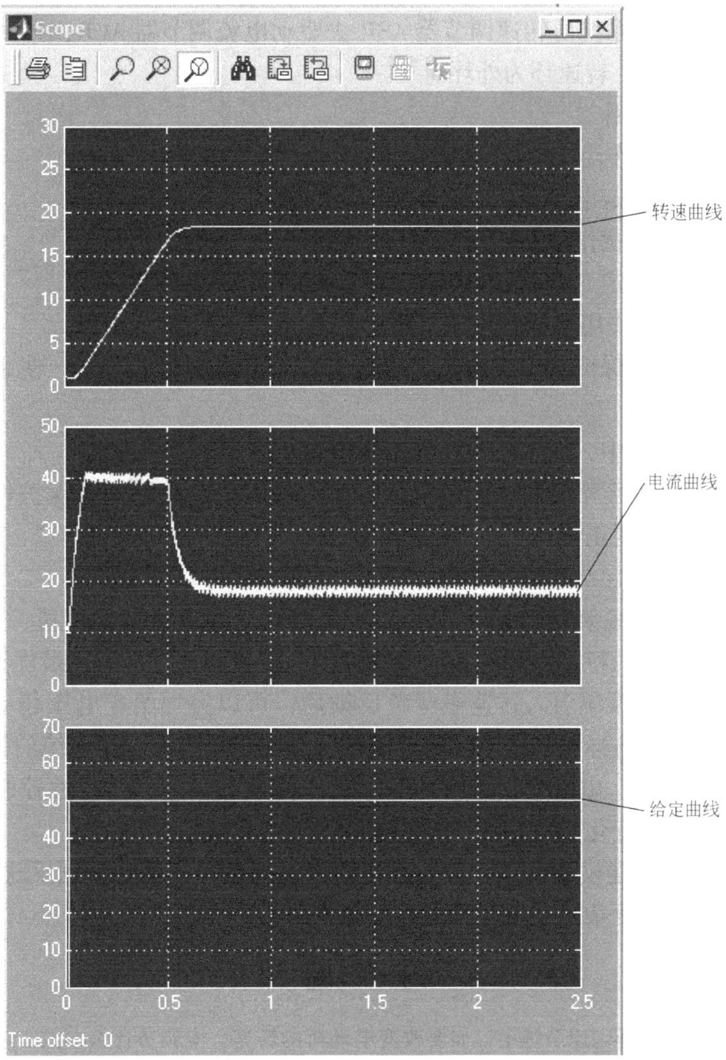

图 2-25　转速-电流双闭环系统的电流曲线和转速曲线

2. 系统的仿真参数设置

通过对仿真算法的比较实验，本系统的仿真算法为 ode23tb；仿真 Start time 设为 0，Stop time 设为 2.5，其他与第 1.6 节系统相同。

3. 系统仿真、仿真结果输出

当建模和参数设置完成后，即可开始进行仿真。图 2-25 所示为转速-电流双闭环系统的电流曲线和转速曲线。

4. 系统仿真性能分析

从仿真曲线可以看出：起动时，电流迅速上升，达到最大电流后维持最大电流；此时转速按线性规律增长，直至达稳态转速值，无转速超调出现。在转速调节器退饱和后，电流迅速下降，最后达到稳态。整个起动过程非常接近于理论分析的波形，证明参数优化合理。

本章小结

1. 双闭环直流调速系统由转速调节器 ASR 去驱动电流调节器 ACR，再由 ACR 去驱动触发装置。电流环为内环，转速环为外环。

2. 两个调节器的作用

（1）转速调节器的作用

1）使转速 n 跟随给定电压 U_n^* 变化，稳态无静差；

2）对负载变化起抗扰作用；

3）其输出限幅值决定允许的最大电流。

（2）电流调节器的作用

1）电动机起动时，保证获得大而稳定的起动电流，缩短起动时间，使系统具有较好的动态特性；

2）在转速调节过程中，使电流跟随其给定电压 U_i^* 变化；

3）当电动机过载甚至堵转时，限制电枢电流的最大值，起到安全保护作用。故障消失之后，系统能够自动恢复正常；

4）对电网电压波动起快速抑制作用。

3. 双闭环直流调速系统的启动过程分为三个阶段，即电流上升阶段、恒流升速阶段、转速调节阶段。具有三个特点，即饱和非线性控制、转速超调、准时间最优控制。

4. 直流双闭环调速系统引入转速微分负反馈后，可以突加给定电压起动时转速调节器提早退饱和，从而有效地抑制甚至消除转速超调，同时也增强了调速系统的抗扰性能。

5. 三环调速系统中，电流变化率内环的主要作用是利用饱和非线性控制规律使动态电流按最大允许变化率来变化。

6. 多环调速系统的建模和开环、单环直流调速系统是一样的，差别反映在控制电路上，多环系统的控制电路更复杂。反馈环越多，控制电路的工作量越大。

习　题

2-1　在转速-电流双闭环调速系统中，如要改变电动机的转速，应调节什么参数？改变转速调节器的放大倍数 K_n 行不行？改变电力电子变换器的放大倍数 K_s 行不行？改变转速反馈系数 α 行不行？若要改变电动机的堵转电流，应调节系统中的什么参数?

2-2　转速、电流双闭环调速系统稳态运行时，两个调节器的输入偏差电压和输出电压各是多少？为什么?

2-3　如果转速-电流双闭环调速系统中的转速调节器不是PI调节器，而改为P调节器，对系统的静、动态性能会产生什么影响?

2-4　在转速-电流双闭环调速系统中，两个调节器均采用PI调节器。当系统带额定负载运行时，转速反馈突然断线，系统重新进入稳态后，电流调节器的输入偏差电压 ΔU_i 是否为零？为什么?

2-5　在转速-电流双闭环调速系统中，转速给定信号 U_n^* 未改变，若增大转速反馈系数 α，系统稳定后转速反馈电压 U_n 是增加还是减少?

2-6　在转速-电流双闭环调速系统中，电动机拖动恒转矩负载在额定工作点正常运行，现因某种原因使电动机励磁电源电压突然下降一半，系统工作情况如何变化？写出 U_i^*、U_c、U_{d0}、I_d 及 n 在系统重新进入稳定后的表达式。

2-7　在转速-电流双闭环调速系统中，两个调节器均采用PI调节器。已知电动机的参数：$P_N=3.7\text{kW}$，$U_N=220\text{V}$，$I_N=20\text{A}$，$n_N=1000\text{r/min}$；电枢回路总电阻 $R=1.5\Omega$，设 $U_{nm}^*=U_{im}^*=U_{cm}=8\text{V}$，电枢回路最大电流 $I_{dm}=40\text{A}$，电力电子变换器的放大系数 $K_s=40$。试求：

（1）电流反馈系数 β 和转速反馈系数 α；

（2）当电动机在最高转速发生堵转时 U_i^*、U_i、U_c、U_{d0} 的值。

2-8　试从下述5个方面来比较转速-电流双闭环调速和带电流截止环节的转速单闭环调速系统：

（1）调速系统的静态特性；

（2）动态限流性能；

（3）起动的快速性；

（4）抗负载扰动的性能；

（5）抗电源电压波动的性能。

2-9　调试双闭环调速系统时，遇到下列情况会出现什么现象?

（1）电流反馈极性接反；

（2）转速反馈极性接反；

（3）起动时ASR未达饱和；

（4）起动时ACR达到饱和。

2-10　在转速-电流双闭环调速系统中，两个调节器均采用PI调节器。则：

（1）试作出负载突增时 I_{dl}、I_d 与 n 在调整过程中的波形；

（2）若 $U_{nm}^*=15\text{V}$，$U_{im}^*=10\text{V}$，$I_N=20\text{A}$，$n_N=1500\text{r/min}$，$R=2\Omega$，$K_s=20$，$C_e=0.127\text{V}\cdot\text{min/r}$。当 $U_n^*=5\text{V}$，$I_{dL}=10\text{A}$ 时，求稳态运行时的 n、U_n、U_i^*、U_i 和 U_c。

（3）若系统中测速机励磁和电网电压发生变化，系统有没有克服这两种扰动的能力？为什么?

2-11　试对转速微分负反馈双闭环直流调速系统建立Simulink仿真模型，并对性能进行仿真分析。

第3章　直流可逆调速系统及数字直流调速器

本章是在第2章的基础上进一步探讨生产工艺要求电动机既能正、反转，又能快速起动、制动，实现四象限运行的直流可逆调速系统。首先介绍了可逆调速系统的电路结构、“回馈制动”、“有环流”等概念；然后详细分析了有环流可逆调速系统和逻辑无环流可逆调速系统；并在此基础上，介绍了逻辑无环流可逆调速系统的 Simulink 仿真；最后介绍了直流脉宽调速系统，并以西门子公司的产品为例介绍了数字直流调速器。

3.1　可逆调速系统的电路结构及回馈制动

3.1.1　可逆调速系统的可逆电路

有许多生产机械要求电动机既能正转，又能反转，而且常常还需要快速地起动和制动，这就需要电力拖动系统具有四象限运行的特性，也就是说，需要可逆的调速系统。

在可逆调速系统中，电动机的旋转方向是经常改变的。而要实现电动机旋转方向的改变，就必须改变电动机电磁转矩的方向。由直流电动机的转矩公式：

$$T_e = C_m \Phi I_d$$

可知，改变电磁转矩 T_e 的方向有两种方案：

1）电枢可逆，即在保持励磁磁通 Φ 恒定的前提下，改变电动机电枢电流 I_d 的方向，实际上就是改变电动机电枢电压 U_d 的极性；

2）励磁可逆，即在保持电枢电压 U_d 极性恒定的前提下，改变励磁磁通 Φ 方向，即改变励磁电流 i_f 的方向。

因此，可逆调速系统的可逆电路就有两种方式，即电枢反接可逆电路和励磁反接可逆电路。

1. 电枢反接可逆电路

电枢反接可逆电路的形式有多种，这里主要介绍具有代表性的三种形式。

（1）接触器开关切换的可逆电路　对于经常处于单方向运行偶而才需要反转的生产机械，例如地铁列车的倒车，可以采用一组晶闸管整流装置给电动机电枢供电，再用接触器开关切换加在电动机电枢上的电压极性来实现，这类系统的原理图如图3-1所示。晶闸管整流装置的输出电压 U_d 极性始终不变，总是上“+”下“-”。当接触器 KMF 吸合时，电动机端电压为左“+”、右“-”，电动机正转；

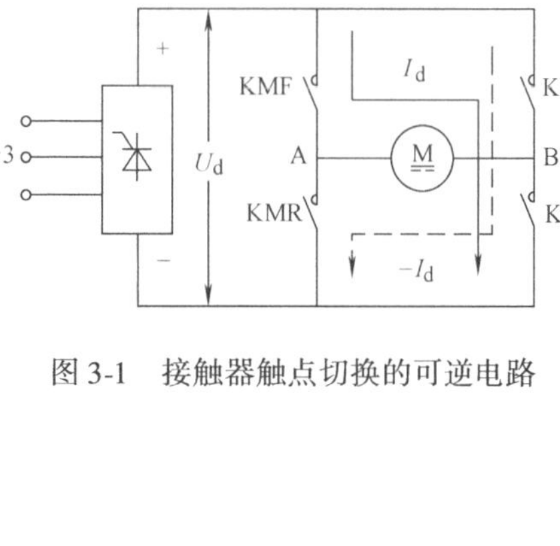

图3-1　接触器触点切换的可逆电路

当接触器 KMR 吸合时，电动机端电压变成左“－”、右“＋”，电动机反转。

优点：仅需一组晶闸管装置，简单、经济。

缺点：有触点切换，动作噪声较大，开关寿命短；需自由停车后才能反向，动作时间长。

应用：不经常正反转的生产机械。

（2）晶闸管开关切换的可逆电路　为了改进接触器开关切换可逆电路的不足，将图 3-1 中的接触器触点用无触点的晶闸管代替，VT_1、VT_4 导通，电动机正转；VT_2、VT_3 导通，电动机反转。如图 3-2 所示。

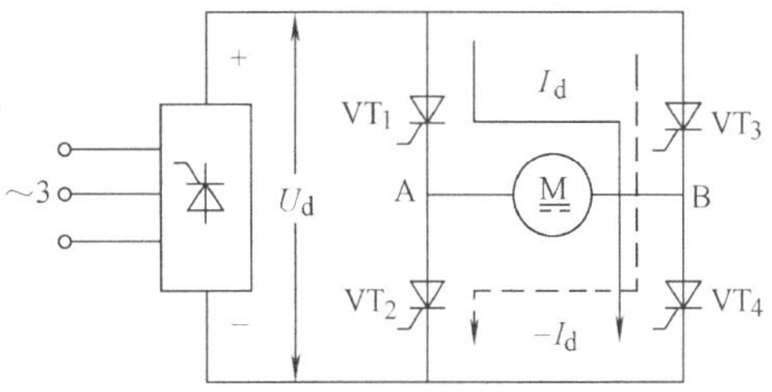

图 3-2　晶闸管开关切换的可逆电路

该电路可适用于频繁正反转的中、小功率的可逆系统。

（3）两组晶闸管装置反并联可逆电路　较大功率的可逆直流调速系统多采用 V-M 系统。由于晶闸管的单向导电性，需要可逆运行时经常采用两组晶闸管可控整流装置反并联的可逆电路，如图 3-3a 所示。

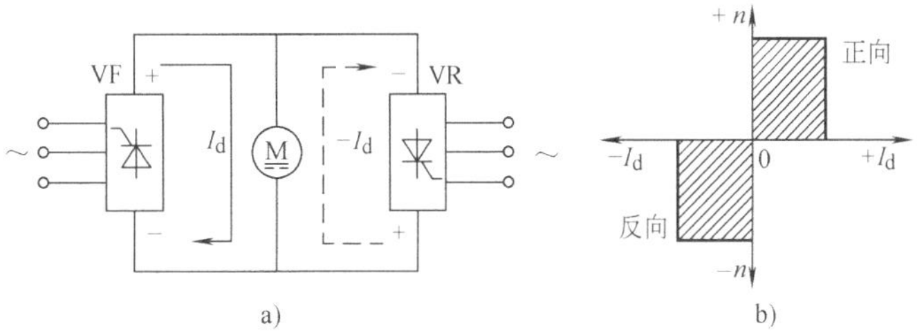

图 3-3　两组晶闸管装置供电的可逆电路

a）可逆电路　b）运行范围

电动机正转时，由正组晶闸管装置 VF 供电；反转时，由反组晶闸管装置 VR 供电。两组晶闸管分别由两套触发装置控制，都能灵活地控制电动机的起、制动和升、降速。

但是，不允许让两组晶闸管同时处于整流状态，否则将造成电源短路，因此对控制电路提出了严格的要求。

该电路适用于频繁正反转的可逆系统。

2. 励磁反接可逆电路

改变励磁电流的方向也能使电动机改变转向。与电枢反接可逆电路一样，可以采用接触器开关或晶闸管开关切换方式，也可采用两组晶闸管反并联供电方式来改变励磁方向。

励磁反接可逆电路如图 3-4，电动机电枢用一组晶闸管装置供电，励磁绕组由另外的两组晶闸管装置供电。

优点：供电装置功率小。由于励磁功率仅占电动机额定功率的 1% ~5%，因此，采用励磁反接方案，所需晶闸管装置的容量小、投资少、效益高。

缺点：改变转向时间长。由于励磁绕组的电感大，励磁反向的过程较慢；为了尽可能快地反向，常采用“强迫励磁”的方法，即在励磁反向过程中加 2 ~5 倍的反向励磁电压，迫使励磁电流迅速改变，当达到所需数值时立即将励磁电压降到正常值。

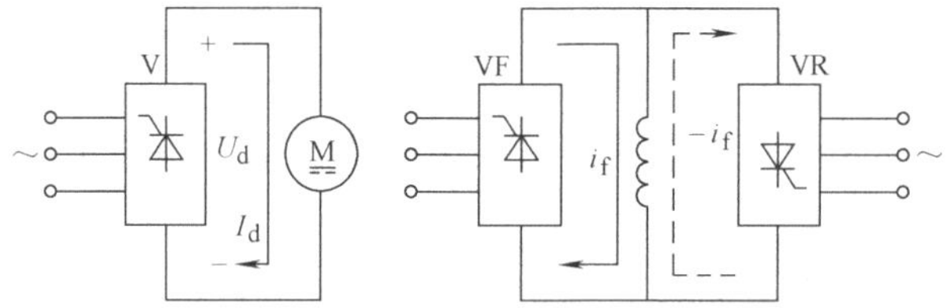

图 3-4 两组晶闸管反并联励磁反接可逆电路

其次，在反向过程中，当励磁电流由额定值下降到零这段时间里，如果电枢电流依然存在，电动机将会出现“弱磁升速”现象。为了避免这种现象，应在磁通减弱时保证电枢电流为零。上述这些现象和要求无疑增加了控制系统的复杂性。

因此，励磁反接的方案只适用于对快速性要求不高，正、反转不太频繁的大容量可逆系统，如电力机车等。

3.1.2 V-M 系统的回馈制动

1. 晶闸管装置的整流和逆变状态

在两组晶闸管反并联电路的 V-M 系统中，晶闸管装置可以工作在整流或有源逆变状态。

在电流连续的条件下，晶闸管装置的平均理想空载输出电压为

$$U_{d0} = \frac{m}{\pi} U_m \sin\frac{\pi}{m} \cos\alpha = U_{d0max} \cos\alpha$$

当触发延迟角 $\alpha < 90°$时，晶闸管装置处于整流状态；当触发延迟角 $\alpha > 90°$时，晶闸管装置处于逆变状态。

因此在整流状态中，U_{d0}为正值；在逆变状态中，U_{d0}为负值。为了方便起见，定义逆变角β，$\beta = 180° - \alpha$，则逆变电压公式可改写为

$$U_{d0} = -U_{d0max} \cos\beta \tag{3-1}$$

2. 单组晶闸管装置的有源逆变

单组晶闸管装置供电的 V-M 系统在拖动起重机类型的负载（位能性负载）时既能工作在整流状态，又能工作在有源逆变状态。

（1）整流状态　当电动机提升重物时，$\alpha < 90°$，$U_{d0} > E$，电动机电动运行，拖动重物上升，此时电网向电动机提供能量，如图 3-5 所示。

（2）逆变状态　当电动机放下重物时，$\alpha > 90°$，$U_{d0} < E$，重物拖动电动机反转，此时电动机向电网回馈能量，如图 3-6 所示。

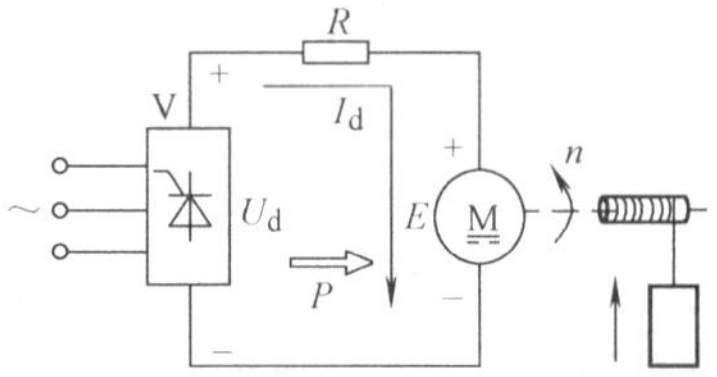

图 3-5 单组晶闸管装置的整流工作状态

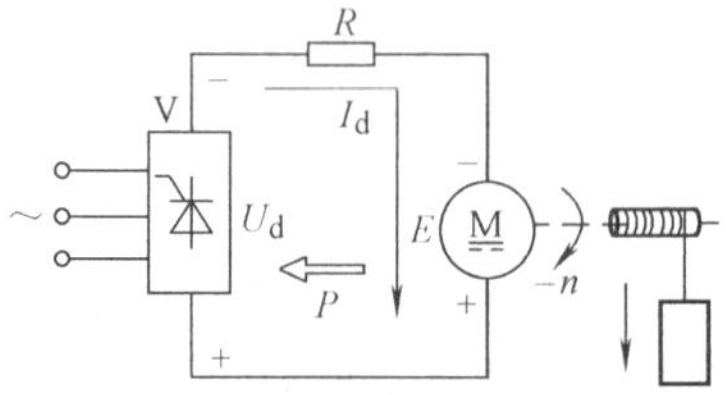

图 3-6 单组晶闸管装置的逆变工作状态

（3）机械特性　当该组晶闸管工作于整流状态时，电动机工作于第一象限；而当该组

晶闸管工作于逆变状态时，电动机工作于第四象限，如图3-7所示。

3. 两组晶闸管装置反并联的整流和逆变

两组晶闸管装置反并联可逆电路的整流和逆变状态原理与前述相同，只是出现逆变状态的具体条件不一样。

现以正组晶闸管装置整流和反组晶闸管装置逆变为例，说明两组晶闸管装置反并联可逆电路的工作原理。

（1）正组晶闸管装置VF整流 VF处于整流状态时，$\alpha_f<90°$，$U_{d0f}>E$，电动机正转，电动机从电路输入能量作电动运行，如图3-8所示。

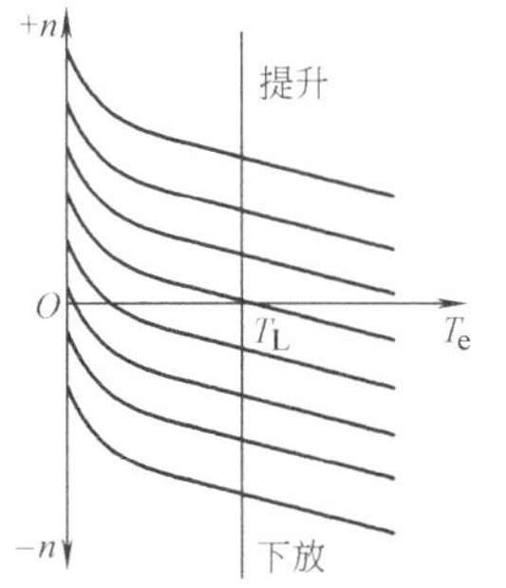

图3-7 单组V-M系统带起重机类型负载时的整流和逆变状态

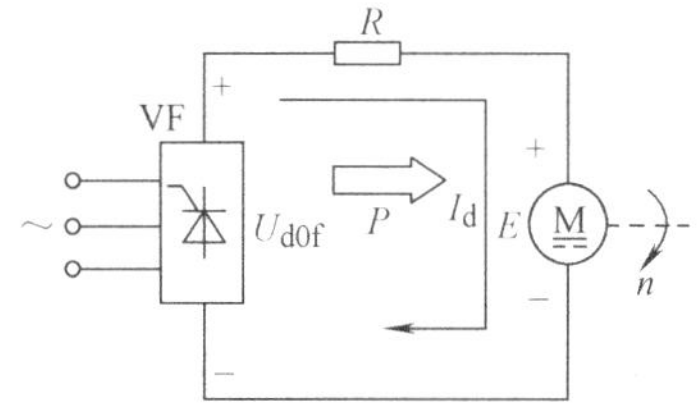

图3-8 正组整流电动运行

（2）反组晶闸管装置VR逆变 当电动机需要回馈制动时，由于电动机反电动势的极性未变，要回馈电能必须产生反向电流，而反向电流是不可能通过VF流通的。这时，可以利用控制电路切换到反组晶闸管装置VR，并使它工作在逆变状态，如图3-9所示。

VR处于逆变状态时，$\alpha_r>90°$，$E>|U_{d0r}|$，电动机反转，电动机输出电能实现回馈制动。

（3）机械特性运行范围 整流状态：V-M系统工作在第一象限。逆变状态：V-M系统工作在第二象限。如图3-10所示。

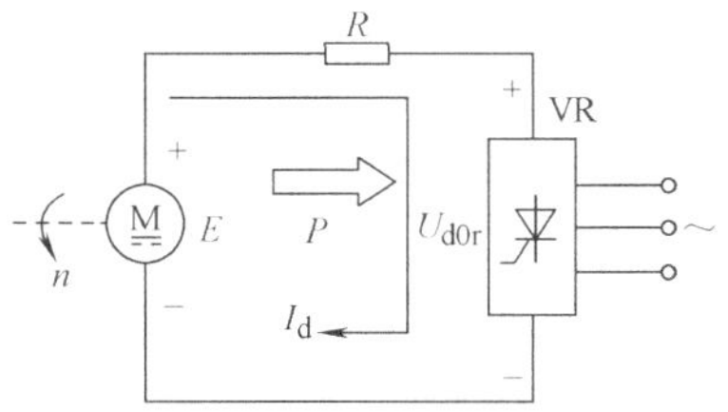

图3-9 反组逆变回馈制动

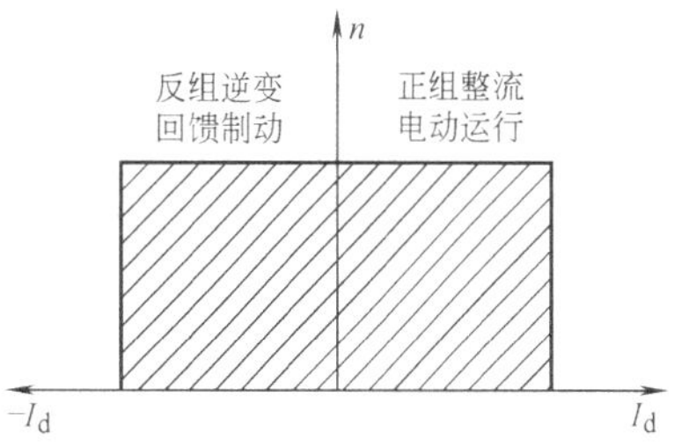

图3-10 机械特性运行范围

4. V-M系统的四象限运行

在可逆调速系统中，正转运行时可利用反组晶闸管实现回馈制动；反转运行时同样可以利用正组晶闸管实现回馈制动。这样，采用两组晶闸管装置的反并联，就可实现电动机的四象限运行。

即使是不可逆的调速系统，只要需要快速回馈制动，常常也采用两组反并联的晶闸管装置，由正组提供电动运行所需的整流供电，反组只提供逆变制动。这时，两组晶闸管装置的容量大小可以不同，反组只在短时间内给电动机提供制动电流，并不提供稳态运行的电流，实际采用的容量可以小一些。

3.1.3 可逆电路中的环流

1. 环流的定义及其分类

(1) 环流的定义　所谓环流，是指不流过电动机或其他负载，而直接在两组晶闸管之间流通的短路电流。如图 3-11 中所示反并联电路中的电流 I_c。

(2) 环流的分类　环流可以分为两大类：

静态环流——当可逆电路在一定的触发延迟角下稳定工作时，所出现的环流叫作静态环流。静态环流又可分为直流平均环流和瞬时脉动环流。

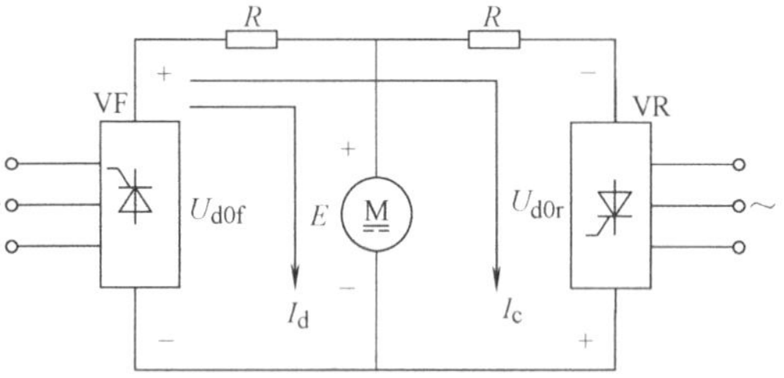

图 3-11　两组晶闸管反并联可逆电路中的电流

动态环流——当晶闸管触发相位突然改变时，系统从原稳态过渡到新稳态过程中出现的环流。系统稳定运行时不存在，只要选择合适的均衡电抗器，就可将其影响降到最低。

(3) 环流存在的危害及益处　在可逆系统中，为了实现电动机正、反转运行和快速制动，逆变组工作处于待逆变状态，此时逆变组中有一定的环流流过。环流存在的大小是影响系统安全工作并决定可逆系统性质的一个重要问题。

一般地说，环流对系统是无益的，它徒然加重晶闸管和变压器的负担，消耗功率，并且环流太大时会导致晶闸管损坏，因此应该予以抑制或消除。

然而，存在适量的环流作为流过晶闸管的基本负载电流，能使电动机在空载或轻载时缩短晶闸管装置供电的电流断续区，提高系统的动态性能，因此也可以加以利用。

2. 直流平均环流及其消除措施

以反并联电路为例，分析直流平均环流值的大小及其消除措施。

从图 3-11 所示的反并联可逆电路可以看出，如果让 VF 和 VR 都处于整流状态，U_{d0f}和U_{d0r}将异极性相连，造成电源短路，此短路电流就是直流平均环流。所以直流平均环流的存在必须进行控制或消除。

为防止直流平均环流的产生，当正组晶闸管 VF 处于整流状态时，其整流电压 U_{d0f}为正，这时应使反组晶闸管 VR 处于待逆变状态，输出一个逆变电压 U_{d0r}，并且幅值与 U_{d0f}相等把它顶住，即

$$U_{d0f} = -U_{d0r}$$

由于

$$U_{d0f} = U_{d0max}\cos\alpha_f$$

$$U_{d0r} = U_{d0max}\cos\alpha_r$$

所以

$$\alpha_f + \alpha_r = 180° \tag{3-2}$$

根据逆变角的定义知

$$\alpha_f = \beta_r \tag{3-3}$$

按照这样的条件来控制两组晶闸管，就可以消除直流平均环流。这样的控制方式称作 $\alpha=\beta$ 工作制配合控制。显然，消除直流平均环流的条件是：

$$\alpha_f \geqslant \beta_r$$

3. 瞬时脉动环流及其抑制措施

采用 $\alpha=\beta$ 工作制配合控制的方法可以消除直流平均环流。但是，晶闸管装置输出电压的瞬时值总是脉动的，VF 输出 u_{d0f} 的波形与 VR 输出 u_{d0r} 的波形并不相同，当 $u_{d0f}>u_{d0r}$ 时，将产生一个正向瞬时电压差 Δu_{d0}，从而产生瞬时脉动环流。

为了抑制瞬时脉动环流，在环流回路中串入电抗器（叫作均衡电抗器或称环流电抗器），一般要求把瞬时脉动环流中的直流分量 I_{cp} 限制在负载额定电流的 5% ~10% 之间。

环流电抗器会因流过直流负载电流饱和，使电感大为降低，失去限制环流作用。因此，环流电抗器的电感量及其接法因可逆电路的不同而异。

3.2　有环流可逆调速系统

3.2.1　自然环流可逆调速系统

采用 $\alpha=\beta$ 工作制配合控制法在可逆电路中可以消除直流平均环流，但一定存在瞬时脉动环流，这样的系统称作有环流可逆调速系统。由于这个瞬时脉动环流是自然存在的，因此又称作自然环流可逆调速系统。

1. 自然环流可逆系统的工作原理

自然环流可逆系统的原理图如图 3-12 所示，主电路采用两组三相桥式晶闸管装置反并联的电路，因而设置 4 个环流电抗器 $L_{c1}\sim L_{c4}$。由于环流电抗器要流过较大负载电流而饱和，在电枢回路还要设一个体积较大的平波电抗器 L_d。

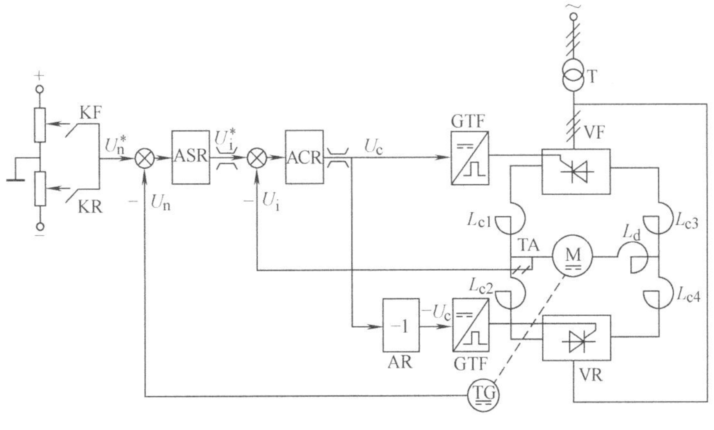

图 3-12　$\alpha=\beta$ 工作制配合控制自然环流可逆系统原理图

控制电路采用典型的转速-电流双闭环系统，不仅可以获得良好的起动性能，而且可以在最大制动电流受约束的条件下实现最短时间制动过程。ASR 设置双向输出限幅以限制正、反向最大动态电流；ACR 设置双向输出限幅，以限制最小触发延迟角 α_{min} 与最小逆变角 β_{min}，而且 $\alpha_{min}=\beta_{min}$。在反组晶闸管触发装置 GTR 之前加反相器 AR 是为了实现 $\alpha_f=\alpha_r$ 的工作制配合控制。

此外，给定电压 U_n^* 由继电器 KF 和 KR 来切换，以实现正、反向系统的运行。为了保证转速和电流的负反馈，反馈信号必须要反映出相应的极性：测速发电机产生的电压是能随电动机转向变化而改变极性的；电流反馈若简单地采用一套交流互感器或直流互感器都不能反映极性，因此采用了能反映电流极性的霍尔电流变换器 TA。

2. $\alpha=\beta$ 工作制配合控制系统的触发移相特性

当触发装置的同步信号为锯齿波时，两组触发装置的移相控制特性如图 3-13 所示。

当控制电压 $U_c=0$ 时，两组触发装置的触发延迟角 α_f 和 α_r 都调整在 90°；U_c 增大时，正组触发延迟角 α_f 减小，正组晶闸管进入整流状态，整流电压 U_{d0f} 增大，反组触发延迟角 α_r 增大，或逆变角 β_r 减小，反组进入逆变状态，逆变电压 U_{d0r} 增大。因为始终保持 $\alpha_f=\beta_r$，所以在 U_c 增大移相过程中，始终 $U_{d0f}=U_{d0r}$。为了防止晶闸管在逆变工作状态时因逆变角 β 太小出现“逆变颠覆”，必须在控制电路中设置限制最小逆变角 β_{min} 的保护环节，例如 ACR 设置双向输出限幅限制 β_{min}。

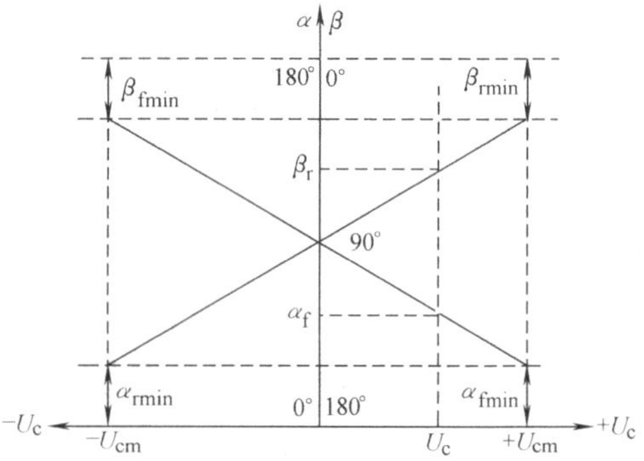

图 3-13 触发装置的移相控制特性

如果只限制 β_{min}，而对 α_{min} 不加限制，那么处于 β_{min} 的时候，系统将会发生 $\alpha<\beta$ 的情况，将产生直流平均环流。为了严格保持配合控制，对 α_{min} 也要加以限制，并应使 $\alpha_{min}=\beta_{min}$。根据 $U_c=f(\alpha)$ 这一函数关系，α_{min} 的限制也就决定了晶闸管装置的最大输出电压 U_{d0max}。限幅值 U_{cm} 可按需要选取，通常取 $\alpha_{min}=\beta_{min}=30°$。

3. $\alpha=\beta$ 工作制配合控制的工作状态

待逆变状态——实际上，这时逆变组除环流外并未流过负载电流，也就没有电能回馈电网，确切地说，它只是处于等待逆变的状态，表示该组晶闸管装置是在逆变角控制下等待工作。

逆变状态——只有在制动时，当发出信号改变触发延迟角后，同时降低了整流电压和逆变电压的幅值，一旦电动机反电动势 $E>|U_{d0r}|=|U_{d0f}|$，整流组电流将被截止，逆变组才真正投入逆变工作，使电动机产生回馈制动，将电能通过逆变组回馈电网。

待整流状态——同样，当逆变组工作时，另一组也是在等待着整流，可称作处于“待整流状态”。

所以，在 $\alpha=\beta$ 工作制配合控制下，负载电流可以迅速地从正向到反向（或从反向到正向）平滑过渡，在任何时候，实际上只有一组晶闸管装置在工作，另一组则处于等待工作的状态。

4. 有环流可逆调速系统的正向制动过程

可逆调速系统的起动过程和不可逆转速-电流双闭环系统是一样的，只是制动过程有它的特点，而反转过程与正向过程相同，所以这里只简要介绍正向制动过程。

整个制动过程按电流方向的不同分成两个主要阶段，如图3-14。

在阶段Ⅰ里，电流 I_d 由正向负载电流 I_{dL} 下降到零，其方向未变，只能仍通过VF流通，这时正组处于逆变状态，所以称作“本组逆变阶段”，这一阶段中主要表现为电流降落。

在阶段Ⅱ里，电流 I_d 方向变反，由零变到反向最大制动电流 $-I_{dm}$，$-I_{dm}$ 维持一段时间后再衰减到零。在这个阶段里电流通过VR，在允许的最大制动电流（$-I_{dm}$）下转速迅速降低，这个阶段称为“它组制动阶段”，这一阶段主要表现为转速降落。

它组制动阶段又分为三个子阶段：（1）它组建流子阶段（$Ⅱ_1$）；（2）它组逆变回馈制动子阶段（$Ⅱ_2$）；反向减流子阶段（$Ⅱ_3$）。

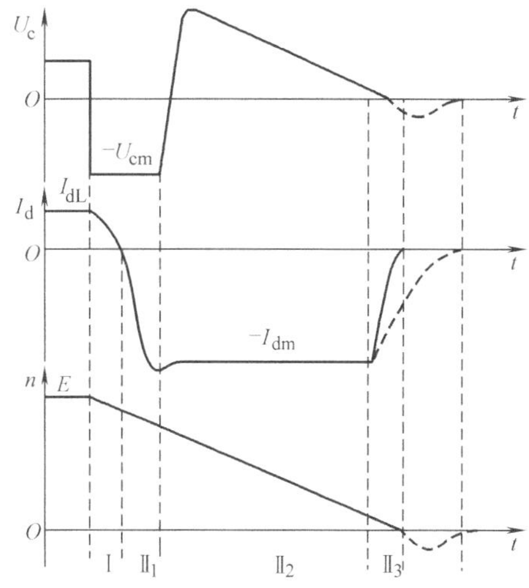

图3-14　正向制动过渡过程曲线

它组逆变回馈制动子阶段（$Ⅱ_2$）是正向制动过程的主要阶段，此时电动机的转速在最大反向加速度下衰减到零，只在制动的开始和末尾经历一些不同的状态。如果制动后紧接着反向起动，只要将 $I_d=-I_{dm}$ 的时间再延长下去，直到反向转速稳定为止，使得制动和起动过程完全衔接起来，没有任何间断或死区，这是有环流可逆调速系统的突出优点所在，对于要求快速正反转的系统特别合适。其缺点是需要添置环流电抗器，而且晶闸管等元件都要负担负载电流加上环流，因此只适用于中、小容量的系统。

3.2.2　可控环流的可逆调速系统

充分利用环流有利的一面，即少量的直流环流可以作为晶闸管的基本负载电流，这样电动机在空载或轻载时可使晶闸管装置仍能工作在电流的连续区，避免电流断续引起的非线性现象对系统静、动态性能的影响。理想的环流变化规律应该是：在轻载时存在适量的直流平均环流（一般为5%～10%的 I_N），采用控制方式，以保证电流连续；而当负载大时使环流减小到零，形成 $\alpha>\beta$ 控制方式。这种根据负载大小来控制环流的大小有无的系统称为**可控环流可逆调速系统**。

图3-15所示为可控环流的可逆调速系统原理图。主电路通常采用交叉连接的可逆电路。控制电路仍为典型的转速-电流双闭环系统，但电流互感器和电流调节器都用了两套，分别组成正反向各自独立的电流闭环，并在正、反组电流调节器ACR1、ACR2输入端分别加上了控制环流的环节。控制环流的环节包括环流给定电压 $-U_c^*$ 和由二极管VD、电容 C、电阻 R 组成的环流抑制电路。为了使ACR1和ACR2的给定信号极性相反，U_i^* 经反向器AR输出 $-U_i^*$，作为ACR2的电流给定。

当速度给定电压 $U_n^*=0$ 时，ASR输出电压 $U_i^*=0$，则ACR1和ACR2仅靠环流给定电压 $-U_c^*$（其值可根据实际情况整定），使两组晶闸管同时处于微导通的整流状态，输出给定环流 $I_f=I_r=I_c^*$，这样在原有的瞬时脉动环流的基础上，再加上恒定的直流平均环流，把环流的大小控制在额定电流的5%～10%之内，而电动机的电枢电流为 $I_d=I_f-I_r=0$。

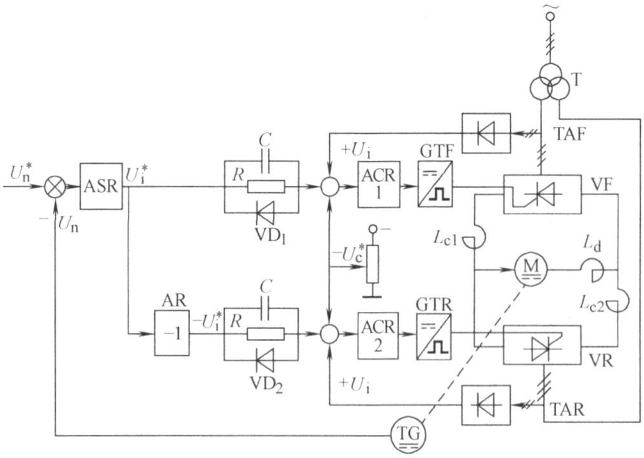

图 3-15　可控环流可逆调速系统原理图

正向运行时，U_i^* 为负，二极管 VD_1 导通，负的 U_i^* 加在正组电流调节器 ACR1 上，使正组触发延迟角 α_f 更小，输出电压 U_{d0f} 升高，正组流过的电流 I_f 也增大；与此同时，反组的电流给定 $-U_i^*$ 为正电压，二极管 VD_2 截止，正电压通过与 VD_2 并联的电阻 R 加到反组电流调节器 ACR2 上，正电压起抵消环流给定电压 $-U_c^*$ 的作用，抵消的程度取决于电流给定信号的大小。稳态时，电流给定信号基本上和负载电流成正比，因此，当负载电流小时，正电压不足以全部抵消 $-U_c^*$，所以反组有很小的环流电流流过，电枢电流 $I_d=I_f-I_r$；随着负载电流增大，正电压继续增大，抵消 $-U_c^*$ 的程度增大，当负载电流大到一定程度时，$|-U_i^*|=|U_c^*|$，环流就被完全遏制。这时正组流过负载电流，反组则无电流通过。与 R、VD_2 并联的电容 C 则是对抑制环流的过渡过程起加快作用的。

反向运行时，反组流过负载电流，正组控制环流。

可控环流系统的主电路一般都采用交叉连接电路，将变压器的二次绕组一组接成星形，另一组接成三角形，使两组装置电源电压的相位差 30°。这样可使系统处于零位时（$U_n^*=0$）避开瞬时脉动环流的峰值，从而可使均衡电抗器大为减小，甚至可以不用。

以上分析表明，可控环流系统充分利用了环流的有利一面，避开了电流断续区，使系统在正反向过渡过程中没有死区，提高了快速性；同时又克服了环流不利的一面，减少了环流的损耗。所以，在各种对快速性要求较高的可逆调速系统和随动系统中得到了广泛应用。

3.3　逻辑无环流可逆调速系统

当工艺过程对系统过渡特性的平滑性要求不高时，特别是对于大容量的系统，从生产可靠性要求出发，常采用既没有直流平均环流又没有瞬时脉动环流的无环流可逆调速系统。本节讨论电枢可逆逻辑控制无环流系统。

逻辑控制无环流可逆系统的基本思想：当一组晶闸管工作时，用逻辑电路封锁另一组晶闸管的触发脉冲，使它完全处于阻断状态，确保两组晶闸管不同时工作，从根本上切断了环流的通路。

3.3.1 逻辑控制无环流系统的组成

1. 系统的组成和工作原理

逻辑控制的无环流可逆调速系统原理图如图 3-16 所示。主电路采用两组晶闸管装置反并联电路，由于没有环流，不用再设置环流电抗器，只保留平波电抗器 L_d。控制电路采用典型的转速-电流双闭环系统，电流环分设两个电流调节器，ACR1 用来控制正组触发装置 GTF，ACR2 控制反组触发装置 GTR，由于设置了反向器 AR，从而可采用不反映极性的电流检测器。DLC 是无环流逻辑控制器，这是系统中的关键部件，必须保证可靠工作。触发脉冲的零位仍整定在 $\alpha_{f0}=\alpha_{r0}=90°$，工作时移相方法仍和 $\alpha=\beta$ 工作制配合控制一样，只是用 DLC 来控制两组触发脉冲的封锁和开放。

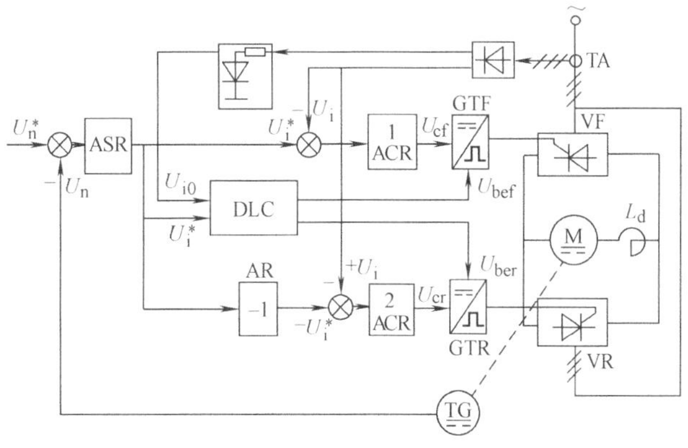

图 3-16　逻辑控制的无环流可逆调速系统原理图

2. 无环流逻辑控制器的任务

在正组晶闸管 VF 工作时封锁反组脉冲，在反组晶闸管 VR 工作时封锁正组脉冲。通常采用电平信号来执行两种封锁与开放的作用，“0” 表示封锁，“1” 表示开放，二者不能同时为 “1”。

无环流逻辑控制器进行逻辑切换的充分必要条件有以下两个。

（1）转矩极性鉴别　系统正转时应该开放正组晶闸管；当系统反转制动（或减速）时，也要利用正组晶闸管的逆变状态来实现回馈制动。在这两种情况下都要开放正组，其共同的特征是要求电动机产生正的转矩。在励磁恒定时，也就是要求有正的电流。电流给定信号 U_i^* 的极性恰好反映了系统转矩的极性，只是 U_i^* 的极性与系统转矩极性恰恰相反，所以 U_i^* 可用作逻辑切换的指令“转矩极性鉴别信号”。

（2）零电流检测　仅用电流给定极性信号（转矩极性鉴别信号）U_i^* 去控制 DLC 还是不够的，当系统正向运行需要制动时，U_i^* 由负变正只是标志着制动过程的开始，当实际的电流尚未反向以前，仍须保持正组开放，以便进行本组逆变。只有在实际电流降到零后，才允许给 DLC 发出指令，封锁正组，开放它组，所以应有一个“零电流检测信号 U_{i0}”。

由此可见，有“转矩极性鉴别信号”和“零电流检测信号”是逻辑切换的充分必要条件。

此外，具备了逻辑切换的充要条件后，无环流逻辑控制器还须经过两段延时时间，才允许发出切换指令，以确保系统工作可靠性。这就是封锁延时（t_{dbl}）和开放延时（t_{dt}）。

封锁延时（t_{dbl}）：从发出切换指令到真正封锁掉原工作组脉冲之间应该留出来的等待时间。因为电流未降到零以前，其所含的脉动分量是时高时低的，如图 3-17 所示。而零电流检测总有一个最小动作电流 I_0，如果脉动的电流瞬时值低于 I_0 而实际上仍在连续变化时，就将检测到的零电流信号发出去封锁本组脉冲，由于这时本组正处在逆变状态，势必会造成逆变颠覆。设封锁延时之后，检测到的零电流信号等待一段时间 t_{dbl}，对于三相桥式电路来说，约取 2～3ms，仍不见超过 I_0，说明电枢电流的确为“零”了，这时再封锁本组脉冲就不会有问题了。

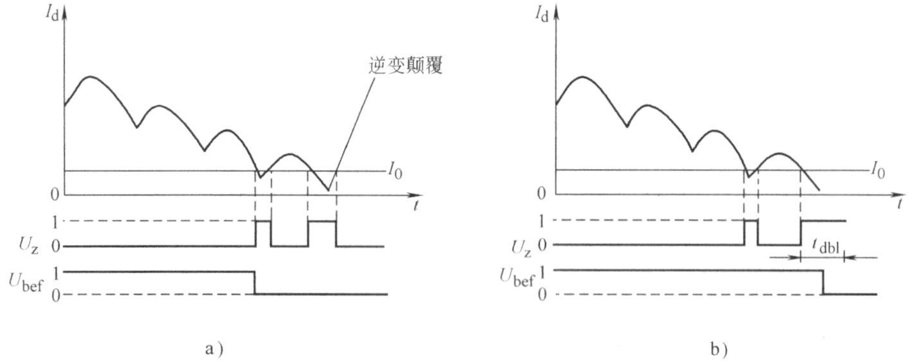

图 3-17 零电流检测和封锁延时的作用

a）无封锁延时，造成逆变失败 b）设置封锁延时，保证安全

I_0—零电流检测器最小动作电流 U_Z—零电流检测器输出信号

U_{bef}—封锁正组脉冲信号 t_{dbl}—封锁延时时间

开放延时（t_{dt}）：从封锁原工作组脉冲到开放另一组脉冲之间的等待时间。在封锁了原工作组脉冲后，已被触发的晶闸管要等到电流过零时才能真正关断，并且在关断之后晶闸管还需一段时间才能恢复阻断能力。如果在这之前就开放另一组晶闸管，仍可能造成两组晶闸管同时导通，使电源短路。为了防止这种事故的发生，在发出封锁本组脉冲信号后，必须等待一段时间 t_{dt}，才允许开放另一组脉冲。对于三相桥式电路来说，约取 5～7ms。

在 DLC 中设置联锁保护电路，是为了防止硬件电路出现故障时，使 DLC 同时输出封锁正组脉冲信号 U_{bef}和封锁反组脉冲信号 U_{ber}，以确保两组晶闸管的触发脉冲不同时开放。

综上所述，对无环流逻辑控制器的要求可归纳如下：

1）用电流给定信号 U_i^* 的极性和零电流检测信号 U_{i0}共同发出逻辑切换指令。当 U_i^* 改变极性，且零电流检测器发出“零电流信号”时，允许封锁原工作组，开放另一组。

2）发出切换指令后，须经过封锁延时时间 t_{dbl}才能封锁原导通组脉冲；再经过开放延时时间 t_{dt}后，才能开放另一组脉冲。

3）无论在任何情况下，两组晶闸管绝对不允许同时加触发脉冲，一组工作时，必须封锁另一组的触发脉冲。

3.3.2 无环流逻辑控制器的实现

根据上述分析，DLC 可由电平检测，逻辑判断，延时电路和联锁保护四个基本环节组成，其结构框图如图 3-18 所示。

图 3-18 DLC 的结构框图

其输入为转矩极性鉴别信号 U_i^* 和零电流检测信号 U_{i0}，输出封锁正组脉冲信号 U_{bef}和封锁反组脉冲信号 U_{ber}。

1. 电平检测器

电平检测器的原理、结构及继电特性如图 3-19 所示。

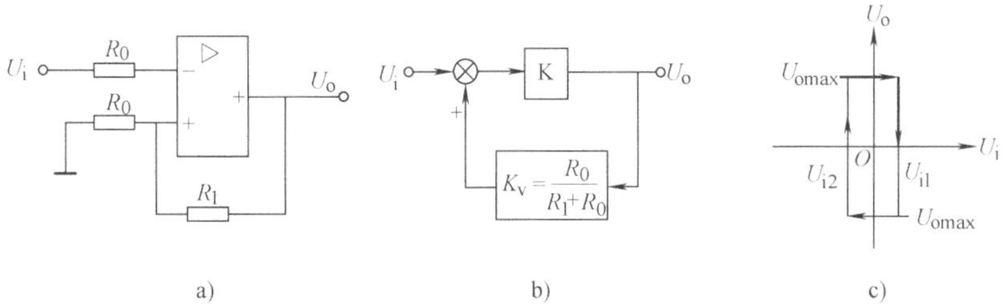

图 3-19 带正反馈的运算放大器构成的电平检测器

a）原理图 b）结构图 c）继电器特性曲线

电平检测器实际上相当于一个模数转换器，实现转矩极性鉴别信号 U_i^* 和零电流检测信号 U_{i0}由模拟量转换成“1”或“0”两种状态的电平量。一般用带正反馈的运算放大器组成，输出与输入之间存在着满足某种要求的继电特性关系。

从图 3-19b 的结构图可以看出电平检测器的闭环放大倍数为

$$K_{cl} = \frac{U_0}{U_i} = \frac{K}{1 - KK_v} \tag{3-4}$$

式中 K——运算放大器开环放大倍数；

K_v——正反馈系数。

当 K 一定时，若 $KK_v > 1$，则放大器工作在继电状态，其输入、输出特性会出现回环，如图 3-19c 所示。回环宽度的计算公式为

$$U = U_{i1} - U_{i2} = K_v(U_{0max1} - U_{0max2}) \tag{3-5}$$

式中 U_{0max1}、U_{0max2}——正向和负向饱和输出电压（V）；

U_{i1}、U_{i2}——输出由正翻转到负、由负翻转到正所需的最小输入电压（V）。

$$K_v = \frac{R_0}{R_1 + R_0}$$

显然，R_1 越小，K_v 越大，正反馈作用越强，回环宽度越大。回环宽度太宽，切换时动作缓慢，容易产生超调；回环宽度太小，抗干扰能力降低，容易产生误动作。回环宽度一般取 0.2～0.3V。

（1）转矩极性鉴别器（DPT）

转矩极性鉴别器的原理图和输入、输出特性如图 3-20 所示。其输入信号为速度调节器的输出 U_i^*，在图 3-20b 中它是以纵坐标为轴左右对称的；其输出则为转矩极性信号 U_T，为输出“1”和“0”的电平量，在图 3-20b 中它是上下不对称的，“1”态表示正向转矩，用正向饱和值 +10V 表示，“0”态表示负向转矩，用负饱和值 -0.6V 表示。原理图中输出端加二极管 VD_3 进行零值钳位。

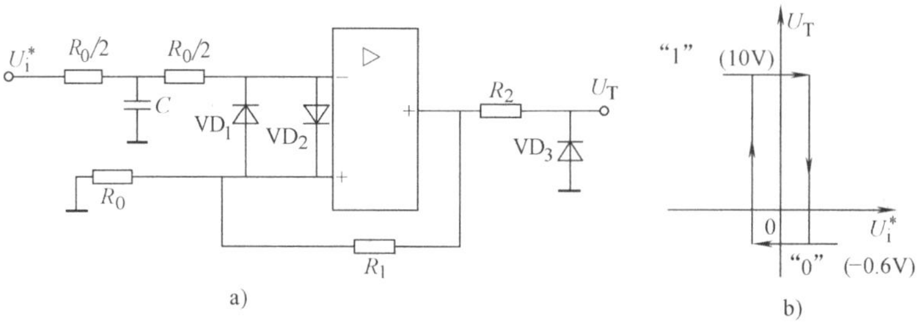

图 3-20　转矩极性鉴别器（DPT）的原理图和输入输出特性

a）原理图　b）输入、输出特性曲线

（2）零电流检测器（DPZ）　零电流检测器的原理图和输入、输出特性如图 3-21 所示。其输入信号是电流互感器输出的零电流信号 U_{i0}，主电路有电流时，U_{i0} 约为 +0.6V（由电流检测电路串接二极管两端引出），零电流检测器输出 U_Z 为“0”；主电路电流接近零时，U_{i0} 下降到 +0.2V 左右，输出 U_Z 为“1”。“1”态仍用正向饱和值 +10V 表示，“0”用负向饱和值 -0.6V 表示。原理图中输入端增加负偏移电路，使回环特性右移。

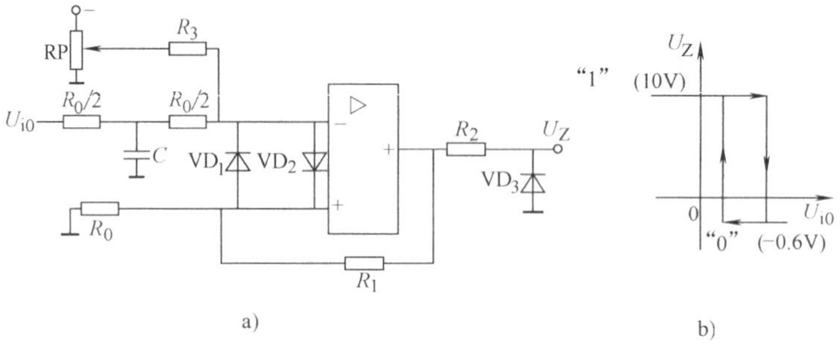

图 3-21　零电流检测器（DPZ）的原理图和输入、输出特性

a）原理图　b）输入、输出特性曲线

2. 逻辑判断电路

逻辑判断的任务是根据两个电平检测器的输出信号 U_T 和 U_Z 经运算后，正确地发出切换信号 U_F 和 U_R。归纳各种情况下逻辑判断电路的输入输出状态如下。

（1）输入信号　转矩极性鉴别：

T_e 为 +，即 U_i^* 为 - 时，$U_T = 1$；

T_e 为 -，即 U_i^* 为 + 时，$U_T = 0$。

零电流检测，有电流时，U_Z = “0”；电流为零时，U_Z = “1”。

（2）输出信号　封锁正组脉冲，$U_F = 0$；

开放正组脉冲，$U_F = 1$；

封锁反组脉冲，$U_R=0$；

开放反组脉冲，$U_R=1$。

根据可逆系统中电动机运行状态的情况，可列出逻辑判断电路各量之间的逻辑关系于表3-1中。

表3-1　逻辑判断电路各量之间的逻辑关系

运行状态	转矩（电流给定）极性		电枢电流	逻辑电路输入		逻辑电路输出	
	T_e	U_i^*		U_T	U_Z	U_F	U_R
正向起动	+	−	0	1	1	1	0
	+	−	有	1	0	1	0
正向运行	+	−	有	1	0	1	0
正向制动	−	+	有	0	0	1	0
	−	+	0	0	1	0	1
	−	+	有（制动电流）	0	0	0	1
反向起动	−	+	0	0	1	0	1
	−	+	有	0	0	0	1
反向运行	−	+	有	0	0	0	1
反向制动	+	−	有	1	0	0	1
	+	−	0	1	1	1	0
	+	−	有（制动电流）	1	0	1	0

删去上表中的重复项，可得逻辑判断电路真值表，如表3-2所示。

表3-2　逻辑判断电路真值表

U_T	U_Z	U_F	U_R
1	1	1	0
1	0	1	0
0	0	1	0
0	1	0	1
0	0	0	1
1	0	0	1

根据真值表，按脉冲封锁条件可列出下列逻辑代数式：

$$\begin{aligned}\overline{U_F} &= U_R(\overline{U_T}U_Z + \overline{U_T}\,\overline{U_Z} + U_T\overline{U_Z}) \\ &= U_R[\overline{U_T}(U_Z + \overline{U_Z}) + U_T\overline{U_Z}] \\ &= U_R(\overline{U_T} + U_T\overline{U_Z}) \\ &= U_R(\overline{U_T} + \overline{U_Z})\end{aligned}$$

若用与非门实现，可变换成

$$U_F = \overline{U_R(\overline{U_T} + \overline{U_Z})} = \overline{U_R\,\overline{U_T U_Z}} \tag{3-6}$$

同理可得

$$U_R = \overline{U_F(U_T + \overline{U_Z})} = \overline{U_F\,\overline{\overline{U_T}\,U_Z}} \tag{3-7}$$

根据式（3-6）和式（3-7）可以采用具有高抗干扰能力的 HTL 单与非门组成逻辑判断电路，如图 3-22 所示。

3. 延时电路

在逻辑判断电路发出切换指令 U_F、U_R 之后，必须经过封锁延时 t_{dbl} 和开放延时 t_{dt} 才能执行切换指令，因此，无环流逻辑控制器中必须设置相应的延时电路。

在 HTL 与非门的输入端加接二极管 VD 和电容 C，如图 3-22 所示，就可以使得与非门的输出由“1”态变到“0”态时的动作获得延时，因为这时当输入由“0”变到“1”时，必须先使电容充电，待电容端电压充到开门电平时，输出才由“1”变“0”，电容充电到开门电平的时间则为延时的时间，改变电容的大小就可以得到不同的延时。
阻容电路的充电时间

$$t = RC\ln\frac{U}{U - U_C} \tag{3-8}$$

式中 R——充电回路电阻（HTL 与非门的内阻，图中未表示）；

C——外接电容；

U——电源电压，HTL 与非门用 $U = 15\text{V}$；

U_C——电容端电压（与非门的开门电平，一般约 8.5V）。

根据所需延时时间可计算出相应的电容值：

$$C = \frac{t}{R\ln\dfrac{U}{U - U_C}}$$

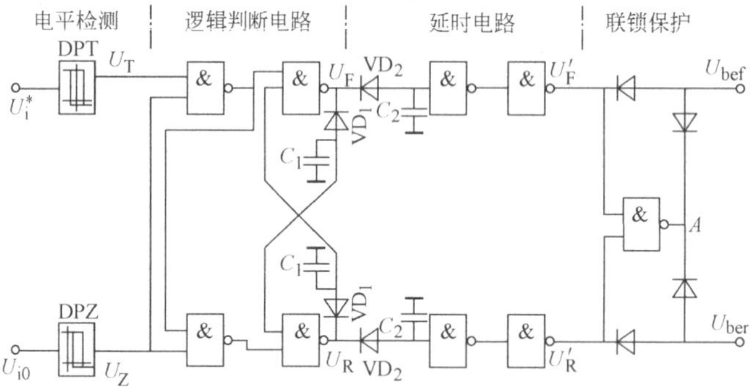

图 3-22 无环流逻辑控制器 DLC 原理图

图 3-22 中 VD_1、C_1 组成封锁延时电路；VD_2、C_2 组成开放延时电路；封锁时间位封锁延时和开放延时之和。

4. 联锁保护电路

在正常工作时，逻辑判断与延时电路的两个输出 U'_F 和 U'_R 总有一个为“1”而另一个为“0”。一旦电路发生故障，如果两个输出 U'_F 和 U'_R 同时为“1”，将造成两组晶闸管同时开放而导致电源短路。为了避免这种事故发生，在无环流逻辑控制器的输出端设置了逻辑联锁保护电路，如图 3-22 所示。当出现 U'_F 和 U'_R 同时为“1”的故障时，联锁保护环节中的与非门输出 A 点电位立即变为“0”，将 U_{bef} 和 U_{ber} 都变为“0”，两组脉冲被同时封锁。

3.3.3　系统的性能特点和改进措施

1. 系统的性能特点

通过上述分析，可以看出逻辑无环流可逆调速系统具有的优点是：可省去环流电抗器，没有附加的环流损耗，从而可节省变压器和晶闸管装置的附加设备容量；和有环流系统相比，因换流失败而造成的事故率大大降低。其缺点是由于延时造成了电流换向死区，影响了系统过渡过程的快速平滑性。

2. 改进措施

（1）具有“推β”信号的逻辑无环流系统　普通的逻辑无环流系统在电流换向后有时会有较大的反向冲击电流，这是由于待工作组投入时电流反馈 U_i 的值尚小，负的电流给定值起决定作用，经电流调节器输出正的触发移相信号，晶闸管处于整流状态，使电动机进入反接制动子阶段所造成的。正是这个冲击电流的反馈作用，才把这一组从整流状态推到逆变状态。为了避免换向后产生的冲击电流，可以利用逻辑切换的机会，人为地在投入组的电流调节器输入端临时加上一个与 U_i 极性相同的信号 U_β，从而把投入组的逆变角推到β_{min}，使它组制动阶段一开始就进入它组逆变子阶段，由此就避开了反接制动，冲击电流自然就减小了。U_β 信号可由 DLC 发出，称“推β”信号。由“推β”信号实现的逻辑无环流系统称为**具有“推β”信号的逻辑无环流系统**。

（2）“有切换准备”的逻辑无环流系统　加入“推β”信号后，冲击电流虽然降低了，但却加大了电流换向死区。由于电动机切换前转速所决定的反电动势一般都低于β_{min}所对应的最大逆变电压，所以切换后并不能立即实现回馈制动，必须等到β角移到所对应的逆变电压低于电动机反电动势后，才能产生制动电流。移动β角的时间是由“推β”信号的阻容参数决定的，有时长达几十甚至一百多毫秒，这样就大大延长了电流换向死区。若要减小电流换向死区，可采用“有切换准备”的逻辑无环流系统。其基本思想是：让待逆变组的β角在切换前不是等在β_{min}处，而是使β角与原整流组的α角基本相等。当待逆变组投入时，其逆变电压的大小和电动机反电动势基本相等，很快就能进行回馈制动。因此这种系统的电流换向死区就只剩下封锁与开放的延时时间了，大约在 10ms 左右。

此外，在上述两种逻辑无环流系统中都采用了两个电流调节器和两套触发装置分别控制正、反组晶闸管。实际上任何时刻只有一组晶闸管在工作，另一组由于脉冲被封锁而处于阻断状态，始终有一套电流调节器和触发装置闲置着。如果采用电子模拟开关进行选择，就可以省去一套电流调节器和触发装置。基于这种指导思想所组成的系统称为逻辑选触无环流系统。

以上讨论的各种逻辑无环流系统读者可参阅有关文献。

3.3.4　利用 PLC 实现的逻辑无环流可逆调速系统

随着计算机技术的发展，可编程序控制器（PLC）的数据处理能力已和工控计算机达到了同样的水平，与其相配套的模拟量输入、输出模块，在工业现场中使用起来比其他数字控制装置更加灵活，在实现 A/D 转换、D/A 转换、数字 PI 控制、数字滤波、数字触发等方面也更加方便，其特有的强抗干扰能力能确保系统运行的可靠性。

前面分析的逻辑无环流直流调速系统中的逻辑控制器（DLC）是由集成运算放大器实现电平检测电路，由组合逻辑元件和一些分立电子器件构成逻辑判断电路、延时电路和逻辑保护电路，整个装置的电路较为复杂，可靠性不高。采用具有很强逻辑运算功能的 PLC 实现逻辑无环流可逆调速系统中的关键部件逻辑控制器（DLC），不需增加任何器件，只要利用 PLC 中的概念继电器等就可实现。

1. 电平检测的实现

由于 DPT 和 DPZ 的输入信号 U_i^*、U_{i0} 容易受干扰的影响，为了避免误动作，电平检测电路的继电器特性应具有一定的回环宽度，回环宽度一般取 0.2～0.3V。这里取回环宽度 0.2V，由 DPT 和 DPZ 的输入、输出特性（见图 3-20b、图 3-21b）可得输出电平变化时对应的输入信号翻转电压，对于 DPT 而言使输出翻转的输入信号为 -0.1V、+0.1V，对于 DPZ 而言使输出翻转的输入信号为 +0.1V、+0.3V。

按照 DPT 和 DPZ 的输入、输出特性，得到电平检测器的流程框图如图 3-23 所示。

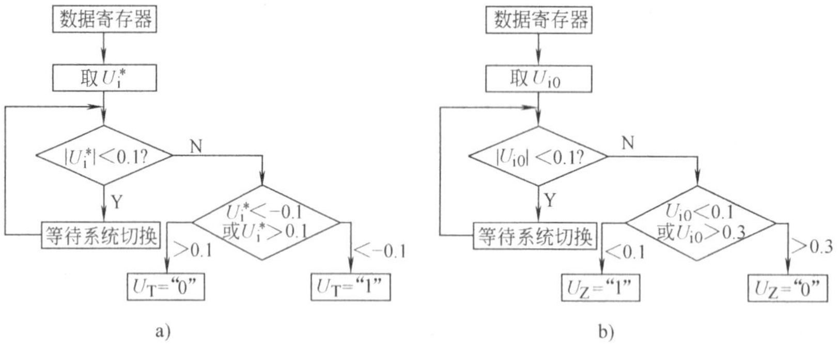

图 3-23　电平检测器的流程框图

a）DPT 流程框图　b）DPZ 流程框图

以三菱 FX_2 系列的可编程控制器为例，分析实现 DPT 和 DPZ 的功能。假设电流给定极性鉴别信号 U_i^* 已送入 PLC 中的数据寄存器 D0，DPT 的输入输出特性回环边界值 -0.1 与 +0.1已存入数据寄存器 D1、D2，DPT 的输出状态 U_T 由辅助继电器 M10 保存；同理，零电流检测信号 U_{i0}已送入 PLC 中的数据寄存器 D3，DPZ 的输入输出特性回环边界值 +0.1 与 +0.3 已存入数据寄存器 D4、D5，DPZ 的输出状态 U_Z 由辅助继电器 M11 保存。实现 DPT 和 DPZ 功能的梯形图如图 3-24 所示，由此完成 U_i^*、U_{i0}的电平检测。

2. 逻辑判断的实现

根据式（3-6）、式（3-7）得到控制系统的逻辑控制关系

$$U_T = \overline{U}_R + U_F U_Z$$

$$U_Z = \overline{U}_F + \overline{U}_T U_Z$$

将 U_F、U_R 的状态分别用辅助继电器 M12、M13 来表示。

3. 延时电路的实现

通过逻辑判断运算发出切换指令 U_F、U_R 后，必须经过封锁延时（t_{dbl}）和开放延时（t_{dt}）才能执行切换指令。用 PLC 中的内部定时器就能达到延时的目的，一般取 $t_{dbl}=3$ms，$t_{dt}=7$ms。如果封锁延时和开放延时相继开始计时，那么切换延时时间为（3+7）ms=10ms，

将延时后 U_F'、U_R'的状态分别用辅助继电器 M14、M15 来表示。

4. 逻辑保护电路的实现

当 DLC 发生故障时，可能会出现 U_F'和 U_R'为"1"，这种情况造成两组晶闸管同时开放，导致主电路短路，因此必须避免。满足逻辑保护的真值表如表 3-3。

表 3-3　逻辑保护真值表

M_{14}	M_{15}	Y_0	Y_1
0	0	0	0
0	1	0	1
1	0	1	0
1	1	禁止	

PLC 输出点 Y0 和 Y1 的状态就是 DLC 的 U_{bef}和 U_{ber}的状态，去控制触发移相电路 GTF 和 GTR。另外还可以用 M14、M15 接通、禁止全部输出，进行双重保护。

逻辑判断、延时电路、逻辑保护电路的梯形图如图 3-25 所示。以上分析表明，采用具有很强逻辑运算功能的 PLC 实现逻辑无环流直流调速系统，系统的可靠性将大大提高。

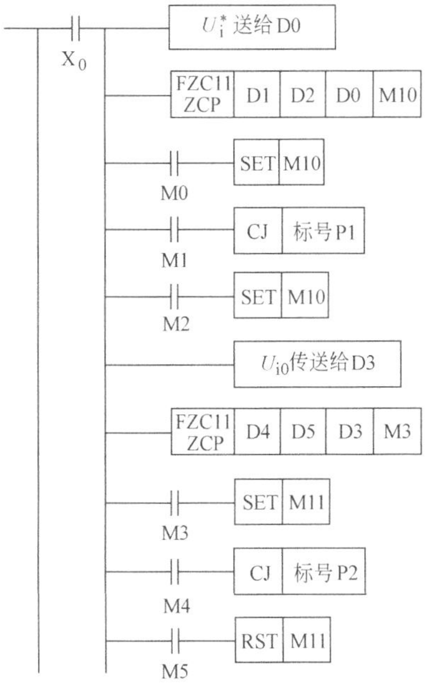

图 3-24　电平检测梯形图

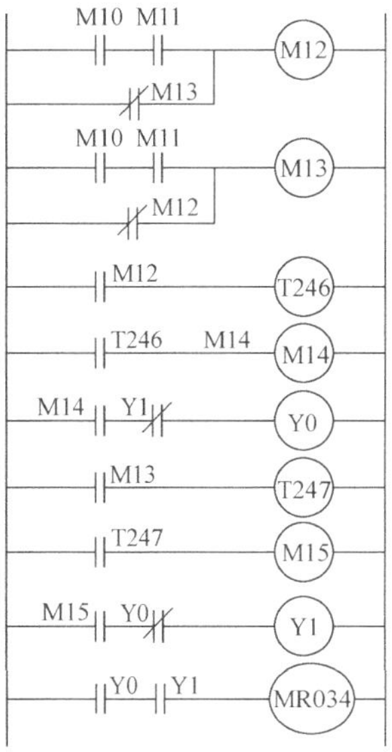

图 3-25　逻辑判断、延时电路、逻辑保护电路的梯形图

3.3.5　数字化逻辑无环流可逆调速系统

用微型计算机实现对直流电动机的直接数字控制，一般依靠软件来实现各种系统控制方案。下面简单讨论数字化逻辑无环流可逆调速系统的实现。

1. 数字控制原理和硬件配置

逻辑无环流可逆系统数字控制原理图如图 3-26 所示，点画线框内部由微型计算机实现，包括电流环和速度环的控制、无环流逻辑控制、触发脉冲的形成及相位控制等。

其相应的硬件配置框图如图 3-27 所示。图中的关键部件为 8031 单片机。另外还有程序存储器 EPROM、地址锁存器、A/D 转换器、两个可编程计数器/计时器、脉冲展宽、光电隔

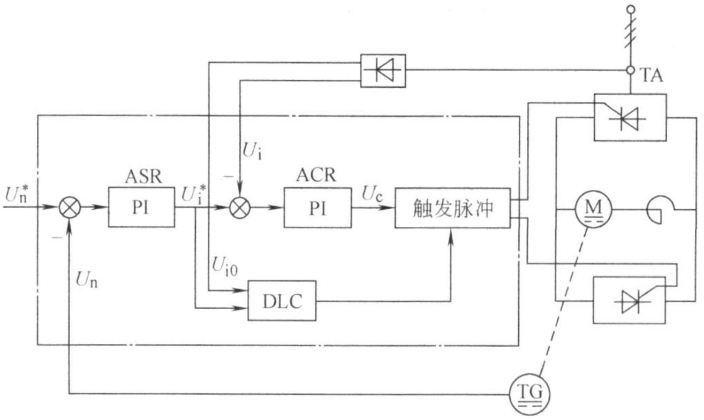

图 3-26 数字逻辑无环流可逆系统原理图

离、脉冲放大、过零检测及波沿检测等电路。

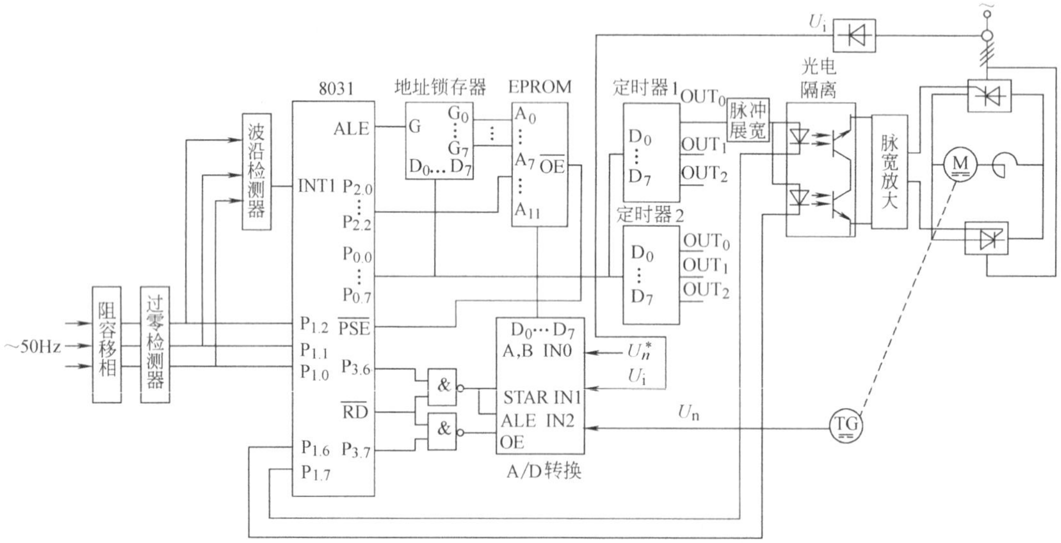

图 3-27 数字逻辑无环流可逆系统硬件配置框图

（1）数字触发器 设主变压器和同步变压器都接成 D/Y－11，互差 120°的三相交流同步电压 u_A、u_B、u_C 经阻容移相后滞后 30°，使其交流波形的过零点正好对准触发延迟角 $\alpha=0°$处。这样不但消除了毛刺，而且使触发脉冲只能在 $\alpha=0°\sim180°$之间产生。阻容移相后的三相交流电压经过过零检测器变成互差 120°、宽 180°的方波，加到单片机 $P_{1.0}\sim P_{1.2}$脚，作为检测到的电源状态（101，100，110，010，011，001），以此状态作为脉冲分配的依据，确定这一时刻发出的脉冲应加到哪一个晶闸管上，与此同时将三相方波经波沿检测器输出间隔 60°的负脉冲作为单片机的外部中断请求信号，在三相变压器中，每个周期产生六个中断信号，在每次中断服务程序中完成脉冲的形成、分配和移相控制。

如果系统的 α_{min}和 β_{min}都取为 30°，则系统的触发延迟角变化范围为 30°～150°电角度，通过 $t=\dfrac{\alpha T}{360°}$（T 为工频电源周期）换算成时间量为 1.67～8.33ms。对于时钟为 1MHz 的定时器（设 8031 晶振为 6MHz 时），其定时常数对应为 0683H～208CH，而触发器给定输入信号

U_c 的范围从 00H ~ FFH，于是就可求得触发的时间常数，并送定时器进行定时。

定时器的选择有两种方案：一是采用单片机的内部定时，另一种是利用片外扩展定时器。前者无需扩展硬件，但需要判断移相角 α 的范围在哪个区间（$\alpha<60°$，$60°<\alpha<120°$，$\alpha>120°$）内，这给程序设计及调试带来麻烦，处理不好还会在 60°、120°处丢失脉冲；后者需要扩展两个定时器，其软件编程方便，只需把时间常数送到定时器即可，这里介绍的系统选择后者。定时器输出一个时钟周期的选通脉冲，经脉冲展宽、光电隔离、脉冲放大及驱动电路后触发主电路的晶闸管。

（2）数字 PI 调节器　带限幅的数字 PI 调节器的设计，首先把模拟 PI 调节器离散化，求得差分方程，作为速度环和电流环的数字 PI 调节器的计算式。模拟 PI 调节器由一个比例调节器（放大系数 K_P'）和一个积分调节器（K_I'/s）相加构成，如图 3-28 所示。由图可以很容易地推出数字 PI 调节器的差分方程为

$$Y_n = K_1 \Delta U_n + K_2 \sum_{i=0}^{n} \Delta U_i$$

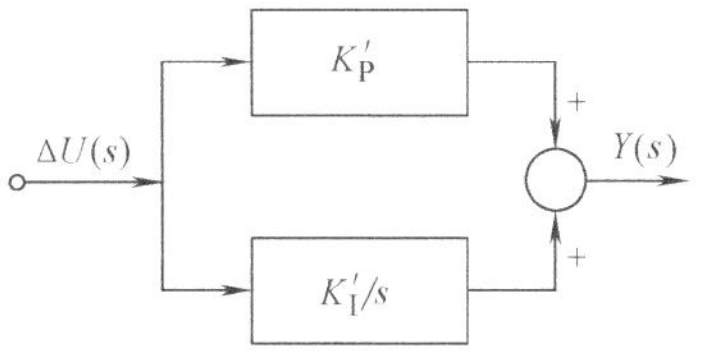

图 3-28　PI 调节器

式中　$K_1 = K_p' - K_2$，$K_2 = TK_I'$，

T——采样周期；

Y_n——第 n 次的采样输出；

ΔU_n——第 n 次采样时的输入偏差。

为了提高精度，PI 运算是采用双字节进行的。

（3）数字无环流逻辑控制　与模拟控制系统相似，数字无环流逻辑控制是根据数字速度调节器的输出值的正或负来选择工作组的，并根据主电路的电流是否为零进行相应的切换。于是需要对工作组的工作状态进行记忆。也就是说，根据转矩极性检测及零电流检测作出相应逻辑判断，应使哪一组晶闸管开放，而另一组晶闸管封锁。为了记忆这个结果，在微型计算机中设置了两个存储单元 L_1、L_2，分别用来记忆 VF 和 VR 的工作状态。当 L_1 和 L_2 中存放 0 时，表示相应的那组晶闸管应封锁，而存放 1 时，表示相应的那组晶闸管应开放。把这些状态送到单片机的 $P_{1.5}$、$P_{1.6}$控制触发脉冲的开放与封锁。

2. 控制软件的实现

用于控制电流和速度的软件决定着调速装置性能的好坏。由于直流调速系统的电流环和速度环所要求的响应时间快，故要求用微机控制的晶闸管直流调速系统，应在极短的时间内（几个毫秒）完成两个闭环系统的信号采样、数字滤波、PI 运算和实时控制。因此，须认真对待控制系统应用软件的设计。

（1）采样周期的选择　采样周期对于最终能够达到的性能指标具有很大的影响，在数字控制系统中，反馈控制是按每个采样时刻间断地进行控制的，因此采样周期越短越好。与此相反，检测状态参数则是检测时间越短越难以进行精确测量。从反馈值准确的观点看，希望采样周期长点为好。目前还没有一个通用的选择方法，一般由经验来决定采样周期。

控制系统的响应特性受闭环系统频带宽度的影响。设闭环系统的最高频率为 f_c（Hz），根据采样定理，采样频率必须小于$\frac{1}{2}f_c$。实际上，大多数情况下取$\frac{1}{10}f_c \sim \frac{1}{2}f_c$。

闭环系统的时间常数也是一个重要因素。与控制对象最快的状态相比较，若采样周期过长，不但会丢失许多有用信息，还会使闭环系统产生振荡或使不连续的大输入信号加到控制

对象上来。因此，在微处理机运算时间里，要以相应于系统最快状态的短采样周期来进行全部控制是难以实现的。所以，实际上都采用多重采样周期控制，即在快速状态时采用短采样周期控制，在较慢速状态时采用长采样周期控制。如双闭环调速系统中的电流控制环，由于该环是作为速度控制环的内环，因此它需要快速响应。为了保证电流控制环的快速响应时间，电流环数据处理的周期时间必须控制在约 1ms 内，所以电流控制环的采样周期通常选 1～3.3ms，速度控制环的采样周期选 10～15ms 为宜。为了确保以分时方式对电流控制环和速度控制环进行数据处理所需的时间，触发控制回路的程序必须在不到 100μs 的周期内运行完。

（2）软件框图　主程序及中断服务程序框图如图 3-29 所示。

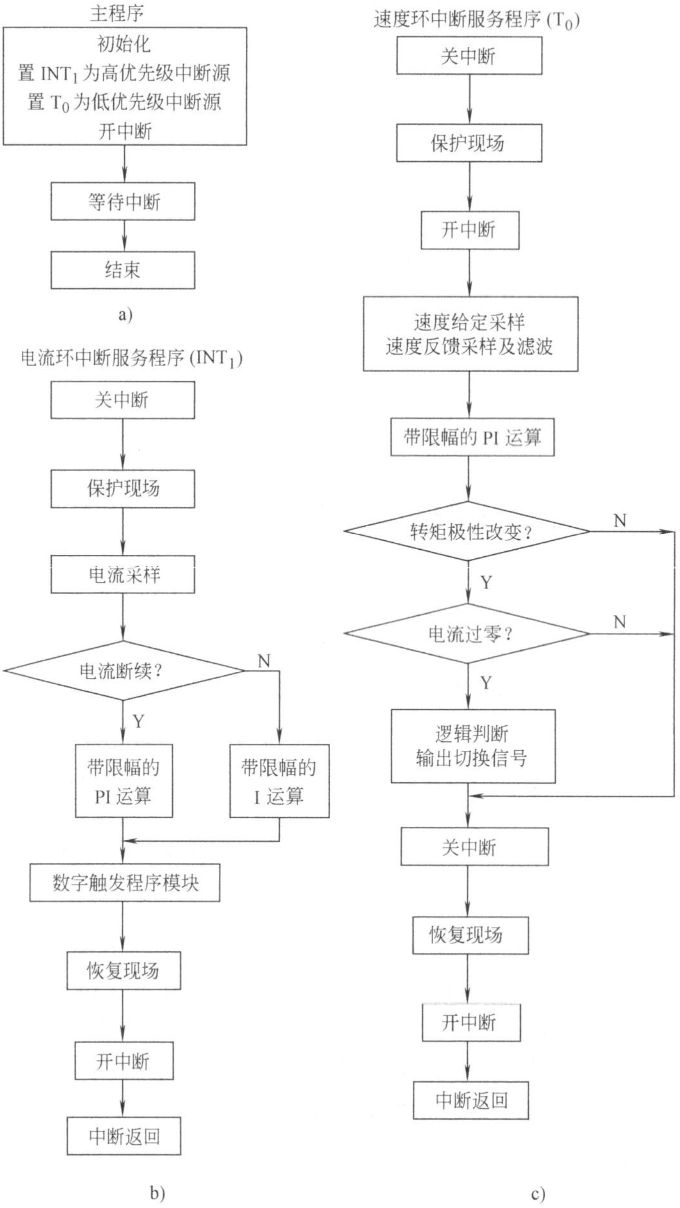

图 3-29　主程序及中断服务程序框图

在主程序中，等待中断是一条踏步指令。在外部中断 1 的中断服务程序中，首先进行电流采样，然后根据电流的连续/断续状况实现带限幅的 PI/I 运算，数字触发等功能；在定时器 T_0 中断服务程序中，实现速度的采样、滤波、带限幅的 PI 运算及无环流逻辑切换等功能。

由于处在内环的电流环（采样周期为 3.3ms）响应速度快于处在外环的速度环（采样速度为 15ms），因此，在定时中断服务程序中，必须允许嵌套外部中断 1 的中断请求，这就是在主程序中置外部中断 1 为高优先级中断以及在定时中断服务程序的处理之中必须开中断的原因。

3.4 逻辑无环流可逆调速系统的 MATLAB Simulink 仿真

通过前述分析，逻辑无环流可逆调速系统，降低了系统构成的复杂性，增加了系统工作的可靠性，但牺牲了系统的部分动态性能。那么，系统的性能到底如何，可通过仿真来分析。

3.4.1 逻辑无环流可逆调速系统的建模

（1）同前述方法，新建一个模块函数设计窗口，然后将新建的文件名“untitled”改为“wuhuanliuxitongfangzhen”，保存后返回到模块函数设计窗口，如图 3-30 所示。

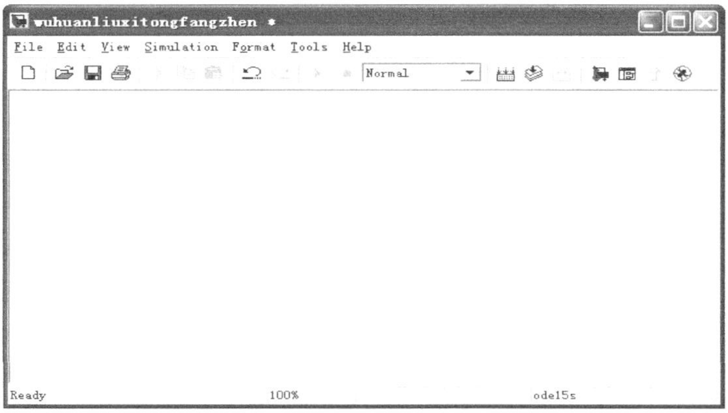

图 3-30 模块函数设计窗口

（2）根据原理图 3-16 建立逻辑无环流可逆调速控制系统的仿真电路，如图 3-31 所示，控制系统的仿真组件模块的存放位置及参数设置如表 3-4 所示。其中常数发生器（Constant）、增益放大器（Gain2）和饱和限幅模块（Saturation）的作用是将电压信号转变成晶闸管触发延迟角信号。

表 3-4 逻辑无环流可逆调速控制系统模块清单

序号	模块名称	存放位置	参数设置	备注
1	直流电动机（DC Machine）	SimPowerSystems /Extra Library /Additional Machines	J=2 其他参数为默认值	

（续）

序号	模块名称	存放位置	参数设置	备注
2	三相全控桥 (6Pulse thyristor bridge)	SimPowerSystems /Extra Library /Three－Phase Library	默认值	两个三相全控桥参数相同
3	6 脉冲同步触发器 (Synchronized 6 Pulse Generatore)	SimPowerSystems /Extra Library /Control Blocks	频率＝50Hz 脉宽＝5 双脉冲	
4	电压传感器 (Voltage Measurement)	SimPowerSystems /Measurements		
5	交流电压源 (AC Voltage Source)	SimPowerSystems /Electrical Sources	幅值 A＝110V 相位 P＝0 （a 相） 频率 F＝50Hz	B、C 相 P＝－120 P＝120
6	直流电压源 (DC Voltage Source)	SimPower Systems /Electrical Sources	幅值 A＝240V	此电压的幅值应与电动机配套
7	电源地 (Ground output)	SimPowerSystems /Connectors		
8	“T” 形接头 (T connector)	SimPowerSystems /Connectors		
9	串联阻抗 (Series RLC Branch)	SimPowerSystems /Elements	R＝0 L＝1e－03 （H） C＝inf （F）	电抗器
10	阶跃信号 (Step)	Simulink/Sources	见表 3-5	
11	常数发生器 (Constant)	Simulink/Sources	Constant Valut＝4	
12	条件选择开关 (Switch)	Simulink/Signal Routing	默认值	5 个全相同
13	手动选择开关 (Manual Switch)	Simulink/Signal Routing		双击左键动作一次
14	变量分离器 (Demux)	Simulink/Signal Routing	Number of outputs＝4	

(续)

序号	模块名称	存放位置	参数设置	备注
15	饱和限幅器 (Saturation)	Simulink/Discontinuition	见表3-6	
16	增益 (Gain)	Simulink/Math operations	见表3-7	
17	代数和 (Sum)	Simulink/Math operations		
18	信号端子 (Terminator)	Simulink/Sinks		
19	示波器 (Scope)	Simulink/Sinks	见表3-8	
20	PID 调节器 (PID Controller)	SimulinkExtras /Additional linear	见表3-9	

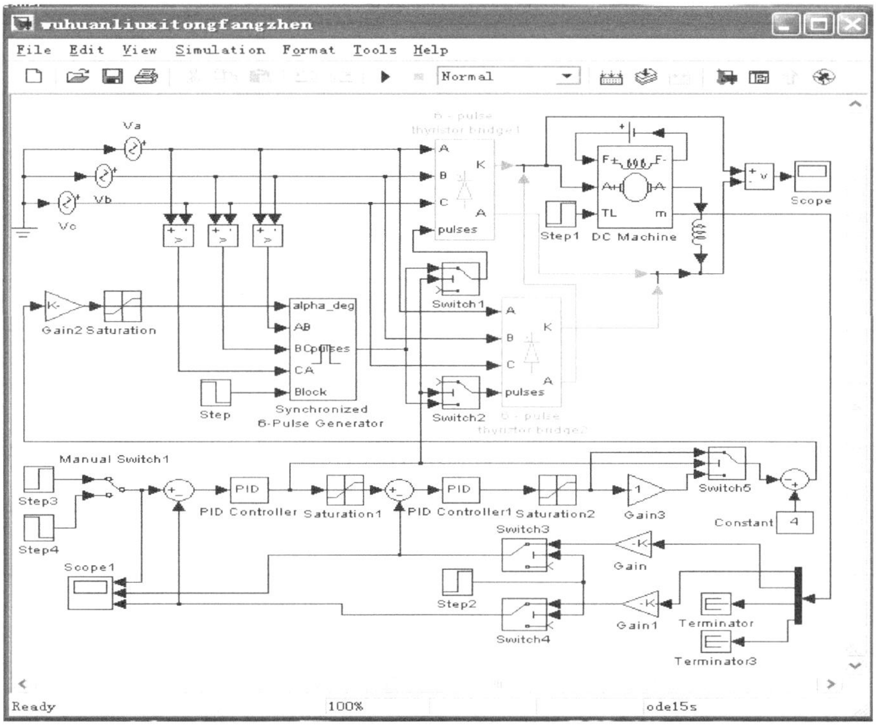

图3-31 逻辑无环流可逆调速控制系统的仿真电路

表 3-5 系统给定信号（参数）

参数名称	Step	Step1	Step2	Step3	Step4
Step time	0. 02	0. 01	0. 015	0. 02	0. 02
Initial Value	1	0	-1	0	0
Final Value	0	80	0	2	-2
Sample time	0	0	0	0	0

表 3-6 饱和限幅器参数

参数名称	Saturation	Saturation1	Saturation2
Upper Limit	4	4	180
Lower Limit	-4	-4	2

表 3-7 增益系数

参数名称	Gain	Gain1	Gain2	Gain3
Gain	0. 1	0. 04	22. 5	-1

表 3-8 示波器参数

参数名称	Scope	Scope1
轴数	1	3
Time range	0. 1	1
其他参数	默认值	

表 3-9 PID 参数

参数名称	PID Controller	PID Controller1
P	100	4. 5
I	0. 1	0. 2
D	0	0

3. 4. 2 修改仿真运算方法

在图 3-31 所示窗口内，选择“Simulation”菜单，在该菜单中选择“SimulationParameters”项，选择后系统就会出现仿真参数设计窗口，修改后的 Solver 页如图 3-32 所示，其他页设置项为默认值。

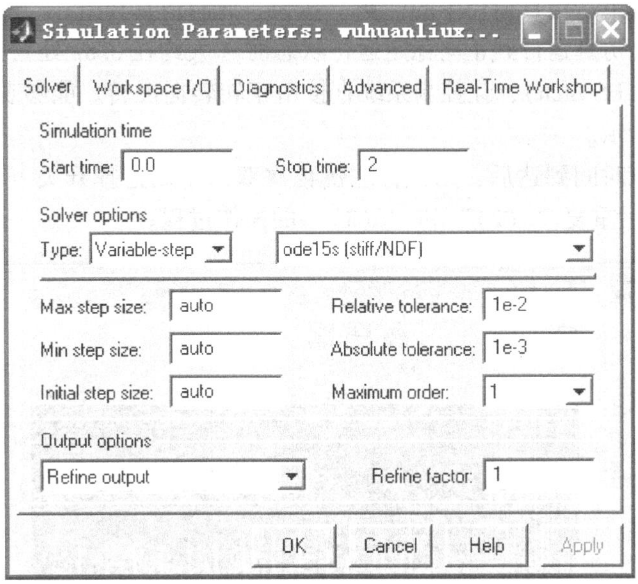

图 3-32　修改后的 Solver 页

3.4.3　系统性能仿真

设置好仿真模型参数后，便可进行仿真。仿真的步骤如下：

1）为了便于观察仿真结果，用鼠标左键双击每一个示波器，并调整它们在一个合适位置上。

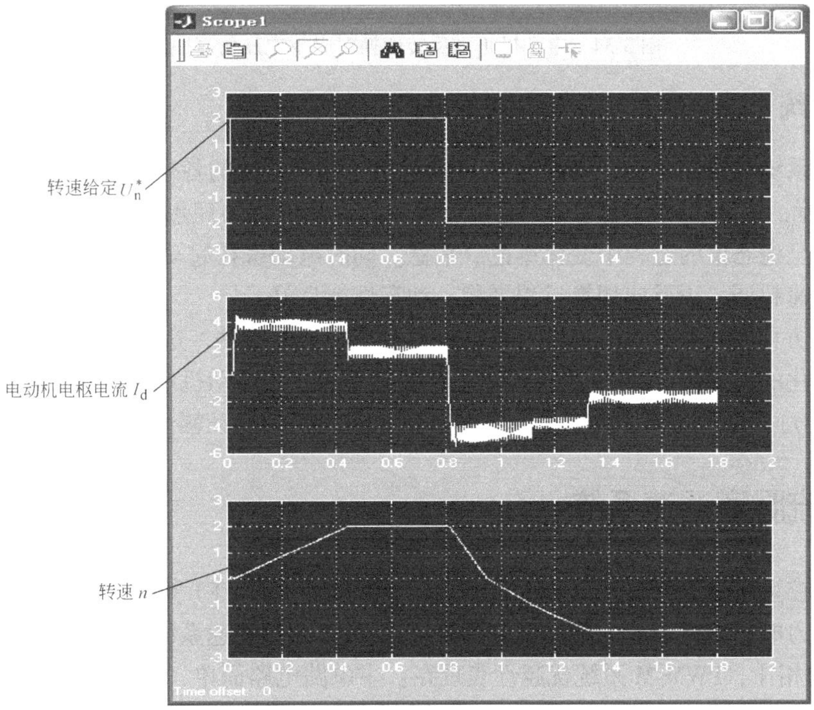

图 3-33　逻辑无环流可逆系统的转速给定、电流、转速仿真曲线

2）用鼠标左键单击仿真窗口中的“▶”按钮，此时仿真开始。

3）当控制系统仿真运行到正向稳定运行状态时（大约在0.8s处），用鼠标左键双击手动选择开关（Manual Switch），让控制系统直接由正转转向反转。能够观察到的仿真结果如图3-33和图3-34所示。

4）当仿真结束时间到达后，用鼠标左键再次双击手动选择开关（Manual Switch），让选择开关复位。然后重复“（2）”和“（3）”的操作过程。

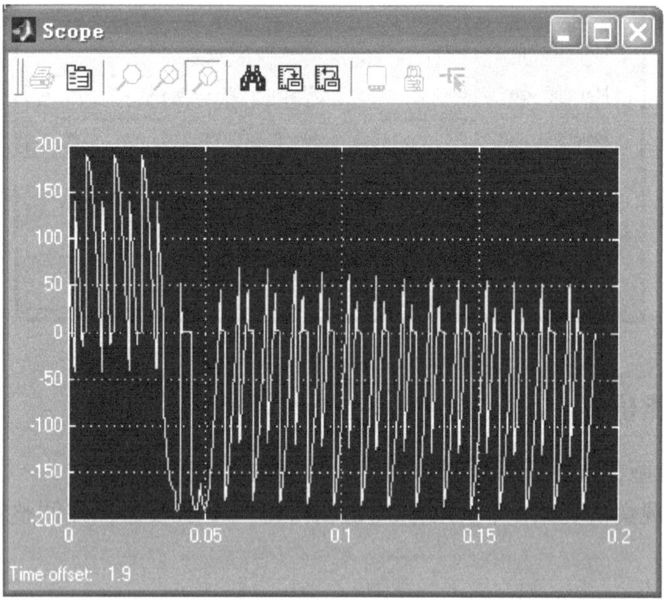

图3-34　电动机正、反转切换时电枢电压仿真曲线

3.4.4　系统性能分析

通过对系统的性能仿真，由图3-33可以看出，构成系统的各个环节参数如表3-5至表3-9中数值设置，电动机的电枢电流在起动过程中与理论分析的理想过程基本一致；在由所允许最大值降至稳态值的过程中变化迅速、平稳。同时电动机在起动至稳态的动态过程中无过冲电流和转速超调；正反向切换过程平稳，动态性能良好。

但电流仿真曲线显示，电动机电枢电流具有小幅值的脉动，这是因为整流器输出电压的瞬时值是变化的，如图3-34所示；其他所有参数不变，将电动机电枢电感L增大，如设为$L=9e-03$（H），通过仿真，可观察到，电动机电枢电流的脉动幅值明显减小。

3.5　直流脉宽调速系统

随着全控型电力电子器件（如GTO、GTR、IGBT、MOSFET等）及其驱动装置的发展，由全控型电力电子器件组成的脉冲宽度调制（PWM）型的调速系统的研制和应用日益广泛。与V-M系统相比，PWM-M系统优越性表现在：主电路电路简单，需用的功率元器件少；开关频率高，电流容易连续，谐波少，电动机损耗和发热都较小；低速性能好，稳速精度高，因而调速范围宽；系统频带宽，快速响应性能好，动态抗扰能力强；主电路元器件工作在开关状态，导通损耗小，装置效率较高；直流电源采用不控三相整流时，电网功率因数高。

脉宽调速系统和第 2 章讨论的晶闸管相控整流装置供电的直流调速系统之间的区别主要在主电路和 PWM 控制电路，至于闭环控制系统以及动、静态分析和设计基本相同。本节只讨论由绝缘栅极双极型晶体管 IGBT 组成的 PWM 变换器及 PWM-M 系统。

3.5.1 脉宽调制变换器

由于 V-M 系统在工业应用中有它很难克服的几个问题：①存在电流的谐波分量，因而在深调速时转矩脉动大，限制了调速范围；②深调速时功率因数低，也限制了调速范围；③要克服以上两点困难，就得加大平波电抗器的电感，但大电感又限制了系统的快速性。所以性能优越的脉宽调制（PWM）技术成为直流调速技术的一个发展方向。

PWM 变换器有不可逆和可逆两类，可逆变换器又有双极式、单极式和受限单极式等多种电路。下面分别介绍它们的工作原理和特性。

1. 不可逆 PWM 变换器

不可逆 PWM 变换器的主电路分为无制动作用的和有制动作用的两种。

无制动作用的不可逆 PWM 变换器的主电路原理图如图 3-35a 所示。采用全控型绝缘栅极双极型晶体管 IGBT 代替晶闸管后，开关频率提高了一个数量级以上。电源电压 U_s 由不可控整流电源提供，采用大电容 C 滤波。二极管 VD 在 VT 关断时为电枢回路释放电感储能提供续流回路。

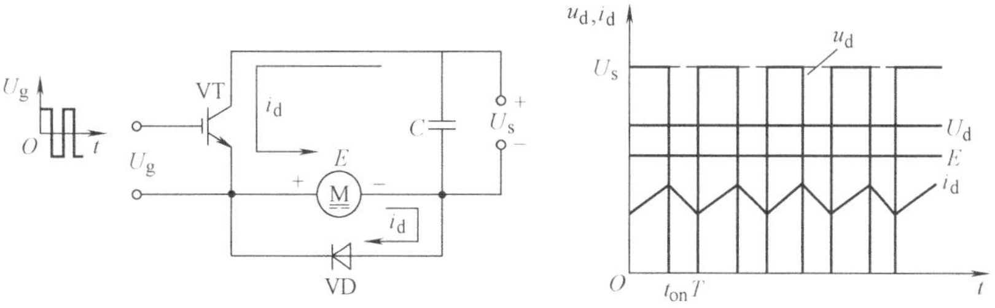

a) b)

图 3-35 无制动作用的不可逆 PWM 变换器

a）原理图 b）电压和电流波形

绝缘栅极双极型晶体管 VT 的栅极由脉宽可调的脉冲电压 U_g 驱动。在一个开关周期 T 内，当 $0 \leqslant t < t_{on}$ 时，U_g 为“+”，VT 导通，电动机电枢两端为电源电压 U_s；当 $t_{on} \leqslant t < T$ 时，U_g 为“−”，VT 截止，电枢失去电源，经由二极管 VD 续流。

电动机得到的平均电压为

$$U_d = \frac{t_{on}}{T} U_s = \rho U_s \tag{3-9}$$

式中 ρ——PWM 电压的占空比，$\rho = t_{on}/T = U_d/U_s$。

使用下面方法中的任何一种，都可改变 ρ 的值，从而达到调压的目的，实现电动机的平滑调速。

① 定宽调频法：t_{on} 保持一定，使 $T - t_{on}$ 在 $0 \sim \infty$ 范围内变化；

② 调宽调频法：$T-t_{on}$保持一定，使 t_{on}在 $0\sim\infty$ 范围内变化；

③ 定频调宽法：T 保持一定，使 t_{on}在 $0\sim T$ 范围内变化。

在直流脉宽调速系统中，一般采用定频调宽法。

图 3-35b 中绘出了稳态时电枢的脉冲端电压 u_d、电枢平均电压 U_d 和电枢电流 i_d 的波形。从中可以看出稳态电流 i_d 是脉动的，由于开关频率较高，电流脉动的幅值不会很大，再影响到转速 n 和反电动势 E 的波动就更小了。

VT 在一个周期内存在开与关两种状态，则电路的电压平衡方程式为

在 $0\leqslant t<t_{on}$期间：

$$U_s = Ri_d + L\frac{di_d}{dt} + E \tag{3-10}$$

在 $t_{on}\leqslant t<T$ 期间：

$$0 = Ri_d + L\frac{di_d}{dt} + E \tag{3-11}$$

式中 R、L——电枢电路的电阻（Ω）和电感（H）；

E——电机反电动势（V）。

由于无制动作用的不可逆电路中电流 i_d 不能反向，因此不能产生制动作用，只能作单象限运行。需要制动时必须具有反向电流 $-i_d$ 的通路，因此应设置控制反向通路的第二个绝缘栅极双极型晶体管 VT_2，形成 VT_1 和 VT_2 交替开关的电路，如图 3-36a 所示。两个晶体管的栅极驱动电压大小相等、方向相反，即 $U_{g1}=-U_{g2}$。

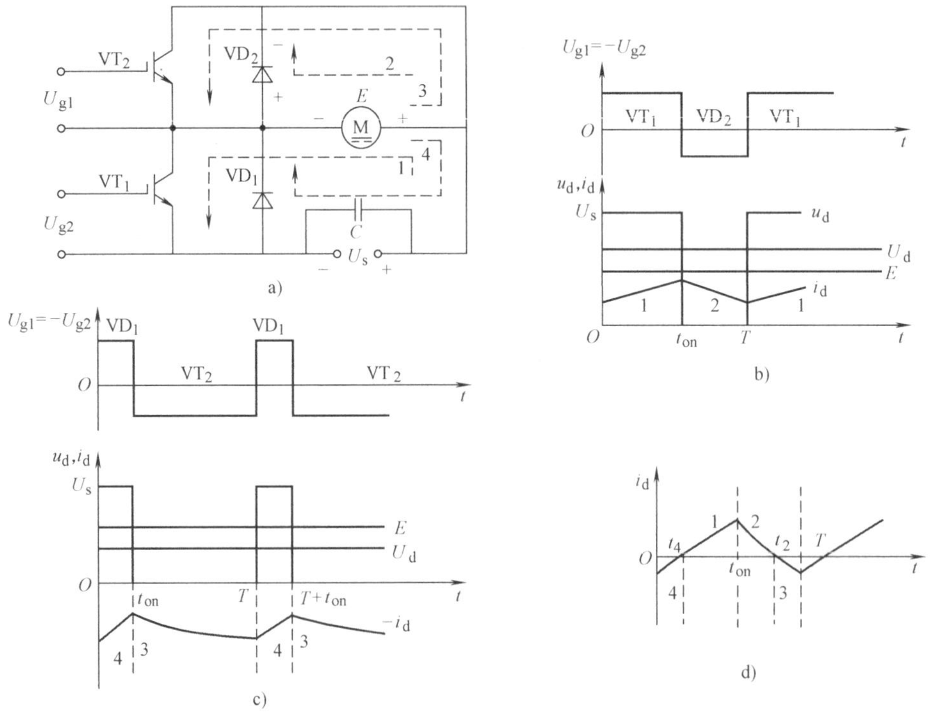

图 3-36 有制动作用的不可逆 PWM 变换器

a）原理图 b）电动状态的电压、电流波形

c）制动状态的电压、电流波形 d）轻载电动状态的电压、电流波形

当电动机在电动状态下运行时，在 $0 \leq t < t_{on}$ 期间，U_{g1} 为“+”，VT_1 导通；U_{g2} 为“-”，VT_2 截止，此时，电动机电枢电压 U_d 为电源电压 U_s，电流 i_d 沿图中的回路1流通。在 $t_{on} \leq t < T$ 期间，U_{g1} 为负，VT_1 截止，U_{g2} 虽然为“+”，但 VT_2 却不能导通，是因为 i_d 沿回路2经二极管 VD_2 续流期间 VD_2 两端产生的压降给 VT_2 施加反压，使它失去导通的可能。因此，实际上是 VT_1、VD_2 交替导通，而 VT_2 始终不通。其电压、电流波形如图3-36b所示。当电动机要减速或停车时，应使 VT_1 基极驱动电压 U_{g1} 正脉冲变窄，占空比 ρ 减小，U_d 降低，但由于机械惯性的作用，转速不能立刻变化，造成 $E > U_d$。这时 VT_2 就在电动机制动过程中发挥作用。

在 $t_{on} \leq t < T$ 期间，由于 U_{g2} 为“+”，VT_2 导通，$E - U_d$ 产生的反向电流 $-i_d$ 沿回路3通过 VT_2 流通，产生能耗制动，直到 $t = T$ 为止。在 $T \leq t < T + t_{on}$ 期间，VT_2 截止，$-i_d$ 沿回路4通过 VD_1 续流，对电源回馈制动。这时 VD_1 的压降使 VT_1 不能导通。在整个制动状态中，VT_2、VD_1 轮流导通，而 VT_1 始终截止。电压、电流波形示于图3-36c。

另外，还有一种特殊情况，在轻载电动状态中，负载电流较小，以致当 VT_1 关断后 i_d 的续流很快就衰减到零，如在图3-36d中在 $t_{on} \sim T$ 期间的 t_2 时刻。这时二极管 VD_2 两端的压降也降为零，使 VT_2 得以导通，反电动势 E 沿回路3形成反向电流 $-i_d$，产生局部时间的能耗制动作用。到了 $t = T$ 时，VT_2 关断，$-i_d$ 又开始沿回路4经 VD_1 续流，直到 $t = t_4$ 时 $-i_d$ 衰减到零，VT_1 才开始导通。这种在一个开关周期内 VT_1、VD_2、VT_2、VD_1 四个管子轮流导通的电流波形如图3-36d所示。

2. 可逆PWM变换器

可逆PWM变换器主电路的结构型式有H形、T形等，这里讨论H形变换器，它是由四只IGBT和四只续流二极管组成的桥式电路。H形变换器在控制方式上分双极式、单极式和受限单极式三种。

（1）双极式可逆PWM变换器　双极式H形可逆PWM变换器的电路原理图如图3-37所示。四只IGBT的栅极驱动电压分为两组。VT_1 和 VT_4 同时导通和关断，其驱动电压 $U_{g1} = U_{g4}$；VT_2 和 VT_3 同时导通和关断，其驱动电压 $U_{g2} = U_{g3} = -U_{g1}$。

在一个开关周期内，当 $0 \leq t < t_{on}$ 时，U_{g1} 和 U_{g4} 为“+”，VT_1 和 VT_4 饱和导通，U_{g2} 和 U_{g3} 为“-”，VT_2 和 VT_3 截止。这时 $U_{AB} = +U_s$，电枢电流 i_d 沿回路1流通。当 $t_{on} \leq t < T$ 时，U_{g1} 和 U_{g4} 变“-”，VT_1 和 VT_4 截止；U_{g2}、U_{g3} 变“+”，但 VT_2、VT_3 并不能立即导通，因为在电枢电感释放储能的作用下，i_d 沿回路2经 VD_2、VD_3 续流，在 VD_2、VD_3 上的压降使 VT_2 和 VT_3 极承受着反压，这时 $U_{AB} = -U_s$。U_{AB} 在一个周期内正负相间，这是双极式PWM变换器的特征，其电压、电流波形如图3-38。

由于电压 U_{AB} 的正、负变化，使电流波形存在两种情况。i_{d1} 相当于电动机负载较重的情况，这时平均负载电流大，在续流阶段电流仍维持正方向，电机始终工作在第Ⅰ象限的电动状态；i_{d2} 相当于负载很轻的情况，平均电流小，在续流阶段电流很快衰减到零，于是 VT_2 和 VT_3 集—射极两端失去反压，在负的电源电压（$-U_s$）和电枢反电动势的共同作用下导通，电枢电流反向，沿回路3流通，电动机处于制动状态。与此相仿，在 $0 \leq t < t_{on}$ 期间，当负载轻时，电流也有一次倒向。

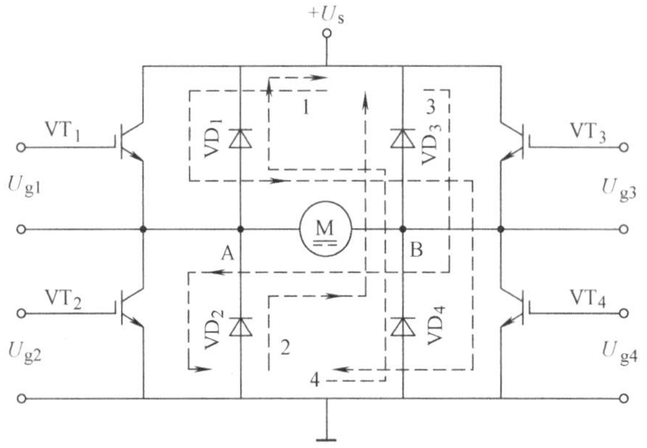

图 3-37　双极式 H 形 PWM 变换器电路

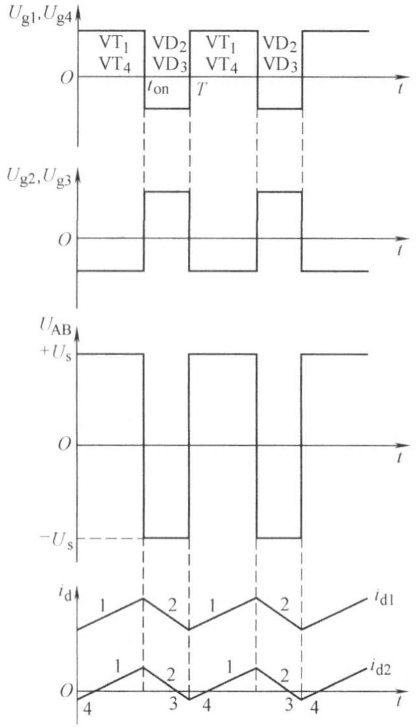

图 3-38　双极式 PWM 变换器电压和电流波形

双极式可逆 PWM 变换器电枢平均端电压用公式表示为

$$U_d = \frac{t_{on}}{T}U_s - \frac{T - t_{on}}{T}U_s = \left(\frac{2t_{on}}{T} - 1\right)U_s \tag{3-12}$$

仍以 $\rho = U_d/U_s$ 来定义 PWM 电压的占空比，则 ρ 与 t_{on} 的关系为

$$\rho = \frac{2t_{on}}{T} - 1 \tag{3-13}$$

显然，双极式可逆 PWM 变换器的 ρ 与不可逆 PWM 变换器的不同。调速时，ρ 的变化范围变成 $-1 \leqslant \rho \leqslant 1$。当 ρ 为正值时，电动机正转；ρ 为负值时，电动机反转；$\rho = 0$ 时，电动机停止。在 $\rho = 0$ 时，虽然电动机不动，电枢两端的瞬时电压和瞬时电流却都不为零，而是交变的。这个交变电流平均值为零，会增大电动机的损耗，产生高频噪音。但交变电流能使电动机产生高频微振，消除正、反向时的静摩擦死区，起着“动力润滑”的作用。

双极式 PWM 变换器具有如下优点：

① 电流一定连续；

② 可使电动机在四象限中运行；

③ 电动机停止时有微振电流，能消除静摩擦死区；

④ 低速时，每个 IGBT 的驱动脉冲仍较宽，有利于保证其可靠导通；

⑤ 低速平稳性好，调速范围很宽。

双极式 PWM 变换器的缺点是：在工作过程中，四只 IGBT 都处于开关状态，开关损耗大，而且容易发生上、下两管直通的事故，降低了装置的可靠性。为了防止上、下两管直通，在一管关断和另一管导通的驱动脉冲之间，应设置逻辑延时。

（2）单极式可逆PWM变换器　采用单极式PWM变换器的电路图仍和双极式一样的，不同之处仅在于驱动脉冲信号。在单极式变换器中，VT_1 和 VT_2 的驱动脉冲关系是 $U_{g1}=-U_{g2}$，具有和双极式一样的正负交替的脉冲波形，使 VT_1 和 VT_2 交替导通；VT_3 和 VT_4 的驱动信号根据电动机的转向施加直流控制信号的不同而不同。当电动机正转时，使 U_{g3} 恒“-”，U_{g4} 恒“+”，则 VT_3 截止而 VT_4 常通；电动机反转时，U_{g3} 恒“+”，U_{g4} 恒“-”，则 VT_3 常通而 VT_4 截止。由于PWM变换器在电动机朝一个方向旋转时，VT_3 或 VT_4 总有一个是截止的，在一个阶段中输出某一极性的脉冲电压，在另一阶段中 $U_{AB}=0$，所以称作“单极式”变换器。

由于单极式变换器的 VT_3 和 VT_4 二者之中点有一个常通，一个常截止，运行中无须频繁交替导通，因此和双极式变换器相比开关损耗可以减少，装置的可靠性有所提高。

（3）受限单极式可逆PWM变换器　单极式变换器在减少开关损耗和提高可靠性方面要比双极式变换器好，但还是有一对IGBT（VT_1 和 VT_2）交替导通和关断，仍有电源直通的危险。当电动机正转时，在 $0 \leqslant t \leqslant t_{on}$ 期间，VT_2 是截止的，在 $t_{on} \leqslant t < T$ 期间，由于经过 VD_2 续流，VT_2 也不通，所以让 U_{g2} 恒“-”，使 VT_2 一直截止。同样，当电动机反转时，让 U_{g1} 恒“-”，使 VT_1 一直截止。这样，就不会产生 VT_1、VT_2 直通的故障了。这种控制方式称作受限单极式。

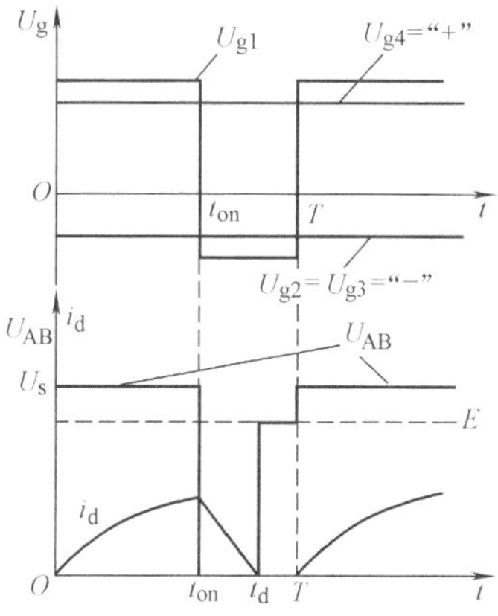

图3-39　受限单极式可逆PWM变换器轻载时的电压、电流波形

受限单极式可逆变换器在电动机正转时 U_{g2} 恒“-”，VT_2 一直截止，在电动机反转时，U_{g1} 恒“-”，VT_1 一直截止，其他驱动信号都和一般单极式变换器相同。如果负载较重，电流 i_d 在一个方向内连续变化，所有的电压、电流波形都和一般单极式变换器一样。但是，当负载较轻时，由于有两个IGBT（如正转运行时的 VT_2、VT_3）一直处于截止状态，因而不会出现电流 i_d 变向的情况，在续流期间电流衰减到零时（$t=t_d$），i_d 波形便中断了，这时电枢两端电压跃变为 $U_{AB}=E$，如图3-39所示。这种轻载电流断续的现象将使变换器的外特性变软，和V-M系统中的情况十分相似。它使PWM调速系统的静、动态性能变差，换来的好处则是可靠性的提高。

电流断续时，电枢电压的提高把平均电压也抬高了，即

$$U_d=\rho U_s+\frac{T-t_d}{T}E$$

令 $E \approx U_d$，则

$$U_d \approx \left(\frac{T}{t_d}\right)\rho U_s = \rho' U_s$$

由此求出新的负载电压系数：

$$\rho' = \frac{T}{t_d}\rho \tag{3-14}$$

由于 $T \geqslant t_d$，因而 $\rho' \geqslant \rho$，但 ρ' 之值仍在 $-1 \sim +1$ 之间变化。

3.5.2 脉宽调速系统的控制电路

动、静态性能较好的调速系统都采用转速-电流双闭环控制方案，脉宽调速也不例外。双闭环脉宽调速系统的原理图如图3-40所示，其中属于脉宽调速系统特有的部分是脉宽调制器UPW、调制波发生器GM、逻辑延时环节DLD和IGBT基极的驱动器GD。这些特有部分中最关键的部件是脉宽调制器UPW。

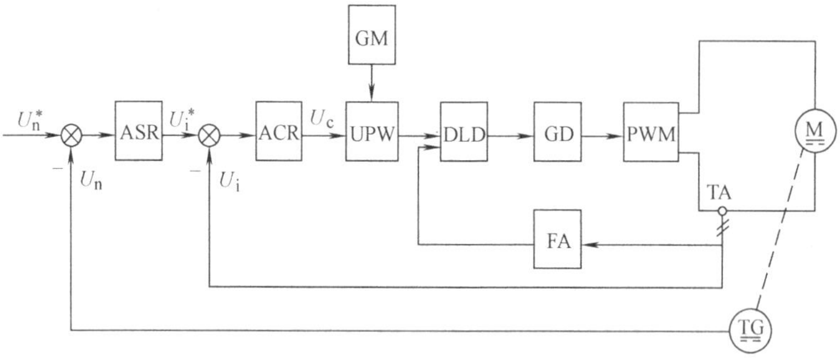

图3-40 双闭环控制的脉宽调速系统原理图

UPW—脉宽调制器 GM—调制波发生器 DLD—逻辑延时环节

GD—基极驱动器 PWM—脉宽调制变换器 FA—瞬时动作的限流保护

1. 脉宽调制器（UPW）

脉宽调制器是一个电压—脉冲变换装置。由控制电压U_c进行控制，为PWM装置提供所需的脉冲信号，其脉冲宽度与U_c成正比。

（1）模拟脉宽调制器　脉宽调制器的基本原理是将直流信号和一个调制信号比较，调制信号可以是三角波，也可以是锯齿波。三角波脉冲宽度调制器电路如图3-41所示。运算放大器A_1为方波发生器，运算放大器A_2为反相积分器，A_1与A_2为三角波振荡器，产生三角波电压信号u_{sa}。运算放大器A_3为电压比较器，它对三角波信号u_{sa}与极性可变大小可调的控制电压U_c进行比较，输出信号为U_{PWM}脉冲电压，U_{PWM}信号的波形如图3-42所示。

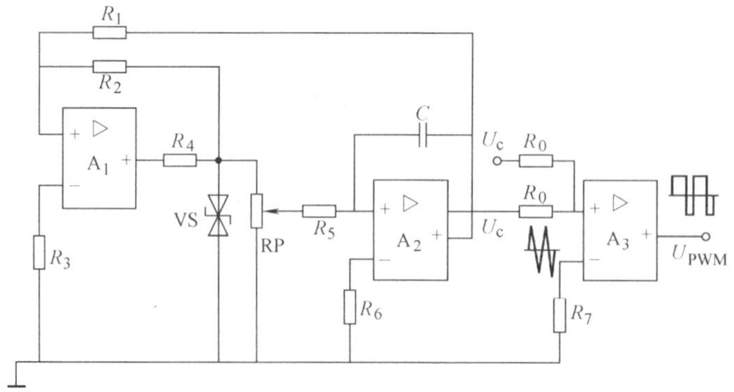

图3-41 三角波脉冲宽度调制器电路

当U_c=0时，经运算放大器A_3，输出脉冲电压U_{PWM}的正、负半波相等，如图3-42a所示。

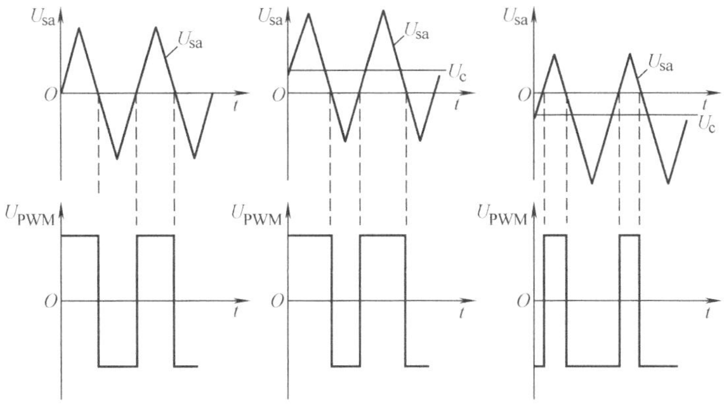

图 3-42　三角波脉宽调制波形图

a) $U_c=0$　b) $U_c>0$　c) $U_c<0$

当 $U_c>0$ 时，$+U_c$ 的作用和使三角波信号 U_{sa}上移，则在运算放大器 A_3 输入端两个信号合成电压为正的宽度增大，经运算放大器 A_3，输出脉冲电压 U_{PWM}的正半波增宽，如图 3-42b 所示。

当 $U_c<0$ 时，情况与 $U_c>0$ 时相反，输出 U_{PWM}的正半波变窄，如图 3-42c 所示。

这样通过改变控制电压 U_c 的极性，也就改变了双极式 PWM 变换器输出平均电压的极性，因而改变了电动机的转向。改变 U_c 的大小，则调节了输出脉冲电压的宽度，从而调节电动机的转速。

(2) 集成 PWM 控制器　脉宽调制信号也可通过数字的方法来产生，目前有许多专用集成 PWM 控制电路，它们为脉宽调制调速系统的设计提供了方便，而且提高了系统的可靠性。这里对 TL494 集成电路及其应用作简单介绍。

TL494 是美国德克萨斯仪器公司的产品，原是为开关电源设计的脉冲宽度调节器。TL494 单片 PWM 集成电路的功能结构图和引脚分配如图 3-43 所示。TL494 有一个独立的死区时间比较器 CMP_1，控制比较器输入端（4 脚）的电位，除可以改变调制器的死区时间之外，还可以用它设计电源的软启动电路，或者欠压保护电路。

TL494 中的两个误差放大器（A_1、A_2）可以分别控制输出电压 U_0 的稳定和用作输出过电流保护一类的功能。若接在 R_T 与 C_T 端的电阻为 R_T（kΩ），电容为 C_T（μF），则三角波的振荡频率为

$$f_{OSC}=\frac{1.1}{R_T C_T}$$

式中　R_T 和 C_T 取值范围：$R_T=5\sim100\text{k}\Omega$，$C_T=0.001\sim0.1\mu\text{F}$。

输出方式控制端（13 脚）控制 TL494 的应用方式。当该端为高电平时，两路输出分别由触发器的 Q 和$\overline{Q}$端控制，形成双端输方式；当 13 脚为低电平时，触发器失去作用，两路输出同时由 PWM 比较器后的或门输出控制，同步地工作。两路并联输出时，输出驱动电流较大（达 400mA）。

TL494 应用在直流电动机速度控制系统中的原理图如图 3-44a 所示。利用其中一个误差

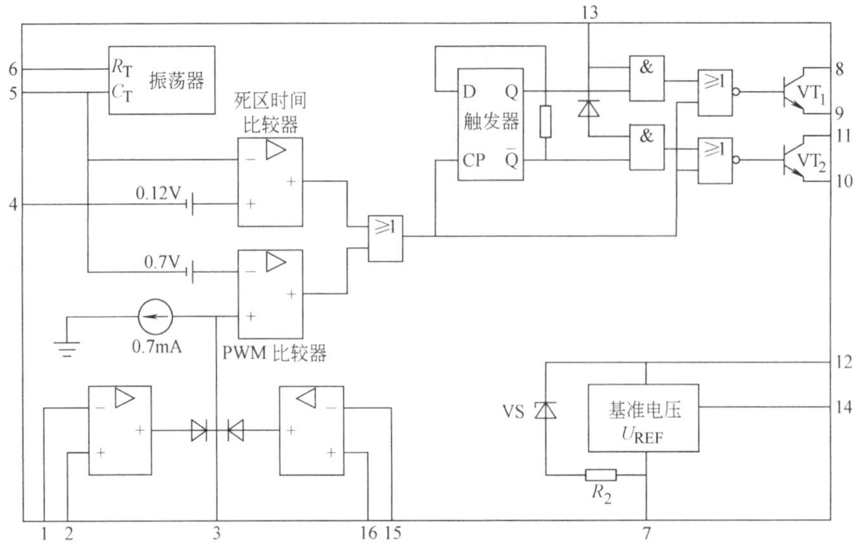

图 3-43　TL494 单片 PWM 集成电路的功能结构图和引脚分配

1—反相输入（1）　2—同相输入（1）　3—反馈控制　4—死区时间控制　5—C_T

6—R_T　7—地　8—C_1　9—E_1　10—E_2　11—C_2　12—U_{CC}

13—输出控制　14—5V 基准电压输出　15—反相输入（2）　16—同相输入（2）

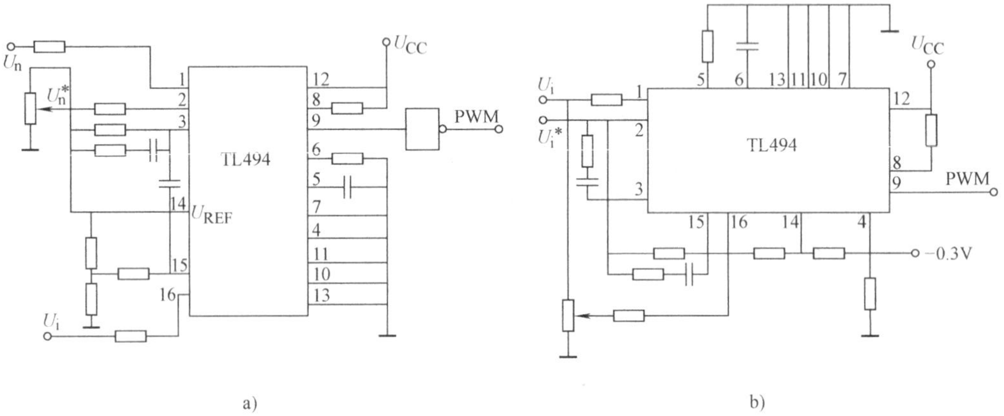

图 3-44　TL494 在直流脉宽调速系统中的应用

a）应用于直流电动机速度控制系统　b）作为电流调节器应用

放大器从2脚输入转速给定电压信号 U_n^*，1 脚输入转速反馈电压信号 U_n，此放大器作速度调节器使用，2-3 脚之间引入阻容校正。另一个误差放大器作为限流保护比较器，从 16 脚引入电动机电流检测信号 U_i，从 15 脚输入允许的最大电流信号，此信号可从 14 脚内部基准电压源经电阻分压得到，使电动机起动、或过载、或故障时最大电流限制在安全范围之内，以保护电动机和功率开关管。在芯片内，由速度调节器输出控制得到 PWM 信号，此信号用来控制外接的 PWM 调制器，以维持电动机的转速为恒定。

在直流电动机的双闭环调速控制系统中，速度调节器的输出为转矩（或电流）给定信号 U_i^*，可利用 TL494 作为电流调节器和电流限制器，接线图如图 3-44b 所示。电流反馈检测

信号 U_i 从 1 脚输入，电流给定信号 U_i^* 从 2 脚输入，此误差放大器连接成 PI 调节器方式工作，产生 PWM 信号。这里用锯齿波作为比较波，其效果比三角波要好些，因为锯齿波后沿十分陡，避免由于开关时刻电流的波动而引起 PWM 信号发生多次通断的现象。

用作电流调节器时，TL494 输出的 PWM 控制信号不希望存在死区时间。如果 4 脚接地，PWM 信号的最大占空比为 96%，即功率开关不可能完全导通，这对于电流跟踪控制应用是不利的。因为当系统突加给定时，若受控电流在一个脉冲周期内不能跟踪给定值，在电流上升过程中每个周期都有 4% 时间要强迫关断。如果调制频率较高，则此关断时间极短（例如 $f=20\text{kHz}$，周期 $T=50\mu\text{s}$，$4\%T=2\mu\text{s}$），虽然电流对速度影响不大，但却造成了不必要的开关损耗。而且当开关器件在 $4\%T$ 的时间内还没有完全关断又被强迫开通时，其损耗更严重，甚至影响逆变器的工作安全。因此，要采取措施消除此死区。实验表明，在 4 脚加 -0.3V 电平时，即可将 PWM 信号最大占空比扩展到 100%。

为了实现电动机的正、反转控制，还需用速度调节器产生反映转矩极性的信号 U_i^* 和 PWM 信号一起控制功率开关桥的换相，供给电动机正向或反向电流。

2. 逻辑延时环节

在可逆 PWM 变换器中，跨接在电源两端的上、下两只晶体管经常交替工作（见图 3-37）。由于开关管的关断过程中有一段存储时间 t_s 和电流下降时间 t_f，总称关断时间 t_{off}，在这段时间内开关管并未完全关断。如果在此期间另一个开关管已经导通，则将造成上下两管直通，从而使电源正负极短路。为了避免发生这种情况，设置了由 R、C 电路构成的逻辑延时环节 DLD，保证在对一只管子发出关闭脉冲后，如图 3-45 中的 U_{g1}，延时 t_{ld}后再发出对另一只管子的开通脉冲（如 U_{g2}）。由于晶体管导通时也存在开通时间，延时时间 t_{ld}只要大于开关管的存储时间 t_s 就可以了。

在逻辑延时环节中还可以引入保护信号，例如瞬时动作的限流保护信号（见图 3-40 中的 FA），一旦桥臂电流超过允许最大电流值时，使 VT_1、VT_4（或 VT_2、VT_3）两管同时封锁，以保护开关管。

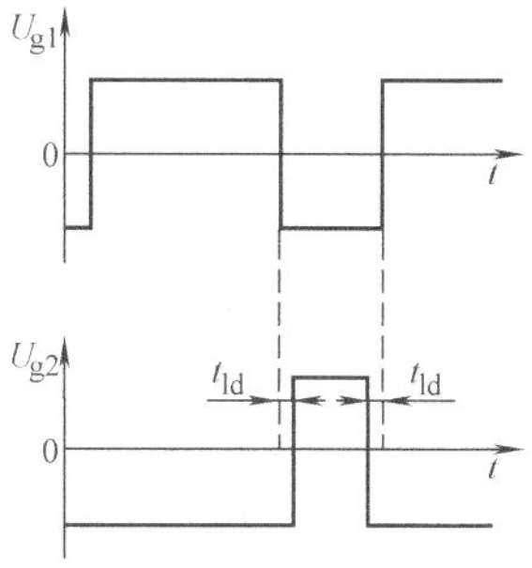

图 3-45 考虑开通延时的基极脉冲电压信号

3. 功率输出级的栅极驱动电路

脉宽调制器输出的脉冲信号经过信号分配和逻辑延时后，送给栅极驱动器作功率放大，以驱动主电路的绝缘栅极双极型晶体管。

IGBT 虽说是电压驱动的功率模块，要驱动 IGBT 的导通，不但栅极要有足够的电荷量，而且必须有足够的电压幅值。此外，还必须考虑到控制信号与主回路强电之间的电位隔离。IGBT 的栅极驱动电路的原理图如图 3-46 所示。图中 IC_1 为光耦合器，对 15、16 端的输入控制电路与 3、1 端输出电路及电源 2、9 端进行隔离。当 15、16 端有正脉冲时，IC_1 导通，晶体管 VT_2、VT_3 截止，VT_5 导通，3、1 端子间有触发脉冲输出。如果 2、9 间电源电压为 +20V，1 号端子的正偏压为 +5V，则上述脉冲幅值为 +15V。当 15、16 端没有正脉冲时，IC_1 截止，VT_2、VT_3 导通，VT_5 截止，VT_6 导通，3、1 端子间处于 -5V 偏压。VT_3、VT_4 等用于短路保护。

IGBT 的驱动电路生产厂家已制成标准件，称为混合驱动模块（Hybrid IC），比如日本英

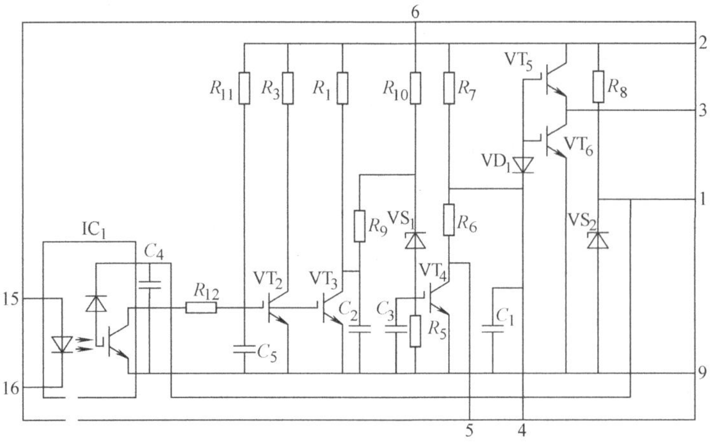

图 3-46　栅极驱动电路的原理图

达公司的 HR065；富士电动机的 EXB840、EXB841、EXB844 等，它们在输出能力、开关速度及 du/dt 承受力方面都不相同，使用时应根据实际情况加以选择。

3.5.3　脉宽调速系统的开环机械特性

直流脉宽调速系统在稳态运行时，施加在电动机电枢两端的电压为脉冲电压，尽管电枢回路有高频电感的平波作用，但转矩和转速仍是脉动的。所谓稳态，是指电动机的平均电磁转矩与负载转矩相平衡的状态，电枢电流实际上是周期性变化的，只能算作“准稳态”。脉宽调速系统在“准稳态”的机械特性是其平均转速与平均转矩（电流）的关系。

由上节分析知道，不论是带制动作用的不可逆 PWM 电路，还是双极式和单极式的可逆 PWM 电路，其准稳态的电压、电流波形都是相似的。由于电路中具有反向电流通路，在同一转向下电流可正可负，无论是重载还是轻载，电流波形都是连续的，这就使机械特性的关系式变得很简单。

无论是上述哪一种情况，一个周期内电枢两端的平均电压都是 $U_d=\rho U_s$（只是 ρ 值与 T 和 t_{on} 的关系不同），平均电流用 I_d 表示，平均电磁转矩为 $T_{eav}=C_M I_d$，电枢回路电感两端电压 $L\dfrac{di_d}{dt}$的平均值为零。因此，电压平均值方程都为

$$\rho U_s=RI_d+E=RI_d+C_e n \tag{3-15}$$

则机械特性方程式为

$$n=\frac{\rho U_s}{C_e}-\frac{R}{C_e}I_d=n_0-\Delta n_{op} \tag{3-16}$$

或用转矩表示，

$$n=\frac{\rho U_s}{C_e}-\frac{R}{C_e C_M}T_{eav}=n_0-\Delta n_{op} \tag{3-17}$$

其中理想空载转速 $n_0=\rho U_s/C_e$，与占空比 ρ 成正比。图 3-47 绘出了第一、二象限的机械特性，它适用于带制动作用的不可逆电路。可逆电路的机械特性与此相仿，只是扩展到第三、四象限而已。

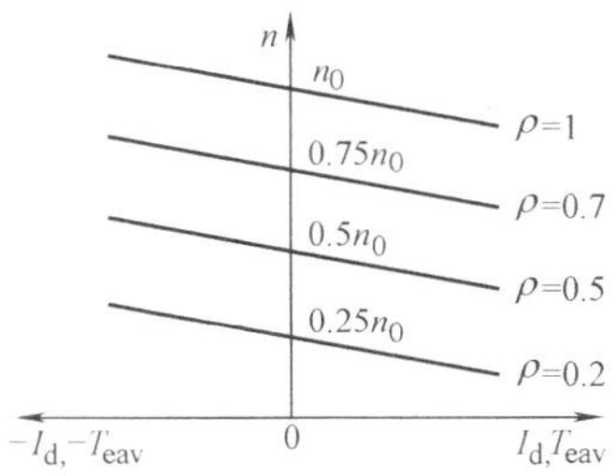

图 3-47 脉宽调速系统的机械特性械特性（电流连续）

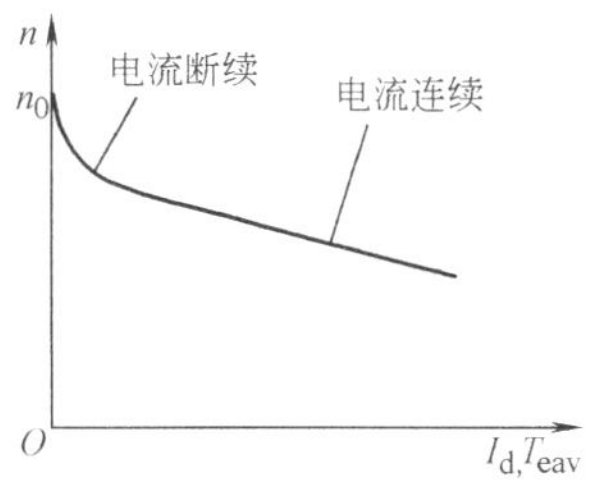

图 3-48 受限单极式 PWM 调速系统的机械特性（电流断续）

对于受限单极式可逆电路，电动机在同一旋转方向下电流不能反向，轻载时将出现电流断续情况，平均电压方程式（3-15）便不能成立，机械特性方程要复杂得多，本书不作介绍。但由图 3-39 的电压波形可以定性地看出，当占空比一定时，负载越轻，即平均电流越小，则电流中断（此时 $U_{AB}=E$）的时间越长。照此趋势，理想空载时，$I_d=0$，只有转速升高到使 $E=U_s$ 才行。因此不论 ρ 为何值，理想空载转速都会上翘到 $n_0=U_s/C_e$，如图 3-48 所示。从图中还可看出，轻载时，电流断续，机械特性是一段非线性的曲线；当负载大到一定程度时，电流开始连续，才具有式（3-16）、式（3-17）的线性特性。

3.5.4 系统设计中的典型问题

1. 泵升电压限制电路

当脉宽调速系统的电动机减速或停车时，储存在电动机和负载转动部分的动能将变成电能，并通过 PWM 变换器回馈给直流电源。一般直流电源由不可控的整流器供电，不可能回馈电能，只好对滤波电容器充电而使电源电压升高，称作“**泵升电压**”。

对于大功率 PWM 系统，为了安全运行，所需储能电容值就要相当大（在容量为几千瓦的调速系统中，电容至少要几千微法），将导致 PWM 装置的体积和重量增加，且不能适应负载惯量变化的需要。为了有效地限制泵升电压，而又不致于把储能电容的电容量选得过大，可在储能电容两端并联一个泵升电压抑制电路，当电容端电压超过预定的 U_{smax} 时，限制电路接通，把反馈能量的一部分消耗在分流电阻中，从而把 U_{smax} 限制在规定值之内。

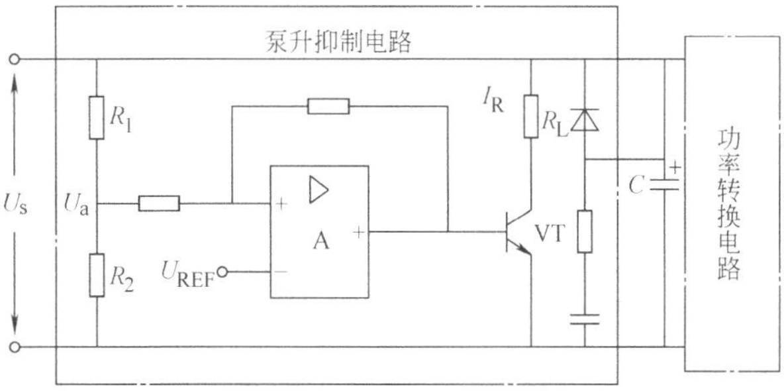

图 3-49 典型的泵升电压限制电路

PWM 系统中典型的泵升电压限制电路如图 3-49 所示。由 R_1 和 R_2 构成对 U_s 的分压器，U_a 与 U_s 成正比。由运算放大器 A 构成电压比较器，参考电压 $+U_{REF}$ 为门限电压加到 A 的反相端。U_{REF} 的选择使得在 $U_s=U_{smax}$ 时，VT 导通，电容 C 通过 R_L 放电，耗散反馈能量，直至 U_s 减小到预定的数值时 VT 截止。

2. 电流脉动量

在上一节分析脉宽调速系统的机械特性中，研究的是电流（转矩）平均值和转速平均值之间的关系。实际上 PWM 供电的电动机电枢电流是脉动的。电枢电流的脉动分量不产生有效转矩，只增加它的功率损耗，降低电动机的利用率，并影响电动机稳态运行的平稳性。在工程设计中，需要计算电流脉动量。

以 PWM 可逆电路电流在正方向连续变化时的情况进行分析，电枢电流变化波形如图 3-50 所示。

经分析推得，对于单极式可逆电路 $\rho=0.5$ 时，得最大电流脉动量为

$$\Delta i_{\mathrm{dmax}}=\frac{U_{\mathrm{s}}T}{4L}=\frac{U_{\mathrm{s}}}{4fL} \tag{3-18}$$

当双极式可逆电路 $\rho=0$ 时，得最大电流脉动量为

$$\Delta i_{\mathrm{dmax}}=\frac{U_{\mathrm{s}}T}{2L}=\frac{U_{\mathrm{s}}}{2fL} \tag{3-19}$$

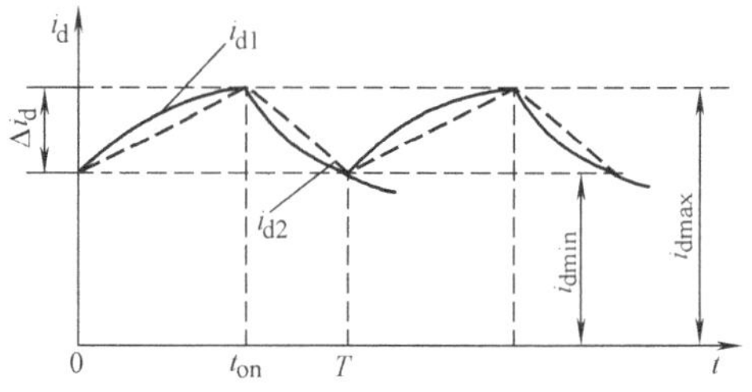

图 3-50　脉宽调速系统电枢电流变化波形

式（3-18）和式（3-19）表明，电枢电流的最大脉动量与电源电压 U_{s} 成正比，与电枢电感 L 和开关频率 f 成反比，其物理意义是很明显的。

另外，比较式（3-18）和式（3-19），可见双极式最大电流脉动量比单极式的大一倍。

3. PWM 开关频率的选择

开关频率的合理选择，对于系统性能和电气指标要求的影响是相当重要的。合适的开关频率可使系统低速平稳性得到改善，效率得到提高，且其性能与连续系统时并无差别。但是，开关频率的确定，有很多相互矛盾的因素要折衷考虑，工程应用中视具体情况选择开关频率。

4. 脉宽调制器和 PWM 变换器的传递函数

脉宽调速系统的控制规律和动态数学模型与晶闸管—电动机系统相比没有什么不同，惟一特殊之处就是脉宽调制器和 PWM 变换器本身的传递函数。根据其工作原理，当控制电压 U_{s} 改变时，PWM 变换器的输出电压要到下一个周期方能改变。因此，脉宽调制器和 PWM 变换器合起来可以看作是一个滞后环节，它的延时最大不超过一个开关周期。跟晶闸管装置传递函数的近似处理一样，若整个系统开环频率特性的截止频率满足下式

$$\omega_{\mathrm{c}}\leqslant\frac{1}{3T} \tag{3-20}$$

则可将滞后环节近似看成一阶惯性环节。因此，脉宽调制器和 PWM 变换器的传递函数可近似看成：

$$G_{\mathrm{PWM}}(s)=\frac{K_{\mathrm{PWM}}}{T_{\mathrm{s}}+1} \tag{3-21}$$

式中　$K_{\mathrm{PWM}}=U_{\mathrm{d}}/U_{\mathrm{c}}$——脉宽调制器和 PWM 变换器的放大系数；

U_{d}——PWM 变换器的输出平均电压；

U_{c}——脉宽调制器的控制电压。

3.5.5　双极式可逆 PWM 变换器的微机控制

基于直流双极式可逆 PWM 变换器的基本原理，用微机来实现脉冲宽度调制通常有两种

方式：软件方案和硬件方案。下面介绍一种由软件和硬件相结合来实现 PWM 基极驱动信号波形的方法，这一方法的系统硬件图如图 3-51 所示。其中 BHL 为电流霍尔传感器。

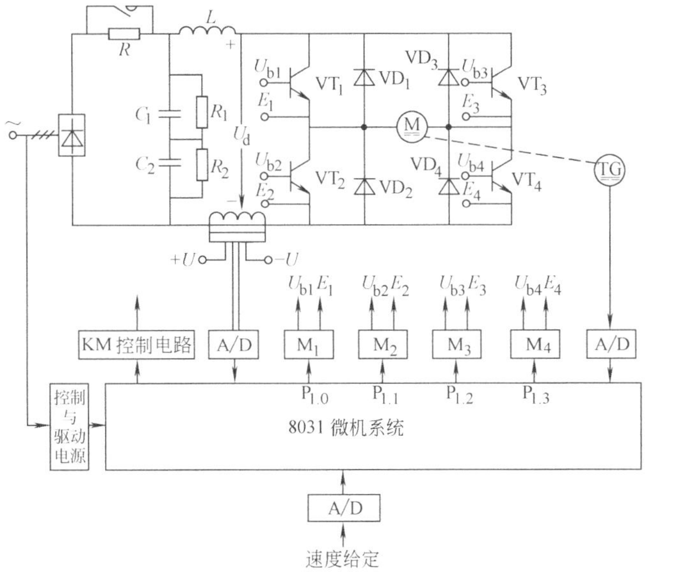

图 3-51　微机控制的直流可逆 PWM 调速系统硬件图

速度给定信号经 A/D 转换后送入微机系统，使占空比 ρ 在 $0\leqslant\rho\leqslant1$ 范围内调变，从而使输出电压按式（3-12）调变，达到可逆调速的目的。

这是一个转速-电流双闭环控制系统，内环的中断采样周期小于外环的采样周期。这里，电流中断周期取为 1ms，转速中断周期取为 10ms，无论是电流采样值还是转速采样值都有交流分量，可采用阻容电路滤波措施。但阻容值过大，会使动态响应变差，为此可采用硬件滤波与软件滤波相结合的方法，采用滤波方法还可以消除干扰。软件滤波即数字滤波，常采用中值法，这种方法是在读入 N 个数据后，先去掉其中的最大值和最小值，再求剩下数据的平均值。

连续进行 N 次数据采样，用中值滤波法求其平均值，并将其结果送入内部 RAM30H 单元中，其程序流程如图 3-52 所示。

双极式可逆 PWM 变换器输出的电压波形，即电动机的端电压 U_d 波形如图 3-38 所示。计算占空比 $\rho=t_{on}/T$，按定频调宽法，即 $T=$ 常数，使 t_{on} 在 $0\sim T$ 范围变化的方法调变。由式（3-12）可知，当 $\rho=0.5$ 时，电动机端电压为零，电动机停止不动；当 ρ 由 0.5 逐渐增加到 1 时，电动机的端电压 U_d 逐渐由 0 增加到 U_{d0max}，电动机正转、调速；而当 ρ 由 0.5 逐渐减小到 0 时，电动机端电压 U_d 由零逐渐增大到 $-U_{d0max}$，即数值增大，极性与前面相反，这时电动机反转、调速。

微机控制系统应根据速度给定的要求完成上述正反转调速控制。然而在实现这种速度控制时，ρ 值需按一定的规律“逐渐”变化，这就需要一种控制算法。

为使调速系统获得满意的静态指标与动态指标，在传统的模拟调速系统中常采用 PI 调节电路来实现；而在计算机控制系统中，运用现代控制理论已提出了各种各样的控制算法，如变结构三模控制策略、离散滑模控制策略等，并得到了优良的控制性能。但目前比较实用的大多仍沿用模拟化设计方法，即 PI 控制算法。这种方法是将系统的离散部分看成是连续的，按连续系统的理论设计校正环节，然后将其离散化（数字化）。这里就是采用这种 PI 控制算法。

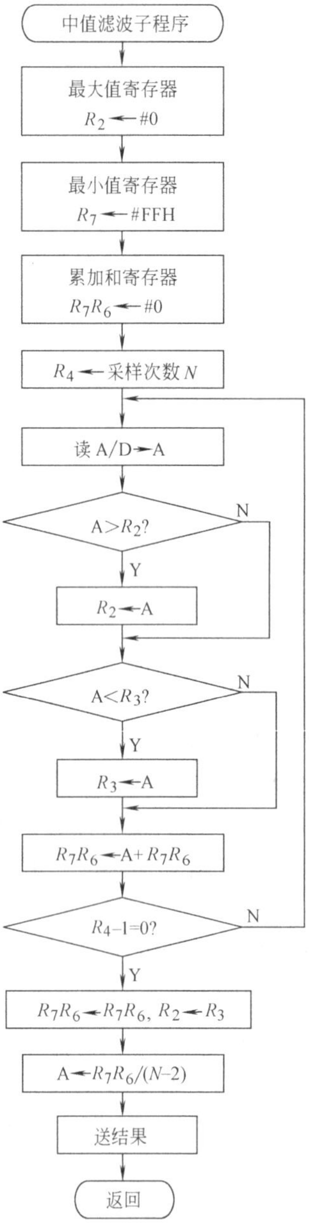

图 3-52　中值滤波子程序流程图

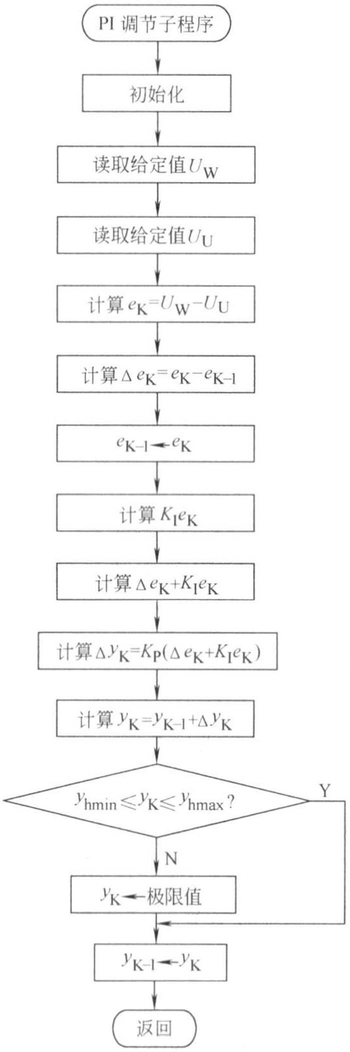

图 3-53　PI 调节子程序流程图

系统中转速 PI 调节与电流 PI 调节其控制算法基本一样，其流程如图 3-53 所示，下面仅以电流 PI 调节为例介绍以单片机实现 PI 调节的算法和步骤。

设 PI 调节器的输出量 $y(t)$，输入量为 $e(t)$，调节器的比例系数为 K_p，积分时间常数为 T_i，可以列出 PI 调节的积分方程

$$y(t) = K_{\mathrm{p}}\left[e(t) + \frac{1}{T_{\mathrm{i}}}\int_{0}^{t} e(t)\mathrm{d}t\right] \tag{3-22}$$

对式（3-22）离散化后，可得第（$k-1$）次和第 k 次采样时刻调节器的输出

$$y_{\mathrm{k}} = K_{\mathrm{p}}\left[e_{\mathrm{k}} + \frac{1}{T_{\mathrm{i}}}\sum_{n=0}^{k} e(n)T_{\mathrm{s}}\right] \tag{3-23}$$

$$y_{\mathrm{k}-1} = K_{\mathrm{p}}\left[e_{\mathrm{k}-1} + \frac{1}{T_{\mathrm{i}}}\sum_{n=0}^{k-1} e(n)T_{\mathrm{s}}\right] \tag{3-24}$$

式中 T_{s}——调节器的采样周期（s）。

采用增量式算法，由式（3-23）和式（3-24）可得两个采样时刻间的调节器输出增量 Δy_{k} 为

$$\Delta y_{\mathrm{k}} = y_{\mathrm{k}} - y_{\mathrm{k}-1} = K_{\mathrm{p}}[e_{\mathrm{k}} - e_{\mathrm{k}-1}] + K_{\mathrm{p}}\frac{T_{\mathrm{s}}}{T_{\mathrm{i}}}e_{\mathrm{k}} = K_{\mathrm{p}}(\Delta e_{\mathrm{k}} + K_{\mathrm{I}}e_{\mathrm{k}})$$

从而得到

$$y_{\mathrm{k}} = y_{\mathrm{k}-1} + K_{\mathrm{p}}(\Delta e_{\mathrm{k}} + K_{\mathrm{I}}e_{\mathrm{k}}) \tag{3-25}$$

式中 y_{k}——PI 调节器的第 k 次输出值；

$y_{\mathrm{k}-1}$——PI 调节器的第 $k-1$ 次输出值；

e_{k}——第 k 次采样时，给定量与反馈量之间的偏差；

$e_{\mathrm{k}-1}$——第 $k-1$ 次采样时，给定量与反馈量之间的偏差；

K_{I}——积分系数，$K_{\mathrm{I}} = \dfrac{T_{\mathrm{s}}}{T_{\mathrm{i}}}$；

$\Delta e = e_{\mathrm{k}} - e_{\mathrm{k}-1}$。

这就是 PI 控制算法的数字化形式，也就是数字化 PI 调节器的表达式。

在微机控制系统中，按式（3-25）编程即可实现数字化的 PI 调节功能，使系统获得良好的静态与动态性能。当然，式（3-25）中的 K_{p}、K_{I} 等系数一般需在系统调试中加以修正，才能使实际系统获得满意的结果。PI 调节子程序流程如图 3-53 所示。

用双闭环 PI 调节器输出的 y_{K} 值去调节 ρ，使之逐渐变化，以控制 $VT_1 \sim VT_4$ 的通断，即可实现定频调宽可逆调速的目的，并得到良好的动态特性。为避免 VT_1 和 VT_2、VT_3 和 VT_4 同时导通而引起直通短路，故由 VT_1、VT_4 导通转换成 VT_2、VT_3 导通时，其间要留有死区时间 $t_{1\mathrm{d}}$如图 3-44 所示。

上述各种控制功能可用 8031 单片机来实现，其要点如下：

1）取电流环采样周期为 1ms，速度环采样周期为 10ms，均可由定时器 T1 来完成。

2）定时器 T0 用来对图 3-38 中定频调宽的时间 t_{on}和 $T - t_{\mathrm{on}}$定时。根据电流环输出的值，可求出电机正、反转时相对应的 t_{on}值，再把它转换成定时器 T0 所需的定时常数。将 y_{K} 和对应的定时器 T0 的定时常数作成表格存入内存，以备查用。

3）微机系统主程序主要用来读取速度给定值，并显示当前转速。

4）定时器 T1 的中断服务程序完成速度环和电流环的控制。速度环中断服务程序实现速度 PI 调节，并产生电流给定信号。电流环中断服务程序实现电流 PI 调节，并产生定时器 T0

的定时时间常数。

5）定时器 T0 的中断服务程序实现在 t_{on} 期间控制 $P_{1.0}$ 和 $P_{1.3}$，使 VT_1 和 VT_4 导通；控制 $P_{1.1}$ 和 $P_{1.2}$，使 VT_2 和 VT_3 关断。在 $T-t_{on}$ 期间控制 $P_{1.0}$ 和 $P_{1.3}$，使 VT_1 和 VT_4 关断；控制 $P_{1.1}$ 和 $P_{1.2}$，使 VT_2 和 VT_3 导通。另外，还在 VT_1、VT_4 和 VT_2、VT_3 通断转换时形成死区时间，对于 IGBT 模块，死区时间可设定为大约等于 30μs。

3.6 数字直流调速器

第 1 章和第 2 章及本章前述几节分析的直流调速系统都是基于模拟控制方式实现的。随着微电子技术、微处理器以及计算机控制软件的发展，调速控制的各种功能几乎均可通过微处理器，借助软件来实现。即从过去的模拟控制向模拟－数字混合控制发展，最后实现全数字化。目前，工业生产领域广泛应用的数字直流调速器便是这一发展趋势的产物，它集控制功能和功率驱动于一体，具有十分优越的性能。

3.6.1 数字直流调速器的性能特点

对于数字调速器，除具有常规的调速功能外，其完善的人机界面可以对系统进行实时参数整定，调试非常方便；此外，还具有故障报警、诊断及显示等功能，同时，数字调速器通常具有较强的通信能力，通过选配适当的通信接口模板，可方便地实现主站（如上一级 PLC 或计算机系统）和从站（单机交、直流传动控制装置）间的数字通信，组成分级多机的自动化系统。为易于调试，数字调速器的软件，一般设计有调节器参数的自动化优化，通过启动优化程序，实现自动寻优和确定系统的动态参数，以及实现如直流电动机磁化特性曲线的自动测试等，有利于缩短调试时间和提高控制性能。国外一些电气公司都有成系列的与模拟调速系统相对应的全数字交、直流调速装置产品可供选用，新开发的调速装置几乎全是数字式的。与模拟装置类似，全数字调速器已发展成为紧凑式和模块式两大类。但全数字调速器还是具有模拟调速装置无法比拟的优点，技术更加先进，操作更加方便。

数字调速器与模拟调速器相比较，技术性能有如下优点：静态精度高且能长期保持；动态性能好，借助于丰富的软件，易于实现各类自适应和复合控制；调速范围宽；电压波动小；参数实现软件化，无漂移影响；所用元器件数量少，不易失效；设定值量化程度高，且状态重复率好；放大器和级间耦合噪声很小，电磁干扰小；调试及投产灵活方便，易于设计和修改设计；标准及通用化程度高，除主 CPU 模块外，数种附加模块可实现包括工艺参数在内的多元闭环控制；适用范围广，可实现各类变速控制且易于实现 PLC 或总线通信控制。

由此可以看出，数字化将是未来调速设备的必然发展趋势。

3.6.2 数字直流调速器的参数设置及通用调试方法

数字直流调速器在电气传动系统中得到广泛的应用。在应用过程中，虽然某些参数系统具有自优化的功能，但是为了得到良好的调速性能，对系统中的一些关键参数还需进行人工设置及修改。

目前，国外如 GE、SIEMENS、EUROTHERM 等公司的数字直流调速器在我国应用较广泛。无论是哪一家公司的产品，在使用过程中，对数字直流调速器的调试和参数设置都应遵循基本相似的方法和步骤。

在实际调试中，首先要了解直流调速器的控制对象（直流电动机）的电气参数，包括电动机的额定电枢电压、电流、额定转速及磁场的额定电流等，通过校准换算，在调速器的校准控制板上设置好相应值。其次，必须检查外部控制信号值是否在要求范围内，极性是否接反等。

一般数字式直流调速器采用转速（或电压）、电流双闭环结构。图3-54、图3-55分别是SIEMENS公司的6RA24系列和EUROTHERM公司的590系列数字直流调速器软件主体框图。

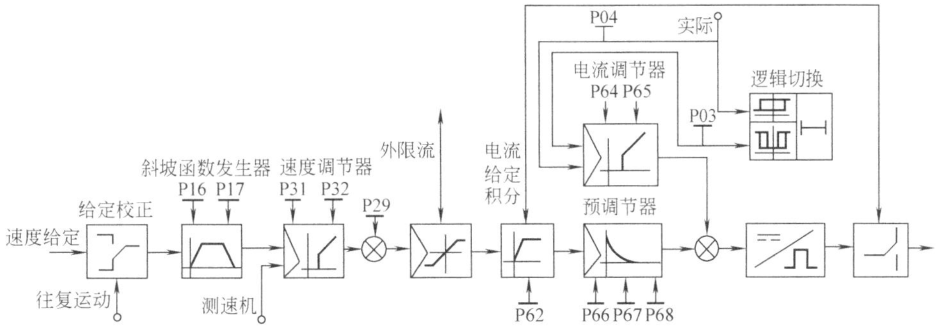

图3-54 6RA24系列直流调速器软件主体框图

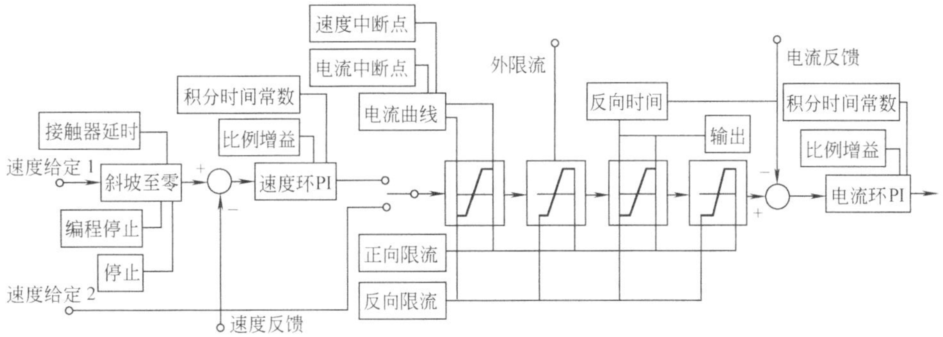

图3-55 590系列数字式直流调速器软件主体框图

比较一下这两个系列调速器的主框图，发现其主要由给定信号处理、速度调节器、电流调节器、脉冲输出等部分构成，如果不需要系统的某些辅助及特殊功能，有些环节可采用系统默认设置，由此将系统的软件框图简化成如图3-56所示。

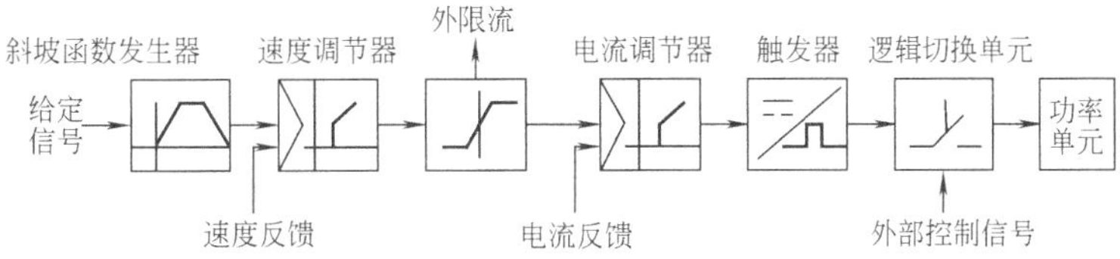

图3-56 一般数字式直流调速器主框图

系统调试时，大部分参数采用系统默认值，但由于控制的电动机参数各异，某些参数必须进行整定，特别是电流环、转速环的PI调节器的参数，关系到系统整体性能，其参数的设置是整个调试的关键。在对其进行调试时，一般采用由内环向外环逐一进行参数整定，即先从电流环入手，然后把电流环等效为转速环中的一个环节，再行整定速度环的参数。

一般来讲，调速器的性能调试过程如下：

1. 调速器额定电流及供电电压匹配的整定

由于调速器的额定电流、额定电压和电动机的额定电流、电压不一致，根据调速器的使用要求，必须对额定电流、额定电压的参数进行整定。

2. 电流环参数的整定

数字式直流调速器一般均有电流环参数的自优化功能，用于自动调节电流环的比例增益、积分时间常数和断续边界电平。

调整不好的电流环，可能导致大电流瞬变，随后发生过电流跳闸报警。自整定的一般操作步骤为：

1）除去电动机的励磁。如是内部励磁，自整定功能可自动抑制励磁。在某些电动机中要求把转轴夹住，防止旋转大于20%，对于永磁电动机，必须把转轴夹住。

2）通过人机界面，设定电枢电流限幅值，一般为电动机额定电流的1.2~1.5倍；再调出自整定功能菜单，并将自整定标志设为“on”。

3）操作调速器的“启动、运行”端，使主接触器吸合，然后调速器便能通过自优化整定程序，调节电流环的参数，使之显示最佳响应。在自优化动作完成之后，主接触器便自动断开，发出操作结束的信号，并使调速器返回安全状态，然后存储所有调试好的参数。

3. 转速环参数的整定

调节转速环参数（主要是比例增益及积分时间常数）可达到最佳速度控制性能。从测速发电机的反馈中，应观察到对设定值很小变化的响应；而且比例增益和积分时间常数项应调节到能反应最小值和过冲之间转速反馈的迅速变化。如控制器使用微测速仪；编码器反馈，观察调速器端子上的转速反馈，也可监测到转速响应；如系统对转速性能要求不高，采用的是电枢电压反馈，可通过电压反馈信号监测。

转速环参数整定的一般步骤：

1）保持调速器外部接线在正常状态。

2）将$f=1\text{Hz}$，幅值为1V的阶跃信号接入速度给定端，操作调速器的“启动、运行”端，使主接触器吸合。

3）用示波器观察转速反馈信号或电枢电压反馈信号，并将示波器上的信号波形同图3-58比较。

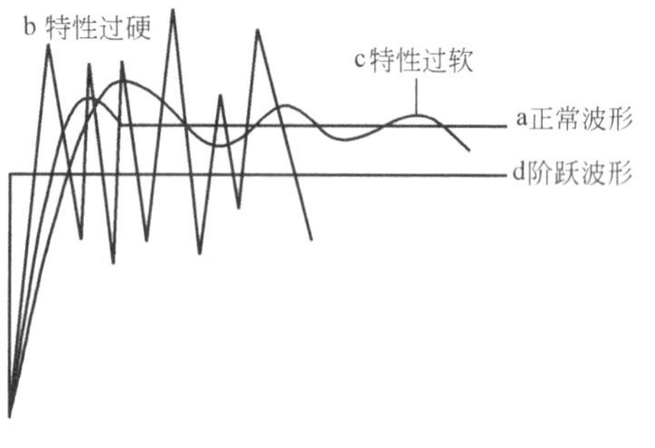

图3-57　转速环调节特性曲线

若波形如图3-57中b曲线所示，说明特性过硬，振荡周期短，响应过快，这时应将速度环的增益减小，积分时间常数增大，使最终波形趋同图3-57中a曲线所示。若波形如图3-57中c曲线所示，说明特性过软，系统出现低频振荡，这时应将速度环的增益增大，积分时间常数减小，使其最后波形趋同图3-57中a曲线所示。

在图3-56中转速环前有一斜坡函数发生器，其作用主要是控制起、制动的平稳性，其加、减速时间可根据实际需要设定。

4. 总体调试

系统在完成部分参数的计算及转速环、电流环参数校准后可以试运行。先将负载断开，通过电压表观察输出的正反两个方向的电压随给定的变化情况是否达到要求，然后再接上负载观察其动态响应是否达到要求。

系统在经过上面一系列的计算调试后，一般都能达到最佳的控制效果，获得良好的动、静态性能。

下面对国内使用较多的西门子和欧路数字直流调速器进行介绍。

3.6.3 SIEMENS 数字直流调速器

1. 产品简介

SIEMENS 公司的产品应用较广的直流调速装置是 6RA70 系列与 6RA24 系列，它们都是全数字直流调速产品，两者的区别如下：

① 6RA24 单机额定电流最大 1200A，6RA70 单机额定电流最大 2000A。

② 6RA24 单机励磁电流最大 30A，6RA70 单机励磁电流最大 40A。

③ 6RA24 基本装置具有 8 个开关量输入口，8 个开关量输出口，4 个模拟量入口，4 个模拟量输出口。6RA70 基本装置具有 4 个开关量输入口，4 个开关量输出口，2 个模拟量输入口，2 个模拟量输出口；但 6RA70 装置可选择 CUD2、EB1、EB2 端子扩展板。

④ 一般来讲，6RA70 基本装置（即不加 CUD2、S00 等组件）比 6RA24 基本装置价格低。

⑤ 6RA70 装置的通信板、工业板及端子扩展板与 6SE70 系列可以通用。

⑥ 6RA70 基本装置可选用 OP1S 舒适型操作面板，可存贮多套参数。

2. SIMOREG K 6RA24 系列数字直流调速器

（1）应用范围　SIMOREG K 6RA24 系列产品为三相交流电源直接供电的全数字控制装置，其结构紧凑，用于直流电动机电枢和励磁供电，完成调速任务。设计电流范围为 15 ~ 1200A，并可通过并联 SITOR 晶闸管单元进行扩展。还可用装置上原用来对电枢回路供电的整流器对大直流电动机和同步电动机的励磁绕组供电。装置作此用途时还需通过参数设定。

根据不同的应用场合，可选择单象限或四象限工作的装置，装置本身带有参数设定单元，不需其他任何附加设备便可完成参数的设定。所有的控制调节监控及附加功能都由微处理器来实现，可选择给定值和反馈值为数字量或模拟量。

注意：在整流器的输出端需并一电容或压敏电阻，用来保护装置。

（2）结构特点　SIMOREG K 6RA24 系列整流装置的结构特点为体积小、结构紧凑。15A 的整流装置可水平安装或垂直安装在开关柜的条架上，也可装于抽屉式框架中（例如：6DM9005）。电枢电流 30A 及以上装置采用模块式结构，这种结构使每一部分都便于维护。外部信号的连接（开关量输入/输出，模拟量输入/输出，脉冲信号等）通过相互隔离的组合式端子排实现，主电子板与端子排之间的信号交换通过两根扁平电缆完成。

（3）功率部分　电枢和励磁回路。

电枢回路为三相桥式电路：

单象限工作装置的功率部分电路为三相全控桥 B6C。

四象限工作装置的功率部分电路为反并联三相全控桥（B6）A（B6）C，工作方式为无环流。

励磁回路采用单相半控桥 B2HZ：额定电流 15 ~ 600A 的装置，电枢和励磁回路的功率部分为电绝缘的晶闸管模块。所有的接线端子都装在正面便于操作的地方。额定电流为640～1200A的装置中功率部分由六个装有SITOR元件的基本机械构件组成。

（4）通信接口

在本机上有两个串行接口，一个按RS-232标准工作，另一个按RS-485标准工作，另外还有一个可使RS-232接口转换为RS-485的选件。RS-232接口用于点对点连接，RS-485用于总线连接（总线最多可接31台装置）。接口的波特率可在300～187500波特之间分级设定，通过串行接口进行的数据传输由微处理器监控，监控时间可以设定。

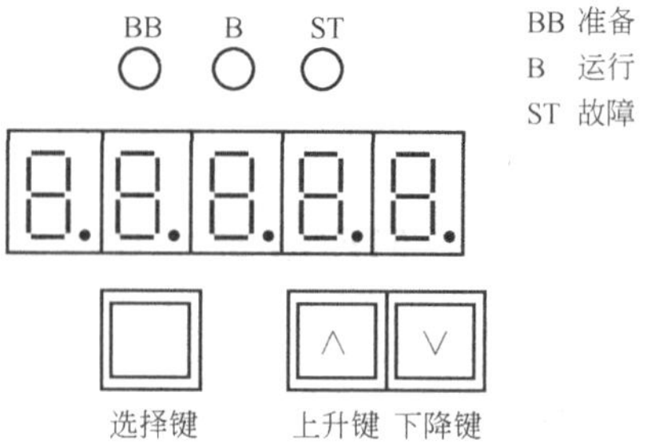

图3-58 简易操作面板示意图

（5）操作控制面板 图3-58所示为6RA24系列数字调速器的简易操作面板，它包括5个七段数码显示单元；3个作为状态显示作用的发光二极管，和3个用于参数设置的按键。使用简易操作面板，可执行运行时所需的全部配置、设定和测量工作。另外，还可选择如图3-59所示的操作控制面板。该操作控制面板由简易文本显示单元（2×16位液晶显示），状态显示用5只发光二极管和8个按键组成，它们的功能可参见6RA24操作手册。

3. SIMOREG 6RA70系列数字直流调速器

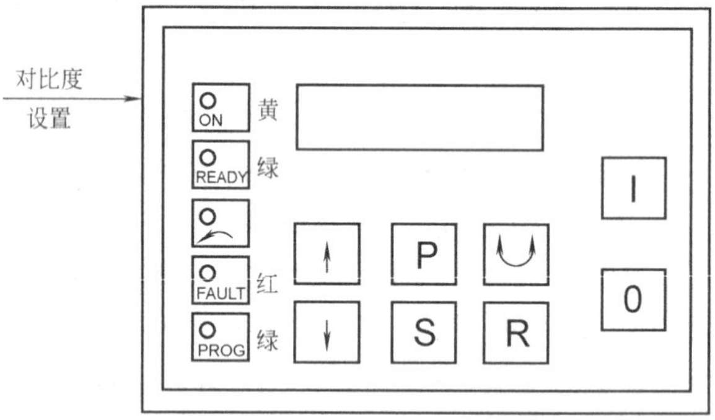

图3-59 操作控制面板

（1）应用范围 SIMOREG 6RA70系列产品为三相交流电源直接供电的全数字控制装置，其结构紧凑，用于可调速直流电动机电枢和励磁供电，装置额定电流范围为15～2000A，并可通过并联SIMOREG整流装置进行扩展。

根据不同的应用场合，可选择单象限或四象限工作的装置，装置本身带有参数设定单元，不需要其他的任何辅助设备即可完成参数的设定。所有的控制、调节、监视及附加功能都由微处理器来实现。可选择给定值和反馈值为数字量或模拟量。

（2）结构及工作方式 SIMOREG6RA70系列整流装置特点为体积小，结构紧凑。装置的门内装有一个电子箱，箱内装入调节板，电子箱内可装用于技术扩展和串行接口的附加板。各个单元很容易拆装使装置维修服务变得简单、易行。外部信号连接的开关量输入/输出，模拟量输入、输出，脉冲发生器等，通过插接端子排实现。装置软件存放闪存（Flash）—EPROM，使用基本装置的串行接口，通过写入可以方便地更换。

（3）功率部分 电枢和励磁回路。

电枢回路为三相桥式电路：

单象限工作装置的功率部分电路为三相全控桥B6C。

四象限工作装置的功率部分电路为反并联三相全控桥（B6）A（B6）C，工作方式为无环流。

励磁回路采用单相半控桥B2HZ，额定电流15～800A的装置（交流输入电压400V时，电流至1200A)，电枢和励磁回路的功率部分为电绝缘晶闸管模块。更大电流或输入电压高的装置，电枢回路的功率部分为平板式晶闸管。

（4）通信接口

① PMU X300插头是一个串行接口，此接口按RS232或RS485标准执行USS协议，可用于连接选件操作面板OPIs或通过PC调试SMOVIS。

② 在主电子板端子上的串行接口，RS485双芯线或4芯线用于USS通信协议或装置对装置连接。

③ 在端子扩充板选件端子上的串行接口，RS485双芯线或4芯线，用于USS通信协议或装置对装置连接。

④ 通过附加卡（选件）的PROFIBUS-DP。

⑤ 经附加卡（选件）SIMOLINK与光纤电缆连接。

（5）操作控制面板

6RA70数字调速器的简易操作面板（PMU）如图3-60所示，它有5位7段数码管显示单元；3个作为状态显示作用的发光二极管，和3个用于参数设置的按键。

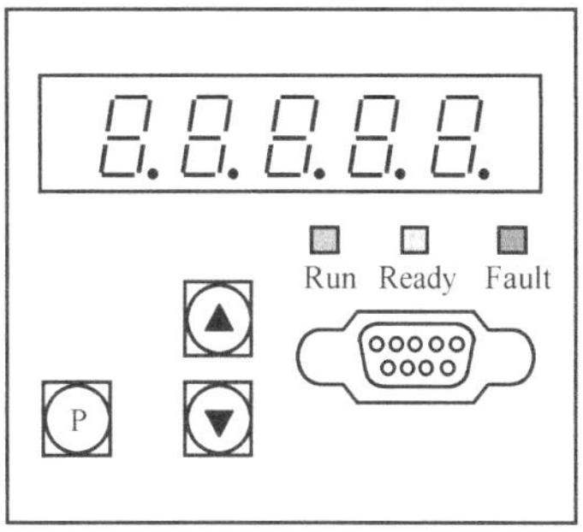

图3-60　6RA70数字调速器的简易操作面板

所有为起动整流器所要采取的调整、设置均可通过简易操作面板来实现。

另外，还有一种带有简单文字说明的可选择使用的舒适型操作控制面板，既可以安装在整流器上，又可外部安装，例如在柜门上。

3.6.4　欧路（EUROTHERM）590+数字直流调速器

目前，欧路（EUROTHERM）590系列数字直流调速器在我国工业传动控制中应用非常广泛。下面就以EUROTHERM590+为例进行简要介绍。

1. 欧路590+数字直流调速器的操作站（操作面板）

欧路590+数字直流调速器的操作站如图3-61所示，为插入式HMI（人机接口）选项，通过它可以使用调速器的全部功能。

操作站提供了对调速器的本地控制，可以监控并完全实现应用编程。

操作站在通电时会显示校准信息，之后会快速由默认的欢迎界面所取代，显示产品说明与产品代码（例如图3-61所示的代码）。该界面将显示于菜单系统的顶部。调速器可在两种模式中任选一种运行。远程控制模式：可实现完全应用编程；本地控制模式：提供对调速器的本地控制与监控。当选择了远程控制模式时，本地控制按键将变为非活动状态，反之亦然。其中有一种特殊情况，就是L/R键用于在本地控制模式或远程控制模式之间进行切换，因此它总是处于操作状态。

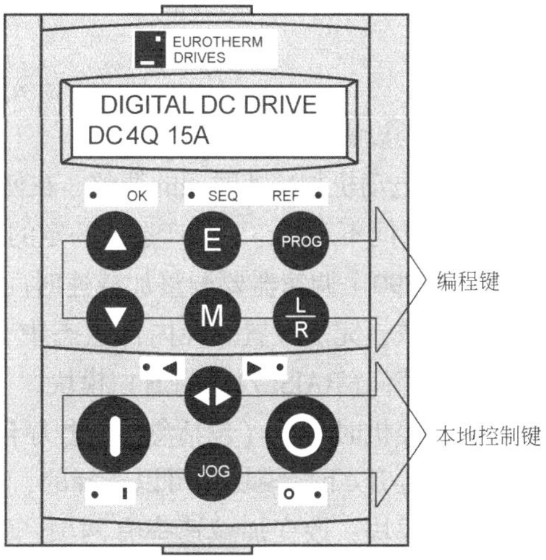

图3-61　显示欢迎界面的操作站

在远程控制模式下，调速器总会进行初始化，当本地控制按键处于非活动状态时，就不可能出现电动机被意外起动的情况。

2. 欧路590+数字直流调速器的应用

关于欧路（EUROTHERM）590+数字直流调速器的主要参数设置在使用说明书上都有详细介绍，使用时可参看说明书。在这里主要提示应用过程中易出现的几点问题。

（1）速度仪校准板与电动机转速的关系　用直流测速发电机作反馈源，对应的就是测速仪校准板了。此板支持校准范围为10～199V的交流和直流模拟测速发电机。测速仪校准电压，用两个10路直排开关作为个位和十位。用一个1路开关作为百位。

校准板的电压设置值、测速发电机的最高转速/最高电压和主电动机的最高转速，三者之间是有一固定的关系，如式（3-26）所示。用此公式就可以计算出主电动机在额定转速下要校准板的电压设置值。

校准板的电压设置值计算公式如为

$$U_J = U_{tg}/n_{tg} \times n_N \tag{3-26}$$

式中　U_J——校准板的设置电压值（V）；

U_{tg}——测速发电机的额定电压值（V）；

n_{tg}——测速发电机的额定转速（rad/s）；

n_N——主电动机的额定转速（rad/s）。

设用式（3-26）计算出主电动机额定转速下校准板的电压值为U_J，U_1大于U_J，U_2小于U_J，则当把U_1作为校准板的设置电压值时，在最高速度时主电动机会运转在额定转速之上，这是不允许的；当把U_2作为校准板的设置电压值时，主电动机就会运转在小于额定转速之内；就是说如果把U_2作为校准板的设置值时，主电动机就会运转在额定转速以内，这是实际需要的。

【例3-1】　一直流电动机，转速范围为540～1200r/min，测速发电机额定转速为2000r/min，额定电压为110V，请设置校准板的对应电压值。

解：

$$U_J = U_{tg}/n_{tg} \times n_N = 110/2000 \times 1200 = 66\text{V}$$

即校准板的设置电压为66V。

（2）电动机加减速时间的调整　在使用欧路590+调速器驱动电动机时，经常发现电动机的加减速时间不理想，对生产造成一定的影响。为此就要对电动机的加减速时间进行调整。

欧路590+调速器要调整加减速时间，主要是通过内部组态修改参数及通过人机接口修改设置参数，完成设置。在内部组态中有三个模块要实现，一是斜坡（RAMPS）模块，二是上升/下降（RAISE/LOWER）模块，三是停机速率（STOP RATES）模块。其中停机速率模块只能停机时有效（包括急停、程序停机、复位等），斜坡模块在多数应用中是必需要用到的，而上升/下降模块是可以选择的，只有适合的控制方法才用到它。

斜坡模块：改变加减速率有两项：①斜坡加速时间（RAMP ACCEL TIME）；②斜坡减速时间（RAMP DECEL TIME）。其数值都是十进制数值、秒为单位，只要增加或减少其中的数就可以达到要求的效果。

上升/下降模块：改变加减速率有两个项，①增加速率（INCREASE RATE）；②减少速率

(DECREASE RATE)。其数值都是十进制数值、秒为单位，只要增加或减少其中的数就可以达到要求的效果。

停机速率模块：此模块一般情况下不用进行修改，保留原出厂设置即可。如需修改，修改以下两项的数值，①停机时间（STOP TIME）；②程序停机时间（PROG STOP TIME）。程序停机时间建议不要修改，改变会对电动机有很大的损坏。

(3) 电流控制与电压控制的关系及应用　电流控制与电压控制都是调速器对电动机进行驱动的不同控制方式。

电压控制指的是驱动器使用端电压作为反馈源的一种闭环控制方式，电压作为反馈源，对电动机转速、转矩控制效果一般。

电流控制指的是驱动器使用电流作为反馈源的一种闭环控制方式，电流反馈方式能很好地控制电动机的转矩，配上精确的速度反馈能将电动机控制得十分理想。多数应用都是使用电流控制方式，电压控制方式一般不推荐使用。

欧路 590 + 的驱动器应用很方便，电流控制与电压控制的转换不用改变外部的任何线路，只需修改内部参数就可实现。在欧陆 590 + 的反馈控制中只有励磁控制可以转换。励磁控制中选择了电压控制弱磁起动自动禁止，只有选择了电流控制方式，并选择弱磁起动，电动机高速运行时才能起动弱磁。

(4) 转速设定值、辅助转速设定值和辅助电流钳位　转速设定值（或主转速设定值）指的是电动机在闭环控制电路中，对电动机的转速作一个指定输入值，使电动机转速运转在某一指定值。

辅助转速设定值指的是对速度设定值进行修整的值（或正或负），它与转速设定叠加起来成为总的速度设定值。在欧陆 590 + 的五个模拟输入中，模拟输入 2（A3）是不可组态的，其他四个模拟输入是可以组态成各种不同的功能，系统为每个模块设置了一个默认功能，比如可以把模拟输入 1（A2）组态成斜坡速度设定值，或将模拟输入 3（A4）组态成速度设定值，又或将模拟输入 1（A2）组态成张力设定值等功能。

模拟输入 2（A3）的功用是辅助速度或电流设定值，指的是同一输入端的输入值通过系统的不同设置，可作为速度设定值输入，又可作为电流设定值输入，系统默认是通过 C8 数字输入端来转换其功能，也可以通过内部组态来改变为其他的数字输入口，比如 C6、C7 等。

辅助电流钳位指的是将电流限制在一个固定值内，比如把电流钳位设定为 80%，那么驱动器输出的电流就不会高于总电流的 80%。如果将辅助电流嵌位设定为 60%，那么，即使电流给定为 100%，驱动器输入电流也只能达到总电流的 60%。

A7 是模拟输出 1，其系统默认功能是速度反馈输出，在 A1 与 A7 之间接一个 ±10V 的电压表，则能直接观测到速度反馈的大小。A8 是模拟输出 2，其系统默认功能是总速度设定值，在 A1 与 A8 之间接一个 ±10V 的电压表，则能直接显示总速度设定值的大小。A7、A8 都是可以组态成其他的输出值。

(5) 励磁控制　在励磁控制中有两种反馈的控制方法：一是电压反馈控制；二是电流反馈控制。

电压反馈是通过测量励磁端电压作为控制励磁端电压的反馈量，通过这种方式可以恒定励磁端电压，但不能恒定励磁电流，因此不能恒定励磁磁场，对电机的控制不是很理想。在

590 + 中励磁控制方式选择了“电压控制”，励磁弱磁启动会被系统自动锁定，不会启动。

电流反馈是通过测量励磁电流作为控制励磁电流的反馈量，通过它能恒定励磁电流，此方式可以很好地保持恒定的励磁磁场。在欧陆 590 + 中励磁控制方式选择了“电流控制”，励磁弱磁起动选择“起动”，电动机就可以运转在弱磁状态。

弱磁起动的设置：

设置参数（SETUP PARAMETERS）

励磁控制（FIELD CONTROL）

励磁起动（FIELD ENABLE）/选择起动（ENABLED）

励磁控制方式（FID CTRLMODE IS）/选择起动（ENABLED）；

励磁控制（FIELD CONTROL）

磁场弱磁变量（FLD. WEAK VARS）

磁场弱磁起动（FLD. WEAK ENABLED）/选择起动（ENABLED）。

或者通过电脑软件修改参数，如图 3-62 所示：

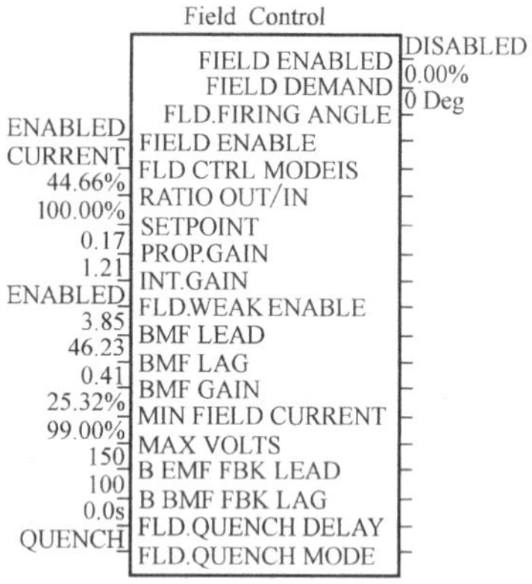

图 3-62 电脑软件修改参数

3. 欧路 590 + 调速器的显示菜单

欧路 590 + 调速器的显示菜单文字为英语，附带的使用说明书一般为英语，给广大用户带来了一定的不便。为方便使用者，本书附录 B 中搜集整理了欧陆 590 + 人机接口（操作面板）菜单系统目录中英文对照表。

本章小结

1. 直流电动机实现可逆运行的方法有两种，即电枢反接可逆电路和励磁反接可逆电路。

2. V-M 系统实现回馈制动应满足晶闸管逆变的条件。特别注意电动机的发电回馈制动与电动机带位势性负载反转制动状态有着本质上的区别。

3. 可逆电路中环流的存在会显著地加重晶闸管和变压器的负担，甚至会导致晶闸管损坏，因此必须予以抑制。但系统中存在适量的环流作为流过晶闸管的基本负载电流，能使电动机在空载或轻载时晶闸管装置工作在电流连续区，提高系统的快速响应。环流分为两大类：静态环流和动态环流。

4. 自然环流可逆调速系统的制动过程按电流方向的不同分为本组逆变阶段和它组制动阶段。它组制动阶段又分为三个子阶段：它组建流子阶段、它组逆变子阶段、反向减流子阶段。可控环流的可逆调速系统是利用直流平均环流的有利方面，在电动机空载或轻载时存在适量的直流平均环流，使系统始终工作在电流连续区，随着负载电流的增加，直流平均环流逐渐减小，负载达到一定值后，直流平均环流降到零。

5. 逻辑控制无环流可逆系统的指导思想是：当一组晶闸管工作时，用逻辑电路封锁另一组晶闸管的触发脉冲，使它完全处于阻断状态，确保两组晶闸管不同时工作，从根本上切断了环流的通路。逻辑控制无环流可逆系统特有的关键部件是无环流逻辑控制器（DLC），从功能上看，由电平检测，逻辑判断，延时电路和联锁保护四个基本环节组成。

6. PWM 变换器有不可逆和可逆两大类，可逆 PWM 变换器的控制方式又分为双极式、单极式和受限单极式三种。

7. 逻辑控制无环流可逆调速系统的性能可通过 MATLAB/Simulink 仿真来进一步分析。

8. 数字直流调速器的应用应按照一定的步骤进行调试和对某些参数进行合理设置。

习　题

3-1　V-M 系统需要快速回馈制动时，为什么必须采用可逆线路？

3-2　试画出采用单组晶闸管装置供电的 V-M 系统在整流和逆变状态下的机械特性，并分析这种机械特性适合于何种性质的负载。

3-3　可逆电路中环流有几种？是怎样产生的？有何益处和害处？

3-4　两组晶闸管的可逆电路中，有哪几种环流？它们是怎样产生的？

3-5　分析配合控制的有环流可逆系统反向起动和制动过程，画出各参变量的动态波形，并说明在每个阶段中 ASR 和 ACR 各起什么作用，VF 和 VR 各处于什么状态。

3-6　试分析工作于下述几种系统时，α 与 β 间的大小关系。

（1）配合控制的有环流可逆系统。

（2）可控环流的可逆系统，当负载较轻时和负载增大到一定值时。

3-7　解释待逆变、正组逆变和反组逆变，并说明这三种状态常出现在何种场合。

3-8　为什么在无环流逻辑装置中，必须设置封锁延时和开放延时？若已知：$U=15\text{V}$，$R=8.2\text{k}\Omega$，开门电平 $U_c=8.5\text{V}$，试计算封锁延时和开放延时所需的电容值。

3-9　试分析图 3-16 的逻辑控制的无环流可逆调速系统在停止状态时（$U_n^*=0$，但控制电源都已给上，随时准备起动），无环流逻辑装置 DLC 的输入、输出信号 U_T、U_z、U_{bef}、U_{ber}（图 3-22）各处于什么状态？两组晶闸管的触发脉冲中哪一组是被封锁的？该系统正向起动时，逻辑装置各处电位有什么变化？反向起动时，逻辑装置各处电位有什么变化？正向制动时，逻辑装置各处电位又有什么变化？

3-10　有环流系统和无环流系统相比较各有何优缺点？各在什么场合下应用？

3-11　为什么开关管 PWM-M 系统比晶闸管 V-M 系统具有更高的动态性能？

3-12　何谓 H 形 PWM 变换器的双极式、单极式和受限单极式控制方式？在这几种控制方式中会不会出现电流断续现象？为什么？

3-13　在直流脉宽调速系统中，当电动机停止不动时，电枢两端是否还有电压，电路中是否还有电流？为什么？

3-14　直流 PWM-M 系统通常要采取哪些保护措施？

3-15　“泵升电压”是怎样形成的？对系统有何影响，如何抑制？

3-16　双极式 H 形 PWM 直流调速系统，已知开关频率 $f=2.4\text{kHz}$，电枢回路总电阻 $R=2\Omega$，总电感 $L=16\text{mH}$，$I_s=30\text{A}$。试求当占空比 $\rho=0.5$ 时的电流脉动量 Δi_d 和最大电流脉动量 Δi_{dmax}。

3-17　在单极式 PWM 直流调速系统中，已知电源电压 $U_s=160\text{V}$，电枢回路总电感 $L=10\text{mH}$，最小负载电流（平均值）$I_0=1\text{A}$。试求 $I_0=1\text{A}$ 时仍能连续的开关频率 f。

3-18　试建立双闭环直流脉宽调速系统的 Simulink 仿真电路模型，并进行性能仿真。

第 4 章　交流调压和串级调速系统

本章介绍交流异步电动机利用转差率调速的系统，即交流调压调速系统和串级调速系统。本章首先简要介绍交流调速方式。然后详细介绍交流调压调速系统和交流串级调速系统。其中，对交流异步电动机的软起动与减压节能原理，串级调速系统的主要参数计算及起动方式，超同步串级调速系统等内容都作了通俗易懂的介绍。最后还介绍交流调压调速系统的 MATLAB/Simulink 仿真。

4.1　交流调速方式

由于直流调速系统具有优良的调速性能，所以在过去很长时间里，直流调速系统一直占据着电力拖动的主导地位，但是由于直流电动机本身结构上存在换向器、电刷，从而导致直流调速系统的使用场合受到限制、单机容量小、转速不可能很高等缺点。

随着电力电子器件和控制技术的飞速发展，交流电动机特有的优点在电力拖动中逐渐地表现出来。目前，交流调速系统的性能可以与直流调速系统相媲美。纵观交流调速发展的过程，大致是沿着 4 个方向发展的：

1）以节能为目的，改恒速为调速的交流调速系统。如水泵、风机、压缩机等负载由交流电动机拖动，这类装置用电量占工业用电量的 50%，采用调速来改变风量或流量，节能效果非常可观。

2）高性能交流调速系统。随着矢量控制、直接转矩控制、解耦控制等交流调速技术的不断发展，使交流调速的性能有了极大提高，已达到同直流调速一样的性能指标。

3）较大容量、极高转速的交流调速系统。直流电动机受换向器的限制，最高电压只能达 1000 多伏，最高转速只能达 3000r/min 左右。而交流电动机不受此限制，其转速可达每分钟几万转。

4）取代热机、液压、气动控制的交流调速系统。

由于交流电动机结构上的特点，最近 20 年来交流调速技术发展得十分迅速，对交流调速方式的研究也在不断深入。

根据电机学原理可知，交流异步电动机的转速

$$n = \frac{60f_1}{p}(1 - s) \tag{4-1}$$

式中　f_1——定子供电频率（Hz）；

p——电动机极对数；

s——转差率。

由式（4-1）可以看出，改变交流异步电动机转速的方案有 3 种：

1）改变转差率 s 的调速方式；

2）改变定子供电频率 f_1 的调速方式；

3）改变极对数 p 的调速方式。

根据调速方案可得实现交流异步电动机调速的方法常见的有：

① 减压调速；

② 电磁转差离合器调速；

③ 绕线转子异步电动机转子串电阻调速；

④ 绕线转子异步电动机串级调速；

⑤ 变极对数调速；

⑥ 变频调速。

如果按对电动机中转差功率 P_s 的处理进行分类，调速系统又可分为：

1）转差功率消耗型调速系统。上述的第①、②、③三种调速方法都属于这一类。

2）转差功率回馈型调速系统。上述第④种调速方法属于这一类。

3）转差功率不变型调速系统。上述的第⑤、⑥属于这一类。

4.2 交流调压调速系统

由电机学原理可知，当异步电动机电路参数不变时，在一定转速下，电动机的电磁转矩 T_e 与定子电压 U_1 的平方成正比。因此，改变定子外加电压就可以改变其机械特性的函数关系，从而改变电动机在一定输出转矩下的转速。

交流调压调速是一种比较简便的调速方法。过去采用电动机定子回路中串饱和电抗器以及在定子侧加自耦变压器的调速方法，其原理图如图 4-1a、b 所示。自耦变压器 TU 的调压原理在前续课程中已介绍。饱和电抗器 LT 是带有直流励磁绕组的交流电抗器，改变直流励磁电流可以控制铁心的饱和程度，从而改变交流电抗值。铁心饱和时，交流电抗很小，因而电动机定子所得电压高；铁心不饱和时，交流电抗变大，因而定子电压降低，实现减压调速。

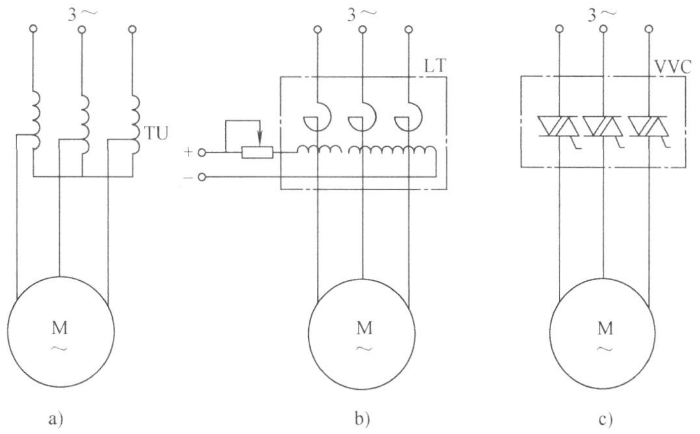

图 4-1 异步电动机变压调速原理图

TU—自耦变压器 LT—饱和电抗器 VVC—双向晶闸管交流调压器

由于自耦变压器和饱和电抗器的共同缺点是设备庞大笨重，动态性能差，所以逐步被晶闸管交流调压器取代，如图 4-1c 所示。三对反并联接的晶闸管或三只双向晶闸管分别串接在三相交流电源电路中，再接到电动机定子绕组上，通过控制晶闸管的导通角，可以调节电动机的端电压，这就是晶闸管交流调压器。

下面就以晶闸管交流调压调速系统为例，进行介绍。

4.2.1 晶闸管交流调压器

晶闸管交流调压电路就是在恒定交流电源与负载电路（如电阻、交流电动机等）之间接入晶闸管交流调压器，如图 4-2 所示。

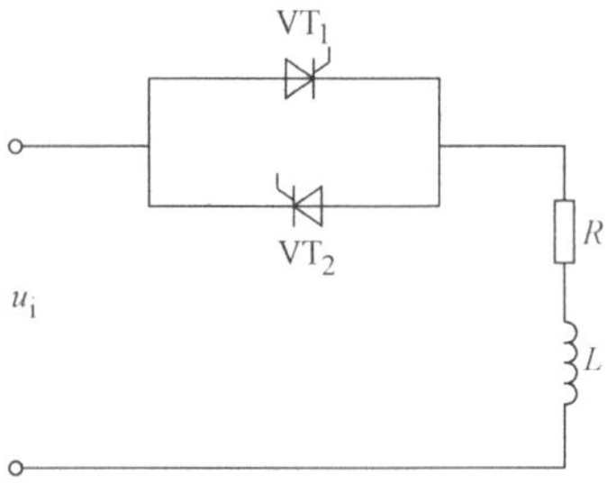

图 4-2 晶闸管单相调压电路

1. 晶闸管交流调压器控制方式

（1）通断控制（周波控制） 将晶闸管的触发延迟角设为 0°，将负载与电源接通一个或几个完整的工频周期 T_1，然后再断开几个工频周期 T_0，即控制一个循环周期 T_c 内导通的工频周期数。用这种方式控制加在负载上电压有效值的大小，从而起到调压作用，如图 4-3 所示。

可见，由于周波控制采用了"零"触发控制方式，几乎不产生谐波污染。但由于在导通周期内电动机承受的电压为额定值，而在间歇周期内电动机承受的电压为零，所以，加在电动机上的电压变化剧烈，使转速脉动大，在低速时影响尤为严重，故这种控制方式常用于大容量、热惯性时间常数大、调速范围小的场合。通常应用在电加热设备中。

（2）相位控制 通过控制晶闸管触发延迟角 α，来得到不同的负载电压波形（如图 4-4 所示），从而起到调节电压的作用。

相位控制输出电压较为准确，调速精度较高，快速性好，低速时转速脉动较小，但这种控制方式，会产生成分复杂的谐波，对电网造成谐波污染，常用于中、小功率、调速精度与稳定性要求较高的场合。

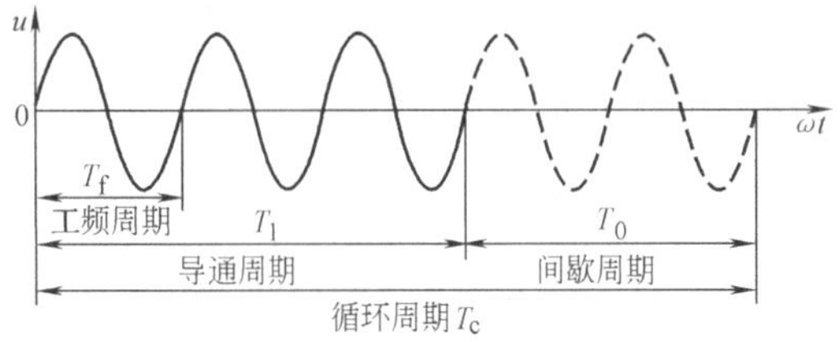

图 4-3 通断控制方式的负载电压波形图

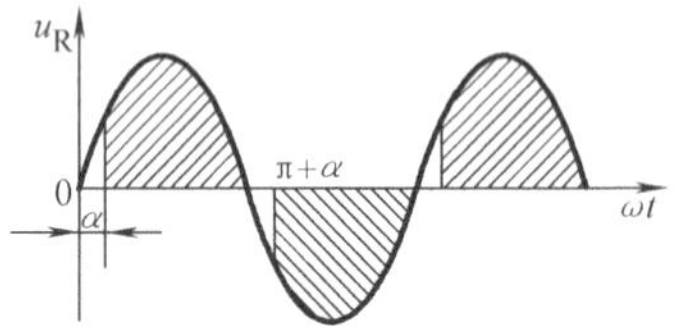

图 4-4 相位控制方式的负载电压波形

2. 晶闸管调压电路带负载分析

负载性质对交流调压电路的工作有很大的影响，阻抗角 $\varphi = \arctan\omega L/R$ 是反映负载性质的电气参数。下面以交流调压电路带电感性负载为例进行分析。

当交流调压电路的负载为感性负载时，电流和电压波形不同相，且电流滞后电压一个角度，这时调压电路的输出电压不仅与触发延迟角 α 有关，还与负载的阻抗角 φ 有关，当电源电压过零时，由于电路自感电动势的作用，电流要滞后一个角度（时间）才能为零而去关断晶闸管，所以晶闸管的导通角 θ 会增大，并由于晶闸管是在电压过零后经过一个延迟角度才关断的，所以它是在承受反压的情况下被关断的。

根据图 4-2 所示带感性负载的调压电路可以绘出它的导通区间及输出电流 i、电压 u 的波形图，如图 4-5 所示。

设交流电源电压为 $u_1 = \sqrt{2}U\sin(\omega t + \alpha)$，触发时刻为 $\omega t = 0$，并使 $\alpha > \varphi$，根据电路理论，流过负载的电流为

$$i = \frac{\sqrt{2}U}{\sqrt{R^2 + (\omega L)^2}}\sin(\omega t + \alpha - \varphi) - \frac{\sqrt{2}U}{\sqrt{R^2 + (\omega L)^2}}\sin(\alpha - \varphi)\mathrm{e}^{-\frac{R}{\omega L}t} \tag{4-2}$$

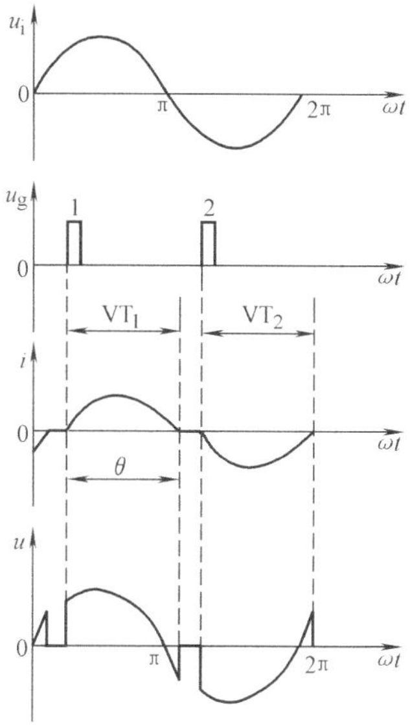

图 4-5　交流调压电路带感性负载时的波形分析

式（4-2）中第一项为电流的稳态分量，是按正弦规律变化的；第二项为暂态分量，是在短时间内存在的一个按指数规律衰减的自由分量，当 $t \geqslant 4\tau(\tau = \omega L/R)$ 后，这一项基本消失，如图 4-6 所示。

根据图 4-6 可知，当 u_1 变负时，由于电感作用使负载电流不为零，当电压反向进入负半周且电路中电感储能释放完毕时，电流将为零，而 VT_1 电流不能反向，因此它就被关断。设 VT_1 的导通角为 θ，则在 $\omega t = \theta$ 时，$i = 0$，把这个条件代入式（4-2）中，得

$$\sin(\theta + \alpha - \varphi) = \sin(\alpha - \varphi)\mathrm{e}^{-\frac{\theta}{\mathrm{tg}\varphi}} \tag{4-3}$$

式（4-3）表示了 θ 与 α、φ 的关系，由于该式为一个超越方程，我们只能通过作图的方法来解出 $\theta = f(\alpha, \varphi)$。根据式（4-3）可作出如图 4-7 所示的曲线族，利用它可以按给定的负载阻抗角 φ 求得不同 α 时的导通角 θ。

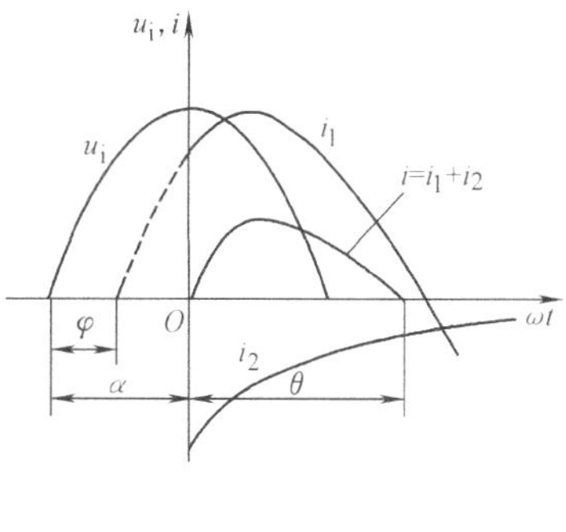

图 4-6　感性负载瞬时电流分析

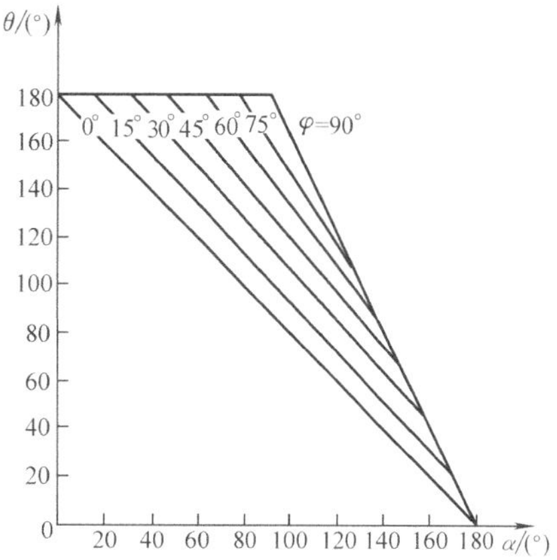

图 4-7　当 $\alpha > \varphi$ 时，电路的 $\theta = f(\alpha, \varphi)$ 曲线

根据以上讨论，对图 4-5 所示的负载电流和负载电压的波形就容易理解了，并可得出以下的概念：

1）当 $\varphi = 0°$ 时，为纯电阻负载，$\alpha + \theta = 180°$。此时负载电压与电流波形如图 4-8a 所示。

2）当 $\alpha = \varphi$ 时，式（4-2）中 $i_2(t) = 0$，没有暂态分量，由式（4-3）可知，此时 $\theta = 180°$，反并联晶闸管相当于全导通，调压器不起调压作用，负载电压与电流波形如图 4-8b 所示。

3）当 $\alpha>\varphi$ 时，从式（4-3）可知，$\theta<180°$，电流出现断续，负载电压与电流波形如图 4-8c 所示。

4）当 $\alpha<\varphi$ 时，从式（4-3）可知，$\theta>180°$，所以下一个触发脉冲到来时，原导通的双向晶闸管尚未关断，所以这个触发脉冲对双向晶闸管的触发导通不起作用。如所用触发脉冲不够宽，在双向晶闸管电流过零时触发脉冲已消失，那么双向晶闸管在下一个半周时将由于没有触发脉冲而不能导通，结果形成“单相半波整流”现象，如图 4-8d 所示。如果用足够宽的触发脉冲或脉冲列，便可以消除这种现象，稳定工作时，负载上将得到和 $\alpha=\varphi$ 时一样的电流波形，在这种情况下，负载电压不可调。

对笼型异步电动机而言，其功率因数角 φ 是电动机转速 n 的函数，且变化范围较大，所以调压电路实际工作时必然会出现 $\alpha<\varphi$ 的情况，为避免出现“单向半波整流”现象，应采用宽脉冲或脉冲列进行触发。所以对感性负载而言，调压电路需采用宽脉冲触发，且 $\varphi\leqslant\alpha\leqslant180°$。

以上分析表明，晶闸管交流调压电路带感性负载时，虽然总的趋势也是 α 越大，输出电压越低，但比纯阻性负载复杂。因为，其输出电压不仅与 α 有关，还与负载的阻抗角 φ 有关。当 $\alpha>\varphi$ 时，输出电压与电流随 α 增大而减小，当 $\alpha=\varphi$ 时，$\theta=180°$，负载得到全部电压，当 $\alpha<\varphi$ 时，若用窄脉冲，会出现“单向半波整流”现象，在宽脉冲列触发下，$\theta=180°$，调压电路失去调压作用，如图 4-8e 所示。

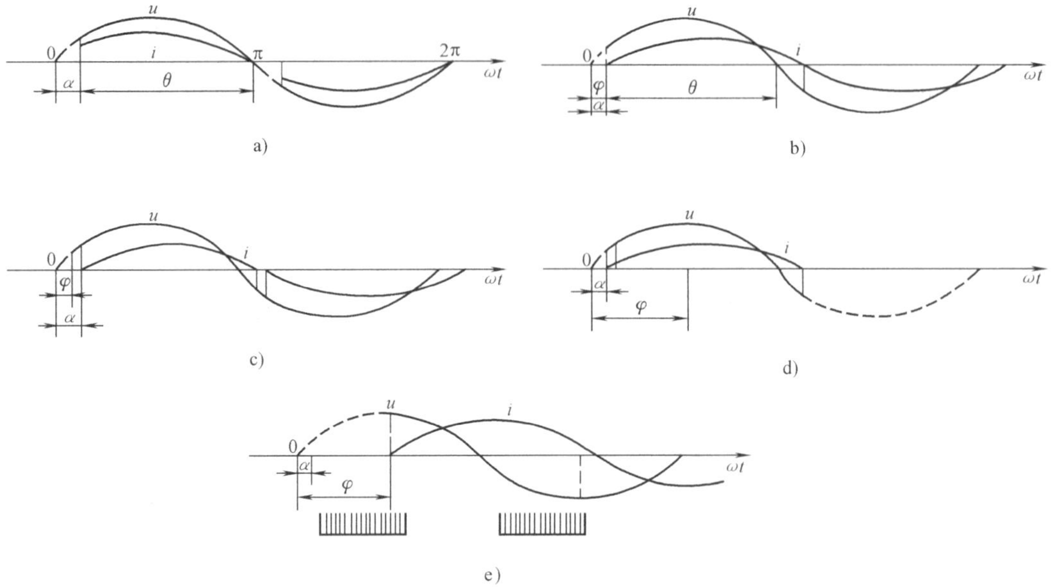

图 4-8　不同 α 和 φ 时输出电压、电流波形

a）$\varphi=0°$　b）$\alpha=\varphi$　c）$\alpha>\varphi$（$\theta<180°$）　d）$\alpha<\varphi$（窄脉冲，$\theta>180°$）　e）$\alpha<\varphi$（宽脉冲，$\theta=180°$）

4.2.2　交流调压调速电路的机械特性

根据电机学原理，在①忽略空间和时间谐波；②忽略磁饱和；③忽略铁损等假定前提条件下异步电动机的稳态等效电路如图 4-9 所示。图 4-9 中各参量的定义如下：

R_1、R'_2：定子每相电阻和折合到定子侧的转子每相电阻；

L_{l1}、L'_{l2}：定子每相漏感和折合到定子侧的转子每相漏感；

L_m：定子每相绕组产生气隙主磁通的等效电感，即励磁电感；

U_1、ω_1：电动机定子相电压和供电角频率；

s：转差率。

由图可以得出：

$$I'_2 = \frac{U_1}{\sqrt{\left(R_1 + C_1 \frac{R'_2}{s}\right)^2 + \omega_1^2 (L_{l1} + C_1 L'_{l2})^2}} \tag{4-4}$$

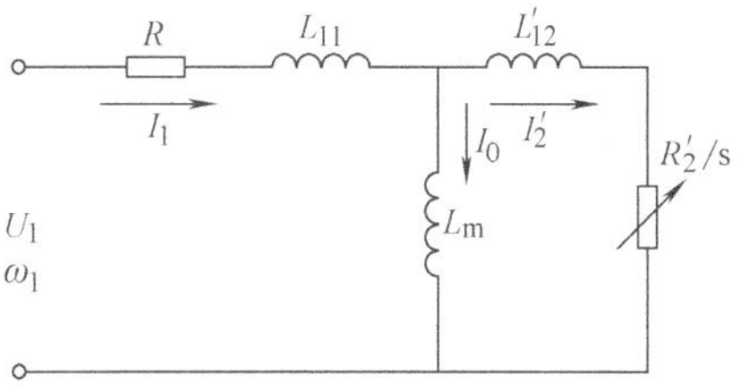

图 4-9　异步电动机的稳态等效电路

式中

$$C_1 = 1 + \frac{R_1 + \mathrm{j}\omega_1 L_{l1}}{\mathrm{j}\omega_1 L_m} \approx 1 + \frac{L_{l1}}{L_m}$$

在一般情况下，$L_m >> L_{l1}$，则 $C_1 \approx 1$，这相当于将上述假定条件的第③条改为忽略铁损和励磁电流。这样，电流公式可简化成

$$I_1 = I'_2 = \frac{U_1}{\sqrt{\left(R_1 + \frac{R'_2}{s}\right)^2 + \omega_1^2 (L_{l1} + L'_{l2})^2}} \tag{4-5}$$

令电磁功率 $P_m = 3I'^2_2 R'_2/s$，同步机械角转速 $\Omega_1 = \omega_1/p$。

则异步电动机的电磁转矩为

$$T_e = \frac{P_m}{\Omega_1} = \frac{3p}{\omega_1} I'^2_2 \frac{R'_2}{s} = \frac{3pU_1^2 R'_2/s}{\omega_1 \left[\left(R_1 + \frac{R'_2}{s}\right)^2 + \omega_1^2 (L_{l1} + L'_{l2})^2\right]} \tag{4-6}$$

式（4-6）就是异步电动机的机械特性方程式。它表明当转速和转差率一定时，电磁转矩与电压的平方成正比。这样就得到不同电压下的机械特性如图 4-10 所示，图中 U_{1N} 表示额定电压。

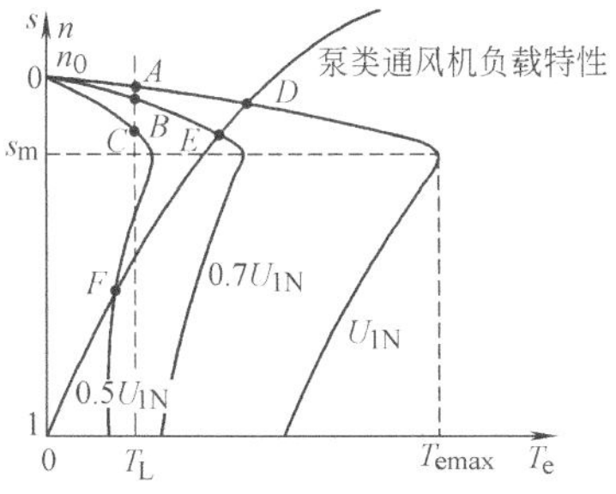

图 4-10　异步电动机在不同电压下的机械特性

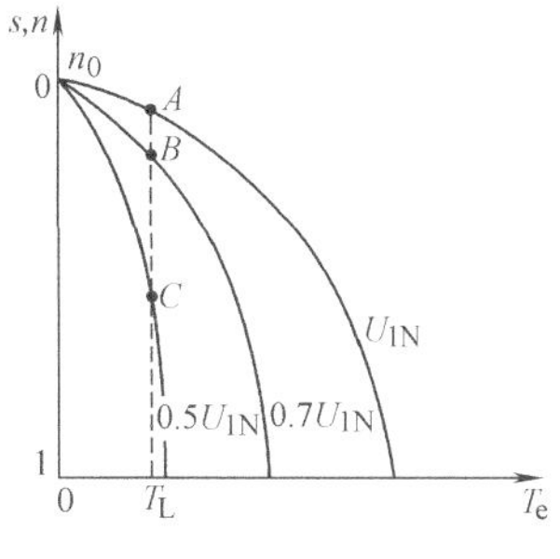

图 4-11　高转子电阻电动机在不同电压下的机械特性

将式（4-6）对 s 求导，并令 $\mathrm{d}T_e/\mathrm{d}s = 0$，可求出产生最大转矩时的转差率 s_m

$$s_m = \frac{R'_2}{\sqrt{R_1^2 + \omega_1^2 (L_{l1} + L'_{l2})^2}} \tag{4-7}$$

和最大转矩 T_{emax}

$$T_{emax} \frac{3n_p U_1^2}{2\omega_1 \left[R_1 + \sqrt{R_1^2 + \omega_1^2 (L_{l1} + L'_{l2})^2}\right]} \tag{4-8}$$

由图 4-10 可见，带恒转矩负载 T_L 时，普通的笼型异步电动机变电压时的稳定工作点为 A、B、C，转差率的变化范围不会超过 $s=0\sim s_m$，调速范围很小。如果带风机类负载运行，则工作点为 D、E、F，调速范围可以大一些。为了能在恒转矩负载下扩大变压调速范围，使电动机在较低速下稳定运行而又不致过热，就要求电动机转子绕组有较高的电阻值。高转子电阻电动机变电压时的机械特性如图 4-11 所示，显然在恒转矩负载下的变压调速范围增大了，而且在堵转力矩下工作也不致烧坏电动机，因此这种电动机也称作交流力矩电动机。

4.2.3 交流调压调速系统

异步电动机变电压调速时，采用普通电动机的调速范围很窄，采用高转子电阻的力矩电动机时，调速范围虽然可以大一些，但机械特性变软，负载变化时的静差率又太大。因此，开环控制很难解决这个矛盾。对于恒转矩性质的负载，调速范围要求在 $D=2$ 以上时，通常采用带转速负反馈的闭环控制系统，其原理图如图 4-12a 所示。

异步电动机闭环调速系统的静特性如图 4-12b 所示。如果该系统带负载 T_L 在 A 点稳定运行，当负载增大引起转速下降时，反馈控制作用能提高定子电压，使系统运行在一条新的机械特性的 A'点。同理，当负载降低时得到的定子电压就较低，使系统运行在另一条新的机械特性的点 A''点。将工作点 A''、A、A'等点连接起来就得到闭环系统在某一给定控制电压 U_n^* 的一条静特性。显然，系统的闭环静特性很硬，系统的静差率很小。改变给定信号 U_n^*，则静特性平行地上下移动，达到调速的目的。需要指出的是：在额定电压 U_{1N} 下的机械特性和最小输出电压 U_{1min} 下的机械特性是闭环系统静特性左右两边的极限，当负载变化达到两侧的极限时闭环系统便失去控制能力。

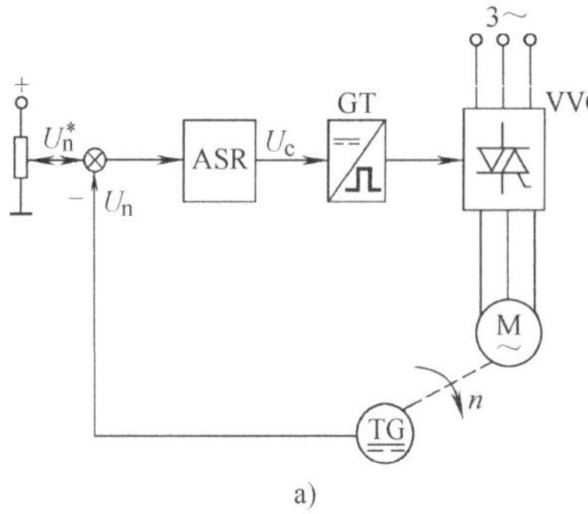

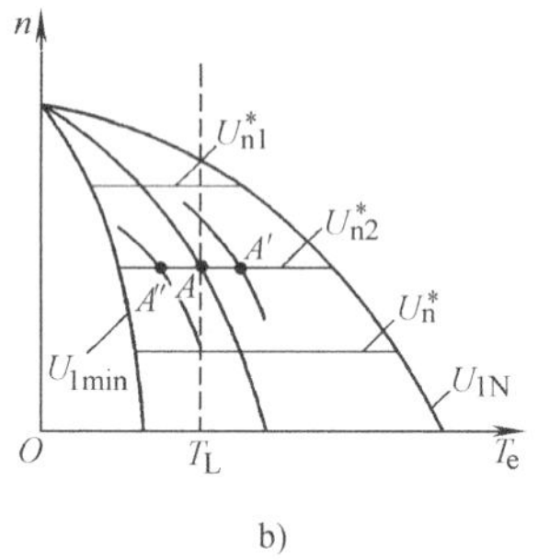

图 4-12 转速负反馈闭环交流调压控制系统

a）原理图 b）机械特性

根据图 4-12a 所示的系统可以画出静态结构图如图 4-13 所示。

图中 $K_s=U_1/U_c$ 为晶闸管交流调压器和触发装置的放大系数；$\alpha=U_n/n$ 为转速反馈系数；ASR 采用 PI 调节器。$n=f(U_1、T_e)$ 是式（4-6）表达的异步电动机机械特性方程式，它是一个非线性函数。

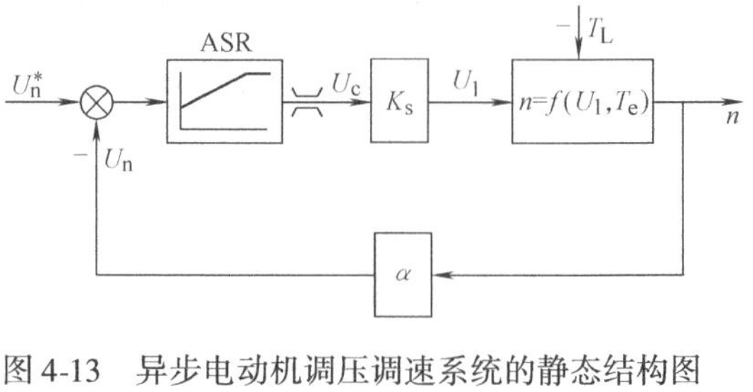

图 4-13 异步电动机调压调速系统的静态结构图

由上述分析可知，晶闸管交流调压调速系统其主要优点是线路简单、调压装置体积小、价格低廉、使用维修方便；其主要缺点是在低速运行时，电动机的损耗很大，发热严重，效率也随之降低，所以仅用于一些短时或重复短时作深调速运行的负载。为了得到较好的调速精度和较宽的调速范围，通常采用带转速负反馈的闭环控制。

4.2.4　调压调速的功率损耗

为了能安全合理地应用调压调速的方法，从功率损耗的观点出发，有必要讨论在不同性质负载时的转差功率。

异步电动机的效率为输出机械功率 P_2 与输入电功率 P_1 之比，在忽略了电动机定子与转子的一些损耗时，亦可用 P_2 与电磁功率 P_m 之比来表示，即

$$\eta = \frac{P_2}{P_1} \approx \frac{P_2}{P_m} = \frac{KT_e n}{KT_e n_0} = 1 - s \tag{4-9}$$

转差功率为

$$P_s = sP_m = s\frac{P_2}{1-s} = \frac{s}{1-s}KT_L n \tag{4-10}$$

不同性质负载可用下式表示：

$$T_L = Cn^{\alpha} \tag{4-11}$$

式中，C——常数；

$\alpha=0$、1、2——恒转矩负载、转矩与转速成正比的负载以及转矩与转速平方成正比的负载（如离心泵、风机等）。

所以，

$$P_s = \frac{s}{1-s}KCn^{\alpha}n = \frac{s}{1-s}KC[n_0(1-s)]^{\alpha+1} = KCn_0^{\alpha+1}(1-s)^{\alpha}s \tag{4-12}$$

在 $s=0$ 时，$n=n_0$ 从式（4－10）可得出电动机的最大机械功率输出为

$$P_{2max} = KCn_0^{\alpha+1} \tag{4-13}$$

电动机转差功率损耗系数为

$$\frac{P_s}{P_{2max}} = s(1-s)^{\alpha} \tag{4-14}$$

按式（4-14）绘制不同性质负载时转差功率损耗系数与 s 的关系如图4-14所示。可见电动机的转差功率损耗系数是随 s 变化的。

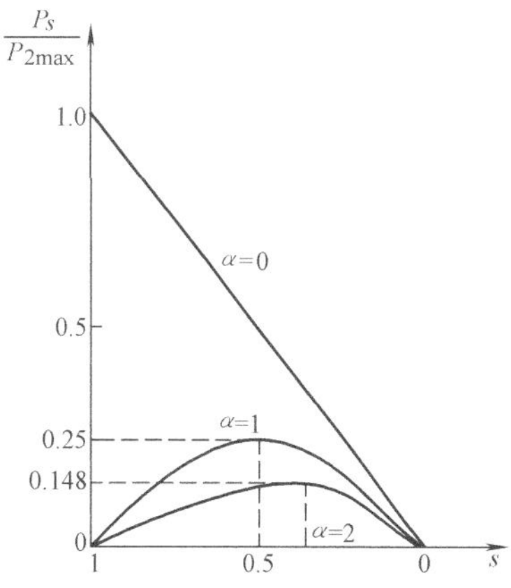

图4-14　不同性质负载时转差功率损耗系数与 s 的关系

由式（4-14）对 s 求导可知，产生最大转差功率损耗系数时的 s 为

$$s = \frac{1}{1+\alpha} \tag{4-15}$$

相应的转差功率损耗系数为

$$\frac{P_s}{P_{2max}} = \frac{\alpha^{\alpha}}{(1+\alpha)^{\alpha+1}} \tag{4-16}$$

对于不同类型的负载，把 $\alpha=0$、1、2 带入式（4-15）和式（4-16），得到不同类型负载

时电动机的转差功率损耗系数和转差率的值，计算结果列入表 4-1。

表 4-1　不同类型负载时的 s 和 P_s/P_{2max}

α	0	1	2
s	1	0.5	0.33
P_s/P_{2max}	1	0.25	0.148

根据以上分析可知，调压调速方式适用于风机、水泵类负载。至于恒转矩负载，则不宜于长期在低速下工作，以免电动机过热受损。

另外，为了扩大调速范围而又不致使电动机过热受损，常采用变极调速和调压调速相结合的方法。

4.3　交流异步电动机的软起动与降压节能原理

4.3.1　交流异步电动机的软起动

随着工业生产机械的不断更新和发展，对电动机的起动性能也提出了越来越高的要求：

1）要求电动机有足够大的、并能平稳提升的起动转矩和符合要求的机械特性曲线。

2）尽可能小的起动电流和起动功耗。

3）起动设备应尽可能简单、经济、可靠，起动操作方便，直接起动是最简单的起动方式，但是由于其起动电流大及转矩冲击大，会对电网及拖动设备造成很大的危害，一般的生产机械都要求尽可能采用软起动方式，以避免拖动系统不必要的损害。

1. 软起动方式

交流异步电动机软起动的方式有：

①　传统的减压起动方式。

②　晶闸管减压软起动器。

③　变频软起动方式。

减压起动的目的是为了减小起动电流，从而减小起动过程中的功率消耗，但是由于电压的降低同时也降低了电动机的起动转矩，因此对于需要重载起动的电动机就不能采用减压起动的方式，而要采用变频软起动方式。在这里只讨论减压起动。

2. 晶闸管减压软起动器

随着电力电子技术的发展，晶闸管软起动器得到了广泛的应用。其主回路采用三相晶闸管调压电路，由微处理器控制晶闸管的触发延迟角 α，按所设计的模式调节输出电压，以控制电动机的起动过程。当起动过程完成后，将与软起动器并联的旁路接触器吸合，短路掉所有的晶闸管，使电动机直接投入电网运行。软起动器的控制框图如图 4-15 所示。

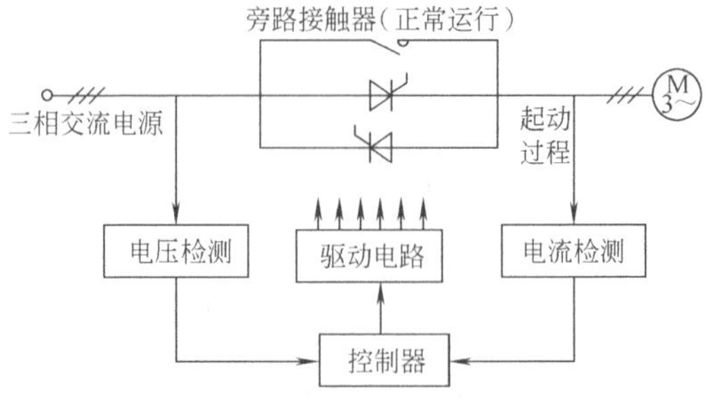

图 4-15　软起动器的控制框图

所谓“软起动”实际上就是按照预先设定的控制模式进行电动机减压起动的过程。

目前的软起动器一般有限流软起动，电压斜坡起动，转矩控制起动等起动方式。各种

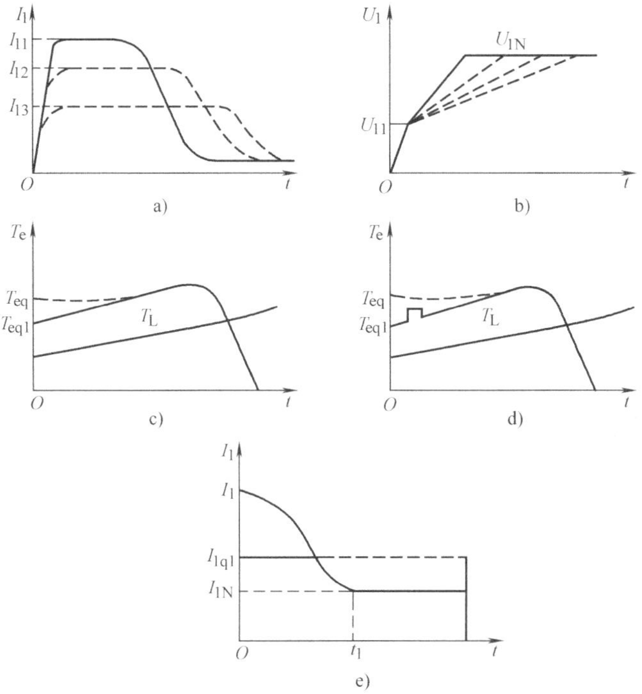

图 4-16 各种软起动方式波形图

a）限流软起动 b）电压斜坡起动 c）转矩控制起动

d）加突跳转距控制起动 e）电压控制起动

软起动方式的相应起动曲线如图 4-16 所示。

（1）限流软起动 在电动机起动过程中限制起动电流不超过某一设定值（I_{11}）。主要用于轻载起动，其输出电压从零开始迅速增加，直到输出电流达到预先设定的电流限值 I_{11}，然后在保持输出电流 $I<I_{11}$的条件下，逐渐升高电压，直到额定电压，从而使电动机转速逐渐升高到额定转速，如图 4-16a 所示。这种起动方式的优点是起动电流小，可按需要调整，对电网电压影响小。但起动时难以知道起动压降，不能充分利用压降空间，起动转矩不能保持最大，起动时间相对较长。

（2）电压斜坡起动 输出电压按预先设定的斜坡线性上升，主要用于重载起动。它的缺点是起动转矩小，且转矩特性呈抛物线性上升，对起动不利，起动时间长，对电动机不利。改进的方法是采用双斜坡起动，如图 4-16b 所示；输出电压先迅速升至 U_{11}（U_{11}为电动机起动所需最小转矩对应的电压值），然后按设定的速率逐渐升压，直至达到额定电压。这种起动方式的特点是起动电流相对较大，但起动时间相对较短，适用于重载起动。

（3）转矩控制起动。按电动机的起动转矩线性上升的规律控制输出电压，主要用于重载起动，如图 4-16c 所示。它的优点是起动平滑、柔性好，对拖动系统有利，同时减少对电网的冲击，但起动时间较长。

（4）加突跳转矩控制起动 与转矩控制起动一样也用于重载起动的场合。所不同的是在起动瞬间加突跳转矩，克服拖动系统的静转矩，然后转矩平滑上升，如图 4-16d 所示。这样可以缩短起动时间，但加突跳转矩会给电网带来冲击，干扰其他负载。

(5) 电压控制起动　在保证起动压降的前提下使电动机获得最大的起动转矩，尽可能地缩短起动时间，是最优的轻载软起动方式，如图 4-16e 所示。

目前，晶闸管交流调压控制技术广泛应用于交流电动机软起动场合。

4.3.2　交流异步电动机的调压调速节能原理

电动机调压调速运行的目的，一是要满足生产工艺的要求，如轧钢机、起重机、传送机械、纺织机械和造纸机械等；二是出于节能目的，如风机、水泵类平方转矩负载的设备，在调速运行时，可以节省大量的电能损耗。

1. 交流异步电动机调压节能原理

电动机的效率定义为输出机械功率与输入电功率之比。电动机的损耗是输入的电功率与输出机械功率之差，功率较小的三相异步电动机各类损耗占总损耗的百分比如表 4-2 所示。

表 4-2　三相异步电动机各类损耗占总损耗的百分比

定子铜损	转子铜损	铁损	杂散损耗	机械损耗
40%	16%	30%	12%	2%

可见电动机主要损耗是铜损和铁损，共占总损耗的 86%。

在忽略铁损与励磁电流情况下，电动机铜损可用下式表示：

$$P_{Cu} = 3(R_1 + R'_2)I'^2_2 = (R_1 + R'_2)\frac{\omega_1^2 T_e^2}{3U_1^2} \tag{4-17}$$

可见，负载电流 I'_2 是随负载变化而变化的，P_{Cu} 也随负载变化而变化，称 P_{Cu} 为可变损耗。

电动机的铁损可用下式：

$$P_{Fe} = P_{co} + P_h = K_1(dBf)^2 + K_2 fB^2 = U_1^2\left(K'_1 + \frac{K'_2}{f}\right) \tag{4-18}$$

式中　P_{co}——涡流损耗（W）；

P_h——磁滞损耗（W）；

d——硅钢片厚度（mm）；

f——电源频率（Hz）；

B——磁通密度（T）；

K_1、K_1'——涡流损耗常数；

K_2、K_2'——磁滞损耗常数。

由式（4-18）可知，电动机接工频交流电运行时，铁损是与电压平方成正比的，是个常量，称之为不变损耗。

如果用 P_0 表示铜损和铁损之和，则

$$P_0 = U_1^2\left(K_1' + \frac{K_2'}{f}\right) + (R_1 + R_2')\frac{\omega_1^2 T_e^2}{3U_1^2} \tag{4-19}$$

式（4-19）中，U_1 增大，铁损增加，但铜损减小，可见，必定存在一个最佳定子供电电压 U_1 使得总的损耗 P_0 最小。式（4-19）对 U_1 求导，令 $dP_0/dU_1 = 0$，可求得最佳定子供电电压 U_1 为

$$U_1 = \sqrt[4]{\frac{(R_1 + R_2{}')\omega_1^2}{3\left(K_1{}' + \dfrac{K_2{}'}{f}\right)}} \cdot \sqrt{Te} \tag{4-20}$$

式（4-20）中，电动机在工频电压工作时，$U_1 \propto \alpha\ \sqrt{Te}$，即电动机定子端电压与负载平方根成正比，电动机定子端电压应该随负载增加而增加，随负载减小而减小，这样可使电动机损耗最小，使电动机处于最佳工作状态，使耗电量最少。

但是，对于满载或重载运行的电动机，降低其端电压将会造成严重后果，随着定子电压的降低，电动机的磁通密度和电动势随之减小，铁耗无疑将下降。但是，电动机随电压平方变化的转矩也迅速下降而小于负载转矩，电动机只能依靠增大转差率，提高电磁转矩以达到与负载转矩相平衡的状态。转差率的增大，引起转子电流增大，同时引起定子和转子电压间的相角增大，导致定子电流增大，从而使定子和转子铜耗增加值大大超过铁耗的下降值，这时电动机绕组温升将会增高，效率将会下降，甚至发生电动机烧毁事故。因而，一般规程都规定了电动机正常运行时电压变化范围不得超过额定电压95% ~110%的范围。

2. 交流电动机调压调速节能的实质

电动机通过调压调速的方法达到节电的目的，其节省的是拖动功率。如风机、水泵类负载采用恒速拖动时，电动机以额定功率工作，风机和水泵则产生额定的压头（扬程）和流量，而生产过程又不需要这么大的流量，所以就用节流的方式或用循环的方式将多余的流量消耗掉，这样就浪费了大量的电能。采用调速运行后，当生产过程需要多大流量时，就产生多大流量，这样就大大减少了输入电动机的功率，达到大幅度节能的目的。对于恒转矩性质的负载，电动机的输入功率与其转速成线性关系，当其低速运行时，也有明显的节能效果。

对于轻载运行的电动机，使供电电压适当降低，在经济上是有利的。这是因为在轻载运行时，电动机的实际转差率大大小于额定值，转子电流并不大，在减压运行时，转子电流增加的数值有限。而另一方面，却由于电压的降低，使空载电流和铁损大幅减少。在这种情况下，电动机的总损耗就可降低，定子温升、运行效率和功率因数同时得到改善。由此可见，电动机的运行经济性与电动机负载率同运行电压是否合理匹配关系极大。

以上分析表明，并不是所有的减压行为都能达到节电的目的，只有当电压降低程度大于转差率及功率因数上升程度时，才能使运行效率提高。实际上，电动机输入功率随电压降低而变化的关系呈马鞍形曲线。

这里需要特别强调的一点是：交流异步电动机轻载减压节能，所节约的只是电动机自身的功率损耗，其数量是有限的，而风机、水泵类负载的调速节能，其节省的是拖动功率。

4.3.3 单片机控制交流异步电动机节电器

前面分析了交流异步电动机的软起动及减压节电原理，在此基础上，设计了交流异步电动机节电器。

节电器可由晶闸管构成的三相交流调压器主电路和以单片机为核心的控制电路两部分构成。

主电路每相采用两只晶闸管反并联的结构形式，原理电路如图4-17所示。

控制电路包括单片机、晶闸管同步触发、功率因数检测、触发脉冲功率放大等环节。单片机定时采样，检测到电动机功率因数，并通过运算实现对晶闸管触发延迟角的实时控制，使电动机的输入功率与该时的负荷情况相适应，其各环节原理分述如下。

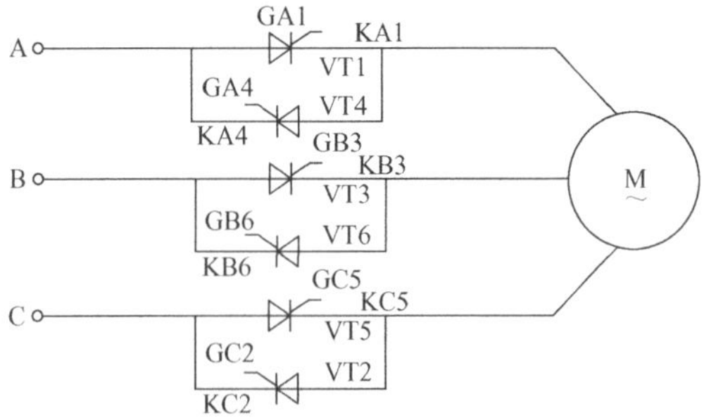

图 4-17　交流异步电动机节电器主电路

1. 晶闸管同步触发

根据被触发晶闸管的阳极电压相位，分别在各晶闸管需要触发脉冲的时刻适时输出脉冲。这就要求，单片机根据所要求的触发延迟角来确定触发脉冲的发出时刻。检测触发脉冲的同步基准相位信号以 A 相电压相位为基准，通过同步变压器 T_{UA}、T_{UB}、T_{UC} 获取同步电压 U_1、U_2、U_3，送入由集成运放构成的具有回环特性的电平变换器，获得与 A、B、C 相同相位的矩形波，据此可定出交流电源电压的近似过零时刻，矩形波送入可编程逻辑器件 7032，由单片机进行运算与处理，控制产生相位互差 120°的三路触发脉冲，由 7032 输出，整个控制电路如图 4-18 所示。

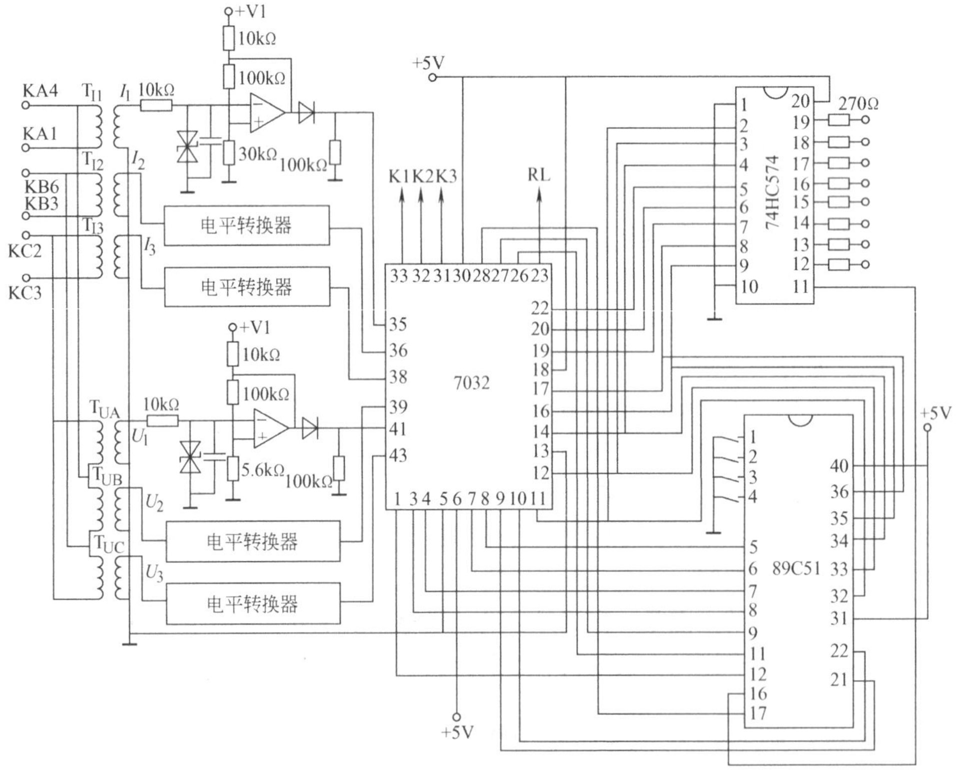

图 4-18　单片机实现同步触发控制电路

异步电动机为感性负载，当电压过零后尚需要一个触发延迟角，电流才为零，其夹角即为功率因数角 φ。

检测功率因数仍以 A 相为基准，电压过零点的检测与同步基准信号检测一致。电流波形过零检测是通过检测每相两只反并联晶闸管端电压实现的，晶闸管有电流流过时，即电流不为零时，晶闸管端电压为导通压降；而无电流流过时，即电流过零时，晶闸管承受相应相电压，据此可检测电流的过零时刻。通过同步变压器 T_{I1}、T_{I2}、T_{I3}获取与晶闸管端电压相同相位的电压，送入由集成运放构成的具有回环特性的电平变换器，转换为矩形波，把电压和电流变换信号同时送入可编程逻辑器件 7032，经单片机分析计算，得到一功率因数角的信号，然后与设定值进行比较，并由此确定晶闸管触发脉冲的发出时刻。

同步变压器 T_{I1}、T_{I2}、T_{I3}还具有断相检测功能，当晶闸管损坏断相时，它们输出电压不按正常规律变化，单片机立即发出停机信号，自动停机。

2. 触发脉冲功率放大

单片机控制发出的触发脉冲须经过驱动电路进行功率放大，功率放大环节采用达林顿复合管多路驱动器 A2003 及脉冲变压器等构成，电路构成简单，工作安全可靠，如图 4-19 所示。

3. 电路软起动运行方式和故障显示功能

电动机软起动是指定子电压由小到大逐渐变化，使电动机在设定时间内由静止状态加速到满速状态的过程。这样可减小起动电流对电网的冲击和降低损耗，每台电动机都有“自然”和“最佳”上升时间，软特性起动可根据电动机容量和负载大小由单片机程序开关设定。

节电器还可具有故障自诊断、多重保护功能，运行过程中，当发生断相、过载、过电压等故障时单片机发出信号，由高速 CMOS 八输出 D 锁存器 74CH574 输出，驱动相应故障指示灯。

在应用过程中，应充分保证节电器输出电压跟踪负载变化的能力，防止电动机堵转，空载时电压不能降得太低。

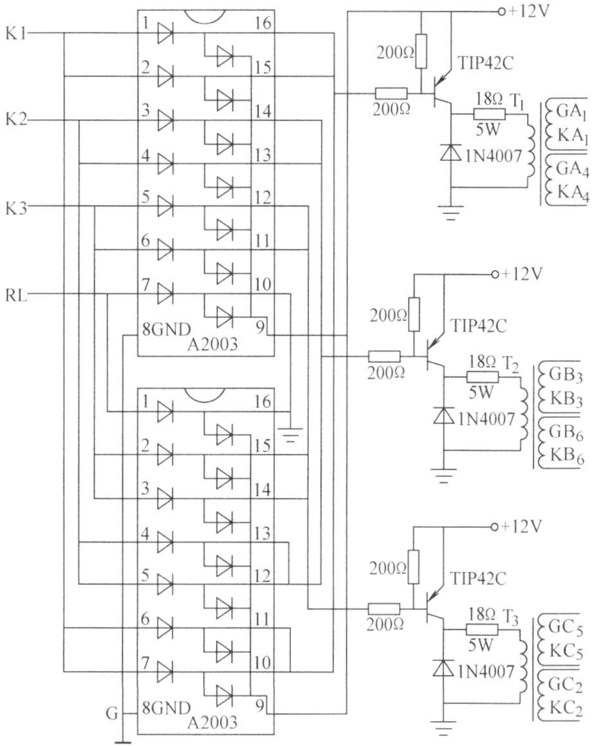

图 4-19 触发脉冲驱动电路

这种装置的节电效果与负载条件、供电电压、电动机结构及电动机的使用情况有关，若电动机容量较小，工作过程负载变化不大，则节电效果不明显。

4.4 交流串级调速系统

节能是异步电动机调速中遇到的主要问题。绕线转子异步电动机串级调速系统是将绕线转子异步电动机的转差功率 P_s 加以利用，是一种经济、高效的调速方法。这种调速方法既可向电动机转子输送转差功率并转换成机械能从转轴上输出，又可把转差功率通过逆变器回馈到交流电网。

传统的绕线转子异步电动机转子串电阻调速方法简单、方便，但存在如下主要缺点：

1）转差功率消耗在电阻发热上，随调速范围的增大效率将进一步降低。

2）在深调速时机械特性变软，降低了静态调速精度。

3）调速是有级的，无法实现调速的平滑性。

为了利用转差功率，并寻求一种具有高效率、良好的调速性能的系统，提出了串级调速系统，即绕线转子异步电动机在转子侧串入附加电动势改变转差功率以实现转速的调节。由于绕线转子异步电动机的定子绕组、转子绕组分别与交流电源、含电动势的电路相连接，因此也称为“双馈”调速系统。

4.4.1 串级调速原理及其基本类型

1. 串级调速工作原理

绕线转子异步电动机的转子绕组通过滑环与外部电气设备相连接，其目的是通过调节转子电动势实现调速。

（1）异步电动机转子附加电动势的作用　从电机学原理可知，异步电动机运行时其转子相电动势为

$$E_2 = sE_{20} \tag{4-21}$$

式中　s——异步电动机的转差率；

E_{20}——为绕线转子异步电动机转子不动时的相电动势，或称转子开路电动势、转子额定相电压（V）。

式（4-21）说明，绕线转子异步电动机工作时，$E_2 \propto s$。当转子正常接线（转子短路）时，电动机工作在固有机械特性上，则转子相电流

$$I_2 = \frac{sE_{20}}{\sqrt{R_2^2 + (sX_{20})^2}} \tag{4-22}$$

式中　R_2——转子绕组每相电阻（Ω）；

X_{20}——$s=1$ 时转子绕组每相漏抗（Ω）。

如果在转子回路中引入一个可以控制的交流附加电动势 E_{add}，并且 E_{add} 的频率与 E_2 相同，相位可同相又可反相，并与转子电动势 E_2 串联，如图 4-20 所示。此时转子电流取决于 E_{add} 与 E_2 的代数和，即

$$I_2 = \frac{sE_{20} \pm E_{add}}{\sqrt{R_2^2 + (sX_{20})^2}} \tag{4-23}$$

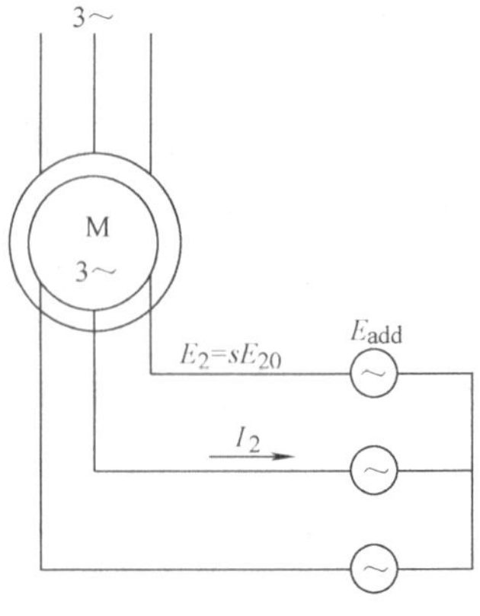

图 4-20　绕线转子异步电动机转子附加电动势原理图

设在未串入附加电动势 E_{add} 前，电动机原在 $s=s_1$ 的转差率下稳定运行，并且拖动的是恒转矩负载。当加入同相位的附加电动势后，由于负载转矩恒定，式（4-23）左边恒定，因此电动机的 s 必定减小。这个过程可以理解为：由于同相附加电动势 E_{add} 的瞬间引入，使转子回路的合成电动势增大了，转子电流也随之增大，使电动机的电磁转矩也增大；由于负载转矩未变，所以电动机就升速，直至 $s=s_2$（$s_2<s_1$）时，转子电流又恢复到原值，电动机进入新的稳定状态工作。此时式（4-22）与式（4-23）相等，则

$$\frac{s_2E_{20}\pm E_{\rm add}}{\sqrt{R_2^2+(s_2X_{20})^2}}=I_2=\frac{s_2E_{20}}{\sqrt{R_2^2+(s_2X_{20})^2}}$$

同理，若串入反相位附加电动势 $E_{\rm add}$ 可使电动机转速降低。可见，在绕线转子异步电动机转子侧引入一可控的附加电动势，就可对电动机调速。

(2) 串级调速五种工况　在绕线转子异步电动机转子侧引入一个可控的附加电动势并改变其数值，就可以实现对电动机转速的调节。从功率传送的角度看，串级调速就是利用附加电动势 $E_{\rm add}$ 控制异步电动机转子中转差功率的大小与流向来实现调速的。因此，串级调速系统的工作状况可以通过功率传递关系来分析。

由于电动机转子电动势的频率与交流电网的频率往往不一致，所以不能直接把电动机的转子与交流电网相连，需通过一个中间环节，这个中间环节称为功率变换单元 CU。

若忽略机械损耗和杂散损耗，异步电动机在任何工况下的功率关系为

$$P_{\rm m}=sP_{\rm m}+(1-s)P_{\rm m} \tag{4-24}$$

式中　$P_{\rm m}$——从电动机定子传入转子（或由转子传出给定子）的电磁功率（W）；

$sP_{\rm m}=P_{\rm s}$——输入或输出转子电路的功率，即转差功率（W）；

$(1-s)\ P_{\rm m}$——电动机轴上输出或输入的功率（W）。

由于转子侧串入附加电动势极性和大小的不同，s 和 $P_{\rm m}$ 都是可正可负，异步电动机的工作状况有五种，五种工况及其功率传递关系如图 4-21 所示。

① 电动机在次同步转速下作电动运行。若在转子侧每相串入反相附加电动势，电动机减速，所以 $s<s_{\rm N}$ $(0<s<1)$，由于电动机在低于同步转速下工作，故称为次同步转速下作电动运行。图 4-21a 中箭头表示电动机的功率传递的路径。对照式 (4-24) 可知，从定子侧输入功率，轴上输出机械功率，而转差功率在扣除了转子损耗后从转子侧回馈电网。

② 电动机在反转时作倒拉制动运行。设电动机拖动位能性恒转矩负载，当在电动机转子侧接入较大数值的反相附加电动势时，就能使电动机反转进入倒拉制动运行状态，即 $s>1$。图 4-21b 中箭头表示电动机拖动位能性负载时的功率传递的路径。由于 $s>1$，式(4-24)可改写为 $P_{\rm m}+|(1-s)|P_{\rm m}=sP_{\rm m}$，表明由电网输入电动机定子的功率和由负载输入电动机轴的功率两部分合成转差功率，并从转子侧馈送给电网。

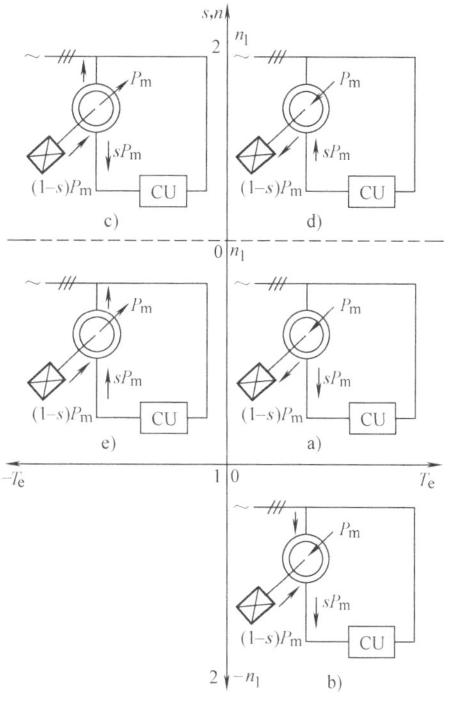

图 4-21　异步电动机在转子附加电动势时的工况及其功率流向

③ 电动机在超同步转速下作回馈制动。进入这种运行状态的必要条件是有位能性机械外力作用在电动机轴上，并使电动机能在超过其同步转速 n_0 的情况下运行。例如电力机车下坡时，电动机处于发电回馈制动状态，此时若再串

入一个与 E_{20} 反相的附加电动势 $+E_{add}$，电动机将在比未串入 $+E_{add}$ 时的转速更高的状态下作回馈制动运行。图 4-21c 中箭头表示电动机超同步转速回馈制动状态时的功率传递的路径。此时式（4-24）可改写为 $|P_m| + |sP_m| = |(1-s)P_m|$（式中 P_m 与 s 都为负值），表明电动机处于发电制动状态时，电动机释放的功率由负载通过电动机轴输入，经过机电能量变换分别从电动机定子侧与转子侧回馈电网。

④ 电动机在超同步转速下作电动运行。设电动机原在固有特性的 $0<s<1$ 之间作电动运行，若在转子侧加入 $+E_{add}$，电动机加速后在超同步转速下稳定电动运行，$s<0$，此时，电动机转轴上输出的功率比额定功率还要高。图 4-21d 中箭头表示电动机超同步转速电动状态时的功率传递的路径。此时式（4-24）改写成 $P_m - sP_m = (1-s)P_m$，表明电动机轴上的输出功率是由定子侧与转子侧两部分输入功率合成的，电动机处于定、转子双输入状态，即“双馈”状态，这一特殊工况可使电动机的输出功率超过额定功率。

⑤ 电动机在次同步转速下作回馈制动运行。设电动机原在固有特性的 $0<s<1$ 之间作电动运行，并且拖动反抗性负载。若在转子侧加入 $-E_{add}$，必须满足 $|-E_{add}| > sE_{20}$，I_2 将变负，电动机进入发电回馈制动状态（$0<s<1$）。图 4-21e 中箭头表示电动机的功率传递的路径。此时式（4-24）改写成 $|P_m| = s|P_m| + (1-s)|P_m|$，表明转子从电网获取转差功率，回馈电网的功率一部分由负载的机械功率转换得到，不足的部分由转子提供。

2. 串级调速系统类型

组成串级调速系统的核心环节是产生交流附加电动势 E_{add} 的装置——功率变换单元。根据功率变换单元实现功率传递的方向不同，分为超同步串级调速系统和次同步串级调速系统。

（1）超同步串级调速系统　此类系统的功率变换单元采用变频器，用来在绕线转子异步电动机转子回路中串入交流附加电动势 E_{add} 控制转差功率的传递方向。该系统能全部实现五种工况的运行。

（2）次同步串级调速系统　此类系统的功率变换单元采用转子回路中串入直流附加电动势 E_{add} 的方案。这种方案的基本思想是：由于电动机转子回路感应电动势 E_{20} 的频率随转差率而变化，若把转子交流电动势整流成直流电动势，与一直流附加电动势进行比较，就可把交流可变频率的问题转化为与频率无关的直流问题，通过控制直流附加电动势的幅值，从而实现电动机的转速调节。由于电动机转子回路中采用了不可控的转子整流器，因此转子中转差功率只能单方向通过转子整流器送出来，被直流附加电动势 E_{add} 所吸收，再回馈到电网，而无法实现电网向电动机转子输入转差功率的传递。所以此类系统只能实现上述①、②、③三种工况的运行，而无法实现④、⑤两种工况的运行。

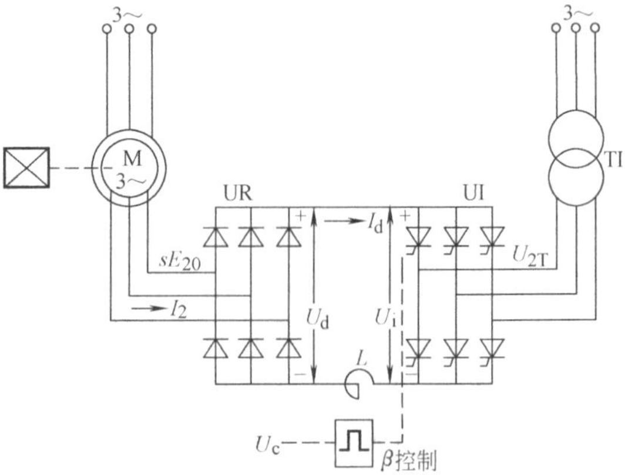

图 4-22　电气串级调速系统原理图

UR—转子整流器　UI—可控逆变器　TI—逆变变压器

根据功率变换单元提供直流附加电动势 E_{add} 的装置不同，次同步串级调速系统又分为电气串级调速系统和机械串级调速系统。

1）电气串级调速系统（又称 Scherbius 系统）。电气串级调速系统原理图如图 4-22 所示。

从电气串级调速系统原理图（图 4-22）可得整流的转子直流回路电动势平衡方程式为

$$K_1 sE_{20} = K_2 U_{2T}\cos\beta + I_d R \tag{4-25}$$

式中 K_1、K_2——UR 与 UI 两个整流装置的电压整流系数，如果它们都采用三相桥式连接，则 $K_1 = K_2 = 2.34$；

U_i——逆变器输出电压（V）；

U_{2T}——逆变变压器的二次相电压（V）；

β——晶闸管逆变角（°）；

R——转子直流回路的电阻（Ω）。

电气串级调速系统的工作原理简述如下。当电动机拖动恒转矩负载在稳态运行时，可以近似认为 I_d 为恒值。当 β 增大时，逆变电压 U_i（相当于附加电动势）立即减小；但电动机转速因存在着机械惯性尚未变化，所以 U_d 仍维持原值，根据式（4-25）可知：使转子直流回路电流 I_d 增大，相应转子电流 I_2 也增大，电动机就加速；在加速过程中转子整流电压随之减小，又使电流 I_d 减小，直至 U_d 与 U_i 按式（4-25）取得新的平衡，电动机就进入新的稳定状态，以较高的转速运行。同理，减小 β 值可以使电动机在较低的转速下运行。

2）机械串级调速系统（又称 Kramer 系统）。机械串级调速系统的原理图如图 4-23 所示。拖动异步电动机与直流电动机同轴连接，共同作为负载的拖动电动机。交流绕线转子异步电动机的转差功率经整流器变换后输给直流电动机，后者把这部分电功率转变为机械功率回馈到负载轴上。这样就相当于在负载上增加了一个拖动转矩，从而很好地利用了转差功率。只要改变直流电动机的励磁电流 i_f 就可调节交流电动机的转速。增大 i_f，则 E 相应增大，使直流回路电流 I_d 降低，电动机则减速，直到新的平衡状态，在较大的转差率下稳定运行。同理，如减小 i_f，则可使电动机在较高转速下运行。

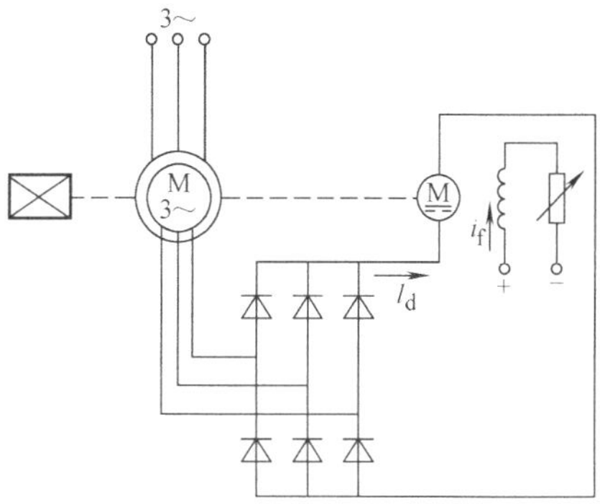

图 4-23 机械串级调速系统的原理图

对于机械串级调速系统，从功率传递的角度看，如果忽略系统中所有的电气与机械损耗，异步电动机的转差功率可全部为直流电动机所吸收，并以机械功率 P_{MD} 形式从轴上输出给负载。负载上得到的功率 P_L 应是异步电动机和直流电动机两者轴上输出之和，并恒等于异步电动机定子输入功率 P_1，而与电动机运行的转速无关。因此，这种调速系统属于恒功率调速。

4.4.2 串级调速系统性能分析

1. 串级调速装置的电压和容量

串级调速装置是指整个串级调速系统中除异步电动机以外，为实现串级调速而附加的所有功率部件。串级调速装置的容量主要是指转子整流器、逆变器和逆变变压器的容量，选择它们的依据是电流与电压的定额。电流定额取决于异步电动机转子额定电流 I_{2N} 和负载；电压定额取决于异步电动机转子额定电压 E_{20} 和调速范围 D。

整流器、逆变器容量的计算在前续课程“电力电子技术”中已经介绍过了。串级调速系统的逆变器侧设置逆变变压器的目的有两个：一是把可控整流装置与交流电网隔离，以抑制电网的浪涌对晶闸管的影响；其二是取得能与被控电动机工作相匹配的逆变电压。逆变变压器的容量可按式（4-26）、式（4-27）计算。

$$U_{2T} = \frac{s_{0max}E_{20}}{\cos 30°} = 1.15 s_{0max}E_{20} \approx 1.15E_{20}\left(1 - \frac{1}{D}\right) \tag{4-26}$$

$$W_T = 3.45E_{20}I_{2T}\left(1 - \frac{1}{D}\right) \tag{4-27}$$

式中，s_{0max} 为最大理想空载转差率；I_{2T} 为逆变变压器二次侧相电流。

从式（4-27）可见，随着系统调速范围的增大，W_T 也相应增大，所以串级调速系统往往被应用于调速范围不大的场合。

2. 串级调速系统的效率

能量指标是衡量一个调速系统技术经济指标的重要依据，而系统的效率与功率因数是其主要内容。

串级调速系统是一种机电能量变换的系统，用能量流图可以分析和描述其能量变换关系，如图 4-24a 所示。设输入异步电动机定子的有功功率为 P_1，扣除定子损耗 ΔP_1（包括定子铜耗与铁耗），再经旋转磁场传送到电动机转子电磁功率为 P_m。P_m 在转子中分成两部分，即机械功率 $P_\Omega = (1-s)P_m$ 和转差功率 $P_s = sP_m$。在串级调速系统中，P_s 并未被全部消耗掉，扣除转子回路中的损耗 ΔP_2 和转差损耗 ΔP_s 后通过转子整流器与逆变器返回给电网，这部分称作回馈功率 P_f。对整个串级调速系统来说从电网吸收的有功功率应为 $P_{in} = P_1 - P_f$；机械功率 P_Ω 扣除电动机的机械损耗 ΔP_Ω 后即为电动机转轴上输出功率 P_2，这样可画出系统的能量流图如图 4-24b 所示。

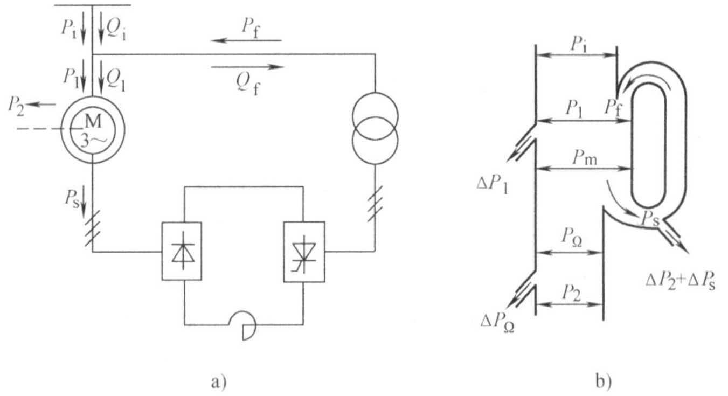

图 4-24　串级调速系统的效率分析

a）系统的功率走向　b）系统能量流图

串级调速系统的总效率 η 是指电动机轴上的输出功率 P_2 与从系统电网输入的有功功率 P_i 之比，可以下式表示：

$$\eta = \frac{P_2}{P_i} \times 100\% = \frac{P_\Omega - \Delta P_\Omega}{P_1 - P_f} \times 100\%$$

$$= \frac{P_m(1-s) - \Delta P_\Omega}{(P_m + \Delta P_1) - (P_s - P_2 - \Delta P_s)} \times 100\%$$

$$= \frac{P_m(1-s) - \Delta P_\Omega}{P_m(1-s) + \Delta P_1 + \Delta P_2 + \Delta P_s} \times 100\%$$

$$\approx \frac{P_m(1-s)}{P_m(1-s) + \Delta P_s} \times 100\% \tag{4-28}$$

在式（4-28）中，ΔP_Ω、ΔP_1 及 ΔP_2 相对 P_m 来说都比较小，所以串级调速系统的总效率是很高的，且随着电动机转速的降低，η 的减少并不多。

为了说明串级调速系统的 η 很高，可与绕线转子异步电动机在转子回路串电阻调速时的效率作以比较。串电阻调速的效率为

$$\eta_R = \frac{P_2}{P_i} \times 100\% = \frac{P_m(1-s) - \Delta P_\Omega}{P_1} \times 100\%$$

$$= \frac{P_m(1-s) - \Delta P_\Omega}{P_m + \Delta P_1} \approx (1-s) \times 100\%$$

表4-3给出了两种调速方法在不同性质负载时的效率。

表4-3　电气串级调速与转子串电阻调速的效率

	调速方式	负载特性	速度（%）			
			100	80	60	40
总效率（%）	转子串电阻	恒转矩	95	76	56	37
		风机型	95	78	63	48
	电气串级	恒转矩	92	90	88	82
		风机型	92	90	82	75

从表中看出，采用了串级调速方法比转子回路串电阻调速的效率在调速范围较大时要高。

3. 串级调速系统的功率因数

串级调速系统的功率因数与系统所采用的异步电动机、转子整流器和可控逆变器三大部分有关。异步电动机本身的功率因数会随着负载的减轻而下降，而转子整流器的换相重叠角和强迫延迟导通等作用都会通过电动机从电网吸收换相无功功率，所以在串级调速时电动机的功率因数要比正常接线时降低10%以上。另外，逆变器的相控作用使其电流与电压不同相，也要消耗无功功率。在串级调速系统中，从交流电网吸收的总有功功率是电动机吸收的有功功率与逆变器回馈至电网的有功功率之差，然而从交流电网吸收的总无功功率却是电动机和逆变器所吸收的无功功率之和（见图4-24a），低速时功率因数还要降低。串级调速系统总功率因数可用下式表示

$$\cos\varphi = \frac{P_i}{S} = \frac{P_1 - P_f}{\sqrt{(P_1 - P_f)^2 + (Q_1 + Q_f)^2}} \tag{4-29}$$

式中　S——系统总的视在功率（V·A）；

Q_1——电动机从电网吸收的无功功率（var）；

Q_f——逆变变压器从电网吸收的无功功率（var）。

一般串级调速系统在高速运行时的功率因数只有0.6~0.65，比正常接线时电动机的功率因数减少0.1左右，在低速时可降到0.4~0.5（对调速范围为2的系统）。这是串级调速系统的主要缺点。

通常采用的改善串级调速系统功率因数的措施有以下几种。

1）采用移相电力电容器补偿无功功率。电容器的接线方式有三种：一是接在进线电网侧；二是接在逆变变压器的一次侧；三是接在逆变变压器的二次侧。

2）采用强迫换流式逆变器产生超前无功功率。

3）采用斩波控制的功率变换单元。

4.4.3 串级调速系统的机械特性

在串级调速系统中由于电动机定子电源的频率不变，同步转速也不变。但它的理想空载转速却是可以调节的。当系统在理想空载转速（$I_d=0$）下运行时，若取式（4-27）中$K_1=K_2$，则系统的转子直流回路电动势平衡方程式为

$$s_0 = \frac{U_{2T}\cos\beta}{E_{20}} \tag{4-30}$$

式中 s_0——理想空载转差率。

由此得到理想空载转速n_0为

$$n_0 = n_{syn}(1-s) = n_{syn}\left(1-\frac{U_{2T}\cos\beta}{E_{20}}\right) \tag{4-31}$$

式中 n_{syn}——异步电动机的同步转速。

从式（4-30）、式（4-31）可知，在串级调速时，理想空载转速n_0与同步转速n_{syn}是不同的。改变β角时，s_0也变，β越大，s_0越小，则n_0越高。由于逆变角β有调节范围的限制，其下限30°是为防止逆变颠覆的最小逆变角β_{min}。β角的调节范围对应了电动机的调速上、下限。由式（4-25）还可看出，在不同的β角下，异步电动机串级调速时的机械特性曲线近似平行。串级调速时的机械特性如图4-25所示。

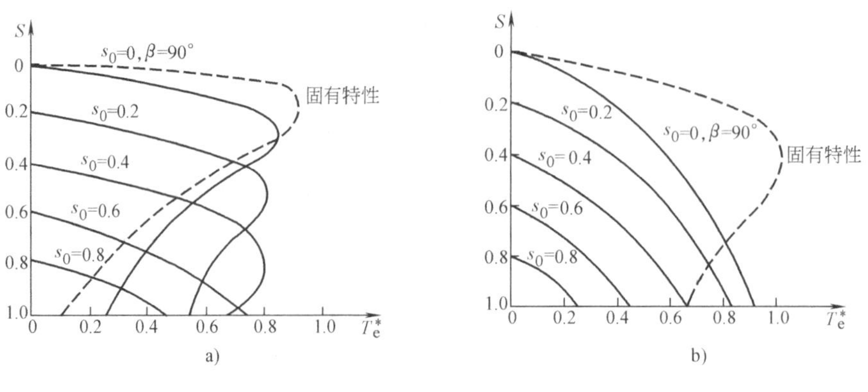

图4-25 异步电动机在串级调速时的机械特性

a）大电机 b）小电机

在串级调速工作时，异步电动机转子绕组虽不串接电阻，但由于在转子回路中接入了

两套整流装置、平波电抗器、逆变变压器等，再考虑到线路电阻后，实际上相当于在转子回路中接入了一定数值的等效电阻和电抗。它们的影响在任何转速下都存在，即使电动机在最高转速运行时也一样（$\beta=90°$时）。电动机固有特性的额定转差率一般为0.03～0.05，串级调速系统机械特性的额定转差率约为0.1，比电动机的固有特性软，这使电动机在额定负载时难以达到其额定转速。

对机械特性进一步分析有结论：异步电动机工作在串级调速时能产生的最大电磁转矩仅为在正常接线运行时所产生的固有最大转矩的0.826倍，即串级调速时电动机的最大转矩减少了17.4%，因而在选用电动机时必须注意这一点。

4.4.4 双闭环控制的串级调速系统

由于串级调速系统的静态特性中静差率较大，所以开环控制系统只能用于对调速精度要求不高的场合。为了提高静态调速精度以及获得较好的动态特性，通常采用转速-电流双闭环控制方案。由于在串级调速系统中转子整流器是不可控的，所以系统不能产生电气制动作用。而所谓动态性能的改善一般只是指起动与加速过程性能的改善，而减速过程只能靠负载作用自由降速。

具有双闭环控制的串级调速系统原理图如图4-26所示。图中转速反馈信号取自与异步电动机连接的测速发电机，电流反馈信号取自逆变器交流侧，也可通过霍尔变换器或直流互感器从转子直流回路中获取。图4-26所示串级调速系统的工作与直流不可逆双闭环调速系统一样，具有静态稳速与动态恒流的作用。所不同的是它的控制作用都是通过异步电动机转子回路实现的。

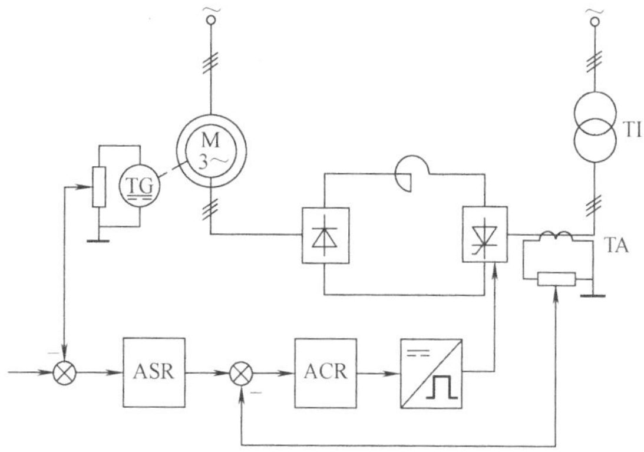

图4-26 双闭环控制的串级调速系统原理图

系统在突加给定时的起动动态过程与直流调速系统一样。起动初期，速度调节器处于饱和输出状态，系统相当于转速开环。随着起动过程的进行，电流调节器的输出增大，使逆变器的逆变角β增大，逆变电压U_i减少，打破了起动开始瞬间逆变电压大于电动机转子不动时整流电压U_{d0}的条件，产生直流电流I_d，使电动机有电磁转矩而加速起动，在电动机转速未到达给定值以前，调速系统中的电流环始终起着电流跟踪作用，以维持动态电流I_d为恒定，使加速过程中逆变电压与转子整流器输出电压的变化速率相同。直到电动机的转速超调，速度调节器退出饱和，转速环才投入工作，以保证最终获得与给定转速相一致的转速。

4.4.5 串级调速系统的工程应用举例

用可编程序控制器实现双闭环串级调速系统的可逆和制动控制。双闭环串级调速系统原理图如图4-27所示。采用电源反相序进行可逆控制，由接触器KM_2、KM_3、KM_4、KM_5组成控制电路。转子回路附加电阻R_F是为了解决在切换过程中及起动时冲击电流过大的问题。

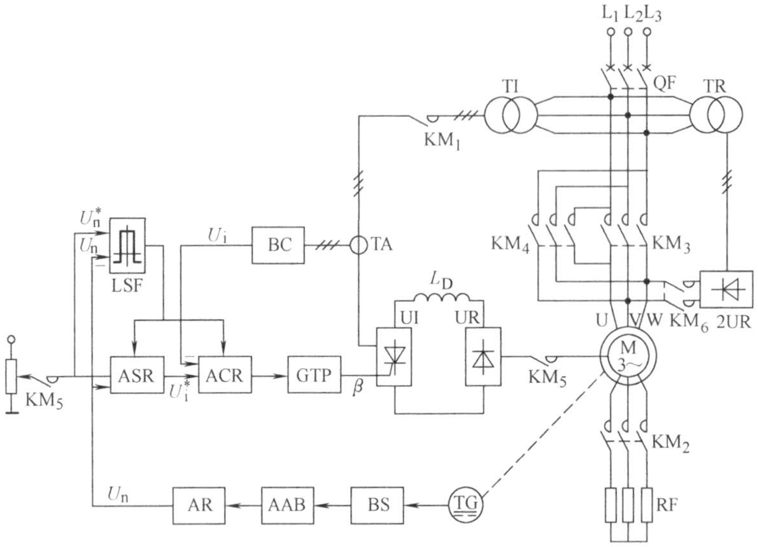

图 4-27　串级调速系统的可逆和制动控制原理图

制动控制采用晶闸管串级调速动力制动方式，其电路由接触器 KM_2、KM_5、KM_6 和动力制动整流变压器 TR、三相整流桥 2UR 组成。

系统是采用 ACR、ASR 调节器组成的双闭环串级调速系统，为防止零漂对系统的影响，当停车时，分别在 ACR、ASR 调节器上加了零速封锁 LSF 信号。为了保证正、反转调速时，速度反馈与给定信号始终保持负反馈极性的关系，在速度反馈通道中引入了绝对值放大器 AAB 和反号器 AR。

系统采用非零速间接起动，起动初始串入附加电阻 R_F，待电动机转速升至设定值后，再接入串级调速系统运行。在正、反切换瞬间 KM_5 断开串级调速系统，短时在转子回路中串入附加电阻 R_F，以减小冲击电流对转子整流器 UR、逆变器 UI 的影响，增加了由设备运行的可靠性。

用可编程序控制器 PLC 实现该系统的操作控制电路。根据控制要求选用具有 24 个输入点、16 个输出点的 F—40MR 可编程序控制器，I/O 点如图 4-28 所示。

图 4-29 是为满足控制要求的梯形图，PLC 是按循环扫描方式沿梯形图的先后顺

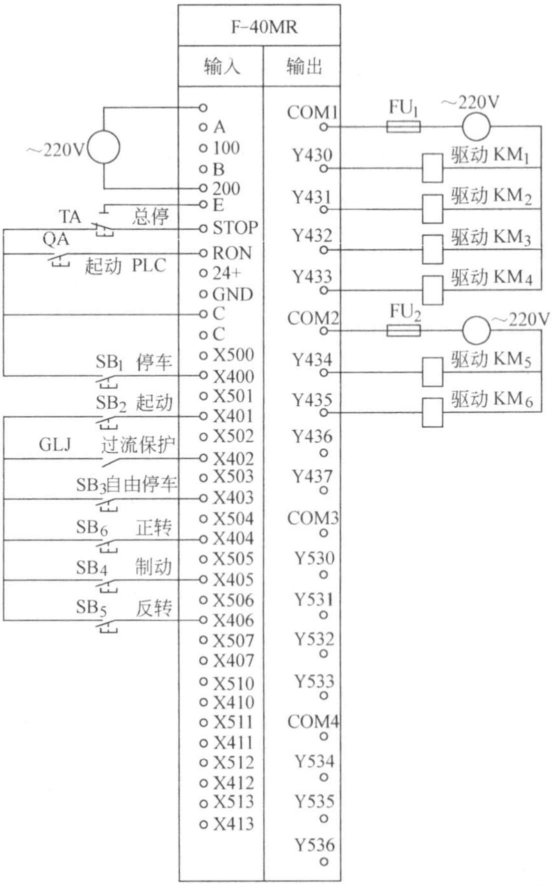

图 4-28　F—40MR 的 I/O 接线图

序执行程序，在同一扫描周期中的结果保留在输出状态暂存器中，输出点的值可以当作条件使用。为防止正、反切换时主电路短路，在编程时需考虑在 KM_3 与 KM_4 之间切换时，增加了由 T450、T451 构成的延时 1s 的保护；由 T452、T453 控制切换时 R_F 的串入时间。

对串级调速系统的操作运行过程说明如下：

1）按下按钮 QA，PLC 启动。

2）串级调速系统投入运行时，先按下起动按钮 SB_2（X401 接通），Y430、Y431 输出接通，接触器 KM_1、KM_2 通电吸合，优先接通逆变隔离变压器 TI 的电源，转子回路串接附加电阻 R_F，主控点 M100 接通。再按下正转按钮 SB_6（X404 接通），经过 T450（K = 1s）延时，Y432 输出接通，KM_3 通电吸合，接通电动机定子电源，电动机正转起动。再经过 T452 设定时间（K = 1s），电动机转速上升至设定速度，Y434 接通，KM_5 通电吸合，串级调速装置投入运行，同时由于 Y431 输出断开，KM_2 断电释放切除附加电阻 R_F。

3）电动机正转时，只要按下反转按钮 SB_5（输入 X406 接通、X406 接点断开），Y434 输出断开，串接串级调速系统的接触器 KM_5 立即断开，切除串级调速装置，给定输入信号同时 Y431 输出接通，KM_2 通电吸合转子回路串入附加电阻 R_F；与此同时由于 Y432 输出断开，正转接触器 KM_3 断电释放，经过 T451（K = 1s）延时保护，Y433 输出接通，反转接触器 KM_4 通电吸合，电动机定子电源反相序。在短时间内由于 R_F 的作用，使电动机迅速降速并反向起动，经过 T453 设定延时（K = 1s），Y434 又重新接通，KM_5 再次通电，重新接入串级调速装置和输入信号，使电动机反向升速。从反转切换到正转与该过程控制原理类似。

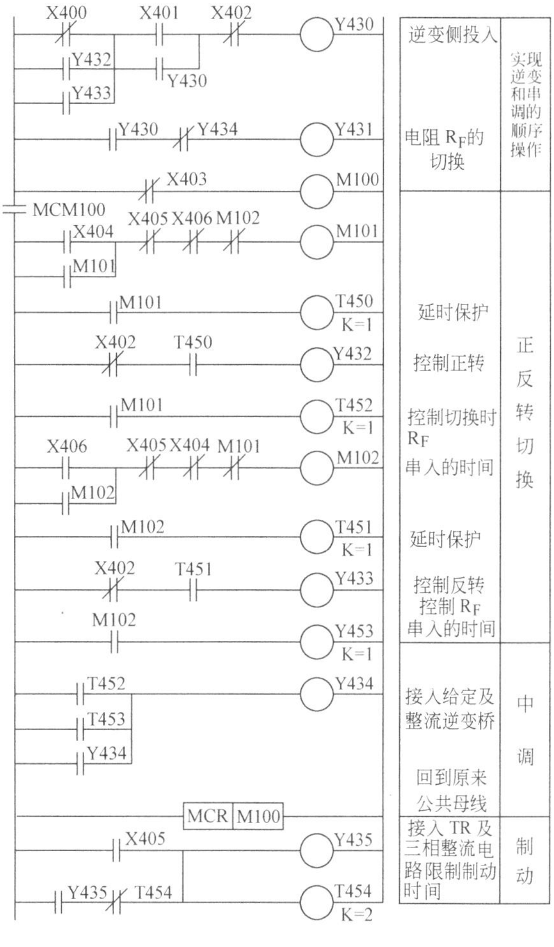

图 4-29 系统操作线路梯形图

4）按下按钮 SB_3（输入 X403 接通、X403 接点断开），主控接点 M100 断开，串级调速系统自由停车。

5）需要动力制动加快停车时，只要按下按钮 SB_4（输入 X405 接通），Y432、Y433 输出断开，切断正、反转接触器 KM_3、KM_4，电动机定子脱离交流电源。由于 Y435 输入接通，动力制动接触器 KM_6 接通，投入直流电源，使系统运行于串级调速动力制动状态。由计时器 T454 控制动力制动所需时间（设定 K = 2s），做到准确、快速停车。

各计时器的时间设定，可根据实际系统及拖动电动机的要求来设定，不一定按程序清单中的值确定。

用可编程序控制器 PLC 实现操作电路的功能，克服了传统用继电-接触器固定接线控制的缺点，提高了灵活性与通用性，排除故障、维修方便，符合串级调速系统起动、切换、停车等严格的控制要求。

程序清单（略）。

4.5 串级调速系统的主要参数计算及起动方式

在设计和运行次同步串级调速系统时，许多计算和器件选择方法及控制方式与晶闸管直流调速系统基本相同，如晶闸管变流电路、触发电路、平波电抗器、各种保护装置、调节器等。在这里对串级调速系统的主要参数计算及起动方式作进一步分析。

4.5.1 串级调速系统中电动机的选择

选择晶闸管串级调速系统的异步电动机时，应考虑如下 3 方面：

1）串级调速时，电动机最大转矩为其固有最大转矩的 0.826 倍，因此必须以异步电动机固有最大转矩的 0.826 倍重新校验过载能力。

2）在低速运行时，转子电流频率较高，集肤效应比较显著，而且转子电流波形畸变较为严重，含有不同频率的谐波分量，增加了转子损耗，因此，需适当地增大电动机容量。

在选择串级调速系统电动机的容量时，应考虑一个系数，即

$$P_N = K_Z P_L$$

式中 P_N——电动机的额定功率（kW）；

P_L——电动机轴上输出的最大功率（kW）；

K_Z——串级调速系数，一般可取 1.15 ~1.2。

3）由于串级调速系统的机械特性较软，所以在选择电动机额定转速时，应比生产机械所需的最高转速高 10% 左右。

4.5.2 串级调速系统中逆变变压器的选择

为了使逆变电压与转子整流电压相平衡，必须有不同的逆变变压器二次相电压 U_{2T}与之匹配。当串调系统在最低转速时，s 为最大，逆变角 β 为最小值，忽略异步电动机、逆变变压器的漏抗和等效电阻的影响，稳态时有

$$2.34 s_{max} E_{20} = 2.34 U_{2T} \cos\beta_{min}$$

所以

$$U_{2T} = \frac{S_{max} E_{20}}{\cos\beta_{min}} \tag{4-32}$$

调速范围

$$D = \frac{n_{max}}{n_{min}} \approx \frac{n_N}{n_{min}} \approx \frac{n_1}{n_{min}}$$

式中 n_{max}、n_{min}——串级调速系统额定负载时的最高转速和最低转速。

$$s_{min} = \frac{n_1 - n_{min}}{n_1} \approx 1 - \frac{1}{D}$$

将上式代入式（4-32），又因 $\beta_{max} = 30°$，所以有：

$$U_{2T} \approx 1.15E_{20}\left(1 - \frac{1}{D}\right) \tag{4-33}$$

从式（4-33）可知，串级调速系统调速范围 D 愈大，要求逆变变压器二次相电压愈高。

逆变变压器二次额定相电流 I_{2T} 可根据电动机转子额定相电流 I_{2N} 求得。如电动机转子绕组和变压器二次绕组均为 Y 联结时，$I_{2T} \approx I_{2N}$。此时三相逆变变压器的容量为

$$S_T = 3U_{2T}I_{2T} = 3U_{2T}I_{2N} = 3.45E_{20}I_{2N}\left(1 - \frac{1}{D}\right) \tag{4-34}$$

由式（4-33）、式（4-34）可知，串级调速系统中逆变变压器容量 S_T 和二次相电压 U_{2T} 与调速范围有关，要求的调速范围越大，则 S_T 和 U_{2T} 亦越大。从物理意义上也容易理解，随着 D 增大，则 s 也增大，通过串级调速系统回馈至电网的转差功率 $P_s = sP_m$ 也增大，必须有较大容量的串级调速装置来传递与交换这些功率。

4.5.3 整流二极管选择

1. 整流二极管额定电压的确定

工作过程中，二极管承受的最大反向电压为

$$U_{Fm} = \sqrt{2} \times \sqrt{3}E_{20}$$

考虑 2 ~ 3 倍裕量后，额定电压可取

$$U_{FN} = (2 \sim 3)U_{Fm} \tag{4-35}$$

2. 整流二极管额定电流的确定

设系统允许的电流过载倍数为 λ，则转子回路中直流电流 I_d 为

$$I_d = \frac{\lambda I_{2N}}{0.816}$$

流过整流二极管的平均电流为

$$I_F = 0.368I_d$$

考虑 1.5 ~ 2 倍裕量后，整流二极管额定电流可取

$$I_{F(AV)} = (1.5 \sim 2) \times 0.368I_d = (0.552 \sim 0.736)I_d \tag{4-36}$$

4.5.4 晶闸管选择

1. 晶闸管额定电压的确定

晶闸管承受的最大正、反向电压为

$$U_{Tm} = \sqrt{2} \times \sqrt{3}U_{2T}$$

考虑 2 ~ 3 倍裕量后，晶闸管额定电压可取

$$U_{TN} = (2 \sim 3)U_{Tm} \tag{4-37}$$

2. 晶闸管额定电流的确定

晶闸管的额定电流（即通态平均电流）与整流二极管的相同，即

$$I_{T(AV)} = (0.552 \sim 0.736) I_d \tag{4-38}$$

4.5.5 串级调速系统的起动

由于串级调速系统是依靠逆变器提供附加电动势工作的，为使系统正常工作，防止逆变器的损坏，对系统的起动与停车控制必须有合理的措施。其原则是起动时逆变器先于电动机接上电网，停车时则比电动机后脱离电网。串级调速系统通常有两种起动方式。

1. 间接起动

对于泵类、风机等生产机械，其调速范围一般不大。为降低串级调速装置的容量，同时不受过电压损坏，往往采用电动机转子串电阻或串频敏变阻器的起动方式。待转速升到串级调速系统的设计最大转差率时，才把串级调速装置投入运行。而从串电阻起动换接到串级调速可以利用对电动机转速的检测或利用时间控制原则自动控制。

图 4-30 所示为间接起动控制原理图。

起动操作顺序为：接触器动作顺序为 S→KM_1→KM_0→KM_2。先合总电源开关 S，使逆变器在 β_{min} 下等待工作；接通接触器 KM_1 接入转子起动电阻 R；接通接触器 KM_0 是把电动机定子回路与电网接通，电机以转子串电阻方式起动；待电动机起动到所设计的 s_{max} 时，接通接触器 KM_2 使电动机转子与串级调速装置相接，同时断开接触器 KM_1，切断起动电阻。在停车时各接触器的动作顺序与起动时相反。必须注意，不允许在未到达设计最大转差率以前就把电动机转子回路与串级调速装置接通，否则转子电压会超过转子整流元件的定额电压而损坏整流元件，所以转速检测或起动时间计算必须准确。

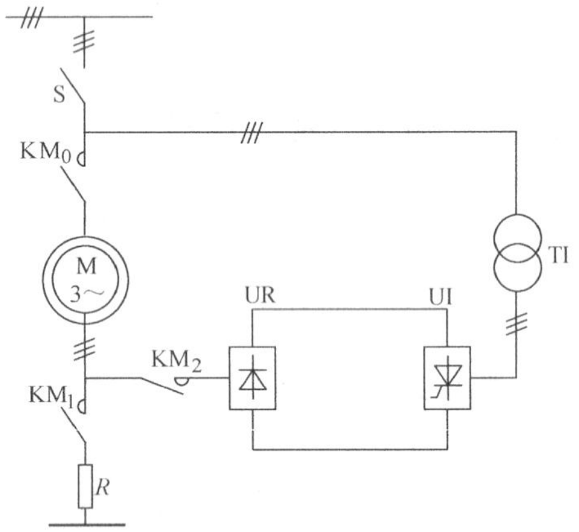

图 4-30　串级调速系统间接起动控制原理图

2. 直接起动

对于调速范围要求较宽的串级调速系统，在起动控制时除了让逆变器先于电动机接到交流电网外，还应使电动机的定子先与交流电网接通（此时转子呈开路状态），以防止因电动机起动时的合闸，过电压通过转子回路损坏整流装置，然后再使电动机转子回路与转子整流器接通。以图 4-30 为例，接触器工作顺序为 S→KM_0→KM_2。此时转子起动电阻不起作用。当转子回路接通时，由于转子整流电压 $2.34E_{20}$ 小于逆变电压 $2.34U_{2T}\cos\beta_{min}$，直流回路无电流，电动机尚不能起动。待发出给定信号后，随着 β 的增大，逆变电压降低，产生直流电流，电动机才能逐渐加速，直至给定转速。

4.6 超同步串级调速系统

第 4.4 节中已提出了超同步串级调速系统的概念，此类系统能全部实现五种工况的运行，特别是它在电动运行状态下能够实现超同步的调速。本节就超同步串级调速系统的工作

原理及再生制动的过程进行分析。

4.6.1 超同步串级调速工作原理

图 4-22 所示的串级调速系统中，由于转子整流器是不可控的，它只能从交流侧吸收转差功率，并通过直流侧传递出去，转差功率的传递方向是不可逆的，因而转子电流也只能沿着转子电动势方向流动，不产生制动转矩，电动机只能在低于同步转速下运行。如果把转子整流器改为可控的，使它工作在整流或逆变状态，既可以从电动机转子侧吸收转差功率，又可以从电网向转子侧输送转差功率。当转子可控整流器向电动机转子输送功率 P_s，且电动机定子同时从电网吸收功率 P_1 时，则电动机轴上的输出功率 $P_2 = P_1 + P_s$（忽略电动机中所有损耗）。要满足这个关系，转差率 s 必须为负值，即电动机在超过同步转速下运行。此时电动机定子和转子都吸收电能，并转换成机械能从轴上输出，所以电动机处于定、转子双馈状态，但仍是电动运行工作状态。由于定、转子双馈的作用增加了电动机轴上的输出功率，使电动机可以输出大于铭牌定额的功率。**凡是可以向电动机转子侧输入功率的串级调速系统称为超同步串级调速系统**，如图 4-31 所示。此时系统转子侧的整流器 CU_1 必须是可控的，且工作在逆变状态，而变压器 TI 侧的可控整流器 CU_2 工作在整流状态。如果使 CU_1 工作在整流状态，而 CU_2 工作在逆变状态，超同步串级调速系统就能运行于次同步状态，所以此类系统能全部实现五种工况的运行。应当指出，没有特别说明，串级调速系统一般是指次同步串级调速系统。

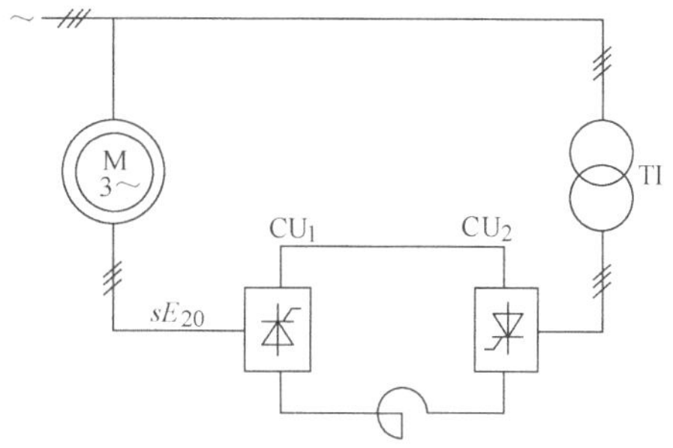

图 4-31 超同步串级调速系统原理图

应当注意，**不是以电动机是否工作在同步转速以上或以下来区分超同步与次同步串级调速，而是以转差功率的传递方向来区分的。**

4.6.2 超同步串级调速系统的再生发电制动

图 4-31 所示的超同步串级调速系统中，设 β_1 为 CU_1 的逆变角，α_2 为 CU_2 的移相控制角，β_1 的调节范围为 30°~90°，α_2 在 0°~90°之间可调，则可写出理想空载时转子直流回路电压平衡方程式如下：

$$s = -\frac{U_{2T}}{E_{20}}\frac{\cos\alpha_2}{\cos\beta_1} \tag{4-39}$$

由式（4-32）可见，通过调节 β_1 或 α_2 都能实现调速。当整流器 CU_2 的触发延迟角 α_2 一定时，随着 β_1 的增大，转差率的数值跟着增大，电动机的转速就升高；同理，当整流器 CU_1 的逆变角 β_1 为一定值时，减小 α_2 来实现转速的升高。上述两种方法中，一般是控制 β_1 来调节电动机的转速，这是考虑到变压器 TI 二次电压 U_{2T} 与电动机转子开路电压 E_{20} 的匹配要求的，并且能充分利用 β_1 的调节宽度以获得一定的调节范围。另外，由于 CU_2 是一个可控整流器，选用较小的 α_2 可以提高串级调速装置的功率因数。

综上所述，超同步串级调速系统由于转子整流器是可控的，主电路和控制电路要比次同步串级调速系统复杂得多。但超同步串级调速系统在应用方面体现出的优点是次同步串级调速系统不可及的，其优点体现在以下几点。

1）在相同的调速范围和额定负载功率下，应用超同步串级调速系统时，可以在电动机额定转速上、下进行调速，其串级调速装置的容量可比单纯用次同步串级调速时的装置容量小一半。

2）超同步串级调速系统可以实现在低于同步转速下的再生制动，使系统有良好的动态响应，这在次同步串级调速系统中是无法实现的。

3）在超同步串级调速运行时，变压器侧整流器的触发延迟角 α_2 值比较小，因而变压器从电网吸取的无功功率也较小，因此系统的功率因数较高。

鉴于上述优点，超同步串级调速系统可适用于大容量、宽调速范围、对动态响应要求高的场合。

4.7 交流调压调速系统的 MATLAB/Simulink 仿真

本章介绍交流电动机的调压调速和串级调速系统，它们的主电路和电动机与直流调速系统有较大不同，而控制电路与直流调速系统基本一致，即一般采用转速-电流双闭环的结构形式，所以本节仅以交流转速单闭环调压调速系统为例，分析系统的建模与参数设置。

4.7.1 交流转速单闭环调压调速系统的建模与参数设置

（1）新建一个模块函数设计窗口　方法参见前面章节中的介绍，然后将新建的文件名“untitled”改为“jiaoliutiaoyatiaosuxitongfangzhen”，保存后窗口返回到模块函数设计窗口如图 4-32 所示。

图 4-32　模块函数设计窗口

（2）构造交流转速单闭环调压调速系统仿真电路　构造的控制系统如图 4-33 所示，控制系统的组件模块的存放位置及参数设置见表 4-4。

按照表 4-4 所提供的模块的存放位置，在模块库中找到所需要的模块。把它们拖到模块设计窗口“jiaoliutiaoyatiaosuxitongfangzhen”内的适当位置。然后修改参数和连线，结果如图 4-33 所示。系统建模时，速度给定为阶跃组合信号形式。

表4-4 交流转速单闭环调压调速系统仿真电路模块清单

序号	模块名称	存放位置	参数设置	备注
1	交流电动机 (AsynchronousMachineSIUnits)	SimPowerSystems / Machines	参数设置 见图4-34	
2	晶闸管 (Thyristor)	SimPowerSystems /Power Electronics	均为默认值	六只晶闸管 参数相同
3	6脉冲同步触发器 (Synchronized 6 Pulse Generator)	SimPowerSystems /Extra Library /Control Blocks	频率 = 50Hz 脉宽 = 5 双脉冲	
4	电压测量器 (Voltage Measurement)	SimPowerSystems / Measurements		
5	交流电压源 (AC Voltage Source)	SimPowerSystems / Electrical Sources	幅值 A = 220V 相位 P = 0 (A相) 频率 F = 50Hz	B、C相 P = -120 P = 120
6	电源地 (Ground output)	SimPowerSystems / Connectors		
7	T形接头 (T connector)	SimPowerSystems / Connectors		
8	电动机参数测试分离器 (MachinesMeasurementDemux)	SimPowerSystems / Machines	参数设置 见图4-35	
9	阶跃信号 (Step)	Simulink/Sources	见表4-5	
10	常数发生器 (Constant1)	Simulink/Sources	Constant Valut = 0	
11	信号分配器 (Demux)	Simulink/Signal Routing	Number of outputs = 6	
12	饱和限幅器 (Saturation)	Simulink/ Discontinuition	Upper limit = 180 Lower limit = 30	
13	增益 (Gain)	Simulink/Math operations	Gain = 4, Gain1 = 100	
14	代数和 (Sum)	Simulink/Math operations		
15	信号端子 (Terminator)	Simulink/ Sinks		
16	示波器 (Scope)	Simulink / Sinks	Number of axes = 2	
17	PID调节器 (PID Controller)	Simulink Extras /Additional linear	Proportional = -30 Integral = 0.5 Derivative = 0	

表 4-5 阶跃信号发生器参数设置

参数名称	Step	Step1	Step2
Step time	0.01	0.02	1
Initial Value	0	0	0
Final Value	15	50	50
Sample time	0	0	0

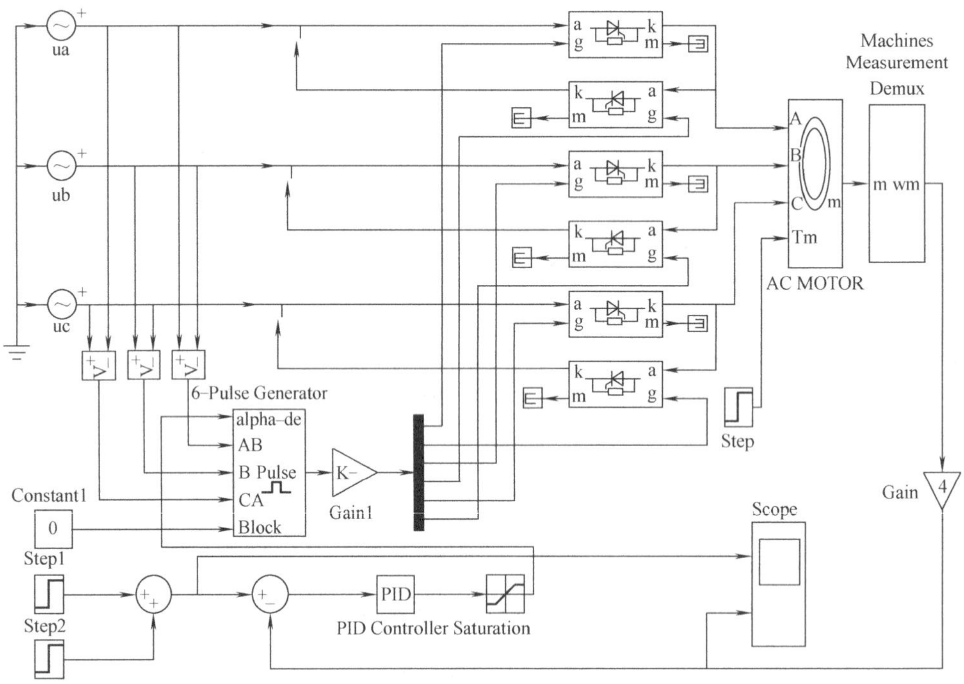

图 4-33 交流转速单闭环调压调速系统仿真电路

4.7.2 修改仿真控制系统的运算方法

在图 4-32 所示窗口内，选择“Simulation”菜单，在该菜单中选择“Simulation Parameters”项，选择后系统就会出现仿真参数设置窗口，修改后的 Solver 页如图 4-36 所示，其他页为默认值。

4.7.3 交流转速单闭环调压调速系统性能仿真

1）为了便于观察仿真结果，用鼠标左键双击示波器（Scope），并设置 Y 轴的最大、最小值，使之与被测信号的幅值相匹配。

2）用鼠标左键单击仿真实验窗口中的“▶”按钮，使计算机仿真开始启动。可以观察到的仿真结果如图 4-37 所示。

3）当仿真结束时间到达后，可再次重复“2”的操作过程，反复进行观察。

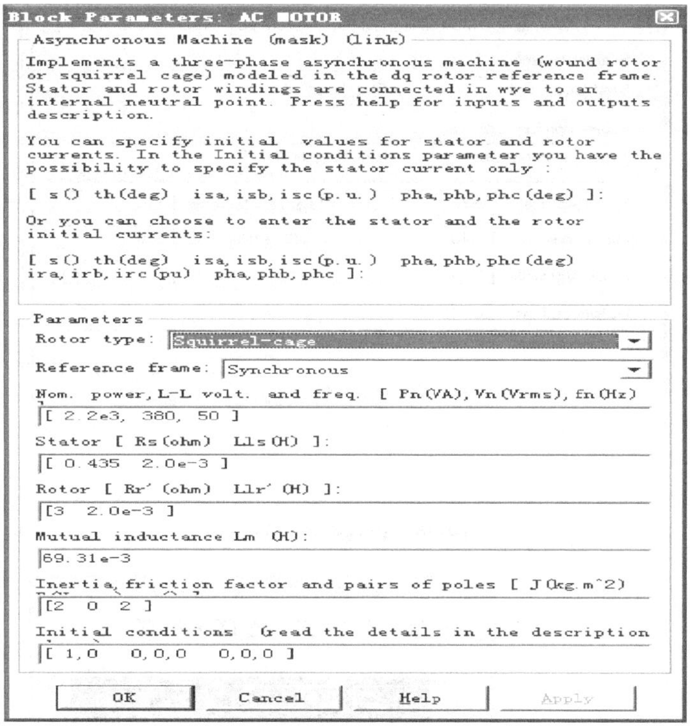

图4-34　交流电动机参数设置对话框及参数设置

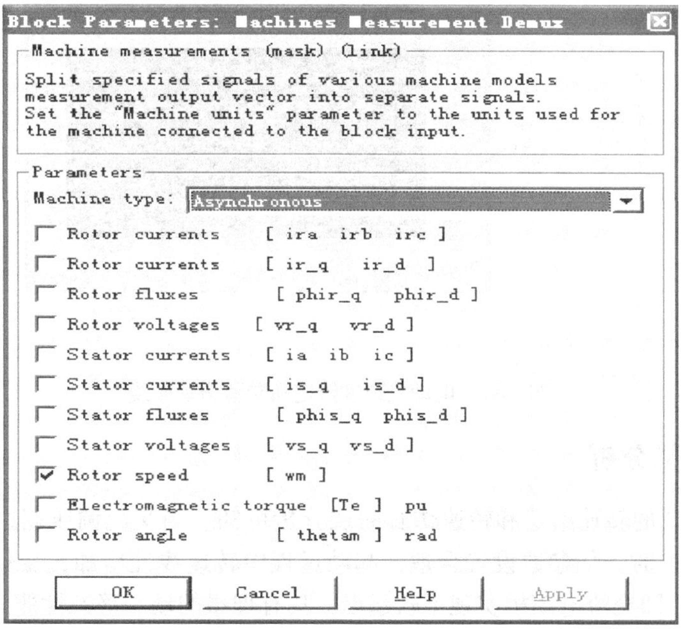

图4-35　电动机参数测试分离器参数设置对话框与参数选择

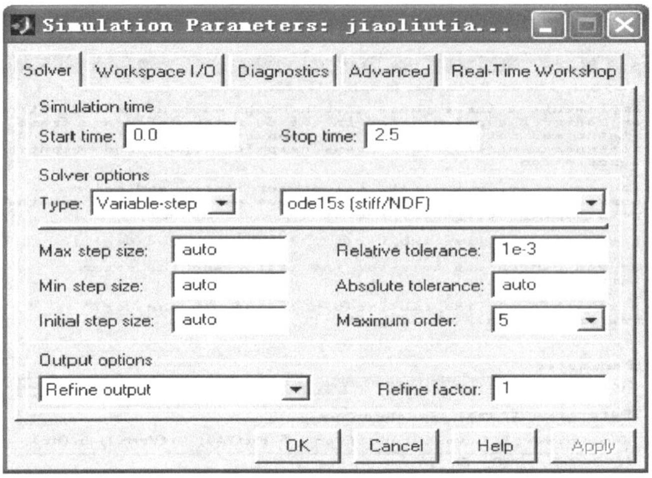

图 4-36 仿真参数设置窗口

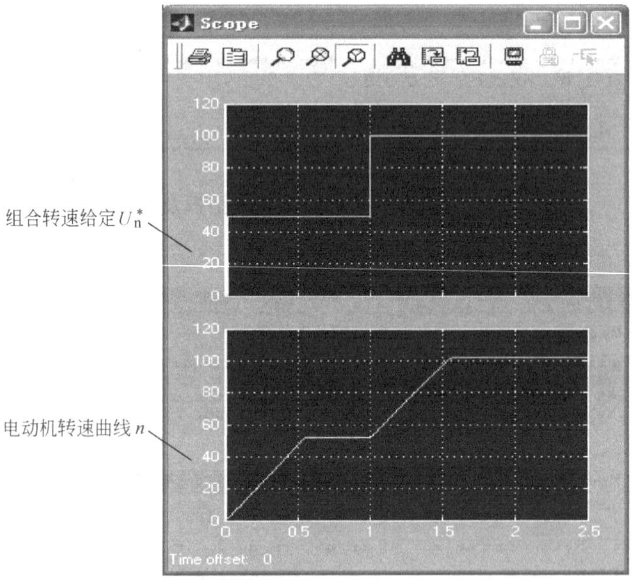

图 4-37 电动机速度给定和转速仿真曲线

4.7.4 仿真结果分析

通过对图 4-37 的转速给定和转速仿真曲线分析可知：当交流调压调速系统采用转速单闭环、调节器为 PI 时，如参数设置合适，起动过程中转速线性增加，变化平稳，达到稳态时转速稳定性高。即交流电动机实现了软起动，具有理想的动、静态性能。

经多次仿真和参数调整获知，如果其他所有参数同上述设置，只改变转速反馈增益，使之增大，当达到6.5 时，稳态转速出现振荡，稳态性能变差，图 4-38 为转速反馈增益为 10

时的转速仿真曲线。

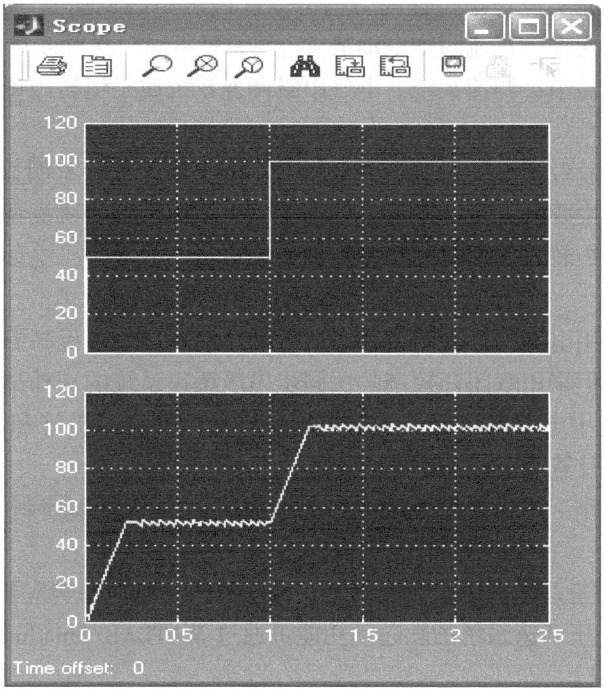

图 4-38　转速反馈增益为 10 时的转速仿真曲线

本章小结

1. 根据电机学的原理，改变交流异步电动机转速的方法有：改变转差率的调速；改变定子供电频率的调速；改变极对数的调速。从转差功率的处理方式考虑调速系统分为：转差功率消耗型调速系统；转差功率回馈型调速系统；转差功率不变型调速系统。

2. 晶闸管交流调压的控制方式有：通断控制，相位控制。

晶闸管交流调压电路带感性负载时，为了防止 $\alpha \leqslant \varphi$（负载阻抗角）出现失控和“单向半波整流”现象，要求电路应工作在 $\alpha > \varphi$ 的条件下，触发脉冲要求采用宽脉冲或脉冲列。

3. 为了限制起动时的冲击电流，晶闸管交流调压器通常采用软起动方式。软起动方式采用的方案有：限流软起动；电压斜坡起动；转矩控制起动；加突跳转矩控制起动；电压控制起动。

电动机通过调压调速的方法达到节电的目的，其节省的是拖动功率。而对于轻载运行的电动机，减压运行时，转子电流增加的数值有限。而另一方面，却由于电压的降低，使空载电流和铁损大幅减少。在这种情况下，电动机的总损耗就可降低，定子温升、运行效率和功率因数同时得到改善。

4. 串级调速系统根据转差功率传递的路径分为五种工况：电动机在次同步转速下作电动运行；电动机在反转时作倒拉制动运行；电动机在超同步转速下作回馈制动；电动机在超同步转速下作电动运行；电动机在次同步转速下作回馈制动运行。五种工况表明了串级调速系统在不同运行状态下，各类能量通过功率变换单元传递的情况。

根据功率变换单元实现功率传递的方向分为次同步串级调速系统和超同步串级调速系统。根据功率变换单元提供直流附加电动势 E_{add} 的装置不同，次同步串级调速系统又分为电气串级调速系统和机械串级调速系统。电气串级调速系统属于恒转矩调速；机械串级调速系统属于恒功率调速。

串级调速系统的总效率 η 比较高，且与转差率的关系不大，有明显的节能效果。

串级调速系统的主要缺点是功率因数较低；串级调速系统的机械特性比异步电动机固有机械特性软。最大转矩较之电动机固有特性的最大转矩明显减小，电动机的过载能力约降低了 17.4%。

串级调速系统采用电流内环和转速外环的双闭环控制后，可提高静态调速精度，获得较好的动态加速性能。但采用双闭环控制的次同步串级调速系统的制动过程较慢。

5. 串级调速系统中电动机容量、逆变变压器容量及整流二极管和晶闸管参数应按照一定的原则和方法进行计算。

为使系统正常工作，防止逆变器损坏，对系统的起动与停车控制必须有严格的操作顺序。

6. 超同步串级调速系统适用于大容量、宽调速范围、对动态响应要求高的场合。

7. 晶闸管交流调压调速系统的软起动功能可通过 MATLAB/Simulink 建模仿真。

习　　题

4-1　晶闸管通断控制方式的电压波形如图 4-3 所示，已知 T_1、T_0 和 T_e，设负载为 R，试求负载上得到的电压有效值和功率。

4-2　晶闸管相位控制的交流调压电路中，“单相半波整流”现象是如何产生的？怎样避免这种现象的产生。

4-3　用晶闸管交流调压电路给笼型异步电动机供电时，适合拖动何种类型的负载？理论依据是什么。

4-4　为什么交流调压调速系统一般不采用转速开环系统而采用转速闭环系统？

4-5　为了扩大调速范围，常采用变极交流调压调速系统，试分析这种系统的工作原理。

4-6　简述交流调压调速系统的优缺点和适用场合。

4-7　串级调速与串电阻调速有什么区别？各有何优点？

4-8　串级调速的基本原理是什么？

4-9　试通过附加电动动势的获得与功率传递关系，分析次同步晶闸管串级调速的工作原理。

4-10　试分析串级调速电动机在反转时作倒拉制动运行的原理。

4-11　影响串级调速系统功率因数的因素有哪些？如何提高串级调速系统的效率和功率因数？

4-12　试就次同步串级调速系统转子整流电路的工作状态分析回答下列问题：

（1）换相重叠角 γ 随转子整流电流 I_d 增加而增大到 60°时，为何 γ 不再增大却出现强迫延迟导通角 α_P？

（2）最大强迫延迟导通角为何是 30°？

4-13　从物理意义上说明串级调速系统的机械特性比电动机固有机械特性要软的原因。

4-14　试说明异步电动机在串级调速工作时的最大电磁转矩与正常接线的最大转矩相比有何变化，为什么？

4-15　串级调速系统的机械特性有什么特征？

4-16　某串级调速系统，要求用功率变换单元起动，电动机的铭牌数据如下：JR 型，$P_N = 2.8\text{kW}$，n_N

$=1370\text{r/min}$，$U_{1N}=380\text{V}$，定子额定电流 $I_{1N}=6.64\text{A}$，转子开路电压为 104V，转子额定电流 $I_{2N}=19.5\text{A}$。试选择该串级功率变换单元用的整流二极管、逆变变压器和晶闸管。

4-17 超同步串级调速系统与次同步串级调速系统相比有何优点？

4-18 为什么说在相同的调速范围和额定负载功率下，超同步串级调速系统的串级调速装置的容量可比单纯用次同步串级调速时的装置容量要小？

4-19 串级调速系统的起动、停车要注意些什么？分别说明直接起动和间接起动的过程及工作原理。

4-20 试建立交流串级调速系统的 Simulink 仿真电路，并进行性能仿真。

第5章 交流变频调速系统

交流变频调速技术是目前发展最为迅速的传动技术之一。本章首先概述性地介绍了交流变频调速技术的应用、发展及我国目前的节能形势，让学生对交流变频调速技术有个总体的认识。然后介绍了变频调速控制方式、机械特性及变频调速装置的类型与特点，并重点介绍了正弦波脉宽调制（SPWM）变换器和变频调速采用的其他脉宽调制（PWM）技术，在此基础上，介绍了基于单片机实现的交流变频调速系统的软硬件设计方法，最后简要地介绍了矢量控制与直接转矩控制技术。

5.1 交流变频调速技术的应用及发展

变频调速及其控制技术目前发展极为迅速，它的发展和电力电子器件制造技术、变频控制技术以及微型计算机和大规模集成电路的飞速发展密切相关。因此，变频调速技术的应用领域也日益广泛。

5.1.1 交流变频调速技术的应用

由于交流通用型变频器具有极佳的调速效果，所以在诸多领域都有很好的应用。下面列举了变频调速技术在20类负载（仅从使用角度分类，有别于恒转矩、恒功率二类负载的提法）中的使用情况。

① 风机类负载：风机类负载，应用范围广，用量大，钢厂、电厂、有色金属、矿山、化工、纺织、化纤、水泥、造纸等行业应用较多。过去多数通过调节档板开度来调节风量，因此浪费大量电能。采用变频调速，既可节电，又减少机械磨损，延长设备寿命。

② 泵类负载：泵类负载的应用量大面广，包括水泵、油泵、化工泵、泥浆泵、砂泵等，有低压中小容量，也有高压大容量。

③ 压缩机类负载：压缩机也是应用广泛的类负载，低压的压缩机在各工业部门都普遍应用，高压大容量压缩机在钢铁（如制氧机）、矿山、化肥厂、乙烯厂都有较多应用。采用变频调速，均带来起动电流小、节电、优化设备参数、延长使用寿命等优点。

④ 轧机类负载：在冶金行业，过去大型轧机多用交-交变频，近年来多用交-直-交变频，轧机交流化已是一种趋势，尤其是轻负载轧机。

⑤ 卷扬机类负载：铁厂的高炉卷扬设备是主要的炼铁输送设备。它要求起、制动平稳，加、减速均匀，可靠性高。原来多采用串级、直流或转子串电阻调速方式，效率低、可靠性差。用交流变频替代上述调速方式，可以取得理想的效果。

⑥ 转炉类负载：转炉类负载，用交流变频替代直流机组简单可靠，运行稳定。

⑦ 辊道类负载：钢铁、冶金行业的辊道类负载，采用交流电动机变频控制，可提高设备可靠性和稳定性。

⑧ 大型窑炉、煅烧炉类负载：冶金、建材、烧碱等大型工业的转窑（转炉）以前大部

分采用直流、整流子电动机、滑差电动机，调速方式多采用串级调速或中频机组调速。由于这些调速方式或有滑环、或效率低，近年来，很多企业采用交流变频控制，效果很好。

⑨ 吊车、翻斗车类负载：吊车、翻斗车等负载转矩大且要求运行平稳，正反转频繁且要求可靠。变频装置控制吊车、翻斗车均能满足这些要求。

⑩ 拉丝机类负载：生产钢丝的拉丝机，要求高速、连续钢丝强度200kg/ mm^2，调速系统精度高、稳定度高且要求同步。变频调速装置能满足这些控制要求。

⑪ 运送车类负载：煤矿的原煤装运列车或钢厂的钢水运送车等要求起、制动运行平稳，这些变频技术都能满足。

⑫ 电梯高架游览车类负载：由于电梯是载人工具，要求拖动系统可靠，又要频繁的加减速和正反转，电梯动态特性和可靠性的提高，可增加电梯乘坐的安全感、舒适感和效率。过去电梯调速直流居多，现在国内外多数电梯厂商都采用交流电机变频调速技术，如上海三菱、广州日立、青岛富士、天津奥的斯等均采用交流变频调速，不少原来生产的电梯也进行了变频改造。

⑬ 给料机类负载：冶金、电力、煤炭、化工等行业，给料机众多，无论是圆盘给料机，还是振动给料机，采用变频调速，均提高了控制精度。

⑭ 堆取料机类负载：堆取料机是煤场、码头、矿山堆取的主要设备，主要功能是堆料和取料。

⑮ 破碎机类负载：冶金矿山、建材都应用到破碎机、球磨机，该类负载采用变频调速后，效率显著提高。

⑯ 搅拌机类负载：化工、医药行业搅拌机应用广泛，采用变频调速取代其他调速方式，收效很大。

⑰ 纺丝机类负载：纺丝的工艺复杂，工位多，要求张力控制，有的要求位置控制。

⑱ 特种电源负载：许多电源，如实验电源、飞机拖动电源（400Hz）都可用变频装置来完成，其优点是投资少、见效快、体积小、操作简单。

⑲ 聚酯切片类负载：聚酯切片是石化行业主要产品之一，由于变频调速精度高，便于多个控制点控制，平稳可靠、使用变频调速后可以增加产品产量，给企业带来效益，许多企业在扩容时均采用变频调速技术。

⑳ 造纸机类负载：我国造纸工业的造纸机，要求精度高的多采用晶闸管直流调速方式，有的用滑差电动机、整流子电动机。由于存在滑环和炭刷造成可靠性和精度不高，导致造纸机械落后，一般车速只有200m/ min左右，难以同国外2000m/ min相比。因而造纸机械的变频化已是大势所趋。

5.1.2 变频调速与节能技术

随着我国国民经济的发展，电力需求量将大大增加，在增加发电能力的同时，必须重视节约用电。采用电力电子的变频调速技术可以节约大量的电能。

1. 当前我国节能的形势

1）入世后的市场竞争使我国工业企业降低成本方面的压力日益增大，这为节能降耗提供了内部驱动力。

2）能源结构调整带来能源利用率提高，但由于煤炭在中国一次能源消耗中的比例在2/

3 左右，环境污染仍然十分严重，节能工作任重道远。

3）温室气体排放问题已经成为国际政治热点，环境问题在外交事务中的重要性不断提高，给提高能源利用率创造了十分有利的外部环境。

4）节能工作是我国经济可持续发展和实行“三步走”战略的重要保障。

2. 我国目前的能耗水平

我国国内生产总值年均增长率计划 7.0% 左右，优质能源供应还有少量缺口，主要是石油和天然气，需要通过进口来解决。2005 年我国能源利用效率提高到 36% ~37%，主要耗能产品能耗降低 5% ~10%，万元产值能耗降低 15% ~17%。

目前亟待整改的是风机、水泵类用电设备的能耗问题。这类设备大多设备陈旧，运行耗电量过大，目前我国使用的风机、水泵的效率比国外同类产品的效率低 5% ~10%。设计中过多考虑建设前、后期工艺要求的差异，选型裕量过大，使设备长期在低负载、低运行效率下工作。

目前，我国风机、水泵和压缩机总容量达 1.5 亿千瓦，用电量占全国发电量的 35% 左右。其中约 20% ~30% 的风机、水泵需要调速，其流量调节 90% 以上仍沿用落后的挡板和阀门调节方式。所以，应严格限制在负载率低和工况变化大的风机和泵类上采用挡板和阀门调节流量。新建和扩建工程需要调速运行的风机和泵类，应禁用挡板和阀门调节流量。对已采用挡板和阀门调节流量的风机和泵类，应分期、分批、有步骤地进行调速技术改造。

3. 变频调速节能效益

一般电动机节能途径：一是提高电动机本身效率，达到长期高效运行，主要用于恒速机械；二是提高电动机转速的控制精度，使其在最节能的转速下运行。

变频调速是风机、水泵节能的最佳方案。根据流体理论，离心式风机、水泵的轴功率是转速的三次方函数关系。当转速降低后，其消耗功率会大幅下降，如 50% 转速时，轴机械功率仅为 12.5%。当然，调速方案不同，调速方案的效率相差会很大，液力耦合调速装置效率不高，$\eta \approx 1\ (1-s)$，在 50% 转速时，$\eta_{VS} \approx 50\%$，而变频调速器效率因数高，$\eta_{VVVF} \approx$ 95% ~98%，而且近似不变。所以在诸多调速方案中变频调速节能效益最佳，应作为首选方案。

例如：同一风机、水泵，100% 转速流量时，轴功率为 100%；50% 转速流量时，轴功率降为 50%。若采用挡板、阀门控制到 50% 流量，仍需从电网吸入 70% ~80% 的功率；若采用滑差低效调速到 50%，则需从电网吸入约 25% 的功率；若采用变频高效调速到 50% 流量，仅需从电网吸入 10% 的功率。

不同的使用场合，使用变频器的目的不同，变频调速的目的也就不同，起到的运行效果是由生产工艺所决定的，节能效益也不同。

（1）风机、水泵采用变频器调速控制　在各种风机、水泵、油泵中，随叶轮的转动，空气或液体在一定的速度范围内的流量与转速的一次方成正比，所产生的阻力大致与转速的二次方成正比，所需的功率与转速的三次方成正比。当所需风量、流量减少时，采用变频器调节电动机的转速从而调节流量的办法，电动机消耗的功率会呈三次方下降，节能效果非常明显。节电率由原来的系统裕量和系统运行状况所决定，一般节电率可达 30% 以上。对于供水系统可实现全自动变频调速恒压供水，通过一台通用变频器可同时控制多台水泵，并可附设夜间小泵运行及消防功能。具有无需水塔、高位水箱，无二次污染，投资小，高效节能等特点。

（2）工业锅炉风机采用变频器调速控制　工业锅炉风机包括引风机和送风机，一般是通过调节风门挡板改变送风量和引风量。采用变频器调速控制后，将风门挡板调节至最大，使引风机和送风机联锁控制，提高系统自动化程度，且可以大幅度降低功率消耗，一般节电率在40%以上。

（3）中央空调系统采用变频器调速节能　对于中央空调系统中的冷冻、冷却水泵组可以采用一台通用变频器同时控制多台水泵，能对多点温湿度进行检测及集中监控，实现最佳舒适度控制。系统运行高效节能，一般节电率可达到30%～60%。

（4）空气压缩机采用变频器调速控制　通过一台通用变频器能同时控制多台空气压缩机，可避免电动机空载运行，无需专人值守，实现自动恒压供气，一般节电率可达30%以上。

（5）注塑机采用变频调速控制　注塑机的工作过程中，每个步骤的负载是不同的，采用通用变频器对油泵进行控制，可以对应每个步骤输出相应的功率，从而显著降低电能消耗，一般节电率为30%～60%。

（6）行车电动机变频器调速控制　行车一般有多台电动机，分别控制大车、小车及吊钩，可以采用通用变频器控制，具有电动机起动电流小、无大电流冲击、转矩大、起动平稳、无级调速可靠性高、节电显著等特点。

（7）输送带采用变频器调速控制　输送带一般运行在速度较低的低频段（5～15Hz），连续运行时间较长时易发生电动机发热、电磁噪声大等现象，宜采用齿轮变速箱变速的变频器调速控制。

5.1.3　变频调速技术的发展

交流变频调速具有一系列的优点，主要体现在：

1）调速范围宽，可以使普通异步电动机实现无级调速；

2）起动电流小，而起动转矩大；

3）起动平稳，消除机械的冲击力，保护机械设备；

4）对电动机具有保护功能，降低电动机的维修费用；

5）具有显著的节电效果；

6）通过调节电压和频率的关系方便地实现恒转矩或者恒功率调速。

因此，交流变频调速技术近二十年来得到了迅速发展。

1. 变频调速技术的发展过程

变频调速技术是应交流电动机无级调速的需要而诞生的，是建立在电力电子技术基础之上的。20世纪60年代后半期开始，电力电子器件从VT（晶闸管）、GTO（门极可关断晶闸管）、BJT（双极型功率晶体管）、MOSFET（金属氧化物场效应晶体管）、SIT（静电感应晶体管）、SITH（静电感应晶闸管）、MGT（MOS控制晶体管）、MCT（MOS控制晶闸管）发展到今天的IGBT（绝缘栅极双极型晶体管）、HVIGBT（耐高压绝缘栅极双极型晶闸管）和智能功率模块IPM（Intelligent Power Module），器件的更新促使电力变换技术的不断发展。

同时，变频调速控制技术的发展也日新月异。从20世纪70年代开始，脉宽调制变压变频（PWM—VVVF）调速研究引起了人们的高度重视。20世纪80年代，作为变频技术核心的

PWM 模式优化问题吸引着人们的浓厚兴趣，并得出诸多优化模式，其中以鞍形波 PWM 模式效果最佳。20 世纪 80 年代后半期开始，美、日、德、英等发达国家的 VVVF 变频器已投入市场并广泛应用。

变频调速技术按 *U/f* 控制方式的发展主要分三个阶段。

第一阶段：八十年代初，日本学者提出了基本磁通轨迹的电压空间矢量（或称磁通轨迹法）。该方法以三相波形的整体生成效果为前提，以逼近电动机气隙的理想圆形旋转磁场轨迹为目的，一次生成二相调制波形。这种方法被称为电压空间矢量控制。典型机种如 1989 年前后进入中国市场的 FUJI（富士）FRN5OOOG5/P5、SANKEN（三垦）MF 系列等。

第二阶段：矢量控制，也称磁场定向控制。它是七十年代初由西德 F. Blasschke 等人首先提出，以直流电动机和交流电动机相比较的方法分析阐述了这一原理，由此开创了交流电动机等效直流电动机控制的先河。它使人们看到交流电动机尽管控制复杂，但同样可以实现转矩、磁场独立控制的内在本质。

1992 年开始，德国西门子开发了 6SE70 通用型系列，它可以分别实现频率控制、矢量控制、伺服控制。

第三阶段：直接转矩控制，它与矢量控制不同，它不是通过控制电流、磁链等量来间接控制转矩，而是把转矩直接作为被控量来控制。

1995 年 ABB 公司首先推出的 ACS600 直接转矩控制系列产品，已达到小于 2ms 的转矩响应速度。在带 PG 速度传感器时的静态速度精度达 ±0.01%，在不带 PG 的情况下即使受到输入电压的变化或负载突变的影响，也可以达到 ±0.1% 的速度控制精度。

变频调速控制技术的发展完全得益于微处理机技术的发展，自从 1991 年 Intel 公司推出 8X196MC 系列以来，专门用于电动机控制的芯片在品种、速度、功能、性价比等方面都有很大的发展。如日本三菱公司开发用于电动机控制的 M37705、M7906 单片机和美国德州仪器的 TMS320C240 DSP 等都是颇具代表性的产品。

2. 交流变频调速技术的发展趋势

交流变频调速技术是强弱电混合、机电一体的综合性技术，既要处理巨大电能的转换（整流、逆变），又要处理信息的收集、变换和传输，因此它的共性技术必定分成功率和控制两大部分。前者要解决与高压大电流有关的技术问题和新型电力电子器件的应用技术问题，后者要解决（基于现代控制理论的控制策略和智能控制策略）硬、软件开发问题（主要是全数字控制技术）。

通用变频器的发展是世界经济高速发展的产物，其主要发展方向表现在以下几个方面：

（1）实现高水平的控制　基于电动机和机械模型的控制策略，有矢量控制、磁场控制、直接转矩控制和机械扭矩补偿等；基于现代理论的控制策略，有滑模变结构技术、模型参考自适应技术、采用微分几何理论的非线性解耦、鲁棒观察器，在某种指标意义下的最优控制技术和奈奎斯特阵列设计方法等；基于智能控制思想的控制策略，如模糊控制、神经元网络、专家系统和各种各样的自优化、自诊断技术等。

（2）开发清洁电能的变流器　所谓清洁电能变流器是指变流器的功率因数为 1，网侧和负载侧有尽可能低的谐波分量，以减少对电网的公害和电动机的转矩脉动。对中小容量变流器，提高开关频率的 PWM 控制是有效的。对大容量变流器，在常规的开关频率下，可改变电路结构和控制方式，实现清洁电能的变换。

（3）缩小装置的尺寸　紧凑型变流器要求功率和控制元件具有高的集成度，其中包括智能化的功率模块、紧凑型的光耦合器、高频率的开关电源，以及采用新型电工材料制造的小体积变压器、电抗器和电容器。功率器件冷却方式的改变（如水冷、蒸发冷却和热管）对缩小装置的尺寸也很有效。

（4）高速度的数字控制　基于16位甚至32位高速微处理器的数字控制模板有足够的能力实现各种控制算法，Windows操作系统的引入使得设计者可以可自由设计，图形编程的控制技术也有很大的发展。

（5）专用化　通用变频器中出现专用型家族是近年来的事，其目的是更好发挥变频器的独特功能并尽可能地方便用户。如用于起重机负载的ARB ACC系列，用于交流电梯的Siemens MICO340系列和FUJI FRN5000G11UD系列，其他还有用于恒压供水、用作机械主轴传动、电源再生、纺织、机车牵引等场合的专用系列产品。

（6）系统化　通用变频器从模拟式、数字式、智能化、多功能向集中型发展。最近，日本安川电机公司提出了以变频器、伺服装置、控制器及通信装置为中心的“D&M&C”概念，并制定了相应的标准，目的是为用户提供最佳的系统。

作为今后主要的研究内容及解决的关键技术有如下几项：

（1）高电压、大电流技术

（2）新型电力电子器件的应用技术

（3）全数字自动化控制技术

（4）现代控制技术

5.2　变频调速控制方式及机械特性

5.2.1　基本控制方式

异步电动机的转速表达方程式为

$$n = \frac{60f_1}{p}(1-s) = n_0(1-s) \tag{5-1}$$

式中　n——异步电动机的转速（r/min）；

f_1——异步电动机定子的供电电源频率（Hz）；

p——异步电动机定子绕组极对数；

s——转差率；

n_0——异步电动机的同步转速。

由式（5-1）可知，通过改变供电电源的频率就可以调整电动机的同步转速，从而实现异步电动机的转速调节，这就是变频调速的基本原理。

在进行电动机调速时，希望保持电动机中的每极气隙磁通为额定值，以便能充分发挥电动机的带负载能力，但事实上，只改变f_1并不能做到这一点。异步电动机的感应电动势和电磁转矩表达式为

$$E_g = 4.44 f_1 N_s k_{Ns} \Phi_m \tag{5-2}$$

$$T_e = C_m \Phi_m I_2' \cos\varphi_2 \tag{5-3}$$

式中 E_g——定子每相中的气隙磁通感应电动势有效值（V）；

N_s——定子每相绕组的串联匝数；

k_{Ns}——定子基波绕组系数；

Φ_m——每极气隙主磁通量（Wb）；

T_e——电磁转矩（N·m）；

C_m——电磁转矩系数；

I_2'——转子电流折算到定子侧的有效值（A）；

$\cos\varphi_2$——转子电路的功率因数。

在忽略电动机定子阻抗压降的情况下有

$$U_1 \approx E_g = 4.44 f_1 N_s k_{Ns} \Phi_m \tag{5-4}$$

式中 U_1——定子供电相电压（V）。

于是

$$\Phi_m = \frac{E_g}{4.44 f_1 N_s k_{Ns}} \approx \frac{U_1}{4.44 f_1 N_s k_{Ns}} \tag{5-5}$$

由式（5-3）、式（5-5）可以看出，在只改变 f_1 调速时，若 f_1 上升，则 Φ_m 下降，于是 T_e 也将下降，即电动机拖动负载的能力将下降，甚至会因为拖不动而出现堵转现象；若 f_1 降低，则 Φ_m 上升，由于在设计电动机时，Φ_m 的额定值一般是选择在接近定子铁心的临界饱和点处，因此，当 f_1 小于额定频率时，Φ_m 会超过额定值，从而引起主磁通饱和，导致励磁电流急剧升高，使定子铁心的损耗急剧增加。这两种情况在实际应用中都是不允许的。

由上述分析可知，只改变频率 f_1 实际上并不能正常地调速。在许多场合，要求在调整定子的供电频率 f_1 的同时调整定子的供电相电压 U_1 的值，通过 U_1 和 f_1 的配合来实现不同的控制方式。

1. U_1/f_1 = 常数的恒压频比控制方式

由式（5-4）可以看出，要保持 Φ_m 不变，当电源频率从额定值 f_{1N}（又称之为基频）向下调整时，必须同时调整 E_g，即

$$\frac{E_g}{f_1} = 常数$$

但是，电动机定子绕组中的感应电动势 E_g 是难以测量的，当定子供电电压的数值较高时，可忽略定子绕组阻抗压降，而认为定子相电压 $U_1 \approx E_g$，则

$$\frac{U_1}{f_1} = 常数$$

这种保持电压与频率的比值为常数的变频调速控制方式称之为**恒压频比控制方式**。

但是，在低压低频时，U_1 和 E_g 都较小，定子的漏磁阻抗压降所占的份量就比较显著，不能再被忽略。这时，可以人为地把电压 U_1 抬高一些，以便近似地补偿定子压降。

由于受异步电动机定子额定电压 U_{1N} 的限制，这种控制方式一般是在 f_1 处于额定频率 f_{1N} 以下调速时采用。

2. 恒电压控制方式

当$f_1 > f_{1N}$时，如果仍保持U_1/f_1为常数，则$U_1 > U_{1N}$，这是不允许的，此时，只能在保持$U_1 = U_{1N}$不变的情况下调整f_1的大小。这种保持$U_1 = U_{1N}$的变频调速控制方式称之为**恒电压控制方式**，一般在$f_1 > f_{1N}$情况下采用。

在额定频率以下调速时，保持磁通恒定的同时转矩也是恒定的，因而具有"恒转矩调速"性质；而在额定频率以上调速时，转速升高的同时转矩降低，基本上具有"恒功率调速"的性质。将这两种变频调速控制的特性画在一起，如图5-1所示。

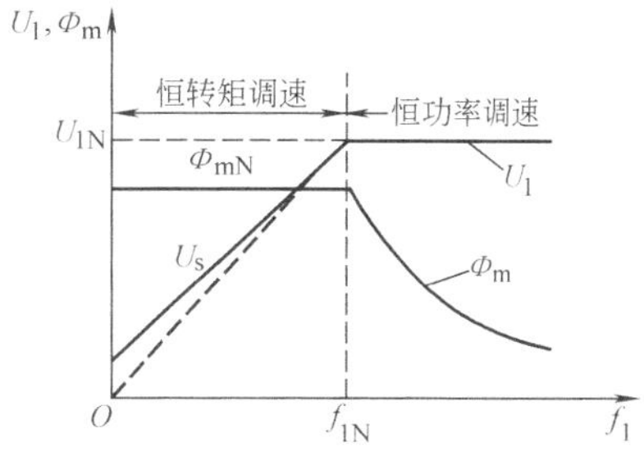

图5-1 异步电动机变压变频调速的控制特性

另外，在变频调速过程中，始终保持异步电动机定子电流的幅值恒定，即保持I_1 = 常数，这种变频调速控制的方式称之为**恒电流控制方式**。

5.2.2 机械特性

1. 恒压恒频时的机械特性

异步电动机的电磁转矩为

$$T_e = \frac{3pU_1^2R_2'/s}{2\pi f_1[(R_1 + R_2'/s)^2 + (X_1 + X_2')^2]} \tag{5-6}$$

式中 R_2'——折算到定子侧的转子每相电阻（Ω）；

R_1——定子每相电阻（Ω）；

X_1——定子每相漏电抗（Ω）；

X_2'——转子静止时折算到定子侧的转子每相漏电抗（Ω）。

当定子电压U_1和频率f_1恒定时，式（5-6）可以改写成如下形式

$$T_e = \frac{3p}{2\pi}\left(\frac{U_1}{f_1}\right)^2 \frac{sf_1R_2'}{(sR_1 + R_2')^2 + s^2(X_1 + X_2')^2} \tag{5-7}$$

由此得出机械特性曲线如图5-2所示。

当s很小时，可以忽略式（5-7）分母中含s的各项，则

$$T_e \approx \frac{3p}{2\pi}\left(\frac{U_1}{f_1}\right)^2 \frac{sf_1}{R_2'} \tag{5-8}$$

式（5-8）说明，**s很小时，T_e近似与s成正比，机械特性$T_e = f(s)$是一直线段**，如图5-2中的线段①。

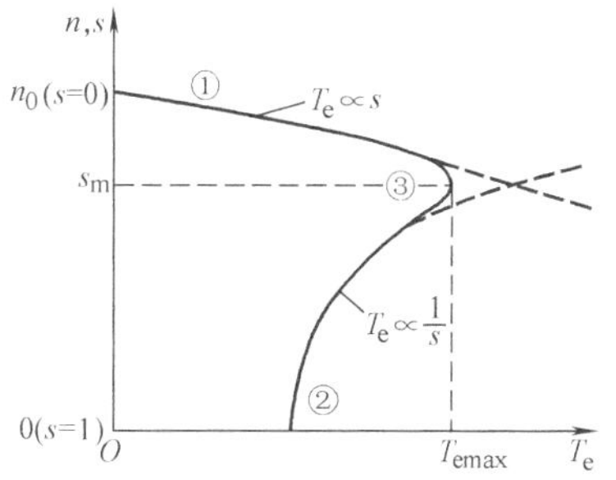

图5-2 恒压恒频时异步电动机的机械特性

当s接近于1时，由于$R_1 \gg R_2'$，可忽略式（5-7）分母中的R_2'项，得

$$T_e \approx \frac{3p}{2\pi}\left(\frac{U_1}{f_1}\right)^2 \frac{f_1R_2'}{s[R_1^2 + (X_1 + X_2')^2]} \tag{5-9}$$

式（5-9）说明，在s接近于1时，T_e近似与s成反比，机械特性$T_e = f(s)$是对称于原点的一段双曲线，如图5-2中的线段②。

当 s 为上述两段的中间数值 s_m 时，机械特性是从直线段平滑地过渡到双曲线段，如图 5-2 中的线段③。

2. 恒压频比控制方式下的机械特性

在实现保持 U_1/f_1 为常数的恒压频比控制时，异步电动机的同步转速 n_0 随着频率 f_1 的改变而变化。由于

$$n_0 = \frac{60f_1}{p}$$

所以，带负载时的转速降落 Δn 为

$$\Delta n = sn_0 = \frac{60}{p}sf_1 \tag{5-10}$$

由式（5-8）所表示的近似直线段的机械特性可以导出

$$sf_1 \approx \frac{R_2'T_e}{\frac{3p}{2\pi}\left(\frac{U_1}{f_1}\right)^2} \tag{5-11}$$

由此可知，当 U_1/f_1 为恒定值时，对于同一转矩 T_e，sf_1 是基本不变的，因而，Δn 也是基本不变的。这就是说，**在恒压频比条件下改变频率时，机械特性直线段是平行上下移动的。**

将式（5-6）对 s 求导，并令 $\mathrm{d}T_e/\mathrm{d}s=0$，即可求得电动机临界转差率 s_m 和最大转矩 T_{emax}

$$s_m = \frac{R_2'}{\sqrt{R_1^2 + (X_1 + X_2')^2}} \tag{5-12}$$

$$\begin{aligned} T_{emax} &= \frac{3pU_1^2}{4\pi f_1\left[R_1 + \sqrt{R_1^2 + (X_1 + X_2')^2}\right]} \\ &= \frac{3p}{4\pi}\left(\frac{U_1}{f_1}\right)^2 \frac{f_1}{R_1 + \sqrt{R_1^2 + (X_1 + X_2')^2}} \\ &= \frac{3p}{4\pi}\left(\frac{U_1}{f_1}\right)^2 \frac{1}{\frac{R_1}{f_1} + \sqrt{\left(\frac{R_1}{f_1}\right)^2 + 4\pi^2 (L_{l1} + L_{l2}')^2}} \end{aligned} \tag{5-13}$$

式中 L_{l1}——定子每相漏感（H）；

L_{l2}'——折合到定子侧的转子每相漏感（H）。

由式（5-13）可以看出，**在恒压频比控制变频调速时，电动机的最大转矩是随着频率的降低而减小的，频率很低时，最大转矩变得太小将会限制调速系统的带负载能力。**恒压频比控制时的机械特性如图 5-3 所示。虚线所示为补偿定子压降后的机械特性。

从物理概念上来说，低频时机械特性中的最大转矩 T_{emax} 下降是由于定子电阻 R_1 引起的电压降的影响相对比较大，无法保持电动机气隙磁通 Φ_m 为恒定值而造成的。由式（5-5）可知，欲保持 Φ_m 为恒定值，应满足 E_g/f_1 = 常数，但由于电动机的感应电动势 E_g 难以测得和控制，因此，在实际应用中通常是在控制回路中加入一个函数发生器，以补偿低频时定子电阻所引起的电压降。图 5-4 为函数发生器的补偿特性。曲线①为无补偿时 U_1 与 f_1 的关系。曲线②、③为有补偿时的 U_1 与 f_1 的关系。经补偿后，E_g/f_1 为常数，可获得如图 5-3

中虚线所示的最大转矩 T_{emax} 恒定的一族变频调速机械特性曲线。

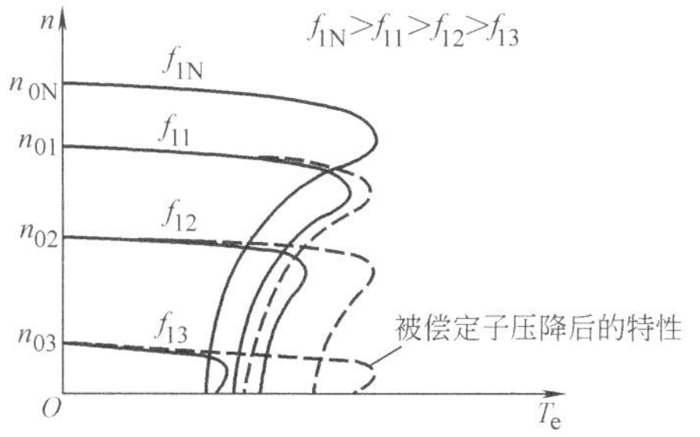

图 5-3　恒压频比控制时变频调速的机械特性

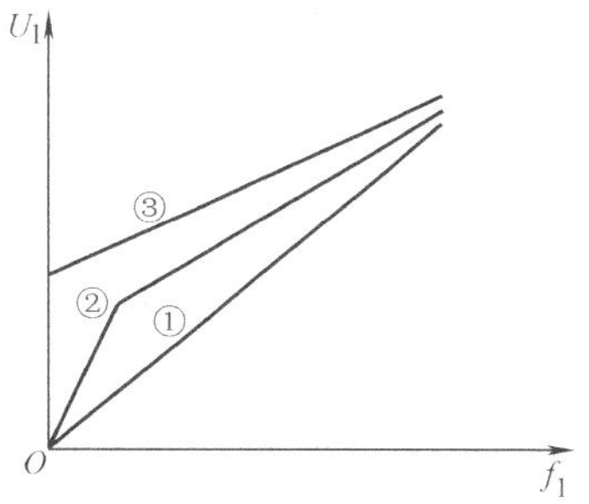

图 5-4　恒压频比控制时变频调速补偿特性

3. 恒电压控制方式下的机械特性

在额定频率 f_{1N} 以上变频调速时，由于电压 U_1 被限定在 U_{1N} 处不再变化，式（5-6）应改写为

$$T_e = \frac{3pU_{1N}^2 R_2'/s}{2\pi f_1[(R_1 + R_2'/s)^2 + (X_1 + X_2')^2]} \tag{5-14}$$

最大转矩表达式（5-13）也改写为

$$T_{emax} = \frac{3pU_{1N}^2}{4\pi f_1[R_1 + \sqrt{R_1^2 + (X_1 + X_2')^2}]}$$
$$= \frac{3pU_{1N}^2}{4\pi f_1[R_1 + \sqrt{R_1^2 + 4\pi^2 f_1^2 (L_{l1} + L_{l2}')^2}]} \tag{5-15}$$

式（5-15）说明，随着频率的升高，最大转矩是减小的，机械特性上移，而形状基本不变，如图 5-5 所示。

由于频率提高而电压不变，气隙磁通势必减弱，导致转矩的减小，但转速升高了，可以认为输出功率基本不变。**所以额定频率以上变频调速属于弱磁恒功率调速。**

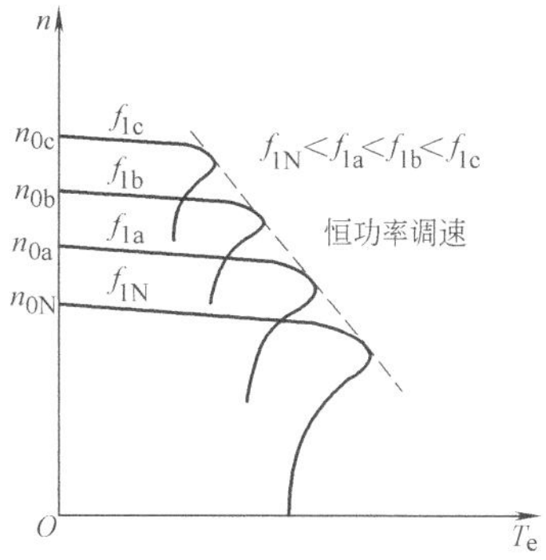

图 5-5　恒电压控制方式下的机械特性

4. 恒电流控制方式下的机械特性

变频调速时，采取恒电流控制，电流幅值的恒定是通过带 PI 调节器的电流闭环控制实现的，这种系统不仅安全可靠而且具有良好的动静态性能。

由异步电动机的等效电路可得

$$I_2' = \frac{2\pi f_1 L_m I_1}{\sqrt{\left(\frac{R_2'}{s}\right)^2 + 4\pi^2 f_1^2 (L_{l1} + L_{l2}')^2}} \tag{5-16}$$

则电磁转矩为

$$T_e = \frac{3I_2'^2 R_2'/s}{2\pi f_1/p} = \frac{3p}{2\pi f_1} I_2'^2 \frac{R_2'}{s}$$
$$= 6\pi p f_1 L_m^2 I_1^2 \frac{R_2' s}{R_2'^2 + 4\pi^2 f_1^2 s^2 (L_{l1} + L_{l2}')^2} \tag{5-17}$$

在式（5-17）中令 $dT_e/ds = 0$，可求出 I_1 恒定时机械特性的最大转矩值

$$T_{emax} = \frac{3pL_{11}^2 I_1^2}{2(L_{11} + L_{12}')} \tag{5-18}$$

I_1 恒定且产生最大转矩时的转差率为

$$s_m = \frac{R_2'}{2\pi f_1 (L_{11} + L_{12}')} \tag{5-19}$$

由以上表达式可绘出不同电流、不同频率下的机械特性曲线如图 5-6 所示

从图 5-6 中可以看出，**恒流变频调速时机械特性的直线段比较平直，最大转矩处的曲线形状很尖，最大转矩 T_{emax} 与电源频率 f_1 无关，而是由恒流值 I_1 决定。**

由于恒流控制限制了 I_1，所以，这种方式的最大转矩 T_{emax} 比恒压频比控制方式时的要小得多，使过载能力降低。因此，这种控制方式只适用于负载变化不大的场合。

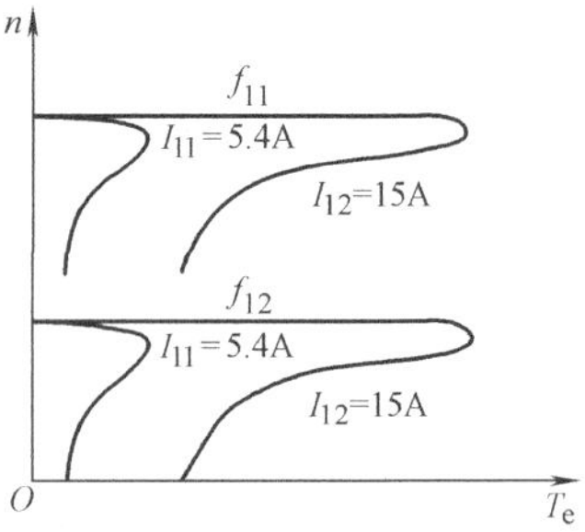

图 5-6　恒流变频调速时的机械特性

5.3　变频调速装置的类型与特点

对于异步电动机的变压变频调速，必须具备能够同时控制电压幅值和频率的交流电源，而电网提供的是恒压恒频的电源，因此应该配置变压变频器，又称 VVVF（Variable Voltage Variable Frequency）装置。最早的 VVVF 装置是旋转变频机组，即由直流电动机拖动交流同步发电机，调节直流电动机的转速就能控制交流发电机输出电压和频率。自从电力电子器件获得广泛应用以后，旋转变频机组已经逐步让位给静止式的变压变频器了。

从整体结构上看，电力电子变压变频器可分为交-直-交变频器和交-交变频器两大类。

5.3.1　交-直-交变压变频器

交-直-交变压变频器是先将工频交流电源通过整流器变换成直流，再通过逆变器变换成可控频率和电压的交流，如图 5-7 所示。

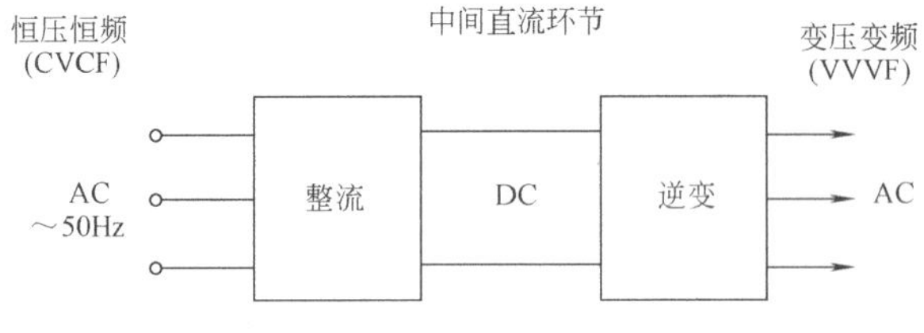

图 5-7　交-直-交（间接）变压变频器

由于这类变压变频器在恒频交流电源和变频交流输出之间有一个“中间直流环节”，所以又称为间接式的变压变频器。

由于具体的整流和逆变电路种类很多，交-直-交变压变频器的种类也很多。当前应用最广的是由二极管组成的不控整流器和由功率开关器件（P-MOSFET，IGBT 等）组成的脉宽调制（PWM）逆变器，简称 PWM 变压变频器，如图 5-8 所示。

PWM 变压变频器的应用之所以如此广泛，是由于它具有如下的一系列优点：

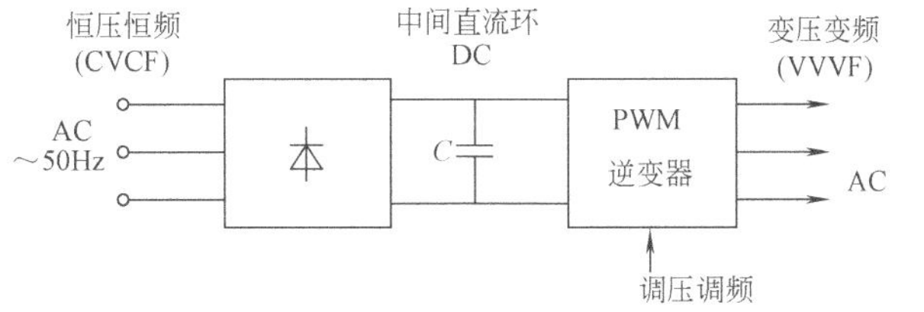

图 5-8　交-直-交 PWM 变压变频器

1）在主电路整流和逆变两个单元中，只有逆变单元可控，通过它可同时调节电压和频率，结构简单。采用全控型的功率开关器件，只通过驱动电压脉冲进行控制，电路简单，效率高。

2）输出电压波形虽是一系列的 PWM 波，但由于采用了恰当的 PWM 控制技术，正弦基波的比重较大，影响电动机运行的低次谐波受到很大的抑制，因而转矩脉动小，这样提高了系统的调速范围和稳态性能。

3）逆变器同时实现调压和调频，动态响应不受中间直流环节滤波器参数的影响，系统的动态性能也得以提高。

4）采用不可控的二极管整流器，电源侧功率因数较高，且不受逆变输出电压大小的影响。

PWM 变压变频器常用的功率开关器件有：P-MOSFET，IGBT，GTO 和替代 GTO 的电压控制器件如 IGCT、IEGT 等。受到开关器件额定电压和电流的限制，对于特大容量电动机的变压变频调速仍只能采用半控型的晶闸管，但可采用可控整流器调压和六拍逆变器调频等技术，其结构如图 5-9 所示。

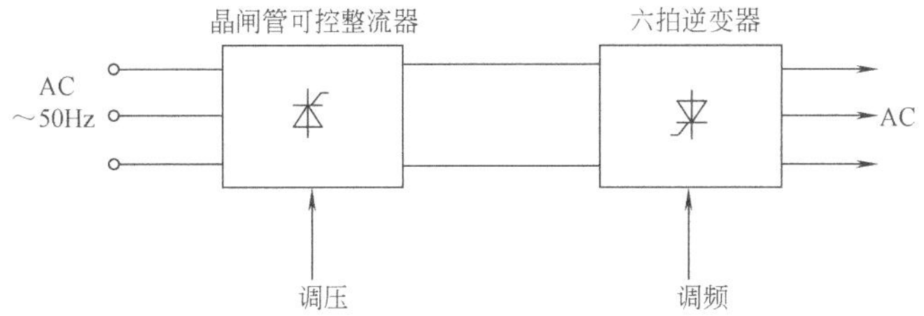

图 5-9　可控整流器调压、六拍逆变器调频的交-直-交变压变频器

5.3.2　交-交变压变频器

交-交变压变频器的基本结构如图 5-10 所示，它只有一个变换环节，把恒压恒频（CVCF）的交流电源直接变换成 VVVF 输出，因此又称直接式变压变频器。有时为了突出其变频功能，也称作周波变换器。

常用的交-交变压变频器输出的每一相都是一个由正、反两组晶闸管可控整流装置反并联的可逆电路，也就是说，每一相都相当于一套直流可逆调速系统的反并联可逆电路，如图 5-11 所示。

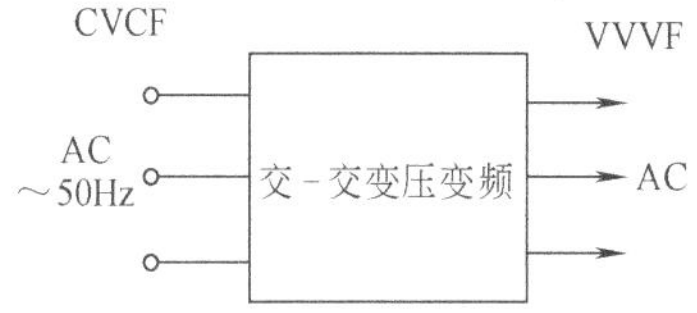

图 5-10　交-交（直接）变压变频器

交-交变压变频器的控制方式有以下几种。

1．整半周控制方式

正、反两组按一定周期相互切换，在负载上就能获得交变的输出电压 u_o，u_o的幅值决定于各组可控整流装置的

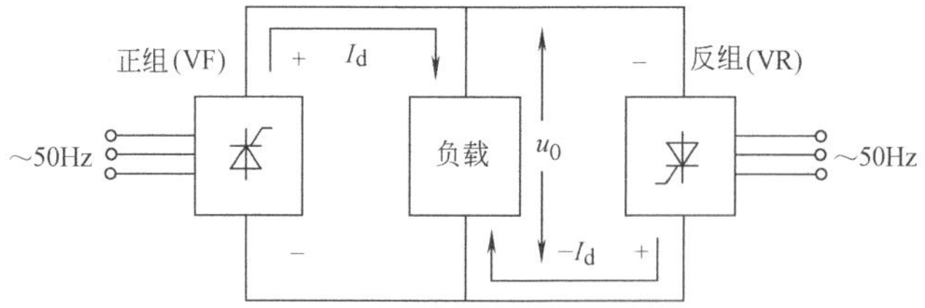

图 5-11　交-交变压变频器单相可逆电路

触发延迟角 α，u_o 的频率决定于正、反两组整流装置的切换频率。如果触发延迟角一直不变，则输出平均电压是方波，如图 5-12 所示。

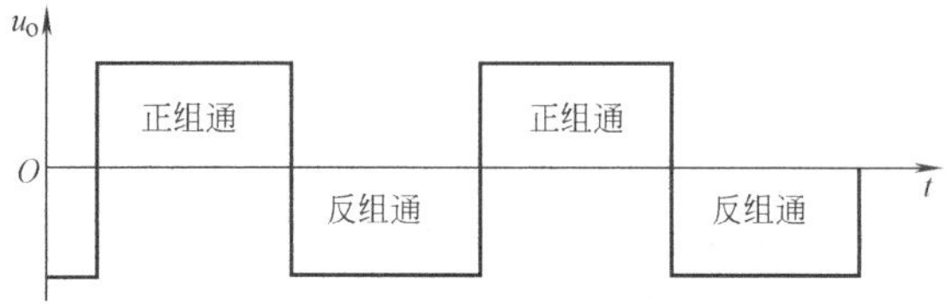

图 5-12　方波型平均输出电压波形

2. α 调制控制方式

要获得正弦波输出，就必须在每一组整流装置导通期间不断改变其触发延迟角。

例如，在正向组导通的半个周期中，使触发延迟角 α 由 π/2（对应于平均电压 $U_o=0$）逐渐减小到 0（对应于 U_o最大），然后再逐渐增加到 π/2（U_o再变为 0），如下图 5-13 所示。

当 α 角按正弦规律变化时，半周中的平均输出电压即为图 5-13 中虚线所示的正弦半波。对反向组负半周的控制也是这样。

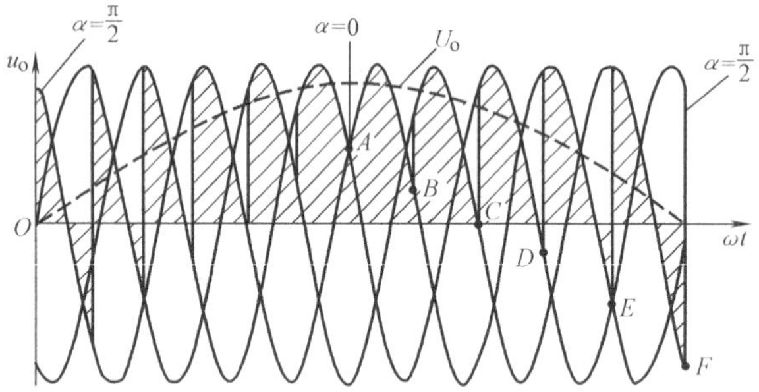

图 5-13　交-交变压变频器的单相正弦波输出电压波形

三相交-交变压变频电路可以由 3 组单相交-交变频电路组成，其基本结构如图 5-14 所示。如果每组可控整流装置都用桥式电路，含 6 只晶闸管（当每一桥臂都是单管时），则三相可逆线路共需 36 只晶闸管，即使采用零式电路也须 18 只晶闸管。

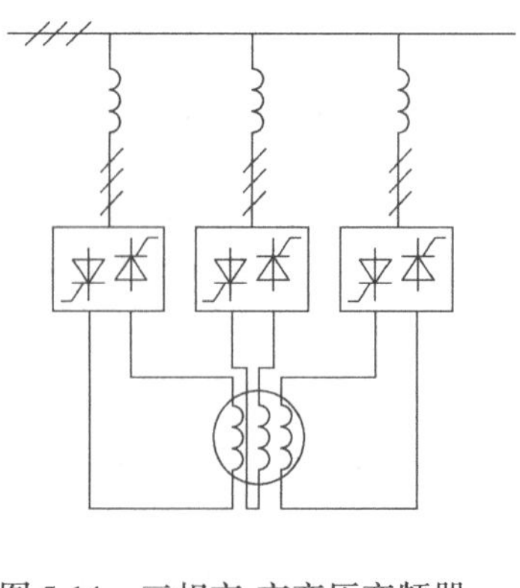

图 5-14　三相交-交变压变频器的基本结构

因此，这样的交-交变压变频器虽然在结构上只有一个变换环节，省去了中间直流环节，看似简单，但所用的器件数量却很多，总体设备相当庞大。而且这类设备输入功率因数较低，谐波电流含量大，频谱复杂，因此须配置谐波滤波和无功补偿设备；其最高输出频率不超过电网频率的 1/3～1/2。但是，这些设备也有其优势，即都是直流调速系统中常用的可逆整流装置，在技术上和制造工艺上都很成熟，因此目前仍有部分场合会使用。一般主要用于轧机主传动、球磨机、水泥回转窑等大容量、低转速的调速系统，供电给低速电动机直接传动时，可以省去庞大的齿轮减速箱。

近年来又出现了一种采用全控型开关器件的矩阵式交-交变压变频器，类似于 PWM 控制方式，输出电压和输入电流的低次谐波都较小，输入功率因数可调，能量可双向流动，以获得四象限运行，但当输出电压必须为正弦波时，最大输出、输入电压比只有0.866。目前这类变压变频器尚处于开发阶段，其发展前景好。

5.3.3　电压源型和电流源型逆变器

在交-直-交变压变频器中，按照中间直流环节直流电源性质的不同，逆变器可以分成电压源型和电流源型两类，两种类型的实际区别在于直流环节采用什么样的滤波元件。图5-15所示为电压源型和电流源型逆变器的示意图。

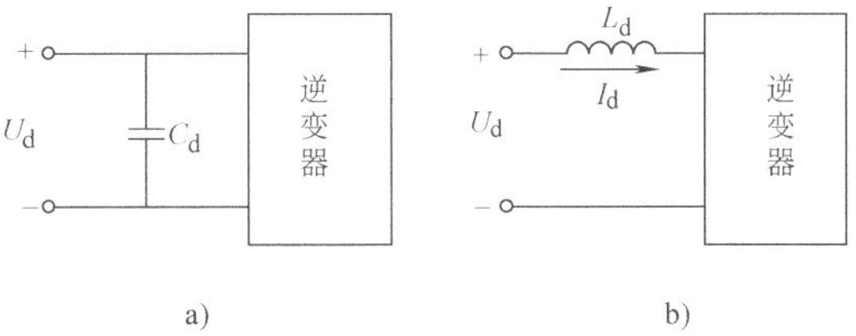

图5-15　电压源型和电流源型逆变器示意图
a) 电压源逆变器　b) 电流源逆变器

（1）电压源型逆变器（VSI）：直流环节采用大电容滤波，因而直流电压波形比较平直，在理想情况下是一个内阻为零的恒压源，输出交流电压是矩形波或阶梯波，有时简称**电压型逆变器**。

（2）电流源型逆变器（CSI）：直流环节采用大电感滤波，直流电流波形比较平直，相当于一个恒流源，输出交流电流是矩形波或阶梯波，或简称**电流型逆变器**。

两类逆变器在主电路上虽然只是滤波环节的不同，在性能上却带来了明显的差异，主要表现如下：

（1）无功能量的缓冲　在调速系统中，逆变器的负载是异步电动机，属感性负载。在中间直流环节与负载电动机之间，除了有功功率的传送外，还存在无功功率的交换。滤波器除滤波外还起着对无功功率的缓冲作用，使它不致影响到交流电网。因此，两类逆变器的区别还表现在采用什么储能元件（电容器或电感器）来缓冲无功能量。

（2）能量的回馈　用电流源型逆变器给异步电动机供电的电流源型变压变频调速系统有一个显著特征，就是容易实现能量的回馈，从而便于四象限运行，适用于需要回馈制动和经常正、反转的生产机械。

（3）动态响应　正由于电流源型变压变频调速系统的直流电压可以迅速改变，所以动态响应比较快，而电压源型变压变频调速系统的动态响应就慢得多。

（4）输出波形　电压源型逆变器输出的电压波形为方波，电流源型逆变器输出的电流波形为方波。

（5）应用场合　电压源型逆变器可以等效恒压源，电压控制响应慢，不易波动，所以适于做多台电动机同步运行时的供电电源，或单台电动机调速但不要求快速起制动和快速减速的场合。采用电流源型逆变器的系统则相反，不适用于多电动机传动，但可以满足快速起、制动和可逆运行的要求。

5.4 正弦波脉宽调制变换器

5.4.1 正弦波脉宽调制原理

在采样控制理论中有一个重要的结论，即**冲量相等而形状不同的窄脉冲加在具有惯性的环节上，其效果基本相同。**冲量是指窄脉冲的面积，效果则是指该环节的输出响应波形。图5-16所示为三种常见的电压窄脉冲。

它们的面积都等于1，如果把它们分别加在具有惯性的同一环节上，其输出响应是基本相同的，并且脉冲越窄，输出波形的差异越小。这一结论就是脉冲宽度调制（PWM）技术的重要理论基础。

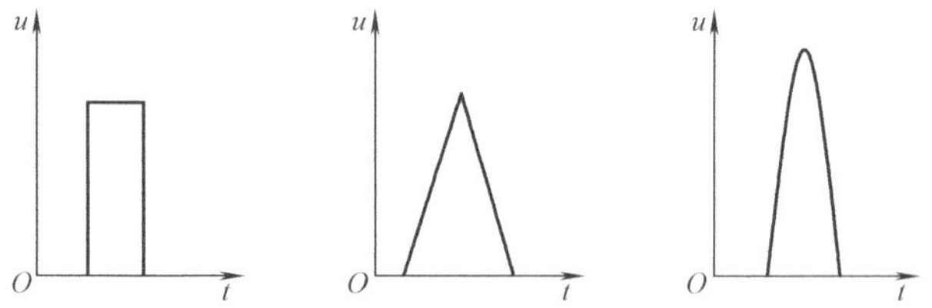

图5-16 形状不同而冲量相等的各种窄脉冲

所谓**PWM技术就是指利用半导体开关器件的导通和关断，把直流电压变成一系列等幅不等宽的矩形电压脉冲序列，通过控制矩形电压脉冲的宽度和周期，来实现变压变频以及控制和消除谐波的技术。**采用PWM方式构成的逆变器既能实现调压又能实现变频，具有良好的逆变性能，因而在交流调速系统中获得了广泛的应用。

正弦波脉宽调制（SPWM）就是要生成一系列与正弦波等效应的等幅不等宽的矩形脉冲序列。

如图5-17所示，把一个正弦半波划分成等宽的n份，每一份都看作是一个窄脉冲，将这一系列窄脉冲用与之面积相等的等幅矩形脉冲来代替，矩形脉冲的中点与正弦波每一份的中点重合。这样，由n个等幅不等宽的矩形脉冲所形成的波形就与正弦波的波形等效，称作SPWM波形。同样，正弦波的负半周也可用相同的方式等效生成。

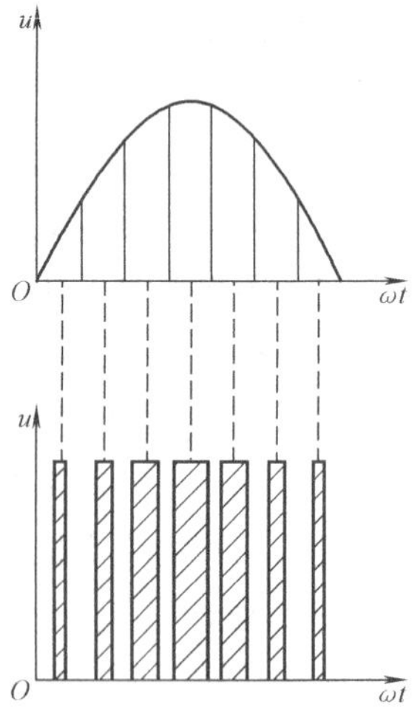

图5-17 与正弦波等效的等幅不等宽脉冲波形

SPWM波中各矩形脉冲的宽度理论上可由计算法求出，以作为控制逆变器中各开关器件通断的依据。但在实际应用中，通常用正弦波调制波与等腰三角形载波相比较的方式来确定脉冲宽度。因为等腰三角形的宽度自上而下是线性变化的，所以它与某一光滑曲线相交时，可得到一组幅值不变而宽度正比于该曲线函数值的矩形脉冲序列。如果使脉冲宽度与正弦函数值成正比，则可生成SPWM波，从而可以作为逆变器功率开关器件的驱动信号。

等腰三角形载波信号可以是单极性的，也可以是双极性的。单极性调制SPWM波的形成过程见图5-18所示。

单极性调制中，载波为单极性三角形波，正弦调制波由倒相位信号来u_k处理。载波信号u_c与调制波信号u_r进行比较，当$u_r > u_c$时，生成矩形脉冲；当$u_r < u_t$时则无矩形脉冲

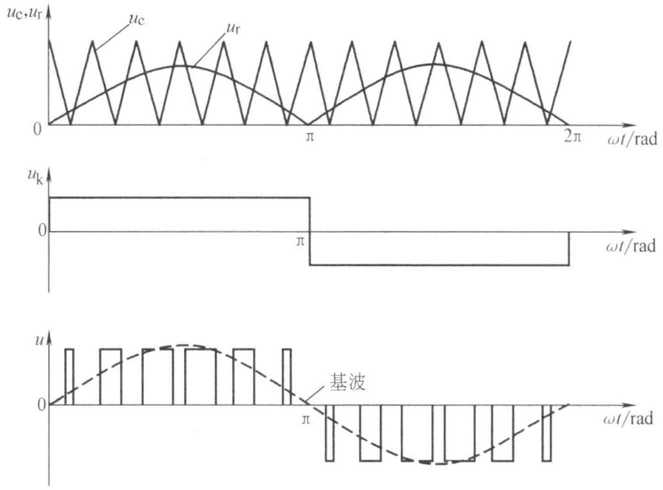

图 5-18　单极性调制生成 SPWM 波形

生成。形成的脉宽调制波是等幅、等距但不等宽的脉冲序列，再经半波倒相后输出。改变 u_r 的幅值时，脉宽调制波的脉宽将随之改变，从而改变了输出电压的大小；改变 u_r 的频率时，输出电压的基波频率也随之改变，这样就可以实现即调压又调频的目的。

双极性调制 SPWM 波的形成过程如图 5-19 所示。

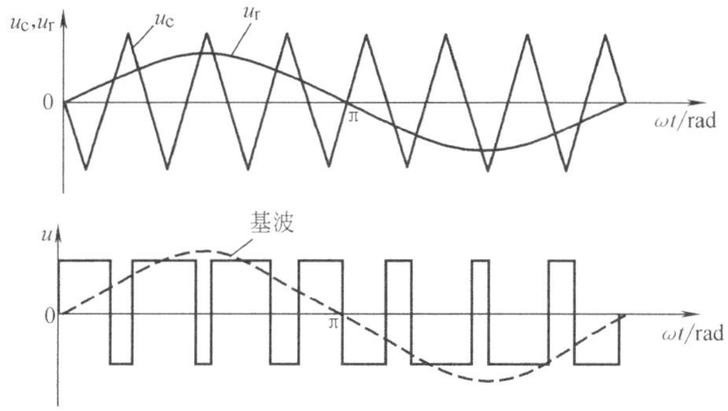

图 5-19　双极性调制生成的 SPWM 波形

双极性调制中，等腰三角形载波为双极性。在 u_r 与 u_c 进行比较时，若 $u_r > u_t$，就生成正电压矩形脉冲；若 $u_r < u_c$，则生成负电压矩形脉冲，也就是在 u_r 的半个周期内，三角形载波的极性是在正、负两个方向变化的，生成的 SPWM 波也是在正、负两个方向变化的。与单极性调制一样，通过改变调制波 u_r 的幅值和频率可以实现输出信号调压、调频的目的。

三相双极性 SPWM 调制及输出电压的波形如图 5-20 所示。图中三相正弦调制波对同一三角形载波进行调制，三相调制波的频率就是逆变器的输出频率。在一个调制信号周期内所包含的三角载波的个数称为载波比 N。为了保证三相之间相互对称，互差 120°相位角，通常取载波比 N 为 3 的整数倍。

注意：在单极性调制时，为了确保每相输出波形在半波内能左右对称，载波比 N 必须是偶数，以避免出现偶次谐波。对于双极性调制，载波比 N 应为奇数，以保证每相输出波

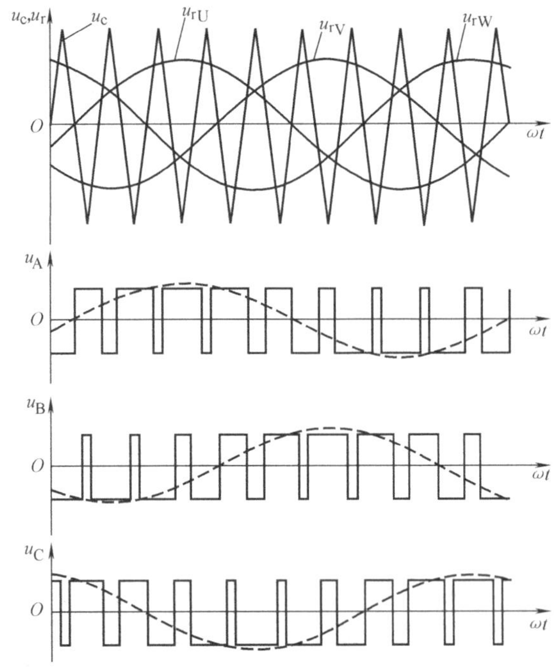

图 5-20　双极性调制生成的三相 SPWM 波形

形的半波内的左右对称。

5.4.2　正弦波脉宽调制的制约条件

SPWM 变换器是把脉宽调制技术应用于交流调速系统的产物。根据脉宽调制的特点，逆变器主电路功率开关器件的开关能力与主电路的结构及其换流能力有关。所以，把脉宽调制技术应用于交流调速系统时必然会受到一定条件的制约，主要有以下两点：

1）开关频率：逆变器各功率开关器件的开关损耗限制了脉宽调制逆变器的每秒脉冲数（即逆变器每个开关器件的每秒动作次数）。从电动机的角度出发，当然是开关频率越高越好，但是，开关频率过高，将导致功率开关器件的功率损耗增加，因此，只能在这两者之间折中处理。

2）调制度：为了保持主电路功率开关器件的安全工作，必须使所调制的矩形脉冲波受到最小的脉宽与最小间隙的限制，以使脉冲宽度大于开关器件的导通时间与关断时间。这就要求调制波参考正弦波信号的幅值不能超过三角波峰值的某一百分数（称为临界百分数），即调制度，用 M_r 来表示。一般情况，调制度被定义为

$$M_r = \frac{U_{rmax}}{U_{cmax}}$$

式中　U_{rmax}和 U_{cmax}——正弦调制波参考信号与三角形载波信号的峰值（V）。

在理想情况下，M_r 可在 0 ~ 1 变化，以调节输出电压的幅值。实际上 M_r 总是小于 1 的。当调制度超过最小脉宽的限制时，便改为按固定的最小脉宽工作，而不再遵守正常的脉宽调制规律。但这样会使逆变器输出电压的幅值不再是调制电压幅值的线性函数，而是偏低了，并引起输出电压谐波的增加。

5.4.3 正弦波脉宽调制变换器的结构

目前，用于一般工业领域的通用型变频器大多属于电压型，并且一般采用正弦波脉宽调制方式。电压型 SPWM 变频器的基本结构如图 5-21 所示。它由主电路和控制电路两部分组成。

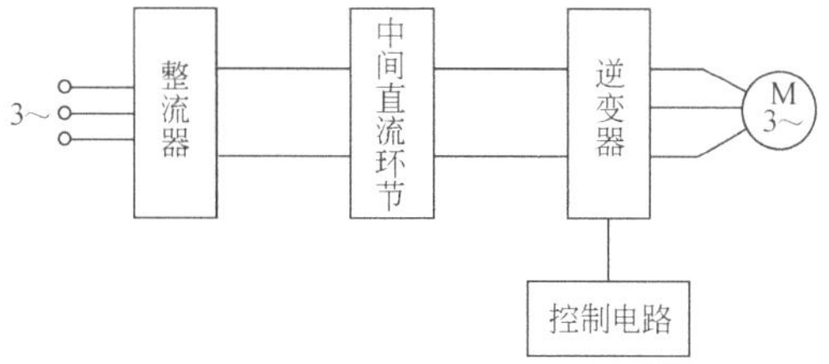

图 5-21 电压型 SPWM 变频器的基本结构

1. 主电路

主电路包括整流器、中间直流环节和逆变器，其结构如图 5-22 所示。

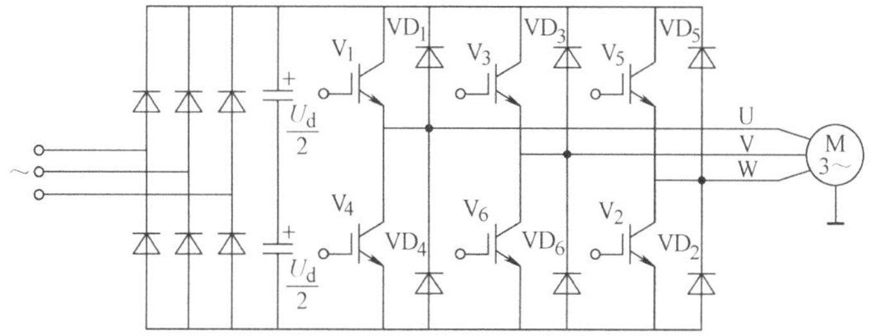

图 5-22 SPWM 变换器主电路原理框图

整流器采用不可控二极管桥式电路，把三相（也可以是单相）交流电压整流成直流电压。

中间直流环节又称之为中间直流储能环节。由于逆变器的负载为异步电动机，是感性负载，无论电动机处于电动或发电制动状态，其功率因数总是小于 1。因此，在中间直流环节和电动机之间总会有无功功率的交换。这种无功功率就是靠中间直流环节的储能元件来缓冲。电压型变频器采用大容量电容作为中间直流环节的储能元件。由于电容的作用，直流电压（也称为直流母线电压 U_d）平稳，电动机的电压波形为方波或阶梯波，电流波形接近于正弦波。

最常见的逆变器的结构形式是利用六只功率开关器件组成的三相桥式逆变电路。只要有规律地控制逆变器中开关器件的通与断，就可以获得任意频率的三相交流输出电压。功率开关器件以自关断器件为主，其中大功率的 IGBT 或 GTR 应用最多；容量要求比较大的则采用门极可关断晶闸管（GTO）。

2. 控制电路

控制电路一般是由三相正弦波发生器、三角波发生器、比较器以及驱动电路等构成，其结构如图 5-23 所示。

正弦波发生器用于产生调制波信号 u_r，三角波发生器用于产生载波信号 u_c，两种信号在比较器中进行比较运算，通过驱动电路生成用于控制逆变器中六只功率开关器件通断的三

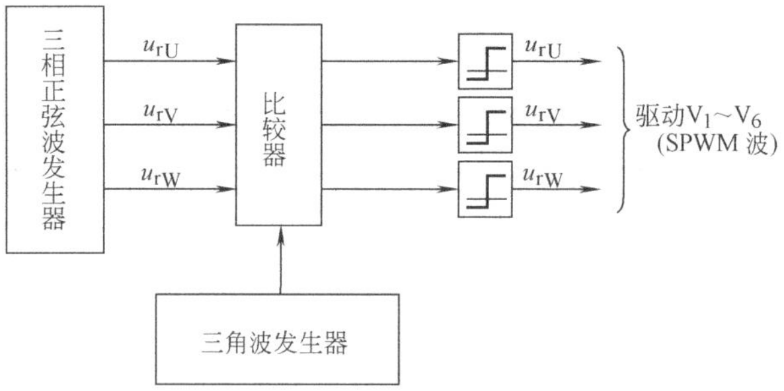

图 5-23 SPWM 控制电路

相矩形脉冲波调制信号。

5.4.4 同步调制与异步调制

在 SPWM 逆变器中，载波比也可用载波频率 f_c 与调制波频率 f_r 之比来表示，即

$$N=\frac{f_c}{f_r}$$

在正弦波脉宽调制过程中，视载波比 N 的变化与否，将调制方式分为同步调制、异步调制和分段同步调制。

1. 同步调制

在改变调制波频率 f_r 的同时，成比例地改变载波频率 f_c，使载波频率与调制波频率的比值 N 保持不变，这就是同步调制。同步调制的优点是 N 可以始终保持 3 的倍数关系不变，从而保持输出波形对称及电动机的稳定运行。但是这种调制方式在信号频率较低时，载波的数量显得稀疏，输出电流波形脉动大，谐波分量剧增，电动机的谐波损耗以及脉动转矩也相应地增大，并产生较强的噪声。

2. 异步调制

异步调制是指在变频器的整个变频范围内，载波比 N 不等于常数。一般是在改变调制波频率 f_r 时，保持三角载波的频率 f_c 不变化，因而提高了低频时的载波比的值。这样，输出电压半波内的矩形脉冲数可随输出频率的降低而增加，相应地可以减少负载电动机的转矩脉动与谐波噪声，改善了系统的低频工作性能。但异步调制方式在改善低频工作性能的同时，也失去了同步调制的优点。当载波比 N 随着输出频率的降低而连续变化时，它不可能总是 3 的倍数，必将使输出电压波形及其相位都发生变化，难以保持三相输出的对称性，因而会引起电动机工作不平稳。不过，在使用 IGBT 等高速功率开关器件的情况下，由于载波频率可以做得很高，上述缺点实际上已小到完全可以忽略。

随着高速功率器件（比如 IGBT）的普及，开关频率可以做得很高，如 10 ~ 100kHz。当然，在变频中很少用于 15kHz 以上，否则，开关损耗和输出电流的交越失真变得相当严重。

3. 分段同步调制

对于 GTR 和 GTO 等开关频率不太高的功率器件，只使用同步调制或异步调制都有失偏颇。为了扬长避短，可将同步调制和异步调制方式结合起来，构成分段同步调制方式。实用的 SPWM 变压变频器多采用此方式。

在一定频率范围内采用同步调制，以保持输出波形对称的优点。当频率降低较多时，如

果仍保持载波比 N 不变，则输出电压谐波将会增多。为了避免这一缺点，可使载波比 N 分段有级地加大，以采纳异步调制的长处，这就是**分段同步调制方式**。具体地说，就是把整个变频范围划分成若干个频段，每个频段内都维持载波比 N 为恒定值，而对于不同的频段则取不同的 N 值，N 的取值大致按等比级数安排。表 5-1 给出了一个变频器实际系统的频段和载波比分配。

表 5-1　分段同步调制的频段与载波比

输出基波频率 f_r/Hz	载波比 N	开关频率 f_c/Hz
7～9.5	201	1407～1909
10～14	147	1470～2058
15～21	99	1458～2079
22～31	69	1518～2139
32～45	45	1440～2025
46～61	33	1518～2013
62	21	1302

图 5-24 所示为相应的 f_r（逆变器输出基波频率）与 f_c（开关频率也就是载波频率）的关系图。由此图可见，在 f_r 的不同频段内，用不同的载波比进行同步调制，而各频段载波频率的变化范围基本一致，以满足功率开关器件对开关频率的要求。

载波比 N 值的选取与逆变器的输出频率、功率开关器件的允许工作频率以及所采取的控制手段都有关系。为了使逆变器的输出波形更接近于正弦波形，应尽可能增大载波比。但从逆变器本身来看，载波比又不能太大，应受到下式的限制，即

$$N \leqslant \frac{\text{逆变器功率开关器件的允许开关频率}}{\text{频段内最高的调制波信号频率}}$$

分段同步调制虽然比较复杂，但在计算机控制技术迅速发展的今天，这种调制方式是很容易实现的。

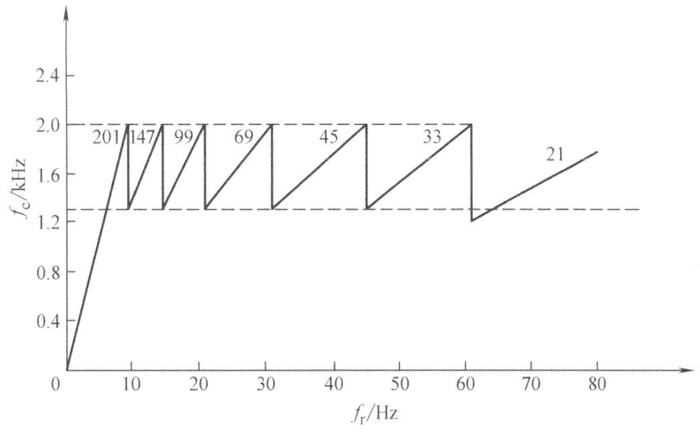

图 5-24　分段同步调制时 f_r 与 f_c 的关系图

5.4.5　正弦波脉宽调制的实现

前面已指出，SPWM 的控制就是根据三角载波与正弦调制波的交点位置来控制逆变器功

率开关器件的开关时刻的，这种控制完全可以用模拟电路、数字电路或大规模集成电路芯片等硬件电路来实现，也可以用微型计算机通过软件编程来实现。采用硬件电路生成 SPWM 时，所用元器件较多，控制电路比较复杂，控制精度也难以保证；而采用微型计算机软件生成 SPWM 时，可以克服上述缺点，并且便于进行直接数字控制，可达到调节灵活、稳定可靠、性能优越的控制效果。下面就介绍两种常用的用软件生成 SPWM 波的方法。

1. 自然采样法

根据 SPWM 逆变器的工作原理，当载波比为 N 时，在逆变器输出的一个周期内，正弦调制波与三角载波应有 $2N$ 个交点。或者说，三角载波变化一个周期之内，它与正弦载波相交两次，相应的逆变器功率器件导通与关断各一次。要准确地生成这样的 SPWM 波形，就得尽量精确地计算功率器件的导通时刻和关断时刻。功率器件导通的区间就是脉冲宽度，其关断区间就是脉冲的间隙时间。这些区间的大小在正弦调制波频率的不同频段下是不一样的，并随调制度的不同而不同。但对微型机算计来说，时间的计算可由软件实现，时间的控制可由定时器来完成。

取正弦调制波与三角载波的自然交点时刻为开关管通、断时刻，从而生成 SPWM 波形的采样方式，称为自然采样法，如图 5-25 所示。

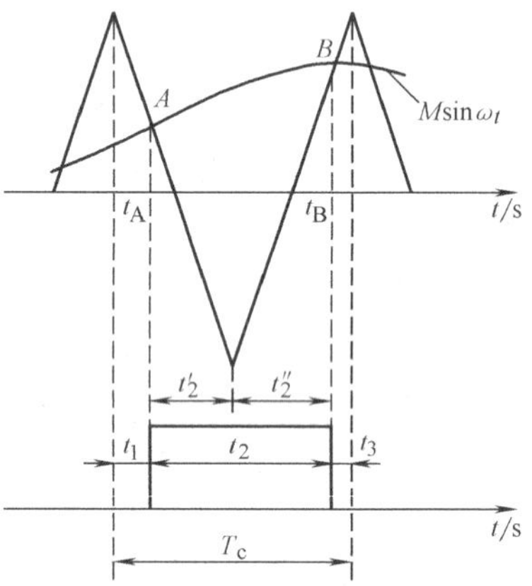

图 5-25　生成 SPWM 波的自然采样法

图中画出了任意一段正弦波与三角波一个周期相交的情况。交点 A 是发生脉冲的时刻，交点 B 是结束脉冲的时刻。在三角波的一个周期内，A 点和 B 点之间的时间 t_2 是逆变器功率开关器件导通工作的区间，称为脉宽时间；而其余的时间为开关器件的关断工作区间，称为间隙时间，它在脉宽时间的前后各有一段，分别用 t_1 和 t_3 表示。显然，一个采样周期的总时间 T_c 为三段时间之和，即

$$T_c = t_1 + t_2 + t_3 \tag{5-20}$$

若以单位量 1 表示三角载波的幅值，则正弦调制波方程可写为

$$u_r = M\sin\omega t$$

其中　ω——正弦调制波的角频率，即逆变器的输出频率（rad/s）。

M——正弦调制波的峰值（V）。

由于 A、B 两点对三角载波中心线的不对称性，须把脉宽时间 t_2 分成 t_2' 和 t_2'' 两部分分别求解。按相似直角三角形的关系可知：

$$\frac{2}{T_c/2} = \frac{1 + M\sin\omega t_B}{t_2''}$$

$$\frac{2}{T_c/2} = \frac{1 + M\sin\omega t_A}{t_2'}$$

经整理得

$$t_2 = t_2' + t_2'' = \frac{T_c}{2}\left[1 + \frac{M}{2}(\sin\omega t_A + \sin\omega t_B)\right] \tag{5-21}$$

在式（5-21）中，除了 T_c、M、ω 为已知外，t_A 与 t_B 都是未知数，这是一个超越方

程，难以求解。此外，由于 SPWM 脉冲波形相对于三角载波并不对称，所以 $t_1 \neq t_3$，这也增加了实时分别计算的难度。再则，计算 t_2 时，有三角函数运算和多次乘法、加法运算，都占用计算机的运算时间。因此，自然采样法虽然能真实地反映脉冲产生与结束的时刻，却难以用于实时控制，只适用于调速范围有限的场合。

2. 规则采样法

为了弥补自然采样法的不足，人们一直在寻求在工程中实用的采样方法，力求采样效果尽量接近自然采样法，又不必花费过多的微处理器运算时间。目前，应用比较广泛的方法是规则采样法。这种方法的着眼点就是设法使 SPWM 波形的每一个脉冲都与三角波的中心线对称，这样就使得脉宽时间相等，两侧的间隙时间也相等，即 $t_1 = t_3$，$t_2' = t_2''$，从而使计算工作量大大地减轻。

规则采样法的主要原则是：在三角载波每一周期内的固定时刻，找到正弦调制波上的对应电压值，用此值对三角载波进行采样，以决定功率开关器件的导通与关断时刻，而不管在采样点上正弦波与三角波是否相交。这样做虽然会引起一定的误差，但采取某些措施后，在工程实践中还是可行的。图 5-26 所示为两种规则采样法。

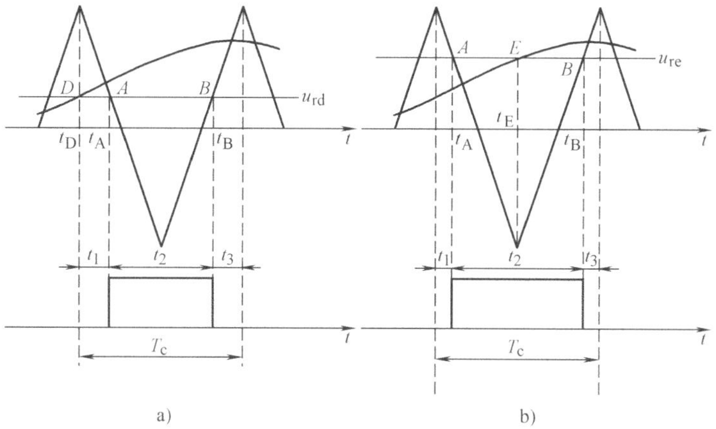

图 5-26　规则采样法生成 SPWM 波

a) 规则采样Ⅰ法　b) 规则采样Ⅱ法

图 5-26a 为规则采样Ⅰ法，它固定在三角载波每一周期内的正峰值时刻，找到正弦波上的对应点 D，求得其电压值 u_{rd}，用此电压值对三角波进行采样，得 A、B 两点，以这两点作为 SPWM 波形中脉冲的生成时刻，A、B 之间的区间就是脉宽时间 t_2。这种规则采样法显然比自然采样法简单，但从图中可以看出，所得到的脉冲宽度明显变小，从而形成较大的控制误差。

图 5-26b 是另一种规则采样法，其方法是仍在三角载波的固定时刻找到正弦波的采样电压值，但所取的不是三角波的正峰值，而是其负峰值，得到图中的 E 点，采样电压为 u_{re}。同样在三角载波上水平截得 A、B 两点，从而确定脉宽时间 t_2。由于 A、B 两点位于正弦波的两侧，使所得到的 SPWM 波就准确了，减小了控制误差。

在规则采样法中，每个周期的采样时刻都是固定的，它所产生的 SPWM 波的脉冲宽度和位置都可以预先计算出来。根据脉冲波形对于三角载波的对称性，假定三角载波的幅值是

1，调制波的幅值是 M，那么 E 点的纵坐标是 $M\sin\omega t_E$，根据三角形相似原理可得

$$\frac{T_c - t_2}{t_2} = \frac{1 - M\sin\omega t_E}{1 + M\sin\omega t_E}$$

从而有

$$t_2 = \frac{T_c}{2}(1 + M\sin\omega t_E) \tag{5-22}$$

$$t_1 = t_3 = \frac{1}{2}(T_c - t_2) \tag{5-23}$$

对于三相变频器，由于三相正弦调制波在时间上互差 $2\pi/3$，而三角载波是各相共用的。这样，在一个三角载波周期内，在同一采样时刻可得到三相 SPWM 波形，如图 5-27 所示。

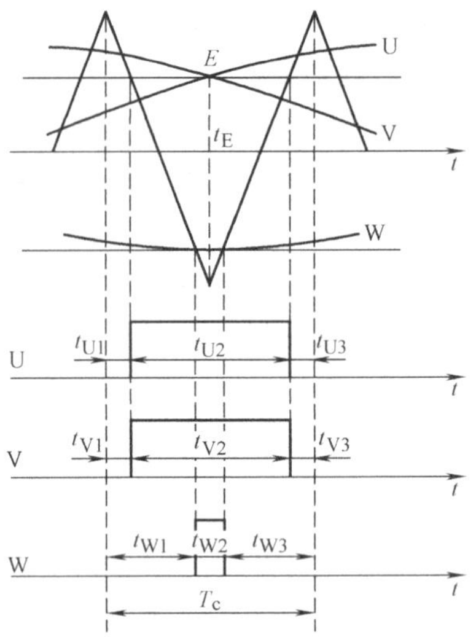

图 5-27 三相 SPWM 波形

U、V、W 三相的脉宽分别是 t_{U2}、t_{V2} 和 t_{W2}，计算式为

$$t_{U2} = \frac{T_c}{2}(1 + M\sin\omega t_E) \tag{5-24}$$

$$t_{V2} = \frac{T_c}{2}\left[1 + M\sin\left(\omega t_E - \frac{2\pi}{3}\right)\right] \tag{5-25}$$

$$t_{W2} = \frac{T_c}{2}\left[1 + M\sin\left(\omega t_E + \frac{2\pi}{3}\right)\right] \tag{5-26}$$

且有

$$t_{U2} + t_{V2} + t_{W2} = \frac{3}{2}T_c \tag{5-27}$$

三相间隙时间总和为

$$t_{U1} + t_{V1} + t_{W1} + t_{U3} + t_{V3} + t_{W3} = 3T_c - (t_{U2} + t_{V2} + t_{W2}) = \frac{3}{2}T_c \tag{5-28}$$

脉冲两侧的间隙时间相等，即

$$t_{U1} + t_{V1} + t_{W1} = t_{U3} + t_{V3} + t_{W3} = \frac{3}{4}T_c \tag{5-29}$$

利用微机实时产生 SPWM 波形正是基于上述采样原理和计算方法。

在工程实际中，一般是先在通用计算机上算出相应的脉宽 t_2，写入 EPROM，然后由调速系统的微机通过查表以及加、减运算求出各相的脉宽时间，此为查表法。也可以在内存中存储正弦函数和 $T_c/2$ 值，控制时先取出正弦值与所需的调制度 M_r（三角载波幅值为 1 时，$M_r = M$）作乘法运算，再根据给出的载波频率求出 $T_c/2$ 值，与 $M_r\sin\omega t_E$ 作乘法运算，然后再用加、减、移位等操作，即可算出脉宽时间 t_2 和时间间隙 t_1、t_3，此为实时计算法。按查表法或实时计算法所得到的脉冲数据都送入定时器，利用定时中断向接口电路送出相应的高、低电平，实时产生 SPWM 波形的一系列脉冲。对于开环系统，在某一给定转速下，其调制度 M_r 和输出频率 ω 都是确定的，采用查表法较为简便、适用。对于闭环控制系统，在系统运行中调制度 M_r 的值随时被调节，用实时计算法比较好。

5.5 变频调速采用的其他脉宽调制技术

变频调速除了目前广泛采用5.4节中介绍的SPWM技术外，在变频调速技术发展的不同阶段和时期，基于不同的控制方法和原理，还出现了多种脉宽调制（PWM）技术。

5.5.1 相电压控制PWM技术

1. 等脉宽PWM法

变压变频调速装置在早期是采用脉冲幅值调制（PAM）控制技术来实现的，其逆变器部分只能输出频率可调的方波电压而不能调压。等脉宽PWM法正是为了克服PAM法的这个缺点而发展起来的，是PWM法中最为简单的一种。它是把每一脉冲的宽度均相等的脉冲列作为PWM波，通过改变脉冲列的周期可以调频，改变脉冲的宽度（占空比）可以调压，采用适当控制方法即可使电压与频率协调变化。相对于PAM法，该方法的优点是简化了电路结构，提高了输入端的功率因数，但同时也存在输出电压中除基波外，还包含较大的谐波分量的不足。

2. 随机PWM

在20世纪70年代开始至20世纪80年代初，由于当时大功率晶体管（GTR）主要为双极性达林顿三极管，载波频率一般不超过5kHz，电动机绕组的电磁噪音及谐波造成的振动引起了人们的关注。为求得改善，随机PWM方法应运而生，其原理是随机改变开关频率使电动机电磁噪音近似为限带白噪声（在线性频率坐标系中，各频率能量分布是均匀的），尽管噪音的总分贝数未变，但以固定开关频率为特征的有色噪音强度大大削弱。正因为如此，即使在IGBT已被广泛应用的今天，对于载波频率必须限制在较低频率的场合，随机PWM仍然有其特殊的价值；另一方面则说明了消除机械和电磁噪音的最佳方法不是盲目地提高工作频率，随机PWM技术正是提供了一个分析、解决这种问题的全新思路。

3. 低次谐波消去法

低次谐波消去法是以消去PWM波形中某些主要的低次谐波为目的的方法，其原理是对输出电压波形按傅立叶级数展开，表示为

$$u(t) = a_n \sin n\omega t$$

首先确定基波分量a_1的值，再令两个不同的$a_n=0$，就可以建立三个方程，联立求解得a_1，a_2及a_3，这样就可以消去两个频率的谐波。

该方法虽然可以很好地消除所指定的低次谐波，但是，剩余未消去的较低次谐波的幅值可能会相当大，而且存在计算复杂的缺点。该方法只适用于同步调制方式中。

4. 梯形波与三角波比较法（TPWM）

前面所介绍的各种方法主要是以输出波形尽量接近正弦波为目的，从而忽视了直流电压的利用率，如SPWM法，其直流电压利用率仅为86.6%。因此，为了提高直流电压利用率，提出了一种新的方法——梯形波与三角波比较法。该方法是采用梯形波作为调制信号，三角波为载波，且使两波幅值相等，以两波的交点时刻控制开关器件的通断实现PWM控制。

由于当梯形波幅值和三角波幅值相等时，其所含的基波分量幅值已超过了三角波幅值，从而可以有效地提高直流电压利用率。但由于梯形波本身含有低次谐波，所以输出波形中含

有5次、7次等低次谐波。

5.5.2 线电压控制PWM技术

前面所介绍的各种PWM控制方法，在用于三相逆变电路时，都是对三相输出相电压分别进行控制的，但是，对于像三相异步电动机这样的三相无中线对称负载，逆变器输出不必追求相电压接近正弦，而可着眼于使线电压趋于正弦。因此，提出了线电压控制PWM，主要有以下两种方法。

1. 马鞍形波与三角波比较法

马鞍形波与三角波比较法也就是谐波注入PWM方式（HIPWM），其原理是在正弦波中加入一定比例的三次谐波，调制信号便呈现出马鞍形，而且幅值明显降低，于是在调制信号的幅值不超过载波幅值的情况下，可以使基波幅值超过三角波幅值，从而提高了直流电压利用率。而在三相无中线系统中，由于三次谐波电流无通路，所以三个线电压和线电流中均不含三次谐波。

除了可以注入三次谐波以外，还可以注入其他3倍频于正弦波信号的波形，这些信号都不会影响线电压。这是因为，经过PWM调制后，逆变电路输出的相电压也必然包含相应的3倍频于正弦波信号的谐波，但在合成线电压时，各相电压中的这些谐波将互相抵消，从而使线电压仍为正弦波。

2. 单元脉宽调制法

因为三相对称线电压有 $U_{UV}+U_{VW}+U_{WU}=0$ 的关系，所以，某一线电压任何时刻都等于另外两个线电压负值之和。现在把一个周期等分为6个区间，每区间60°，对于某一线电压如 U_{UV}，半个周期两边60°区间用 U_{UV} 本身表示，中间60°区间用 $-(U_{VW}+U_{WU})$ 表示，当将 U_{VW} 和 U_{WU} 作同样处理时，就可以得到三相线电压波形中只有半周内两边60°区间的两种波形形状，并且有正、有负。把这样的电压波形作为脉宽调制的参考信号，载波仍用三角波，并把各区间的曲线用直线近似（实践表明，这样做引起的误差不大，完全可行），就可以得到线电压的脉冲波形，该波形是完全对称的，且规律性很强，负半周是正半周相应脉冲列的反相，因此，只要半个周期两边60°区间的脉冲列一经确定，线电压的调制脉冲波形就惟一地确定了。这个脉冲并不是开关器件的驱动脉冲信号，但由于已知三相线电压的脉冲工作模式，就可以确定开关器件的驱动脉冲信号了。

该方法不仅能抑制较多的低次谐波，还可减小开关损耗和加宽线性控制区，同时还能简化微机控制算法，但该方法只适用于异步电动机，应用范围较小。

5.5.3 电流控制PWM技术

电流控制PWM的基本思想是把希望输出的电流波形作为指令信号，把实际的电流波形作为反馈信号，通过两者瞬时值的比较来决定各开关器件的通断，使实际输出随指令信号的改变而改变。其实现方案主要有以下3种。

1. 滞环比较法

这是一种带反馈的PWM控制方式，即每相电流反馈回来与电流给定值经滞环比较器，得出相应桥臂开关器件的开关状态，使得实际电流跟踪给定电流的变化。该方法的优点是电路简单，动态性能好，输出电压不含特定频率的谐波分量。其缺点是开关频率不固定，造成较为严重的噪音，和其他方法相比，在同一开关频率下输出电流中所含的谐波较多。

2. 三角波比较法

该方法与SPWM法中的三角波比较方式不同，它是把给定电流与实际输出电流进行比较，求出偏差电流，通过放大器放大后再和三角波进行比较，产生PWM波。此时开关频率一定，因而克服了滞环比较法频率不固定的缺点。但是，这种方式电流响应不如滞环比较法快。

3. 预测电流控制法

预测电流控制是在每个调节周期开始时，根据实际电流误差、负载参数及其他负载变量，来预测电流误差矢量趋势，下一个调节周期由PWM产生的电压矢量将用于减小所预测的误差。该方法的优点是，若给出调节器除误差外更多的信息，则可获得比较快速、准确的响应。目前，这类调节器的局限性是响应速度及过程模型系数参数的准确性。

5.5.4 空间电压矢量控制PWM

空间电压矢量控制PWM（SVPWM）法也叫磁通正弦PWM法。它以三相波形整体生成效果为前提，以逼近电动机气隙的理想圆形旋转磁场轨迹为目的，用逆变器在不同的开关模式下所产生的实际磁通去逼近基准圆磁通，由它们的比较结果决定逆变器的开关，形成PWM波形。此法从电动机的角度出发，把逆变器和电动机看作一个整体，以内切多边形逼近圆的方式进行控制，使电动机获得幅值恒定的圆形磁场（正弦磁通）。

5.5.5 非线性控制PWM技术

单周控制法又称积分复位控制法（IRC），是一种新型非线性控制技术，其基本思想是控制开关占空比，在每个周期，使开关变量的平均值与控制参考电压相等或成一定比例。该技术同时具有调制和控制的双重性，通过复位开关、积分器、触发电路、比较器达到跟踪指令信号的目的。单周控制器由控制器、比较器、积分器及时钟组成，其中控制器可以是RS触发器，其控制原理如图5-28所示。图中S可以是任何物理开关，也可是其它可转化为开关变量形式的抽象信号。

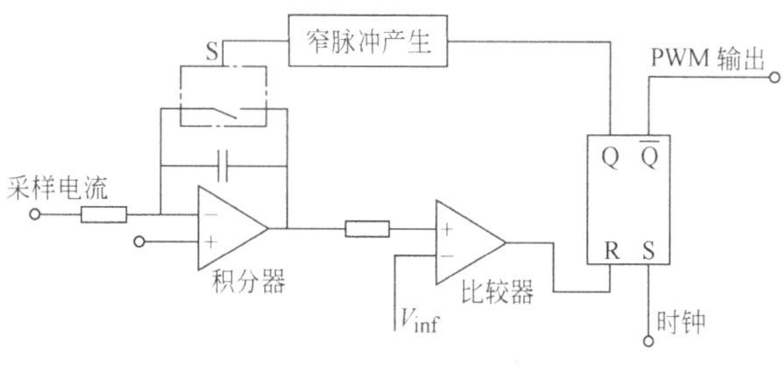

图5-28 单周控制原理图

单周控制在控制电路中不需要误差综合，它能在一个周期内自动消除稳态、瞬态误差，使前一周期的误差不会带到下一周期。虽然硬件电路较复杂，但其克服了传统的PWM控制方法的不足，适用于各种脉宽调制软开关逆变器，具有反应快、开关频率恒定、鲁棒性强等优点，此外，单周控制还能优化系统响应、减小畸变和抑制电源干扰，是一种很有研究价值的控制方式。

5.6 基于单片机的交流变频调速系统

本节介绍由8098单片机作为主控制器的，具有高度灵活性和可靠性的交流电动机变频调速系统。此系统中以Intel公司的8098单片机作为主控制器，并且采用电力晶体管GTR作为逆变器功率开关器件，具有完善的电流、电压、转速的检测、控制和显示，以及过电压、过电流保护功能。另又增加了串行通信口，采用两线制RS-485通信结构，可靠通信距离为1.2km，该系统可方便地组网控制或组成分布式集散控制系统，也可单独作为直接控制器来使用。

5.6.1 变频调速系统的硬件组成

8098单片机变频调速系统框图如图5-29所示。

如系统框图5-29所示，交流变频调速系统的硬件是由变频调速主回路、电力晶体管驱动电路、SPWM脉冲形成电路、单片机控制系统、信号检测电路、辅助输入输出电路和电源电路等7大部分组成。

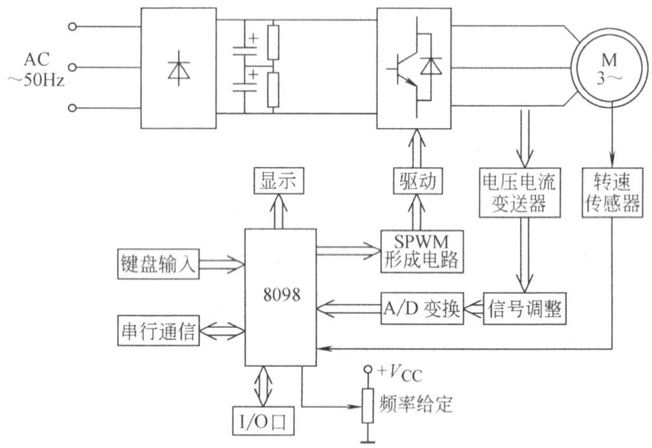

图5-29 8098单片机变频调速系统框图

(1) 变频调速主电路 变频调速主电路为交-直-交电压型变频器电路，其整流器由6只二极管组成三相桥式整流电路，将三相交流电整流后再由电容滤波，为变频调速主回路提供直流电源；逆变器功率元件由6只GTR组成；6只快恢复二极管反并联于GTR的两端，组成功率管的保护部分。

(2) 电力晶体管驱动电路 功率晶体管基极驱动电路采用MPD1203厚膜集成电路，以简化系统结构，提高系统可靠性。MPD1203集成电路集光电隔离与驱动电路于一身，为GTR提供正或负的基极电流，控制GTR的导通或关断。

(3) SPWM脉冲形成电路 正弦SPWM脉冲信号发生电路采用大规模集成电路HEF4752，它是专门用于产生正弦脉宽调制信号的大规模集成电路，其引脚如图5-30所示。

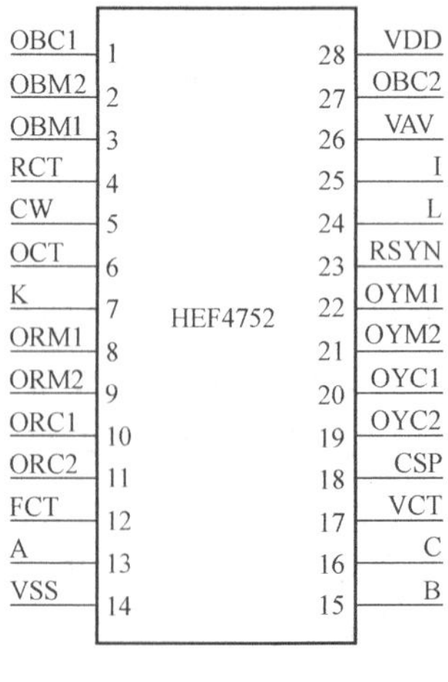

图5-30 HEF4752引脚图

HEF4752集成电路输出3对互补的脉宽调制驱动波形，由它们去驱动三相逆变桥功率器件，从而产生对称的三相输出。

为了避免逆变桥中同一相上下2只开关器件同时导通引起短路，在它们切换时，插入互锁推迟间隔，以确保有足够的换相时间。在HEF4752集成电路中，由推迟间隔选择端K和时钟输入OCT共同决定推迟间隔的长短。当K为高电平时，推迟间隔时间 $T_b = 16/f_{OCT}$；当K为低电平时，$T_b = 8/f_{OC}$。

三相SPWM输出波形的频率、电压和每周期的脉冲数，分别由3个时钟输入FCT，VCT，OCT决定。它的输入由8098单片机改变计数常数，经可编程计数器8254输出方波信号获得。采用专用 SPWM 芯片 HEF4752 使系统可靠性好，应用方便，编程简单。

(4) 单片机控制系统 单片机控制系统组成框图如图 5-31 所示。

由图 5-31 可知，本系统由 8098 单片机，EPROM2764，RAM6264 构成主体部分。外围扩展有键盘和数码显示接口芯片 8279、并行输入输出芯片 8255、时钟芯片 DS12887、定时器计数器接口芯片 8254、双四选一模拟开关 4052、锁存器 74LS373 和串行 RS-485 标准通信驱动接口芯片 75176 构成一个完整的变频调速中心控制系统。

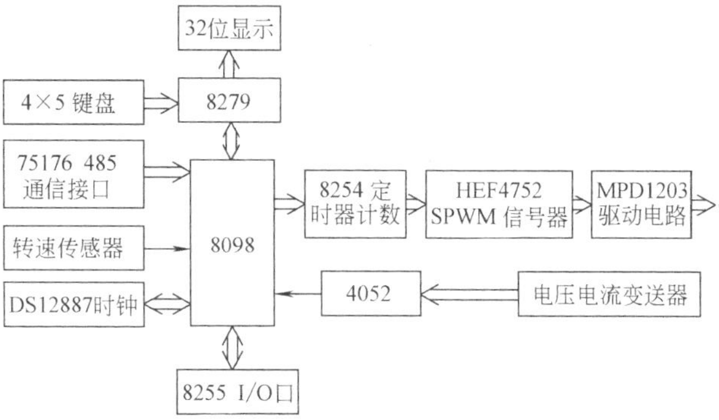

图 5-31 单片机控制系统组成框图

系统内由键盘和数码显示芯片 8279 构成了 32 位数码管显示和 4×5 键盘矩阵。32 位数码显示分别显示 6 位时间、4 位给定转速、4 位实际转速、4 位运行频率、2 位运行指示和 1 个 3 位的运行电压、3 个 3 位的运行电流。键盘矩阵分别有 0 至 9 共 10 个数字键和 8 个功能键与 2 个备用键。

并行输入、输出接口芯片 8255 为双四选一开关 4052 发送控制信号。

DS12887 是一片内带锂电池、晶振的时钟芯片。它可以为系统提供一个时间基准。在电动机电流过大保护时可以记录下时间。并且此芯片内有 128 字节的不掉电 RAM，可以在停电后保持数据不丢失。所以把系统运行中的一些参数储存在这里，如键盘输入的给定转速、最大电流等。

定时器计数器接口芯片 8254 内含 3 路 16 位可编程计数器定时器。8098 单片机定时对频率给定信号进行采样，根据 A/D 转换的结果或键盘的设定，或从上位机通过串行通信口设定的转速，经软件处理为适合 8254 可编程计数器的计数常数。8254 装入由单片机送出的计数常数后便产生相应频率的方波信号。单片机一旦改变送出的计数常数，就可以改变 8254 输出的方波信号的频率。这个方波信号作为 SPWM 芯片 HEF4752 的时钟输入 FCT。因此，调节频率给定信号，也就是改变了 8254 的计数常数，也即改变了 HEF4752 的时钟输入 FCT 的频率，从而改变逆变器输出的频率，实现电动机的变频调速。

双四选一模拟开关 4052 是作为 8098 模拟输入的扩展来使用的。因为 8098 有 4 路 10 位的模数转换输入，因此，可通过它外接可调模拟电压作为频率给定和 V/F 调节。另外，单片机可通过 4052 扩展为 8 路模数转换。其中 4 路接一个电压与 3 个电流信号，另 4 路可根据不同需要作不同的用途。

8098 单片机通过 74LS373 锁存与 74LS274 驱动后控制 HEF4752 的 5 脚、24 脚，来实现电动机的起停控制与正反转控制。

75176 是 RS-485 标准的通信驱动芯片。在 2400 波特时有效距离为 1200m，用于系统中有上位机时，8098 单片机与上位机之间的通信。上位机可通过串行口向单片机下达开关机等命令及各种运行参数，也可随时得到现场的各种数据与电动机运行参数，实现两级控制。

(5) 信号检测电路　信号检测电路主要完成电动机的电压、电流和转速等信号的采集。这部分工作分别由相应的传感器完成。比较理想的是采用霍尔器件的电流、电压传感器和霍尔转速传感器。由于这一部分早已成为商品模块，有统一的接口标准，只存在不同应用的选型问题，所以在这里不再详述。

(6) 辅助输入、输出电路　辅助输入、输出电路是由 8255 组成的并行输入、输出接口电路和模数转换电路未用完的模拟输入口组成，主要是为了保证系统的灵活性。

(7) 电源电路　电源是系统极其重要的一部分，是系统稳定运行的基础。由于关于电源部分的设计成型电路及现成模块都很多，故而在本文中没有出现。

5.6.2　变频调速系统的软件组成

变频调速系统软件主要由主程序、外部中断服务程序、显示子程序、串行通信子程序、键盘输入子程序和高速输入部件中断子程序等组成。各程序模块功能如下。

(1) 主程序　主程序的作用是首先完成各个部件的初始化工作，设定好各个中断向量，为各个部件以后的工作做好基础。然后就不停的进行模数转换和数据处理，同时等待各中断的到来，转入相应的中断服务子程序。主程序框图如图 5-32 所示。

(2) 外部中断服务程序　外部中断服务程序的功能比较简单，只视为电动机停止的控制。当外部中断发生时，清除 8254 中的数据来关断 GTR，完成停止电动机的过程。外部中断服务程序框图如图 5-33 所示。

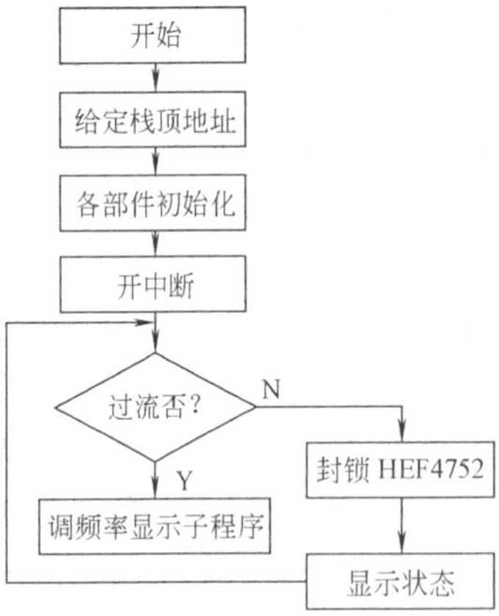

图 5-32　主程序框图

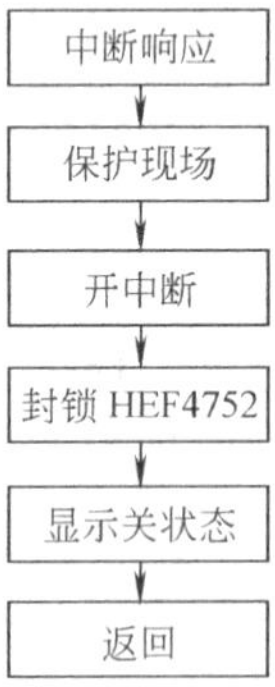

图 5-33　外部中断服务程序框图

(3) 串行通信子程序　串行通信子程序用在有上位机或数台机器联用时。该子程序框图如图 5-34 所示。

(4) 高速输入部件中断子程序　高速输入部件中断子程序的作用是管理好 4 个输入中断。当输入中断发生时，根据不同引脚中断的发生，由不同的处理子程序分别完成转速的测量，键盘的中断输入，时钟的更新等工作。高速输入部件中断子程序框图如图 5-35 所示。

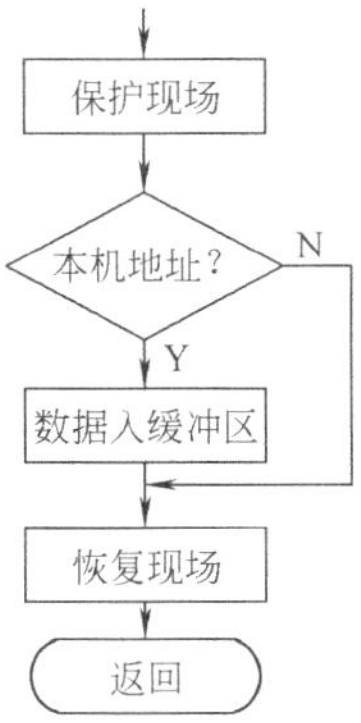

图 5-34 串行通信子程序框图

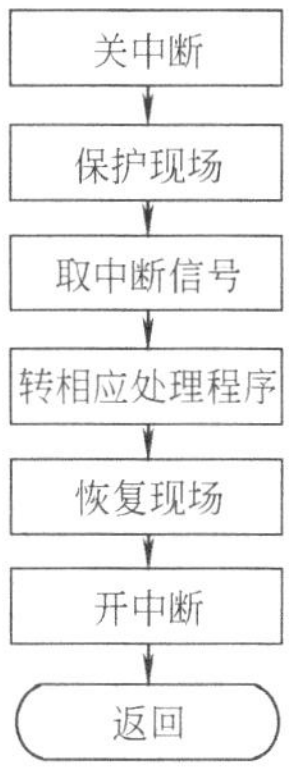

图 5-35 高速输入部件中断子程序框图

5.7 矢量控制与直接转矩控制

5.7.1 矢量控制

直流他励电动机之所以具有良好的静、动态特性，是因为其励磁电流 i_m 和电枢电流 i_a 是两个可以独立控制的变量，只要分别控制这两个变量，就可以独立地控制直流他励电动机的励磁磁通和电磁转矩。直流电动机的电磁转矩表达式为

$$T_e = C_m \Phi_m i_a$$

式中 T_e——直流电动机的电磁转矩（N·m）；

C_m——电磁转矩系数；

Φ_m——直流电动机的励磁磁通（Wb）。

如不考虑磁路饱和的影响，也不考虑电枢反应，则可用图 5-36 来表示直流他励电动机的电磁关系。

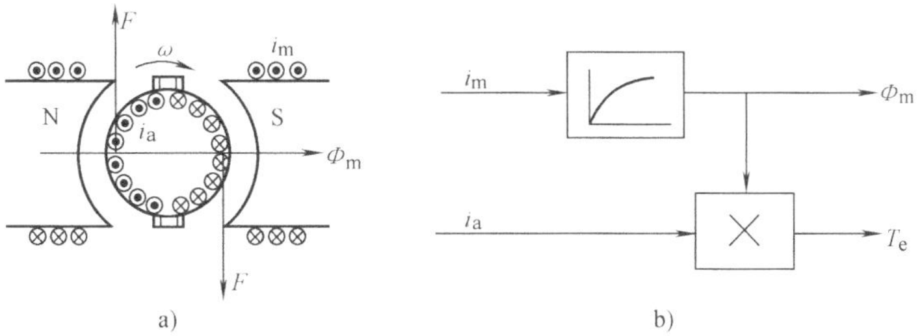

图 5-36 直流电动机电磁关系示意图

励磁磁通 Φ_m 由励磁电流 i_m 产生，它与励磁电流 i_m 成正比而与电枢电流 i_a 无关。由此可以看出，这是一种解耦系统，由于 i_a 是只有大小和正负变化的标量，因而控制系统的结构也比较简单。

在直流调速系统之中（弱磁升速除外），一般是磁通 Φ_m 可以先建立而且不参与系统的

动态调节。直流电动机的运动方程式为

$$T_e - T_L = \frac{GD^2}{375}\frac{dn}{dt}$$

式中 T_L——负载转矩（N·m）；

GD^2——飞轮力矩（N·m²）；

当负载转矩 T_L 发生变化时，只要调节电枢电流 i_a，即可调节电磁转矩 T_e，从而获得满意的动态特性。

对于交流异步电动机来说情况就复杂得多。由于三相异步电动机的电磁转矩表达式为

$$T_e = C_m \Phi_m I_2' \cos\varphi_2$$

在交流异步电动机中，电动机的气隙磁通 Φ_m、转子电流 I_2' 和转子功率因数 $\cos\varphi_2$ 都是转差率 s 的函数，并且各量之间又处于相当复杂的耦合状态，使得交流异步电动机的转矩控制问题变得相当复杂。

基于上述原因，希望能用与控制直流电动机相类似的原理去控制交流电机。三相异步电动机的矢量控制方法正是这一思路的体现，它是在等效原则基础上，通过矢量坐标变换，把三相异步电动机等效成直流电动机进行控制的。

由电机学原理可知，三相异步电动机三相定子绕组 A、B、C 中的电流 i_A、i_B、i_C 在空间产生一个角速度为 ω_1 的旋转磁场，如图 5-37a 所示。产生旋转磁场并非一定是三相绕组，如图 5-37b 所示，取空间相互垂直的两相静止绕组 α、β，并且在 α、β 绕组中通以互差 90°的两相平衡交流电流 i_α、i_β 时，同样能建立一个旋转磁场，当旋转磁场的强弱和转向与三相绕组产生的合成磁场相同时，则两相 α、β 绕组与三相 A、B、C 定子绕组等效。

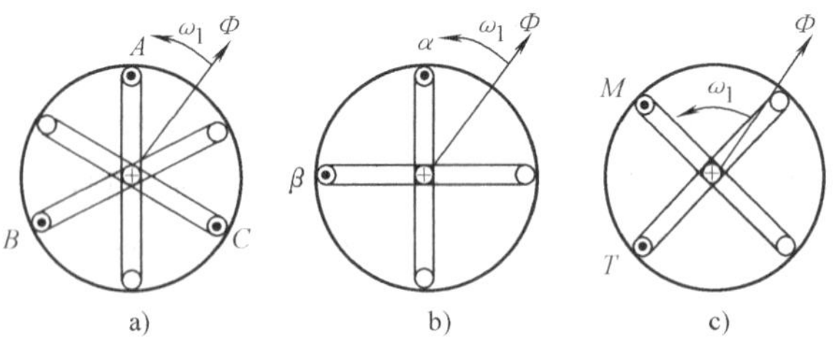

图 5-37　等效的交流电动机与直流电动机绕组

再假想有两个相互垂直的 M 绕组和 T 绕组，在 M 绕组中通以直流电流 i_M，T 绕组中通以直流电流 i_T，并将此固定绕组以同样的角速度 ω_1 旋转起来，则 M、T 两相旋转绕组所产生的合成磁场也是一个旋转磁场。再进一步地使 M 绕组轴线与三相绕组的旋转磁场 Φ 方向相同，如图 5-37c 所示，则 i_M 就相当于直流电动机的励磁电流分量，由它来产生直流电动机的磁场，而与磁场 Φ 垂直的分量 i_T 则相当于直流电动机的电枢电流，即转矩电流分量。调节 i_M 即可调节磁场的强弱，调节 i_T 即可在磁场恒定的情况下调节转矩的大小。这种通过矢量坐标变换实现的控制系统就叫作矢量控制系统，简称 VC 系统。

矢量控制也称磁场定向控制，通过上述分析可知，其基本原理是：将异步电动机在三相坐标系下的定子电流 i_A、i_B、i_C，通过三相/二相（3S/2S）变换，等效成两相静止坐标系下的交流电流 i_α、i_β，再通过按转子磁场定向旋转变换，等效成同步旋转坐标系下的直流电流 i_M 及 i_T，然后模仿对直流电动机的控制方法，实现对交流电动机的控制。其实质是将交流电动机等效为直流电动机，分别对速度、磁场两个分量进行独立控制。通过控制转子磁链，然后分解定子电流而获得转矩和磁场两个分量，经坐标变换，实现正交或解耦控制。

但是，由于转子磁链难以准确观测，以及矢量变换的复杂性，使得实际控制效果往往难以达到理论分析的效果，这是矢量控制技术在实践上的不足。此外，它必须直接或间接地得到转子磁链在空间上的位置才能实现定子电流解耦控制，因此，在这种矢量控制系统中需要配置转子位置或速度传感器，这显然给许多应用场合带来不便。

5.7.2　直接转矩控制

1985年德国鲁尔大学Depenbrock教授首先提出直接转矩控制理论（DTC）。直接转矩控制系统是近十年来继矢量控制系统之后发展起来的一种新型的具有高性能的交流变频调速系统。

1. 工作原理

矢量控制系统是通过模仿直流电动机的控制，以转子磁链定向，用矢量变换的方法，实现对异步电动机的转速（转矩）和磁链完全解耦的控制系统。直接转矩控制与矢量控制不同，它不是通过控制电流、磁链等量来间接控制转矩，而是把转矩直接作为被控量来控制，它也不需要解耦电动机模型，而是在静止的坐标系中计算电动机磁通和转矩的实际值，然后，经磁链和转矩的Band-Band控制产生PWM信号，对逆变器的开关状态进行最佳控制，在很大程度上解决了矢量控制中运算控制复杂、特性易受电动机参数变化的影响、实际性能难于达到理论分析结果等一些重大问题，克服了矢量控制中的不足，能方便地实现无速度传感器化，有很快的转矩响应速度和很高的速度及转矩控制精度，并以新颖的控制思想，简洁明了的系统结构，优良的动、静态性能得以迅速发展。

图5-38所示为按定子磁链控制的直接转矩控制系统的原理框图。和矢量控制系统一样，它也是分别控制异步电动机的转速和磁链，而且采用在转速环内再设置转矩内环的方法，以抑制磁链变化对转速系统的影响，因此，转速与磁链子系统也是近似解耦的。

直接转矩控制系统中的核心问题是转矩和定子磁链观测模型以及如何根据转矩和磁链的偏差信号来选择电压空间矢量控制器的开关状态。

图5-38所示的控制系统，在每个采样周期采集现场的定子磁链值 Ψ_1 和转矩值 T_e，并分别同给定的定子磁链值 Ψ_1^* 和转矩值 T_e^* 进行比较，以控制定子磁链偏差 $\Delta\Psi_1=\Psi_1^*-\Psi_1$ 和转矩值偏差 $\Delta T_e=T_e^*-T_e$ 分别在相应的范围内（磁链宽带和转矩宽带）为目的，从而确定逆变器的六个功率开关器件的状态（开关策略）。转矩和定子磁链的这种控制方式为直接反馈的双位式Band-Band控制，它避开了将定子电流分解成转矩分量和励磁分量这一做法，省去了旋转坐标变换，简化了控制系统的结构。但也带来了转矩脉动这一不利现象，因

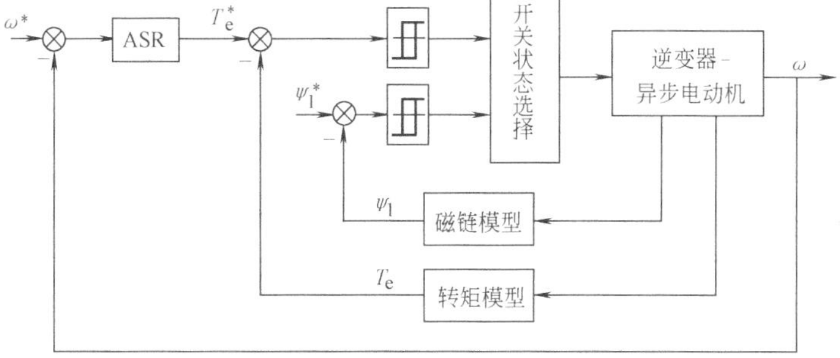

图5-38　直接转矩控制系统结构示意图

而限制了调速范围。

2. 直接转矩控制系统的特点

直接转矩控制系统有以下几个主要特点。

1）直接转矩控制是直接在定子坐标系下分析交流异步电动机的数学模型，控制其磁链和转矩，因此，它所需进行的信号处理特别简单。

2）直接转矩控制中，磁场定向用的是定子磁链，只要知道了定子电阻就可以把定子磁链观测出来。因而大大地减少了控制性能受参数变化的影响。

3）直接转矩控制是采用空间矢量的概念来分析异步电动机的数学模型，并控制其物理量，使问题变得简单明了。

4）直接转矩控制是把转矩直接作为被控量，因此，它并非要获得理想的正弦波电流，或是强调圆形的磁链轨迹，而是追求转矩的直接控制效果。

5）直接转矩控制是利用空间矢量的分析方法，直接在定子坐标系下计算电动机的转矩，借助于开关控制产生 PWM 信号，它没有通常的 PWM 信号发生器。该控制系统的转矩响应迅速，且无超调，是一种高性能的交流调速方法。

实际上，直接转矩控制也存在缺点，如逆变器开关频率的提高受限制等。

5.7.3　直接转矩控制系统与矢量控制系统的比较

直接转矩控制系统和矢量控制系统都是已经获得实际应用的高性能异步电动机调速系统，都采用转矩和磁链分别控制。两者在性能上各有特点。

矢量控制系统强调转矩与转子磁链解耦，有利于分别设计转速调节器与转子磁链调节器，可以实行连续控制，调速范围宽。但转子磁链的测量受电动机转子参数影响大，降低了系统鲁棒性。

直接转矩控制系统则是直接进行转矩和定子磁链的 Band-Band 控制，不用旋转坐标变换，控制过程中所需的控制运算大大减小，控制的是定子磁链而不是转子磁链，不受转子参数的影响，但不可避免地产生转矩脉动，降低了调速性能。表 5-2 列出了两种系统的特点和性能比较。

表 5-2　直接转矩控制系统与矢量控制系统的比较

系统名称 / 性能指标	直接转矩控制系统	矢量控制系统
磁链控制	定子磁链	转子磁链
转矩控制方式	Band-Band 控制，脉动	连续控制，平滑
坐标变换形式	3S/2S 变换	3S/2S 变换，2S/2R 旋转变换
转子参数变化的影响	无	有
调速范围	不够宽	比较宽

从表 5-2 中可以看出，如能将直接转矩控制系统和矢量控制系统结合起来，取长补短，应能构成性能更优越的控制系统，这正是当前国内外交流异步电动机变频调速的研究方向之一。

本章小结

1. 交流变频调速的基本控制方式有：U_1/f_1 = 常数的恒压频比控制方式，恒电压控制方式，此外还有恒电流控制方式。

2. 恒压恒频时的机械特性：s 很小时，T_e 近似与 s 成正比，机械特性 $T_e=f(s)$ 是一直线段；在 s 接近于1时，T_e 近似与 s 成反比，机械特性 $T_e=f(s)$ 是对称于原点的一段双曲线。

恒压频比控制方式下的机械特性：在恒压频比条件下改变频率时，机械特性直线段是平行上下移动的；在恒压频比控制变频调速时，电动机的最大转矩是随着频率的降低而减小的，频率很低，最大转矩变得太小将会限制调速系统的带负载能力。

恒电压控制方式下的机械特性：当频率提高时，同步转速随之提高，最大转矩相应减小，机械特性曲线上移。

恒电流控制方式下的机械特性：恒流变频调速时机械特性的直流段比较平直，最大转矩处的曲线形状很尖，最大转矩 T_{emax} 与频率 f_1 无关，而是由恒流值 I_1 决定。

3. 从整体结构上看，电力电子变压变频器可分为交-直-交和交-交两大类。在交-直-交变压变频器中，按照中间直流环节直流电源性质的不同，逆变器可以分成电压源型和电流源型两类。

4. 所谓PWM技术就是指利用半导体开关器件的导通和关断，把直流电压变成一系列等幅不等宽的矩形电压脉冲序列，通过控制矩形电压脉冲的宽度和周期，来实现变压变频以及控制和消除谐波的技术。由 n 个等幅不等宽的矩形脉冲所形成的波形就与正弦波的波形等效，称作SPWM波形；根据载波的不同，SPWM调制分为单极性与双极性两种调制方式；SPWM脉宽调制受开关频率和调制度的制约；SPWM脉宽调制又有同步调制与异步调制之分；正弦波脉宽调制的实现方法有自然采样法和规则采样法。

5. 变频调速采用的其他脉宽调制（PWM）技术还有相电压控制PWM、线电压控制PWM、电流控制PWM、空间电压矢量控制PWM和非线性控制PWM。

6. 矢量控制基本原理是将异步电动机在三相坐标系下的定子电流 i_A、i_B、i_C，通过三相/二相（3S/2S）变换，等效成两相静止坐标系下的交流电流 i_α、i_β 再通过按转子磁场定向旋转变换，等效成同步旋转坐标系下的直流电流 i_M 及 i_T，然后模仿对直流电动机的控制方法，实现对交流电动机的控制。

7. 直接转矩控制是在静止的坐标系中计算电动机磁通和转矩的实际值，然后，经磁链和转矩的Band-Band控制产生PWM信号，对逆变器的开关状态进行最佳控制，省去了旋转坐标变换，简化了控制系统的结构。

习 题

5-1 简述变频调速技术在节能方面的作用。

5-2 变频调速具有哪些优点？

5-3 异步电动机变频调速时，采用 U_s/f_1 = 常数的控制方式，在低频时会出现什么现象？通常采用什么方法克服？

5-4　在基频以下变频调速时保持 U_s/f_1 = 常数，此常数如何确定？

5-5　异步电动机变频调速时，常用的控制方式有哪几种？它们的基本思想是什么？分析其机械特性。

5-6　如何区别交-直-交变压变频器是电压源型还是电流源型？二者在性能上有何不同？

5-7　简述交-交变频器的控制方式。

5-8　简述交-直-交 PWM 变压变频器的优点。

5-9　什么是 PWM 技术？什么是 SPWM 技术？

5-10　什么是单极性调制和多极性调制？各有什么特点？

5-11　什么是同步调制和异步调制？各有什么特点？分段同步调制有何优点？

5-12　在用软件生成 SPWM 波形时，什么是自然采样法和规则采样法？

5-13　简述 8098 单片机变频调速系统的硬件组成、主要程序软件及其各部分的功能。

5-14　简述矢量控制和直接转矩控制的基本思想，并比较其各自的特点。

第6章　变频器的应用

目前，变频器已广泛应用于工业、农业、民用等不同场合的交流调速系统中。本章首先对通用变频器进行概述性的介绍，其内容包括通用变频器主电路结构和额定参数，通用变频器的选型和容量计算，变频器的运行功能等，基于对变频器知识的掌握程度应达到操作层面，本章介绍变频器的安装与接线，变频器的常见故障和抗干扰措施等，最后，介绍市场上常见的ABB和富士变频器产品的主要参数与设置方法，并在应用举例中介绍爱默生变频器。

6.1　通用变频器主电路结构和额定参数

目前，变频器已迈进了高性能、多功能、小型化和廉价化阶段。随着电力电子技术、数字控制技术、电路集成技术和控制理论的迅速发展，变频器成本的不断下降，使得变频器的应用越来越广泛；和其他调速方式相比，变频调速以其极高的性价比得到了用户的普遍认可，成为电动机调速领域的主力军。

6.1.1　通用变频器主电路的结构

目前，变频器的生产厂家和型号众多，外观也千差万别，图6-1所示为SIEMENS公司和ABB公司生产的某型号通用变频器外观图。

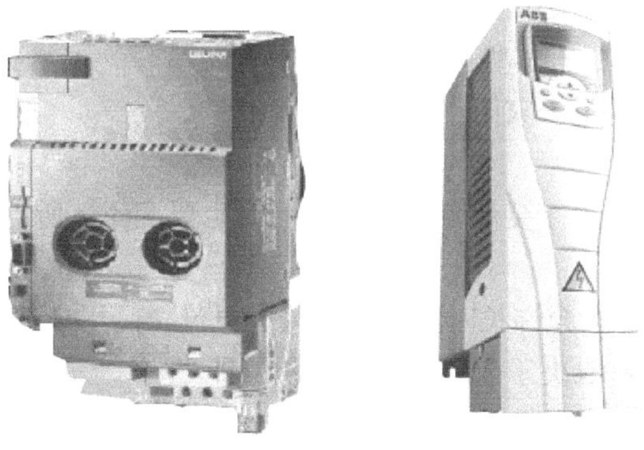

图6-1　通用变频器外观图

无论外观如何，无论哪个厂家的产品，通用变频器内部主电路结构却基本上是一致的，如图6-2所示。

整流电路一般由二极管整流桥模块实现，如图6-3所示，而逆变电路则由全控功率器件模块（如IGBT）实现，如图6-4所示。

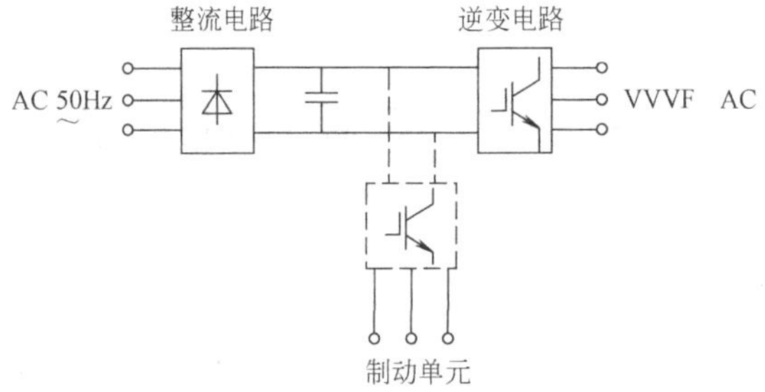

图 6-2 通用变频器主电路结构

图 6-3 二极管整流桥模块

图 6-4 IGBT 模块

6.1.2 通用变频器的额定参数

在实际应用过程中，变频器的额定参数主要有：

1. 输入侧的额定值

主要是电压和相数。在我国，中、小容量变频器中，输入电压的额定值有以下几种（均为线电压）：

1）380V，3 相，最普遍采用的类型；

2）220V，3 相，主要用于某些进口设备中；

3）220V，单相，主要用于家用小容量变频器中。

2. 输出侧的额定值

1）输出额定电压 U_N：由于变频器在变频的同时也要变压，所以输出电压的额定值是指输出电压中所允许的最大值。

2）输出额定电流 I_N：指允许长时间输出的最大电流，是用户选择变频器时的主要依据。

3）输出额定容量 S_N：取决于 U_N 和 I_N 的乘积，即

$$S_N = \sqrt{3}U_N I_N$$

4）配用电动机容量 P_N：对于变频器说明书中规定的配用电动机容量。

5）过载能力：变频器的过载能力是指其输出电流超过额定输出电流的允许时间。

3. 频率指标

1）频率范围：即变频器输出的最高频率和最低频率。

2）频率精度：指变频器输出频率的准确程度。

3）频率分辨率：指输出频率的最小改变量，即每相邻两档频率之间的最小差值。

6.2　通用变频器的选型和容量计算

6.2.1　变频器的选型原则

变频器具有良好的调速性能，但不是在任何情况下都能正常工作，因此，变频器的正确选择对于控制系统的正常运行是非常关键的。选择变频器时必须要充分了解变频器所驱动的负载特性、工作环境等因素。

1. 负载类型

人们在实践中常将生产机械分为三种类型：恒转矩负载、恒功率负载和平方转矩负载。

（1）恒转矩负载　负载转矩 T_L 与转速 n 无关，任何转速下 T_L 总保持恒定或基本恒定。例如传送带、搅拌机、挤压机等摩擦类负载以及吊车、提升机等位能负载都属于恒转矩负载。变频器拖动恒转矩性质的负载时，低速时的转矩要足够大，并且有足够的过载能力。如果需要在低速时稳速运行，应该考虑标准异步电动机的散热能力，避免电动机的温升过高。

（2）恒功率负载　机床主轴和轧机、造纸机、塑料薄膜生产线中的卷取机、开卷机等设备要求的转矩，大体与转速成反比，这就是所谓的恒功率负载。负载的恒功率性质应该是就一定的速度变化范围而言的。当速度很低时，受机械强度的限制，T_L 不可能无限增大，在低速下转变为恒转矩性质。负载的恒功率区和恒转矩区对传动方案的选择有很大的影响。电动机在恒磁通调速时，最大允许输出转矩不变，属于恒转矩调速；而在弱磁调速时，最大允许输出转矩与速度成反比，属于恒功率调速。如果电动机的恒转矩和恒功率调速的范围与负载的恒转矩和恒功率范围相一致时，即所谓“匹配”的情况下，电动机的容量和变频器的容量均最小。

（3）平方转矩负载　在各种风机、水泵、油泵中，随叶轮的转动，空气或液体在一定的速度范围内所产生的阻力大致与速度 n 的 2 次方成正比。随着转速的减小，转矩按转速的 2 次方减小。这种负载所需的功率与速度的 3 次方成正比。当所需风量、流量减小时，利用变频器通过调速的方式来调节风量、流量，可以大幅度地节约电能。由于高速时所需功率随转速增长过快，与速度的 3 次方成正比，所以通常不应使风机、泵类负载超工频运行。

2. 变频器的选型原则和注意事项

1）根据负载特性选择变频器。如负载为恒转矩负载，可选择 SIEMENS 公司的 MMV/MDV，MM420/MM440 变频器，ABB 公司 ACS400 系列变频器等；如负载为风机、泵类负载可选择西门子 ECO、MM430 变频器，ABB 公司 ACS800 系列变频器等。

2）选择变频器时应以实际电动机电流值作为变频器选择的依据，电动机的额定功率只能作为参考。另外，应充分考虑变频器的输出含有丰富的高次谐波，会使电动机的功率因数和效率降低。因此，用变频器给电动机供电与用工频电网供电相比较，电动机的电流会增加 10%，而温升会增加 20% 左右。所以在选择电动机和变频器时，应考虑到这种情况，适当留有裕量，以防止温升过高，影响电动机的使用寿命。

3）变频器若需要长电缆运行时，应该考虑采取措施抑制长电缆对地耦合电容的影响，避免变频器出力不够。此时，变频器应放大一、两档选择或在变频器的输出端安装输出电抗器。

4）当变频器用于控制并联的几台电动机时，一定要考虑变频器到电动机的电缆的长度总和在变频器的容许范围内。如果超过规定值，要放大一档或两档来选择变频器。另外在此种情况下，变频器的控制方式只能为恒压频比控制方式，并且变频器无法实现电动机的过电流、过载保护，此时需在每台电动机侧加熔断器来实现保护。

5）对于一些特殊的应用场合，如高环境温度、高开关频率、高海拔等，此时会引起变频器的降容，因此需放大一档选择。

6）使用变频器控制高速电动机时，由于高速电动机的电抗小，会产生较多的高次谐波。而这些高次谐波会使变频器的输出电流值增加。因此，选择用于高速电动机的变频器时，应比普通电动机的变频器稍大一些。

7）变频器用于变极电动机时，应充分注意选择变频器的容量，使其最大额定电流在变频器的额定输出电流以下。另外，在运行中进行极数转换时，应先停止电动机工作，否则会造成电动机空转，恶劣时会造成变频器损坏。

8）驱动防爆电动机时，变频器没有防爆构造，应将变频器设置在危险场所之外。

9）使用变频器驱动齿轮减速电动机时，使用范围受到齿轮转动部分润滑方式的制约。润滑油润滑时，在低速范围内没有限制；在超过额定转速以上的高速范围内，有可能发生润滑油用光的危险。因此，不要超过最高转速允许值。

10）变频器驱动绕线转子异步电动机时，由于绕线电动机与普通的笼型电动机相比，绕线电动机绕组的阻抗小，因此，容易发生由于纹波电流而引起的过电流跳闸现象，所以应选择比通常容量稍大的变频器。

11）变频器驱动同步电动机时，与工频电源相比，会降低输出容量10% ~20%，变频器的连续输出电流要大于同步电动机额定电流与同步输入电流的标幺值的乘积。

12）对于压缩机、振动机等转矩波动大的负载和油压泵等有峰值转矩的负载，如果按照电动机的额定电流或功率值选择变频器，有可能发生因峰值电流使过电流保护动作的现象。因此，应了解工频运行情况，选择比其最大电流更大的额定输出电流的变频器。

13）变频器驱动潜水泵电动机时，因为潜水泵电动机的额定电流比通常电动机的额定电流大，所以选择变频器时，其额定电流要大于潜水泵电动机的额定电流。

14）当变频器控制罗茨风机或特种风机时，由于其起动电流很大，所以选择变频器时一定要注意变频器的容量是否足够大。

15）选择变频器时，一定要注意其防护等级是否与现场的情况相匹配。否则现场的灰尘、水汽会影响变频器的长久运行。

16）单相电动机不适用变频器驱动。

在实践中，根据以上原则对变频器选型，可以提高工作效率，减少因选型不当带来的时间上和成本上的损失。

6.2.2 变频器容量计算

变频器容量的选择是一个重要且复杂的问题，要考虑变频器容量与电动机容量的匹配，容量偏小会影响电动机有效转矩的输出，影响系统的正常运行，甚至损坏装置；而容量偏大则电流的谐波分量会增大，也增加了设备投资。

1. 变频器容量选择的步骤

变频器容量选择可分三步来进行：

1）了解负载性质和变化规律，计算出负载电流的大小或作出负载电流图 $I=f(t)$ 。

2）预选变频器容量及其他参数。

3）校验预选变频器。必要时进行过载能力和起动能力的校验。若都通过，则预选的变频器容量便选定了；否则从第2）步开始重新进行，直到通过为止。

在满足生产机械要求的前提下，变频器容量越小越经济。

2. 不同电动机负载时变频器容量的选择

一般地说，变频器的容量有三种表示方法：①额定电流；②适配电动机的额定功率。③额定视在功率。不管是哪一种表示方法，归根到底还是对变频器额定电流的选择，应结合实际情况，根据电动机有可能向变频器吸收的电流来选择。

通常变频器的过载能力有两种：①1.2 倍的额定电流，可持续 1min；②1.5 倍的额定电流，可持续 1min。一般变频器的允许电流与过程时间呈反时限的关系。如 1.2（1.5）倍的额定电流可持续 1min，而 1.8（2.0）倍的额定电流可持续 0.5min。这就意味着：①不论任何时候向电动机提供在 1min（或 0.5min）以上的电流都必须在某些范围内；②过载能力这个指标，对电动机来说，只有在起动（加速）过程中才有意义，在运行过程中，实际上等同于不允许过载。

下面分析如何根据电动机负载电流的情况来选择变频器的容量

（1）连续运行时所需的变频器容量的计算　由于变频器传给电动机的是脉冲电流，其脉动值比工频供电时电流要大，因此须将变频器的容量留有适当的余量。此时，变频器应同时满足以下三个条件：

$$S_N \geqslant \frac{KP_M}{\eta\cos\varphi} \tag{6-1}$$

式中　P_M——电动机最大输出功率（W）；

η——电动机效率（取 0.85）；

$\cos\varphi$——功率因数（取 0.75）。

$$S_N \geqslant K\sqrt{3}U_M I_M \times 10^{-3} \tag{6-2}$$

式中　U_M，I_M——电动机额定电压（V）、电流（A）；

K——电流波形的修正系数（PWM 方式取 1.05～1.1）；

S_N——变频器的额定容量（kV・A）。

$$I_N \geqslant KI_M \tag{6-3}$$

式中　I_N——变频器的额定电流（A）。

式（6-3）中 I_M 如按电动机实际运行中的最大电流来选择变频器，变频器的容量可以适当缩小。

（2）加减速时变频器容量的选择　变频器的最大输出转矩是由变频器的最大输出电流决定的。一般情况下，对于短时的加减速而言，变频器允许达到额定输出电流的 130%～150%（视变频器容量而定），因此，在短时加减速时的输出转矩也可以增大；反之，如只需要较小的加减速转矩时，也可降低选择变频器的容量。由于电流的脉动原因，此时应将变频器的最大输出电流降低 10% 后再进行选定。

（3）频繁加减速运行时变频器容量的选定　根据加速、恒速、减速等各种运行状态下的电流值，按下式确定：

$$I_N = K_0\left(\frac{I_1 t_1 + I_2 t_2 + \cdots + I_j t_j}{t_1 + t_2 + \cdots t_j}\right) \tag{6-4}$$

式中　I_N——变频器额定输出电流（A）；

K_0——安全系数（频繁加减速时取1.2，其他条件下为1.1）；

I_1、I_2、…、I_j——各运行状态平均电流（A）；

t_1、t_2、…、t_j——各运行状态下的时间（s）。

（4）一台变频器拖动多台电动机，且多台电动机并联运行，即成组传动时变频器容量的选择　用一台变频器使多台电动机并联运转时，对于一小部分电动机开始起动后，再追加投入其他电动机起动的场合，此时变频器的电压、频率已经上升，追加投入的电动机将产生大的起动电流，因此，变频器容量与同时起动时相比需要大些。

以变频器短时过载能力为150%，1min为例计算变频器的容量，此时若电动机加速时间在1min内，则应满足以下两式：

$$S_N \geqslant \frac{2}{3} S_{N1}\left[1 + \frac{n_S}{n_T}(K_S - 1)\right] \tag{6-5}$$

$$I_N \geqslant \frac{2}{3} n_T I_M\left[1 + \frac{n_S}{n_T}(K_S - 1)\right] \tag{6-6}$$

若电动机加速在1min以上时：

$$S_N \geqslant S_{N1}\left[1 + \frac{n_S}{n_T}(K_S - 1)\right] \tag{6-7}$$

$$I_N \geqslant n_T I_M\left[1 + \frac{n_S}{n_T}(K_S - 1)\right] \tag{6-8}$$

式中　n_T——并联电动机的台数；

n_S——同时起动的台数；

S_{N1}——连续容量（kV·A），$S_{N1} = KP_M n_T / \eta\cos\varphi$；

K_S——电动机起动电流/电动机额定电流。

变频器驱动多台电动机，但其中可能有一台电动机随时挂接到变频器或随时退出运行。此时变频器的额定输出电流可按下式计算：

$$I_N \geqslant K\sum_{i=1}^{j} I_{i(MN)} + 0.9 I_{MQ} \tag{6-9}$$

式中　$I_{i(MN)}$——电动机额定输入电流（A）；

I_{MQ}——最大一台电动机的起动电流（A）；

j——余下的电动机台数。

（5）电动机直接起动时所需变频器容量的计算　通常，三相异步电动机直接用工频起动时起动电流为其额定电流的5～7倍，对于电动机功率小于10kW的电动机直接起动时，可按下式选取变频器。

$$I_N \geqslant \frac{I_{db1}}{\lambda} \tag{6-10}$$

式中 I_{db1}——在额定电压、额定频率下电动机起动时的堵转电流（A）；

λ——变频器的允许过载倍数，$\lambda=1.3\sim1.5$。

在运行中，如电动机电流不规则变化，此时不易获得运行特性曲线，这时可用电动机在输出最大转矩时的电流限制在变频器的额定输出电流内这一条件进行选定。

（6）大惯性负载起动时变频器容量的计算　通用变频器过载容量通常多为125%、60s或150%、60s。当系统需要有超过此值的过载容量时，必须增大变频器的容量。这种情况下，一般按下式计算变频器的容量：

$$S_N \geqslant \frac{Kn_N}{9550\eta\cos\varphi}\left(T_L + \frac{GD^2}{375}\frac{n_M}{t_A}\right) \tag{6-11}$$

式中 GD^2——换算到电动机轴上的转动惯量值（$N \cdot m^2$）；

t_A——电动机加速时间（s），由负载要求确定。

（7）电动机轻载时变频器的选择　电动机的实际负载比电动机的额定输出功率小时，多认为可选择与实际负载相称的变频器容量，但是对于通用变频器，即使实际负载小，使用比按电动机额定功率选择的变频器容量小的变频器也并不理想，这主要是由于以下原因：

1）电动机在空载时也流过额定电流的30%～50%的励磁电流。

2）起动时流过的起动电流与电动机施加的电压、频率相对应，而与负载转矩无关，如果变频器容量小，此电流超过所允许最大电流，则往往不能起动。

3）电动机容量大，则以变频器容量为基准的电动机漏抗百分比变小，变频器输出电流的脉动增大，因而过流保护容易动作，往往不能运转。

4）电动机用通用变频器起动时，其起动转矩同用工频电源起动相比多数变小，根据负载的起动转矩特性，有时不能起动。另外，在低速运转区的转矩有比额定转矩减小的倾向，用选定的变频器和电动机不能满足负载所要求的起动转矩和低速区转矩时，变频器和电动机的容量还需要再加大。

以上讨论的是几种不同情况下变频器的容量计算与选择方法，具体选择容量时，既要充分利用变频器的过载能力，又要不至于在负载运行时使装置超温。有些制造厂商（如ABB公司）还备有确定装置定额软件，只要用户提供明确的负载图就可以确定装置的输出定额。

6.3 变频器的安装与接线

6.3.1 变频器的安装

在使用过程中，要保证变频器长期可靠运行，良好的安装环境是必需的。一般变频器安装时的要求如下。

1）应用环境应无浮尘、无腐蚀性气体或液体、无导电的污染物，如凝露、炭粉、金属颗粒等。

2）变频器必须垂直安装在一个平滑、牢固的表面。对于变频器的最小空间要求是外围尺寸加上变频器周围的通风空间，一般，变频器的上下左右应留出20cm的空间。

3）电动机和变频器之间的距离受最大电动机电缆长度的限制。

4）安装地点必须能承受变频器的重量和噪声输出。

5）环境温度，一般要求为 $-10\sim+40℃$。

6）环境湿度，相对湿度不超过 90%

变频器的安装需遵守下面所列的步骤。这些步骤必须按如下所示的顺序来操作。

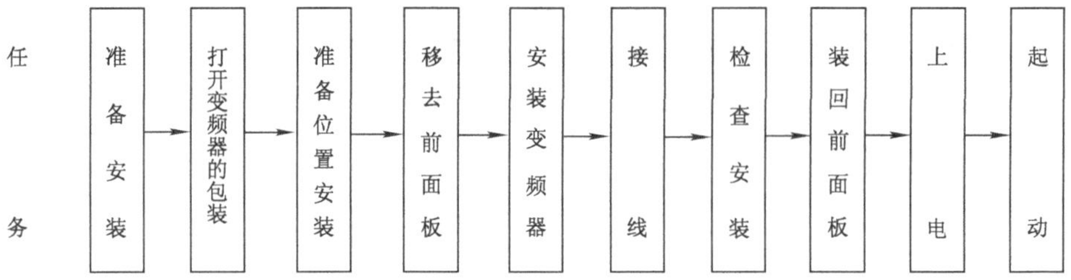

6.3.2 变频器的接线

1. 主电路接线

变频器使用过程中，须采取强制性主电路保护措施。下面这些措施对于安全至关重要，一旦变频器发生故障时，这些措施能够及时切断电源。

1）为变频器安装一个主接触器。

2）控制这个接触器，以致于当热继电器触点动作时，主接触器也能断开（即热继电器触点断开接触器）。

图 6-5 所示为一个简单的接线示例。

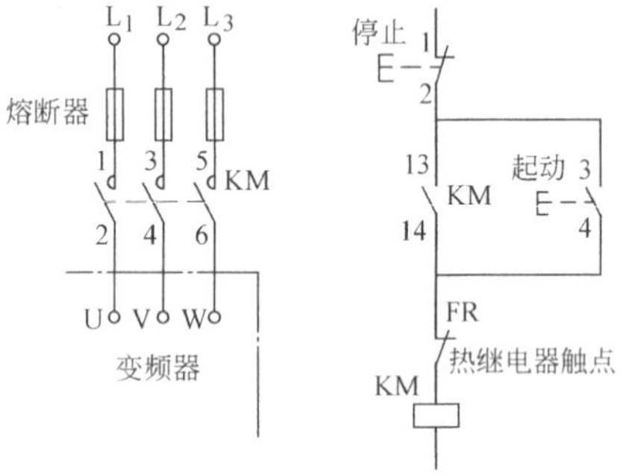

图 6-5 主接触器接线

变频器的功率连接端子在接线时，一般采用线鼻子，对于电缆截面积较小的，可选用环形线鼻子，按如下方法操作（如图 6-6 所示）：

1）选择合适的环形线鼻子。

2）将线鼻子与电缆连接起来。

3）使用热缩管绝缘环形线鼻子端。

4）将端子与变频器连接起来。

对于电缆截面积较大的，可采用压接式线鼻子。如果使用压接式线鼻子，采用下面程序来安装电缆线鼻子：

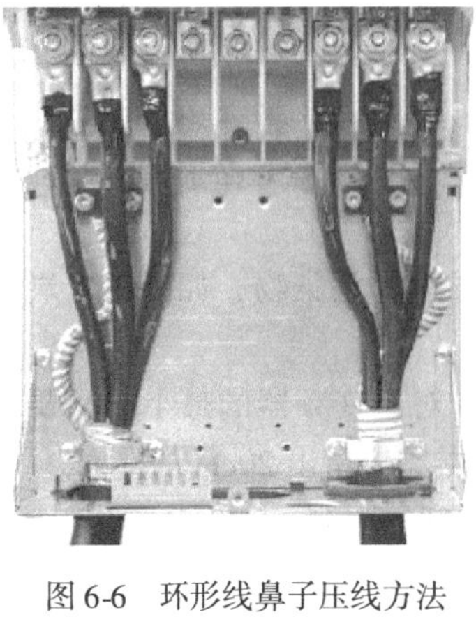

图 6-6 环形线鼻子压线方法

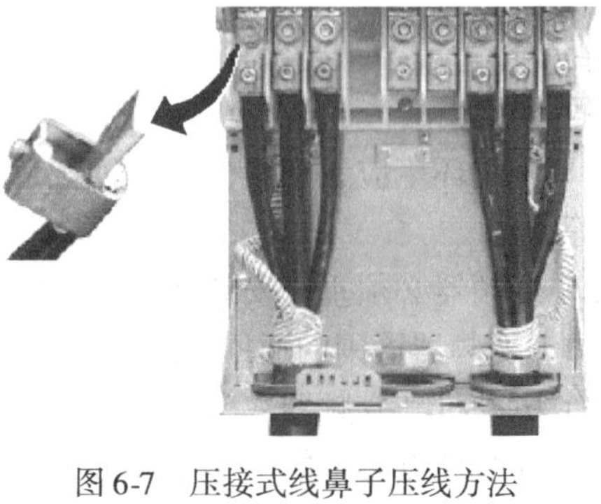

图 6-7 压接式线鼻子压线方法

1）将压接式线鼻子安装在电缆的传动端。

2）将线鼻子安装在变频器上（如图6-7所示）。

特别注意：接线时千万不要将进线电源连接到变频器的输出端。进线电源连接到输出端将导致变频器的永久损坏。其次不要将额定电压小于变频器额定输入电压一半的电动机连接到变频器上。

2. 控制电路接线

控制电路接线常规采用多芯、带辫状铜屏蔽层电缆（如图6-8所示），其额定温度大于或等于60℃，将屏蔽层拧成一束，屏蔽层束长度不应该长于它的直径的5倍，并且连接到变频器的相应端子上。不要连接电缆另一端的屏蔽层。

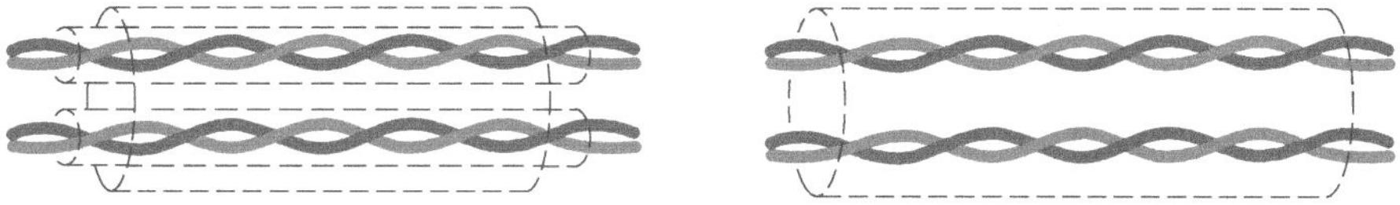

a)　　b)

图6-8　控制电路接线电缆

a）双屏蔽层　b）单屏蔽层

为了减小电缆的电磁干扰，应该合理布置控制电缆：

1）控制电缆走线应尽可能地远离电源电缆和电动机电缆（至少20 cm）。

2）如果控制电缆不可避免地与动力电缆交叉，两者夹角应尽可能地接近90°。

3）控制电缆走线应远离变频器（至少20 cm），以避免电磁干扰。

在同一根电缆中的不同类型的信号混用时，用户应注意：

1）同一根电缆中不能既走模拟信号又走数字信号。

2）继电器控制信号最好采用双绞线（特别是当电压大于48V时）。电压不超过48V时，继电器控制信号可以采用与数字信号相同的电缆。

传输模拟信号时采用的电缆最好为：

1）带屏蔽的双绞线。

2）每个信号采用一对单独屏蔽的双绞线。

3）不同的模拟信号不要用同一根导线当作公共返回线。

对于传输数字信号采用的电缆最好为：低电压数字信号选用双屏蔽层电缆（如图6-8a所示），也可以使用单独的成对绞合的屏蔽多芯电缆（如图6-8b所示）。

6.4　变频器的运行功能

6.4.1　工作频率的给定

1. 频率的给定方法

1）面板给定：利用面板上的键盘给定。

2）预置给定：通过程序预置的方法给定频率。

3）外接给定：从控制端上，引入外部的电压或电流信号，进行频率给定。

2. 变频器的外接给定配置

所有变频器都为用户提供了可以进行外接给定的控制信号输入端，如图 6-9 所示。

(1) 外接电压给定信号端　当外接给定信号是电压信号时，将外接信号线接到 VRF 接线端上。外接电压的给定信号又有两种给定方式：

1) 直接输入电压信号，通常用于和计算机或其他控制装置配用的情况。

2) 利用变频器内部的控制电压，由外接电位器取出电压给定信号。

(2) 外接电流给定信号端，当外接给定信号为电流信号时，将外接信号线接到 IRF 接线端上。

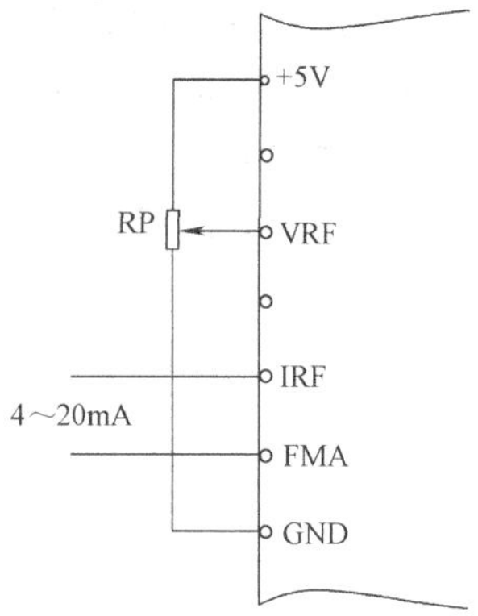

图 6-9　变频器的给定信号

3. 外接电位器的选择

对于代用电位器，大体上应遵循以下几条原则：

1) 阻值只可增大而不宜减小。

2) 阻值太大，电位器取用的电流太小，在控制距离较远时，会使抗干扰能力变差。

3) 由于外接电位器在工作过程中调节比较频繁，必须考虑其内部触点的耐磨性，故电位器的功率宜大不宜小。

4. 与工作频率有关的功能

(1) 基本频率和最高频率

1) 基本频率 f_b：当变频器的输出电压等于额定电压时的最小输出频率，称为基本频率。

2) 最高频率 f_{max}：当频率给定信号为最大值时，变频器的输出频率。

(2) 上限频率和下限频率

根据拖动系统的工作需要，变频器可设定上限工作频率 f_H 和下限工作频率 f_L，如图 6-10 所示。与 f_H、f_L 对应的给定信号分别是 X_H 和 X_L，则上限频率的定义是，当 $X \geqslant X_H$ 时，$f_X = f_H$，下限频率的定义是，当 $X \leqslant X_L$ 时，$f_X = f_L$。

6.4.2　变频调速的升速和起动

变频器由于其输出频率可以从很低频率开始，频率上升的快慢可以任意设定，从而可以有效地将起动电流限制在一定范围内，机械冲击等问题也可完全解决，这种起动特性是十分优越的。

1. 升速时间

(1) “升速时间”的定义　各种变频器对升速时间的定义不大一致，归纳起来，不外是以下两种：

1) 变频器的工作频率从 0Hz 上升至基本频率 f_b 所需的时间。

2) 变频器的工作频率从 0Hz 上升至最高频率 f_{max} 所需的时间。

(2) 升速时间的设定功能　各种变频器都为用户提供了

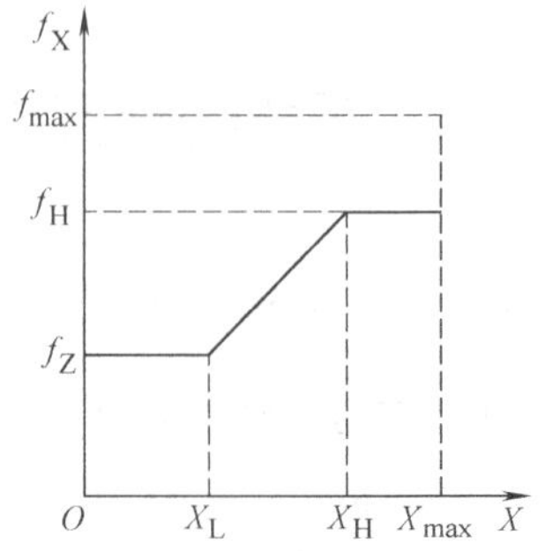

图 6-10　上、下限频率

可在一定范围内任意设定升速时间的功能。升速时间范围一般为0～6000s。

1）设定升速时间的基本原则：在电动机的起动电流不超过允许值的前提下，尽可能地缩短升速时间。

2）影响升速过程的因素：最主要的因素是拖动系统的惯性。

3）最佳升速功能：设定了此功能后，变频器可以自动地在升速电流不超过允许值的情况下，得到最短的升速时间。

2. 升速方式

变频器根据各类生产机械对升速过程的不同要求，为用户提供了多种升速方式，供用户自行设定。

（1）加速方式的种类　各种变频器的加速方式不尽相同，主要有以下三种：

1）线性方式（图6-11a中曲线①）

2）S形方式（图6-11a中曲线②）

3）半S形方式（图6-11b中曲线）

（2）加速方式的设定　各种变频器设定加速方式的功能不一致，大体上有以下几种：

1）只设定加速的方式，S形和半S形的具体形状由变频器内定，用户不能设定。

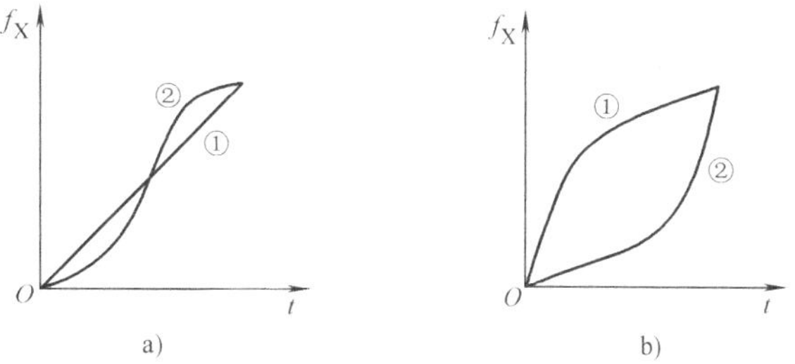

图6-11　升速方式

a）线性和S形　b）半S形

2）变频器为用户提供了若干种S区（非线性区）的大小供用户设定。

3）用户可以在一定范围内，任意设定非线性时间的大小。

3. 与起动有关的其他功能

1）起动频率。

2）起动前的直流制动。

3）起动联锁功能。

4）暂停升速功能。

6.4.3　变频调速的减速和制动

变频调速系统的减速特点是在变频调速系统中，减速的基本方法是通过逐渐降低给定频率来实现的。

1. 减速时间和减速方式

减速时间和升速时间相仿，对减速时间的定义也有两种情况：

1）变频器的工作频率从基本频率f_b降至0Hz所需的时间。

2）变频器的工作频率从最高频率f_{max}降至0Hz所需的时间。

所有变频器中，减速时间的设定范围都和升速时间的设定范围相同。

2. 直流制动

（1）设定直流制动的必要性　直流制动功能是为了克服低速爬行现象而设置的。其具体含义是，当频率下降到一定程度时，向电动机绕组中通入直流电流，从而使电动机迅速停住。

（2）直流制动功能的设定　主要设定三个要素。

1）直流制动电压 U_{DB}：施加于定子绕组上的直流电压。拖动系统的惯性越大，其设定值也越大。

2）直流制动时间 t_{DB}：向定子绕组内通入直流电流的时间。

3）直流制动的起始频率 f_{DB}：当变频器的工作频率下降到多大时开始由再生制动转为直流制动。

3．电源再生单元

（1）频率下降时的电动机状态和系统的制动性质　给定频率下降时，将出现电动机的同步转速低于转子转速的情形。这时，就电动机而言，它处于再生制动的状态。

（2）电源再生单元　其功能是将电动机再生的电能反馈到电网中，从而使整个调速系统处于再生制动状态。

6.4.4　变频器外接控制端的配置和工作特点

各种变频器对外接控制端子的安排是各不相同的，名称也各异。图 6-12 所示是从几种常用变频器归纳而成的配置情况。

总的来讲，变频器的外接控制端子可分为输入控制端子和输出控制端子两大类。

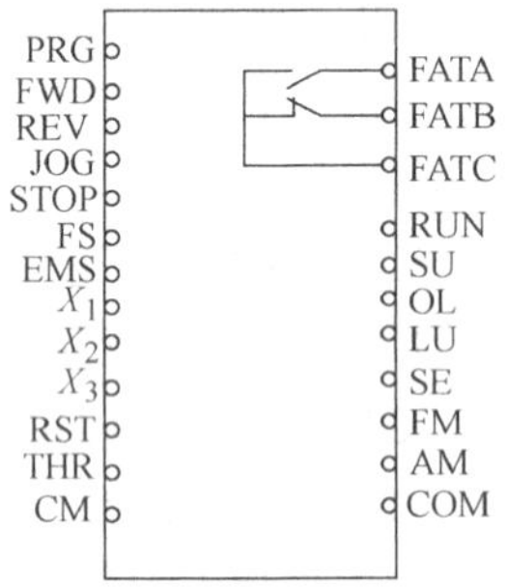

图 6-12　变频器外接控制端子配置

1．输入控制端子

主要有运行控制、外部报警输入和多档转速控制端子。

（1）变频器的基本运行控制　它包括正转运行（FWD）、反转运行（REV）、停止运行（STOP）和点动运行（JOG）等，其控制方式有两种：

1）开关状态控制方式：当 FWD 或 REV 处于闭合状态时，电动机正转或反转起动和运行，当它们处于断开状态时，电动机即减速和停止，如图 6-13 所示。

点动控制与此类似。

2）脉冲信号控制方式：在 FWD 或 REV 端只输入一个脉冲信号，电动机即可维持正转或反转状态，等效于自锁功能。如要停机，必须将 STOP 接通，如图 6-14。

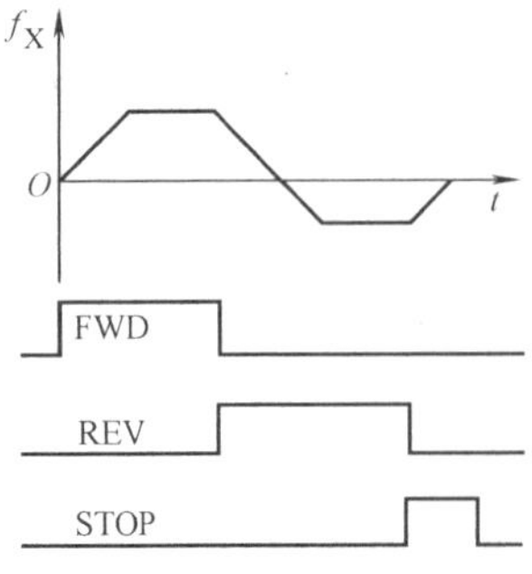

图 6-13　开关状态控制方式

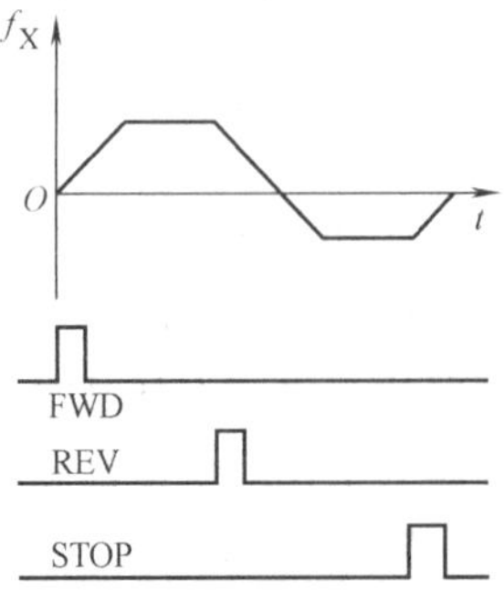

图 6-14　脉冲信号控制方式

（2）外部报警输入端子 THR　变频器出厂时，端子 THR—CM 间一般有短接片相连。使用此端子功能时，先取去短接片，然后连接外部设备的报警接点，发生异常时，断开该接点。

（3）多档转速控制端子　变频器可以预先设定多档工作频率（大多为7档或8档），频率的档次由 X_1、X_2、X_3 的状态决定，如表6-1所示。表中，状态0表示触点断开，状态1表示触点闭合。

表6-1　X的状态与速度档次

转速档次	0	1	2	3	4	5	6	7
X_1 状态	0	1	0	1	0	1	0	1
X_2 状态	0	0	1	1	0	0	1	1
X_3 状态	0	0	0	0	1	1	1	1

1）所有的升速与减速过程都采用相同的升速时间和减速时间，如图6-15所示。

2）可以预先设定多档升速与减速时间，其档次由 X_4 和 X_5 的状态来决定，如表6-2所示。

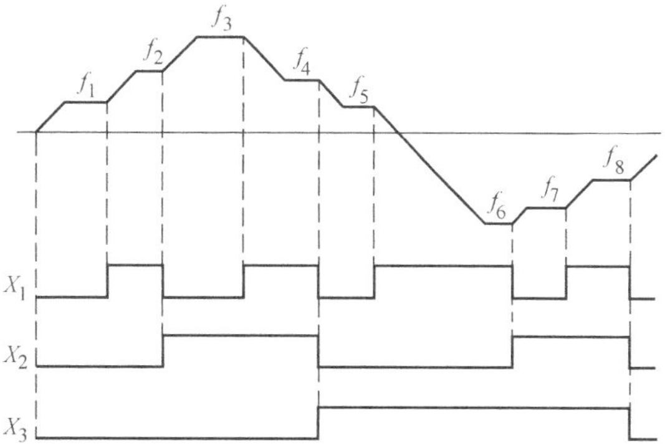

图6-15　X的状态与速度档次

表6-2　X的状态与升减速档次

升速减速档次	0	1	2	3
X_4 状态	0	1	0	1
X_5 状态	0	0	1	1

2. 输出控制端子

（1）运行状态信号

RUN：运行信号。变频器处于运行状态时，其内部触点闭合。

SU：频率到达信号。当变频器的输出频率达到某一设定值时，内部开关闭合。这又有两种情形：

1）频率到达用户设定的给定频率时的信号。

2）频率达到某一特定值时，内部开关闭合。

（2）故障和报警信号

OL：过载信号。用户可根据拖动系统的具体工作情况，设定一工作电流上限值，当变频器的输出电流超过此限值时，内部开关闭合，发出过载信号。

LU：欠电压信号。

FAT：报警信号。变频器因故障而跳闸时，其内部开关闭合或断开。

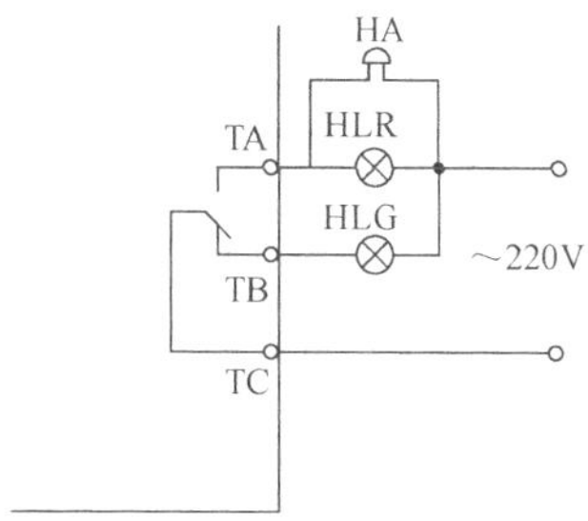

图6-16　外接报警电路示例

（3）测量信号端　变频器通常都配有两个测量信号端。

FM：频率测量信号。有数字信号和模拟信号两种。

AM：电流测量信号，为模拟信号。

（4）外接输出信号应用举例　在图6-16中，报警信号端接在外部的报警电路中，HA是蜂鸣器、HR是红色指示灯。如变频器因故障而跳闸，将把HA和HR接通，进行声光报警。

端子 TB 为“运行指示”，当电动机正常工作时，绿色指示灯 HG 亮。

6.4.5 变频器的调试和功能参数设置

1. 变频器的空载通电实验

变频器的空载通电实验步骤如下。

1）将变频器的接地端子接地。

2）将变频器的电源输入端子经过漏电保护开关接到电源上。

3）检查变频器显示窗的出厂显示是否正常，如果不正确，应复位，否则要求退换。

4）熟悉变频器的操作键。

图 6-17 所示为某品牌变频器的键盘面板。变频器的键盘面板具有显示功能，一般均具有发光二极管、数据显示屏和液晶显示屏。发光二极管一般显示变频器当前工作状态；数据显示屏显示处于运行状态变频器的各种运行数据，如频率、电流、电压等；液晶显示屏显示功能为预置过程中功能码、设置参数显示，运行中运行状态和数据检索显示及故障显示等。

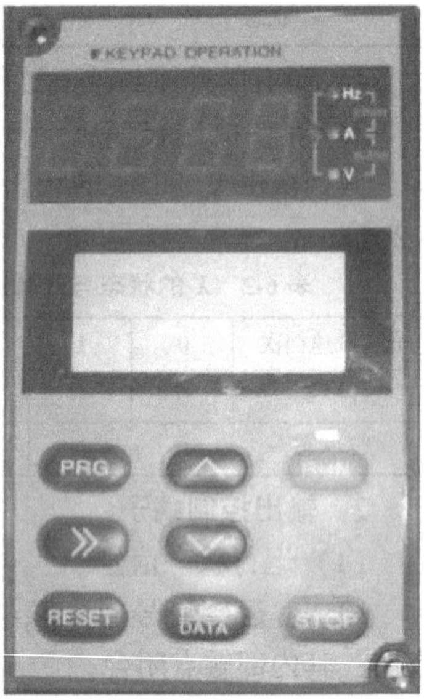

图 6-17 富士变频器键盘面板

一般变频器的键盘面板均设有运行（RUN）、停止（STOP）、编程（PROG）、数据确认（DATAPENTER）、增加（UP、▲）、减少（DOWN、▼）等键，不同变频器操作键的定义基本相同。此外，有的变频器还有监视（MONITORDISPLAY）、复位（RESET）、点动（JOG）、移位（SHIFT）等功能键。

变频器功能参数很多，一般都有数十甚至上百个参数供用户选择。实际应用中，没必要对每一参数都进行设置和调试，多数只要采用出厂设定值即可。但有些参数由于和实际使用情况有很大关系，且有的还相互关联，因此要根据实际进行设定和调试。总的来讲需进行设置的数据有：起动数据和运行数据两大类。当然，根据控制要求的不同，还可能需对其他参数项如通信数据进行设置。

以富士变频器 G9S/P9S 型键盘面板为例说明参数的基本设定方法。以改变功能“加速时间”的数据设定为例，说明一般的数据设定方法如图 6-18 所示。

2. 变频器带电动机空载运行

1）设置电动机的功率、极数，要综合考虑变频器的工作电流。

2）设定变频器的最大输出频率、基频、设置转矩特性。*U/f* 类型的选择包括最高频率、基本频率和转矩类型等项目。

最高频率是变频器—电动机系统可以运行的最高频率，由于变频器自身的最高频率可能较高，当电动机容许的最高频率低于变频器的最高频率时，应按电动机及其负载的要求进行设定。

基本频率是变频器对电动机进行恒功率控制和恒转矩控制的分界线，应按电动机的额定电压进行设定。

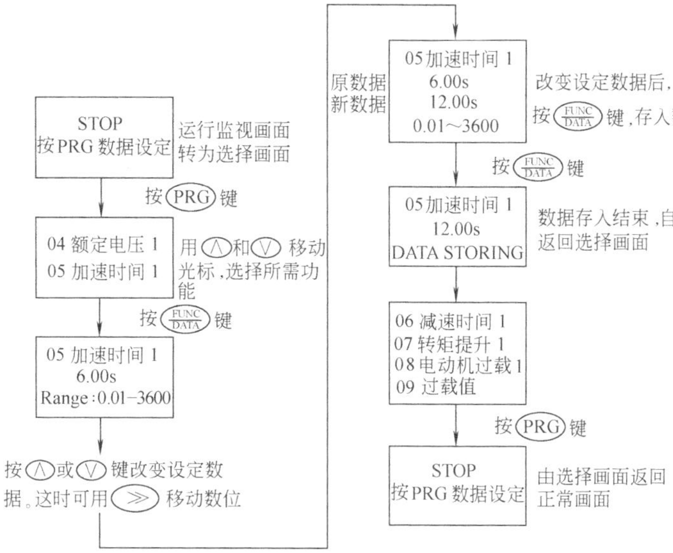

图6-18 数据设定方法流程图

转矩类型指的是负载是恒转矩负载还是变转矩负载。用户根据变频器使用说明书中的*U/f*类型图和负载特点，选择其中的一种类型。通用变频器均备有多条*U/f*曲线供用户选择，用户在使用时应根据负载的性质选择合适的*U/f*曲线。如果是风机和泵类负载，要将变频器的转矩运行代码设置成变转矩和降转矩运行特性。为了改善变频器起动时的低速性能，使电动机输出的转矩能满足生产负载起动的要求，要调整起动转矩。在异步电动机变频调速系统中，转矩的控制较复杂。在低频段，由于电阻、漏电抗的影响不容忽略，若仍保持*U/f*为常数，则磁通将减小，进而减小了电动机的输出转矩。为此，在低频段要对电压进行适当补偿以提升转矩。一般变频器均由用户进行人工设定补偿。

3）将变频器设置为自带的键盘操作模式，按运行键、停止键，观察电动机是否能正常的起动、停止。

4）熟悉变频器运行发生故障时的保护代码，观察热保护继电器的出厂值，观察过载保护的设定值，需要时可以修改。变频器的使用人员可以按变频器的使用说明书对变频器的电子热继电器功能进行设定。电子热继电器的门限值定义为电动机和变频器两者的额定电流的比值，通常用百分数表示。当变频器的输出电流超过其容许电流时，变频器的过电流保护将切断变频器的输出。因此，变频器电子热继电器的门限最大值不超过变频器的最大容许输出电流。

3. 带载试运行

1）手动操作变频器面板的运行/停止键，观察电动机运行/停止过程及变频器的显示窗，看是否有异常现象。

2）如果起动/停止电动机过程中变频器出现过流保护动作，应重新设定加速/减速时间。电动机在加、减速时的加速度取决于加速转矩，而变频器在启、制动过程中的频率变化率是用户设定的。若电动机转动惯量或电动机负载变化后，还按预先设定的频率变化率升速或减速时，有可能出现加速转矩不够，从而造成电动机失速，即电动机转速与变频器输出频率不协调，从而造成过电流或过电压等情况。因此，需要根据电动机转动惯量和负载合理设定加、减速时间，使变频器的频率变化率能与电动机转速变化率相协调。检查此项设定是否合理的方法是先按经验对加、减速时间进行设定，若在起动过程中出现过电流，则可适当延长加速时间；若在制动过程中出现过电流，则适当延长减速时间。另一方面，加、减速时间不宜设定太长，时间太长将影响生产效率，特别是频繁起、制动的设备。

3）如果变频器在限定的时间内仍然保护，应改变起动/停止的运行曲线，从直线改为S形或半S形。电动机负载惯性较大时，应该采用更长的起动/停止时间，并且根据其负载特性设置运行曲线类型。

4）如果变频器仍然存在运行故障，应尝试增加最大电流的保护值，但是不能取消保护，应留有至少10%～20%的保护余量。

5）如果变频器运行故障还是发生，应更换更大一级功率的变频器。

6）如果变频器带动电动机在起动过程中达不到预设速度，可能有两种情况：

① 系统发生机电共振，可以从电动机运转的声音进行判断。采用设置频率跳跃值的方法，可以避开共振点。一般变频器能设定三级跳跃点。*U/f* 控制的变频器驱动异步电动机时，在某些频率段，电动机的电流、转速会发生振荡，严重时系统无法运行，甚至在加速过程中出现过电流保护，使得电动机不能正常起动，在电动机轻载或转动惯量较小时更为严重。普通变频器均备有频率跨跳功能，用户可以根据系统出现振荡的频率点，在 *U/f* 曲线上设置跨跳点及跨跳宽度。当电动机加速时可以自动跳过这些频率段，以保证系统能够正常运行。

② 电动机的转矩输出能力不够，不同品牌的变频器出厂参数设置不同，在相同的条件下，带载能力不同，也可能因变频器控制方法不同，造成电动机的带载能力不同。或因系统的输出效率不同，造成带载能力有所差异。对于这种情况，可以增加转矩提升量的值。如果达不到，可用手动转矩提升功能，但不要设定过大，电动机这时的温升会增加。如果仍然不行，应改用新的控制方法，比如日立公司变频器采用 *U/f* 比值恒定的方法，起动达不到要求时，改用无速度传感器空间矢量控制方法，它具有更大的转矩输出能力。对于风机和泵类负载，应减少降转矩的曲线值。

4. 与上位机相连进行系统调试

在手动的基本设定完成后，如果系统中有上位机，将变频器的控制线直接与上位机控制线相连，并将变频器的操作模式改为端子控制。根据上位机系统的需要，设定变频器接收频率信号端子的量程（0～5V或0～10V）以及变频器对模拟频率信号采样的响应速度。如果需要另外的监视表头，应设定模拟输出的监视量，并调整变频器输出监视量端子的量程。

6.5 变频器的常见故障和抗干扰措施

6.5.1 变频器的常见故障及产生原因

在变频器的使用过程中，由于各种各样的因素，可能会产生这样或那样的故障，总的来讲，常见故障有以下几种。

1. 参数设置类故障

通用变频器在使用中，是否能满足传动系统的要求，变频器的参数设置非常重要，如果参数设置不正确，会导致变频器不能正常工作。

（1）参数设置　通用变频器，一般出厂时，厂家对每一个参数都有一个默认值，这些参数叫作工厂值。在这些参数值的情况下，用户能以面板操作方式正常运行，但并不满足大多数传动系统的要求。所以，用户在正确使用变频器之前，要对变频器参数从以下几个方面进行设定：

1）确认电动机参数，变频器在参数中设定为电动机的功率、电流、电压、转速、最大频率，这些参数可以从电动机铭牌中直接得到。

2）变频器采取的控制方式，即速度控制、转矩控制、PID 控制或其他方式。选择了控制方式后，一般要根据控制精度，进行静态或动态辨识。

3）设定变频器的启动方式，一般变频器在出厂时设定为从面板启动，用户可以根据实际情况选择启动方式，可以从面板、外部端子、通信方式等几种。

4）给定信号的选择，一般变频器的频率给定也可以有多种方式，面板给定、外部给定、外部电压或电流给定、通信方式给定，当然对于变频器的频率给定也可以是这几种方式的一种或几种方式之和。正确设置以上参数之后，变频器基本上能正常工作，如要获得更好的控制效果则只能根据实际情况修改相关参数。

（2）参数设置类故障的处理　一旦发生了参数设置类故障后，变频器都不能正常运行，一般可根据说明书进行修改参数。如仍未消除故障，最好是能够把所有参数恢复到出厂值，然后按上述步骤重新设置，对于每一个公司的变频器其参数恢复方式也不相同。

2. 过电压类故障

变频器的过电压集中表现在直流母线的直流电压上。正常情况下，变频器直流电压为三相全波整流后的平均值。若以 $U_1=380V$ 线电压计算，则平均直流电压 $U_d=1.35\times U_1=513V$。在过电压发生时，直流母线的储能电容将被充电，当电压上升至 760V 左右时，变频器过电压保护动作。因此，对变频器来说，都有一个正常的工作电压范围，当电压超过这个范围时很可能损坏变频器，常见的过电压有两类。

（1）输入交流电源过压　这种情况是指输入电压超过正常范围，一般发生在节假日负载较轻时，由于电压升高或降低而使线路出现故障，此时最好断开电源，检查、处理。

（2）发电类过电压　这种情况出现的概率较高，主要是电动机的同步转速比实际转速还高，使电动机处于发电状态，而变频器又没有安装制动单元，有两种情况可以引起这一故障。

1）当变频器拖动大惯性负载时，其减速时间设置比较短，在减速过程中，旋转负载靠本身阻力减速比较慢，使负载拖动电动机的转速比变频器输出的频率所对应的转速还要高，电动机处于发电状态，而变频器没有能量回馈单元，因而变频器直流回路电压升高，超出保护值，出现故障。处理这种故障可以增加再生制动单元，或者修改变频器参数，把变频器减速时间设的长一些。增加再生制动单元功能包括能量消耗型、并联直流母线吸收型、能量回馈型。能量消耗型是在变频器直流回路中并联一个制动电阻，通过检测直流母线电压来控制功率管的通断。并联直流母线吸收型多使用在多电动机传动系统，这种系统往往有一台或几台电动机经常工作于发电状态，产生再生能量，这些能量通过并联母线被处于电动状态的电动机吸收。能量回馈型的变频器网侧变流器是可逆的，当有再生能量产生时可逆变流器就将再生能量回馈给电网。

2）多台电动机拖动同一个负载时，也可能出现这一故障，主要由于没有负荷分配引起的。以两台电动机拖动一个负载为例，当一台电动机的实际转速大于另一台电动机的同步转速时，则转速高的电动机相当于原动机，转速低的处于发电状态，引起故障。

3. 过电流故障

过电流是变频器报警最为频繁的现象。主要表现为：

（1）重新启动时，一升速就跳闸　这是过电流十分严重的现象。主要原因有：负载短路，机械部位有卡住；逆变模块损坏；电动机的转矩过小等现象引起。

（2）上电就跳闸　这种现象一般不能复位，主要原因有：模块损坏、驱动电路损坏、电流检测电路损坏。

（3）重新启动时并不立即跳闸，而是在加速时　主要原因有：加速时间设置太短、电流上限设置太小、转矩补偿（U/f）设定较高。

这时一般可采取延长加减速时间、减少负荷的突变、外加能耗制动元件、进行负荷分配设计、对线路进行检查、更换损坏模块等措施。

4. 过载故障

过载也是变频器出现比较频繁的故障之一，平时看到过载现象应该首先分析一下到底是电动机过载还是变频器自身过载。一般来讲电动机由于过载能力较强，只要变频器参数表的电动机参数设置得当，一般不大会出现电动机过载。而变频器本身由于过载能力较差很容易出现过载报警。其原因可能是加速时间过短，直流制动量过大、电网电压太低、负载过重等原因引起的。一般可通过延长加速时间、延长制动时间、检查电网电压等解决。另外，也可能是由于机械润滑不好引起。如前者则必须更换大功率的电动机和变频器；如后者则要对生产机械进行检修。

5. 过热

过热也是一种比较常见的故障，主要原因：周围环境温度过高，风机堵转，温度传感器性能不良，电动机过热等。

6. 输出不平衡

输出不平衡一般表现为电动机抖动，转速不稳，主要原因：模块损坏，驱动电路故障，电抗器故障等。

上述六种故障是变频器应用过程中经常遇到的。除此之外，由于变频器的生产厂家众多，应用环境和负载千差万别，使用过程中仍然可能产生一些特殊故障，只要仔细分析产生故障的原因，这些故障就不难排除。

6.5.2 变频器应用中的干扰和对策

在各种工业控制系统中，随着变频器等电力电子装置的广泛使用，系统的电磁干扰（EMI）日益严重，相应的抗干扰设计（即电磁兼容 EMC）已经变得越来越重要。变频器系统的干扰有时能直接造成系统的硬件损坏，有时虽不能损坏系统的硬件，但常使微处理器的系统程序运行失控，导致控制失灵，从而造成设备和生产事故。因此，如何提高系统的抗干扰能力和可靠性是自动化装置研制和应用中不可忽视的重要内容，也是计算机控制技术应用和推广的关键之一。讨论变频器的抗干扰问题，首先要了解干扰的来源、传播方式，然后再针对这些干扰采取不同的措施。

1. 什么是 EMC

EMC 即是“电磁兼容性”，是电子设备的一种功能，它是指电气设备在电磁环境中良好的工作能力，并且不能产生在此环境中工作的其他设备所不能接受的电磁干扰，就是设备或系统在电磁环境的抗干扰性和干扰性。

通常变频器能够运行在一个可能存在着较高电磁干扰（EMI）的工业环境中，此时它即是干扰发射源，可能又是干扰接受器。

2. 变频器干扰的来源

（1）来自外部电网的干扰　电网中的谐波干扰主要通过变频器的供电电源干扰变频器。电网中存在大量谐波源，如各种整流设备、交直流互换设备、电子电压调整设备、非线性负载及照明设备等。这些负荷都使电网中的电压、电流产生波形畸变，从而对电网中其他设备产生危害和干扰。变频器的供电电源受到来自被污染的交流电网的干扰后若不加处理，电网噪声就会通过电网电源电路干扰变频器。供电电源干扰对变频器产生的影响主要是：①过电压、欠电压、瞬时掉电；②浪涌、跌落；③尖峰电压脉冲；④射频干扰。

1）晶闸管换流设备对变频器的干扰。当供电网络内有容量较大的晶闸管换流设备时，由于晶闸管总是在每相半周期的部分时间内导通，容易使网络电压出现凹口，波形严重失真。它使变频器输入侧的整流电路有可能因出现较大的反向回复电压而受到损害，从而导致输入回路击穿而烧毁。

2）电力补偿电容对变频器的干扰。电力部门对用电单位的功率因数有一定的要求，为此，许多用户都在变电所采用集中电容补偿的方法来提高功率因数。在补偿电容投入或切出的暂态过程中，网络电压有可能出现很高的峰值，其结果是可能使变频器的整流二极管因承受过高的反向电压而击穿。

（2）变频器自身对外部的干扰　变频器的整流桥对电网来说是非线性负载，它所产生的谐波对同一电网的其他电子、电气设备产生谐波干扰。另外变频器的逆变器大多采用 PWM 技术，当工作于开关模式且作高速切换时，产生大量耦合性噪声。因此变频器对系统内其他电子、电气设备来说是一个电磁干扰源。

变频器的输入和输出电流中，都含有很多高次谐波成分。除了能构成电源无功损耗的较低次谐波外，还有许多频率很高的谐波成分。它们将以各种方式把自己的能量传播出去，形成对变频器本身和其他设备的干扰信号。

1）输入电流的波形：变频器的输入侧是二极管整流和电容滤波电路。显然只有电源的线电压 u_1 大于电容器两端的直流电压 u_d 时，整流桥中才有充电电流。因此，充电电流总是出现在电源电压的振幅值附近，呈不连续的冲击波形式。它具有很强的高次谐波成分。有关资料表明，输入电流中的 5 次谐波和 7 次谐波的谐波分量是最大的，分别是 50Hz 基波的 80% 和 70% 。

2）输出电压与电流的波形：绝大多数变频器的逆变桥都采用 SPWM 调制方式，其输出电压为占空比按正弦规律分布的系列矩形波；由于电动机定子绕组的电感性质，定子的电流十分接近于正弦波，但其中与载波频率相等的谐波分量仍是较大的。

3. 干扰信号的传播方式

变频器能产生功率较大的谐波，由于功率较大，对系统其他设备干扰性较强，其干扰途径与一般电磁干扰途径是一致的，主要分传导（即电路耦合）、电磁辐射、感应耦合。具体为：首先对周围的电子、电气设备产生电磁辐射；其次对直接驱动的电动机产生电磁干扰，使得电动机铁耗和铜耗增加；并传导干扰到电源，通过配电网络传导给系统其他设备；最后变频器对相邻的其他电路产生感应耦合，感应出干扰电压或电流。同样，系统内的干扰信号通过相同的途径干扰变频器的正常工作。

（1）电路耦合方式　通过电源网络传播。由于输入电流为非正弦波，当变频器的容量较大时，将使网络电压产生畸变，影响其他设备工作，同时输出端产生的传导干扰使直接驱动的电动机铜损、铁损大幅增加，影响了电动机的运转特性。显然，这是变频器输入电流干扰信号的主要传播方式。

（2）感应耦合方式　当变频器的输入电路或输出电路与其他设备的电路挨得很近时，变频器的高次谐波信号将通过感应的方式耦合到其他设备中去。感应的方式又有两种：

1）电磁感应方式，这是电流干扰信号的主要方式；

2）静电感应方式，这是电压干扰信号的主要方式。

（3）空中辐射方式　以电磁波的形式向空中辐射，这是频率很高的谐波分量的主要传播方式。

4．变频调速系统的抗干扰对策

根据电磁性的基本原理，形成电磁干扰（EMI）需具备三要素：电磁干扰源、电磁干扰途径、对电磁干扰敏感的系统。为防止干扰，可采用硬件抗干扰和软件抗干扰。其中，硬件抗干扰是应用于拖动系统最基本和最重要的抗干扰措施。一般从抗和防两方面入手来抑制干扰，其总原则是抑制和消除干扰源、切断干扰对系统的耦合通道、降低系统对干扰信号的敏感性。具体措施在工程上可采用隔离、滤波、屏蔽、接地、加电抗器以及合理布线等方法。

（1）隔离　所谓干扰的隔离，是指从电路上把干扰源和易受干扰的部分隔离开来，使它们不发生电的联系。在变频调速传动系统中，通常是在电源和放大器电路之间电源线上采用隔离变压器以免传导干扰，电源隔离变压器可应用噪声隔离变压器。

（2）滤波　在系统线路中，设置滤波器的作用是为了抑制干扰信号从变频器通过电源线传导到电源和电动机中。为减少电磁噪声和损耗，在变频器输出侧可设置输出滤波器；为减少对电源干扰，可在变频器输入侧设置输入滤波器。若线路中有敏感电子设备，可在电源线上设置电源噪声滤波器以免传导干扰。滤波器就是削弱频率较高的谐波分量的主要手段。根据使用位置的不同，可分为以下两种。

1）输入滤波器，通常又有两种：

①　线路滤波器，主要由电感线圈构成。它通过增大线路在高频下的阻抗来削弱频率较高的谐波电流。

②　辐射滤波器，主要由高频电容器构成。它将吸收掉频率很高的、具有辐射能量的谐波成分。

2）输出滤波器，一般由电感线圈构成。它可以有效地削弱输出电流中的高次谐波成分。不但起到抗干扰的作用，且能削弱电动机中由高次谐波电流引起的附加转矩。

对于变频器输出端加滤波措施时，必须注意两个方面：

①　变频器的输出端不允许接入电容器，以免在逆变管导通（关断）瞬间，产生峰值很大的充电（或放电）电流，损害逆变管；

②　当输出滤波器由LC电路构成时，滤波器内接入电容器的一侧，必须与电动机侧相

接。

(3) 屏蔽 屏蔽干扰源是抑制干扰的最有效的方法。通常变频器本身用铁壳屏蔽，不让其电磁干扰泄漏；输出线最好用钢管屏蔽，特别是以外部信号控制变频器时，要求信号线尽可能短（一般为20m以内），且信号线采用双芯屏蔽，并与主电路线（AC380V）及控制线（AC220V）完全分离，决不能放于同一配线管或线槽内，周围电子敏感设备线路也要求屏蔽。为使屏蔽有效，屏蔽罩必须可靠接地。

(4) 接地 正确接地既可以使系统有效地抑制外来干扰，又能降低设备本身对外界的干扰。在实际应用系统中，由于系统电源零线（中线）、地线（保护接地、系统接地）不分、控制系统屏蔽地（控制信号屏蔽地和主电路导线屏蔽地）的混乱连接，大大降低了系统的稳定性和可靠性。

对于变频器，主回路端子PE（E、G）的正确接地是提高变频器抑制噪声能力和减小变频器干扰的重要手段，因此在实际应用中一定要重视起来。变频器接地导线的截面积一般应不小于$2.5mm^2$，长度控制在20m以内。建议变频器的接地与其他动力设备接地点分开，不能共地。

(5) 采用电抗器 在变频器的输入电流中频率较低的谐波分量（5次谐波、7次谐波、11次谐波、13次谐波等）所占的比重是很高的，它们除了可能干扰其他设备的正常运行之外，还因为它们消耗了大量的无功功率，使电路的功率因数大为下降。在输入电路内串入电抗器是抑制较低谐波电流的有效方法。根据接线位置的不同，主要有以下两种：

1）交流电抗器，串联在电源与变频器的输入侧之间，其主要功能有：

① 通过抑制谐波电流，将功率因数提高至（0.75~0.85）；

② 削弱输入电路中的浪涌电流对变频器的冲击；

③ 削弱电源电压不平衡的影响。

2）直流电抗器，串联在整流桥和滤波电容器之间。它的功能是削弱输入电流中的高次谐波成分。在提高功率因数方面比交流电抗器有效，可达0.95，并具有结构简单、体积小等优点。

(6) 合理布线 对于通过感应方式传播的干扰信号，可以通过合理布线的方式来削弱。具体方法有：

1）设备的电源线和信号线应尽量远离变频器的输入、输出线；

2）其他设备的电源线和信号线应避免和变频器的输入、输出线平行；

通过对变频器应用过程中干扰的来源和传播途径的分析，可以看出变频器的EMC已成为变频调速传动系统设计、应用必须解决好的问题，也是变频器应用和推广的关键之一。工业现场和社会环境对变频器的要求不断提高，满足实际需要的真正“绿色”变频器必定会出现。

6.6 ABB和富士变频器的主要参数与设置方法

目前，工业生产领域应用的变频器生产厂家、品牌众多，如ABB、富士、西门子等。而每一种品牌又有很多种型号。例如西门子变频器就有伺服型、通用型、风机泵型。下面就以应用范围较为广泛、通用性较强的ABB和富士公司的通用型变频器为例进行介绍。

6.6.1 ABB 变频器 ACS800 系列

ABB 公司的变频器以其稳定的性能，低廉的价格在工业拖动领域中被广泛应用，这里只对 ACS800 系列变频器的参数设置作一介绍，其他系列的设置方法与其有许多共同之处。

1. ACS800 变频器控制盘和操作键功能

图 6-19 所示为 ACS800 系列变频器的控制盘（键盘面板）。其液晶显示屏可以显示 4 行，每行有 20 个字符。

在起动参数组（参数 99.01），可以对语言进行选择。

控制盘有四种操作模式：

1）实际信号显示模式（ACT 键）；

2）参数模式（PAR 键）；

3）功能模式（FUNC 键）；

4）传动选择模式（DRIVE 键）。

单箭头键、双箭头键和 ENTER 键的用途取决于控制盘的操作模式。传动控制键如表 6-3 所示。

图 6-20 列出了控制盘的各种功能键，以及相关功能键的基本操作方法和显示信息。其中，状态行的数字信息如图 6-21 所示。

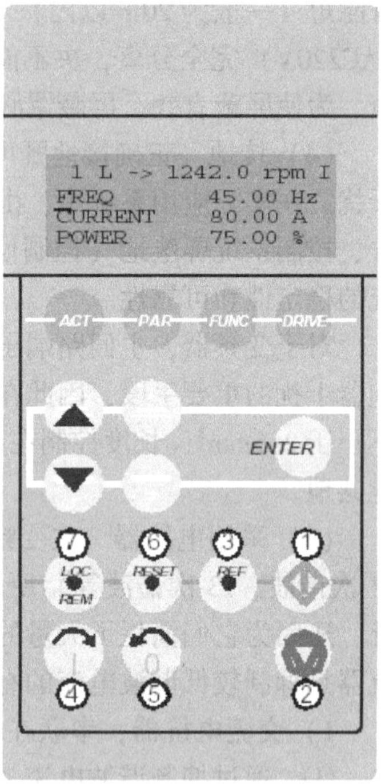

图 6-19 ACS800 控制盘

2. 参数设置方法

以 ACS800 系列变频器拖动纸机的情况为例说明。

（1）起动数据设置　它是设定电动机信息的一组参数，只需在第一次运行时设置，以后就不需要再改变了，这一组参数代码范围从 9901 ~ 9910 共 10 个参数。

表 6-3 传动控制键功能

序号	用途	序号	用途
1	起动	5	反转
2	停机	6	故障复位
3	激活给定数值设置	7	本地控制/远程（外部）控制
4	正转		

1）电动机信息。电动机信息包括电动机额定电压（9905）、额定电流（9906）、额定频率（9907）、额定速度（9908）、额定功率（9909）。这些参数的获得是从电动机的铭牌数据中得到。例如，一台四极三相异步电动机 $P_N=30\text{kW}$，$I_N=59\text{A}$，$n_N=1450\text{r/min}$，$f_N=50\text{Hz}$，$U_N=380\text{V}$，则设置参数时：9906 = 59.0，9907 = 50.0，9908 = 1450，9909 = 30.0。

2）控制模式。电动机控制模式（9904），ACS800 系列变频器有两种控制模式：DTC 即直接转矩控制和 SCALAR 即标量控制。

在直接转矩控制模式下，系统中给定信号为转矩，即使在没有反馈的情况下（即开环）也可对电动机进行精确的速度及转矩控制。而标量控制相对来说控制精度要差一些。

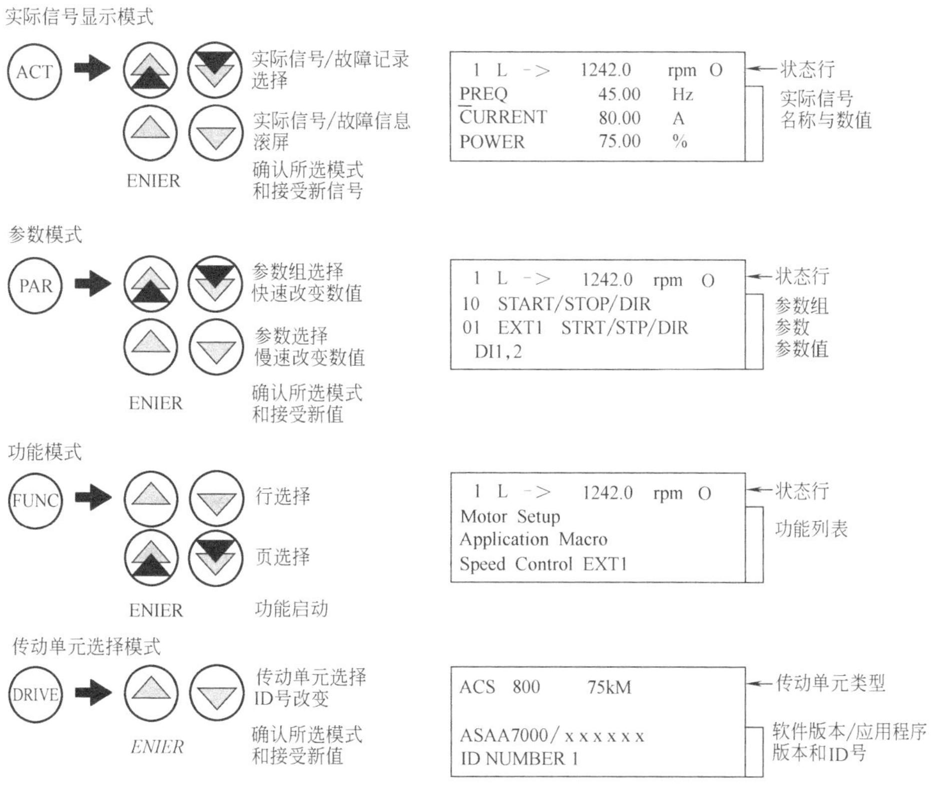

图 6-20 控制盘的各种功能键

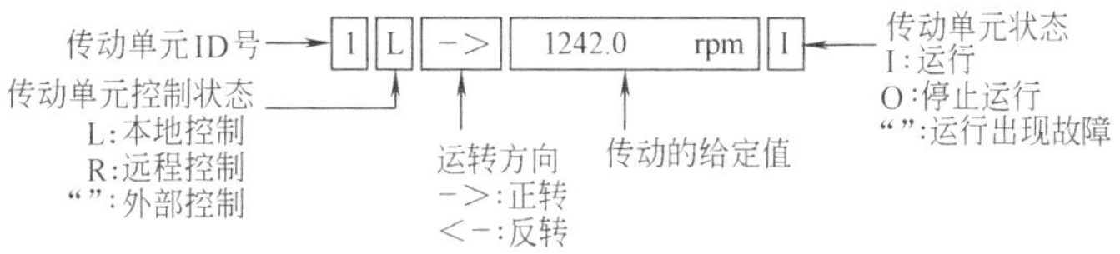

图 6-21 状态行的数字信息

3）应用宏的选择（9902）。所谓应用宏，就是根据变频器在一些常用的场合中所需的一些功能，在出厂时已经经过预编程的参数集。利用这些应用宏，用户可以快速完成对变频器的启动。ACS800 系列变频器的应用宏有以下几种：Factory（工厂宏）；Hand/Auto Control（手动/自动宏）；PID Control（PID 控制宏）；Sequential Control（顺序控制宏）；Torque Control（转矩控制宏）。不同的应用宏功能如表 6-4 所示，用户可以根据需要选择应用宏。例如在利用变频器作压力或流量控制系统中，就可以用 PID 控制宏实现闭环控制。

（2）变频器控制参数设置 这些参数主要规定了变频器起动方式，包括：

10.01 ~ 10.02：起动/停机/方向的命令的信号源，在外部控制时，变频器的起动和停止应使用外部端子或通信的方式，而 ACS800 变频器用外部端子又有多种组合，常用的可以设为 DI1 ~ DI6 的任何一个作为起动/停止的命令的输入端。

表 6-4　应用宏功能

应用宏	应用范围
Factory（工厂宏）	一般的转速控制场合（可带有 1~3 种恒速的场合）： —输送机； —需要转速控制的泵和风机； —以预置恒速运转的测试台
Hand/Auto（手动/自动宏）	转速控制场合，可以通过两台外部控制设备切换控制
PID Control（PID 控制宏）	过程控制场合，比如各种闭环控制系统，诸如压力控制、液位控制和流量控制 例如： —城市供水系统的增压泵； —蓄水池的液位控制泵； —小区供热系统的增压泵； —传送带上的物料流量控制。 它还可在过程控制和速度控制系统之间进行切换
Torque Control（转矩控制宏）	转矩控制场合。可以在转矩控制和速度控制系统之间切换
Sequential Control（时序控制宏）	速度控制场合，可使用速度给定、7 个恒速和两个加速/减速斜坡
User（用户宏）	用户可以将自定义的标准宏保存到永久内存中，也即含组 99 的参数设置和电动机标识数据。用户可以在下次使用时调用这些数据。当需要在两台不同型号电动机之间进行切换时，两个用户宏程序是必需的

10.03：是规定变频器所拖动电动机的旋转方向，根据电机学知道：三相异步电动机的旋转方向取决于输入三相电源的相序，在需要双向运行（如电梯、升降机等）的场合可以把这个参数设为 REQUEST，由数字输入端子来控制电动机的旋转方向。

16.01：允许信号，要起动变频器需将此参数必须设为 YES。

（3）给定选择

1）外部控制选择 11.02：ACS800 有两个控制源可以选择，即 EXT1，EXT2。当选择 EXT1 时，变频器的起动由 10.01 所指定的输入端子控制，频率由 11.03 所指定的方式给定。对于 PID 应用宏，此时为开环控制，对于转矩控制宏，此时为速度控制，当选择 EXT2 时，变频器的起动及频率来源分别为 10.02 和 11.06；在 PID 宏及转矩控制宏下分别为闭环控制及转矩控制方式。

2）频率给定源的选择：10.03，11.06 分别是 EXT1，EXT2 的给定源，对于使用模拟信号作为给定时可以选择模拟输入端子（AI1~AI3）的任何一个作为给定，这里要说明的是 AI1 为 0~10V 直流电压信号，AI2~AI3 为 0~20mA 电流信号，当然也可以通信或数字端子（即电动电位器）进行设定频率。

3）恒速：在有些场合中，如纸机在爬行时，不需要改变变频器的运行频率就可以用恒速功能，ACS800 变频器有 15 种恒速可以供用户选择。

（4）加、减速时间　加、减速时间及积分类型的选择十分重要，特别是在拖动大惯性负载时，如在纸机传动系统中，拖动烘缸的变频器在设置加、减速时间时应大一些。如加速时间过短，起动时电动机处于堵转状态，容易发生过电流故障；如减速时间过短则可能发生惯性负载拖动电动机，使电动机处于发电状态，则变频器会发生过电压故障，建议在这些场合中如允许，可用自由停机方式（即21.03设为COAST）。在纸机传动系统中，烘缸传动加速时间20.02可设为30~40s，减速时间可稍长一些，即22.03可设为40~80s，其余传动器加、减速时间均可设为20~30s。对于参数22.06加速/减速积分类型选择，有两种：线性积分和S形曲线。一般传动系统中均可用线性积分，在电梯及复卷机传动系统中则用S形曲线。

（5）限幅参数　限幅参数主要规定电流、转矩、最高运行频率等参数，在ACS800系列变频器中，最大输出电流能达到200% I_N，在转矩控制模式下最大输出能达300%，一般来说，在纸机传动控制中，都能满足要求，这些参数基本上不用修改。（参数代码20.03~20.04）

对于最高运行频率，一般出厂设定50Hz，如果传动系统减速器选择合适的话，也不用修改，如果要修改这一参数时，要注意的是在运行频率大于50Hz时为恒功率调速，ACS800变频器修改最高运行频率时也设定以下几个参数（以改为65Hz为例）：99.07改为65Hz；20.08改为65Hz；11.05改为1950r/min（对于四极电机）。

（6）闭环控制参数　闭环控制的实现对于ACS800变频器有两种途径：配编码器反馈卡的速度闭环控制和过程PID控制。

1）速度闭环控制。此时要设定的参数有：①50.01编码器每转的脉冲数，这一参数根据所选编码器来确定，一般有360，500，1024，2048等规格；②50.02编码器脉冲的计算，一般在纸机传动中，不需正反转运行，可以设定为单A或B输入即可；③23.01速度控制器增益；④23.02速度控制器的微分时间。这些参数要根据具体的传动系统进行整定，使稳定的动态性能指标均能满足要求。⑤98.01脉冲编码器可选模块选择应设为YES。

2）过程PID闭环控制。在压力、流量等闭环控制系统中，反馈量往往是把压力或流量通过传感器转换为电压或电流信号，这时就可以用过程PID控制，参数设置主要是整定PID参数：①40.01（PID控制器增益）；②40.02（PID控制器积分时间）；③40.03（PID控制器微分时间）。

当然，ACS800变频器的参数很多，除以上所列的6类之外还有通信参数，故障管理参数等。

6.6.2　富士变频器5000G11S/P11S系列

富士变频器以其优越的性能，中文操作界面等优点在中国开拓了广阔的市场。对于400V系列可分为两种子系列：一般工业用标准系列，这里简称G系列，功率从0.4~220kW；风机、泵用标准系列，简称P系列，功率从7.5~280kW。

与ABB变频器同样，富士变频器也有多个不同规格系列，在此只对5000G11S/P11S系列变频器的参数设置方法作一基本介绍。

1. 富士5000G11S/P11S变频器键盘面板和操作键功能

图6-22所示为富士5000G11S/P11S变频器的键盘面板。该键盘面板具有丰富的功能，诸如键盘面板运行（频率设定、运行/停止命令）、功能数据确认和变更，以及各种状态确认、复写功能等。

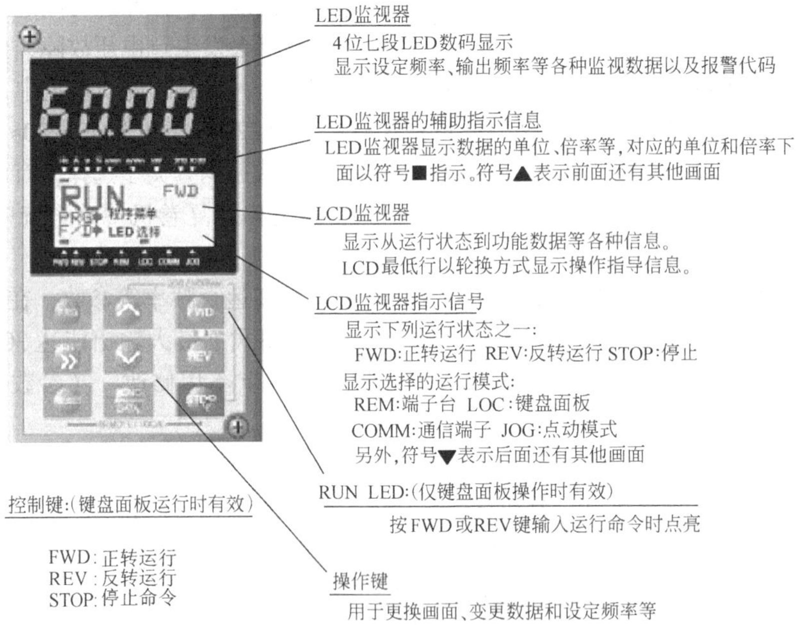

图 6-22　富士 5000G11S/P11S 变频器的键盘面板

在变频器运行过程中，允许卸下键盘面板。但是运行和键盘面板有关时，如由键盘面板控制运行/停止和设定频率等，则将发生报警和停止运行。键盘面板上的按键功能如表 6-5 所示。

表 6-5　键盘面板上的按键功能

按键	主要功能
PRG	由现行画面转换为菜单画面，或者在运行/跳闸模式转换至其初始画面
FUNC/DATA	LED 监视更换，设定频率存入，功能代码数据存入
∧，∨	数据变更，游标上下移动（选择），画面轮换
SHIFT 》	数据变更时数位移动，功能组跳越（同时按此键和增/减键）
RESET	数据变更取消，显示画面转换。报警复位（只在报警初始画面显示时有效）
STOP + ∧	通常运行模式和点动运行模式可相互切换（模式相互切换）。模式在 LCD 监视器中显示。本功能在键盘面板运行时（功能码 F02 数据为 0）有效
STOP + RESET	键盘面板和外部端子信号运行方法的切换（设定数据保护时无法切换）。同时对应功能码 F02 的数据也相互在 1 和 0 间切换。所选模式显示于 LCD 监视器

2. 参数设置

以富士变频器应用于瓦楞板成型剪切机中参数设置方法为例进行介绍。主要参数设置如表 6-6 所示。

在上述设置中，为了使瓦楞板的长度尺寸符合要求，在接近设定尺寸时采取多段频率调速，且使用直流制动功能，使得定长更加准确。

以上分析了两类变频器的基本参数设定方法。不同的拖动场合，不同的控制要求，对参数设定的情况是不一样的，通过基本方法的介绍，力图使使用者触类旁通。

表6-6　富士变频器主要参数设置

功能代码	名称	设定值	说明
F00	数据保护	0	可改变数据
F01	频率设定1	1	电压输入（端子［12］）（0～+10V设定）
F02	运行操作	1	由外部端子［FWD］［REV］输入运行命令
F03	最高输出频率1	50	50Hz
F04	基本频率1	50	50Hz
F05	额定电压1	380	380V
F06	最高电压V1	380	380V
F07	加速时间1	2	2s
F08	减速时间1	2	2s
F20	直流制动（开始频率）	3	2.8 Hz
F21	直流制动（制动值）	30	变频器额定电流的30%
F22	直流制动（时间）	10	10 s
E01	X1	0	多步频率选择
E02	X2	1	多步频率选择
E03	X3	2	多步频率选择
E04	X4	3	多步频率选择
C05		35	35 Hz 多步频率1
C06		20	20 Hz 多步频率2
C07		15	15 Hz 多步频率3
C08		8	8 Hz 多步频率4
C09		3	3 Hz 多步频率5
H07	加减速方式	0	直线加减速

6.7　变频器应用举例

变频器广泛应用于工业生产的各个领域，根据控制系统的控制要求，可构成开环或闭环系统。本节以倒轴机为例，介绍采用通用变频器实现的线缆收放卷恒张力控制系统。

6.7.1　概述

在电工机械制造行业，线缆收放卷设备使用得非常多。为了保障更好的产品质量和效果，线缆的收放卷设备一般都要求能保持线缆张力的稳定。目前采用的有各式各样的恒张力控制方案，其中最常见的有下列几种。

1）力矩电动机加驱动控制器。

2）磁粉制动器/磁粉离合器张力控制。

3）直接张力闭环控制。

4）间接张力控制。

以上几种张力控制方案中，后三种方案设备投入成本都比较高，且存在维护或调试复杂等问题。而力矩电动机的控制方案虽然成本较低，但控制性能差，难以满足客户对产品质量日益严格的要求。行业的激烈竞争使得电工机械生产企业选用恒张力控制系统时所考虑的首要条件是既能保证产品性能，又经济实用。以上几种方案显然都不能完全满足这些要求。变频器的出现使这种既能很好满足电线电缆生产工艺的要求，有效保障产品的质量，又能把设备投入的成本控制在合理水平的控制方案成为现实。下面分析采用艾默生网络能源有限公司生产的通用型变频器 EV1000 实现的低成本、高性价比恒张力控制系统。

6.7.2 倒轴机的结构与工作原理

倒轴机的作用是将一种直径的卷倒换成另一种直径的卷。它的主要构成包括卷绕装置和放线装置，其结构示意图如图 6-23 所示。

从图 6-23 中可以看到，卷绕装置主要包括卷绕电动机 M_1、收线卷筒和一对用来测速的辊。这对测速用的辊中，上辊可以上下移动，用来将线缆压在固定的下辊上，以便在线缆运动时能产生摩擦力将拖动下辊旋转。而下辊则通过与其同轴安装的脉冲编码器来检测线缆的线速度。因为此时编码器产生的脉冲信号其数量是与线缆的线速度成正比的。

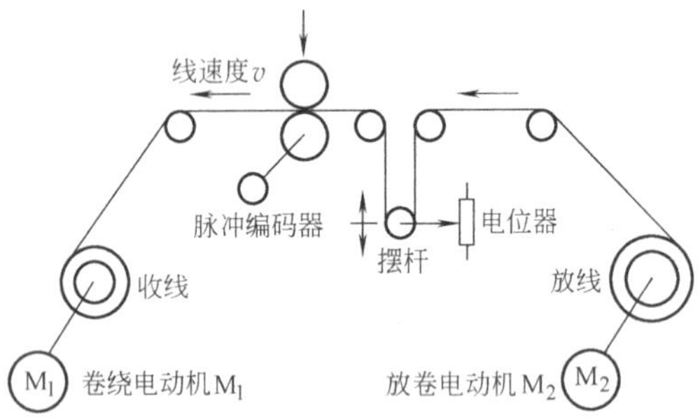

图 6-23 倒轴机结构示意图

放线装置通常是放线架，主要包括放卷电动机 M_2、放线卷筒和摆杆。摆杆的作用相当于位置传感器，系统的张力变化会引起摆杆位置偏移，这时摆杆就会带动尾部的电位器输出一个模拟信号指示偏移量。为了适应不同材料，通常摆杆上有一个可移动的重锤来调整系统张力。也有用低摩擦气缸方式实现的。不管哪种方式，都需要在调试前事先整定好。此处虽然是张力变化导致的摆杆位置变化，但摆杆反映的是位置量而非张力，因为在静态的时候摆杆可以在任何位置平衡。

在工作过程中，放卷电动机 M_2 需要随时紧跟卷绕电动机 M_1 动作，以保证放线速度和卷绕速度一致，保持线缆张力的稳定。张力稳定时，摆杆将保持在平衡位置。当卷绕速度比放线速度快时，摆杆就会偏离平衡位置向上运动，这时就需要放卷电动机 M_2 加速运行；反之，当卷绕速度比放线速度慢时，摆杆就会偏离平衡位置向下运动，这时就需要放卷电动机 M_2 减速运行；如果减速减到零速时摆杆依然在往下运动，则就要求放卷电动机 M_2 自动反转。

6.7.3 倒轴机恒张力控制系统方案的选择

从倒轴机的结构及其工作原理可以看出：

卷绕电动机 M_1 是主牵引，它的转速 n_1 决定了生产过程中线缆的线速度 v。v 与 n_1 的关系为

$$v = \pi \times D_1 \times n_1 \tag{6-12}$$

式中　D_1——收线卷筒的直径（m）。

对于放卷电动机 M_2，它的转速处于被动跟随状态，只有很好地和 M_1 同步，才能保证系统张力 F 的稳定。另一方面，系统张力 F 的大小取决于放卷电动机 M_2 的输出转矩 T_2。T_2 与 F 的关系为

$$T_2 = \frac{F \times D_2}{2} \tag{6-13}$$

式中　D_2——放线卷筒的直径（m）。

通过控制 M_2 的输出转矩 T_2 可以改变系统的张力 F，这会使摆杆的平衡位置改变。因此摆杆的位置能够反映系统张力 F 的大小。

从式（6-12）和式（6-13）可以看到，对于倒轴机系统，要保持工作过程中线缆的张力不变，则必须保证驱动电动机的转速与卷筒直径成反比，且转矩的变化与卷筒直径成正比。而在倒轴机工作过程中，卷筒直径都是在一直变化着的。因此如果要通过直接控制电动机的转速或转矩来实现线缆张力的恒定，就必须在线检测或计算收线卷筒的直径，这样就需要增加检测设备，或进行复杂的计算。而且进行转矩控制则需要使用矢量型变频器或改用直流电动机，则系统的设备成本必然大幅增加，显然并不可取。

考虑到倒轴机的卷绕装置本身利用脉冲编码器检测出了系统线速度 v 的信号，如果利用这个信号作为过程量反馈进行闭环控制，就可实现线缆线速度 v 的恒定，从而间接达到恒定线缆张力的目的。可见利用这种方法实现恒张力控制，只需要采用能够接收脉冲反馈信号，因此，可以对线速度参量进行闭环控制的通用变频器即可完成。

而对于放线装置，由于其摆杆的位置偏移量能够反映出系统张力的变化，因此可以直接对摆杆的位置量进行闭环控制，使摆杆始终稳定在平衡位置，这样也可以间接达到保持张力恒定的目的。这种恒张力控制方法也只需要采用具有过程量闭环功能，带内置 PI 控制器的通用变频器就可以实现了。

因此，倒轴机的卷绕装置采用了恒线速度闭环控制，而放线装置采用的则是对摆杆位置量的闭环控制。这两种方案均是通过间接的方式实现了线缆的恒张力控制，而且都可以只用通用变频器就能方便地完成。

至于变频器的选择，一方面需要满足该系统的需求，另一方面作为机械设备生产厂家，还希望变频器本身具有高的可靠性和良好的环境适应能力。本系统中选用艾默生网络能源有限公司生产的通用型变频器 EV1000，主要是因为 EV1000 具有以下优点：

1）将客户通用需求与客户个性化需求、行业性需求有机融合，具有十分丰富的实用功能；

2）采用独特的控制方式，具有高转矩、高精度、宽调速驱动等良好控制特性，实现了通用变频器的高性能化；

3）具有超出同类产品的防跳闸性能和适应恶劣电网、温度、湿度和粉尘能力，极大地提高了产品的可靠性。

6.7.4　系统方案的实施

1. 卷绕装置的恒线速度控制

根据前面的分析可知，本系统卷绕装置线缆的张力恒定是通过对线速度 v 的控制来实现

的。所以该卷绕装置变频控制系统以线速度 v 作为直接的控制对象，通过闭环 PI 控制，使其保持恒定，从而达到线缆张力稳定的最终目的。该控制系统的原理图如图 6-24 所示。

从图 6-24 可以看到，由于 EV1000 没有专门的线速度控制功能，电位器送入的线速度给定信号（0～10V）在变频器内部被换算成转速信号，脉冲编码器反馈的脉冲信号也同样需要被换算为相对应的转速信号。然后两个量进行比较，再经过内置的 PI 调节器，最后输出相应的控制量，改变卷绕电动机 M_1 的转速 n_1，使线缆的线速度 v 迅速稳定在给定值。

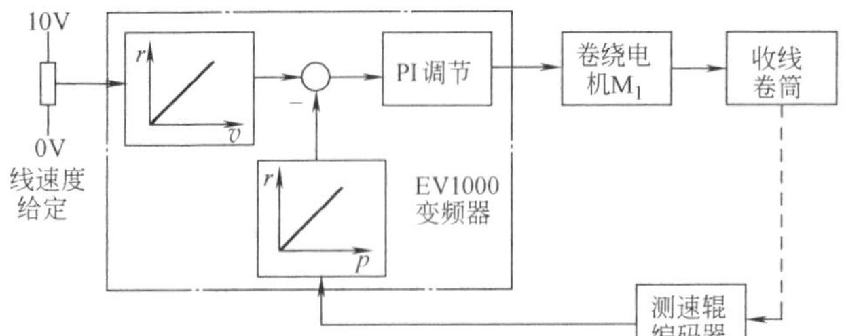

图 6-24　卷绕装置恒线速度控制系统原理图

在使用时，电位器直接使用 EV1000 变频器的 10V DC 电源，作为线缆线速度 v 的给定信号。用户可以根据需要通过电位器灵活调整所需要的线速度 v 的值。0～10V 对应 $0\sim v_{max}$。该装置只需要单相编码器即可。如果安装的是双相编码器，实际使用中只需要接入其中一相的信号。另外，因为 EV1000 本身提供了 24V DC 的电源，所以编码器尽量选择可使用该电源的型号，以进一步降低系统的设备成本。

该装置中控制卷绕电动机 M_1 的 EV1000 变频器控制回路接线示意图如图 6-25 所示。

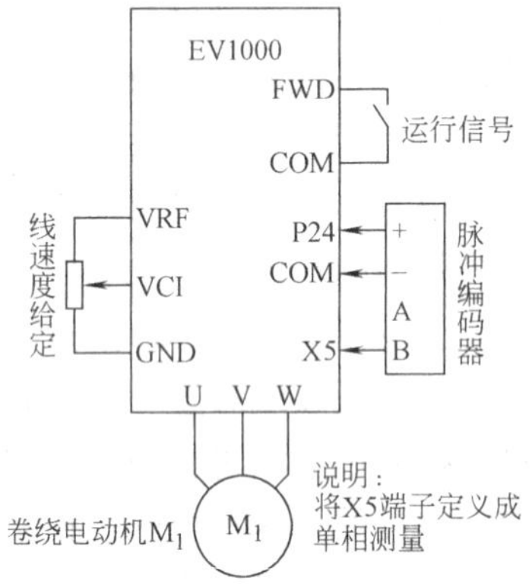

图 6-25　卷绕电动机 M_1 变频器控制回路的接线示意图

2. 放卷装置的恒张力控制

因为放卷装置中摆杆的位置偏移量能够反映出系统张力的变化，所以对放卷装置的张力控制就以摆杆的位置量作为直接的控制对象。放卷装置控制系统的原理图如图 6-26 所示。为了使系统张力恒定，只要让摆杆一直保持在某一固定的平衡位置即可。通常以摆杆动作范围的中间位置作为调节目标。对于本系统，摆杆是以一端为支点，另一端在水平位置的 $-90°\sim+90°$ 之间摆动，其中间位置为水平位置。因此以摆杆的水平位置作为控制系统的调节目标，即系统的平衡位置。

在使用时，为了满足不同型号线缆不同生产工艺的要求，在摆杆上有一个可移动的重锤，通过调节该重锤的位置可以对系统张力进行调整。同时为了更好地保证产品的质量和可靠性，针对这类应用场合，该 EV1000 变频器开发了两种非标功能：

1）PI 控制器的输出信号为双极性。变频器在闭环控制时输出频率可以在正值和负值之间变化，电动机能够自动反转。如本装置，当张力减小，摆杆低于平衡位置时，放卷电动机的速度将降低，如果转速降到了零，摆杆未能升高到平衡位置，此时变频器会输出负极性频率信号，使放卷电动机自动反转直到摆杆升到平衡位置为止。这样就能使放卷装置收放自如，更好地满足生产工艺和用户的需要。

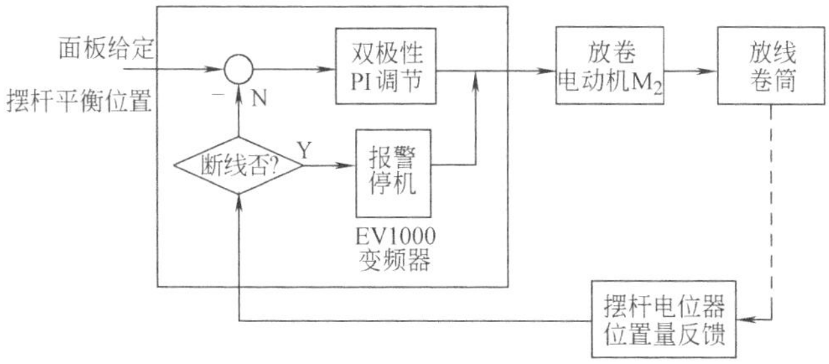

图6-26　放卷装置张力控制系统原理图

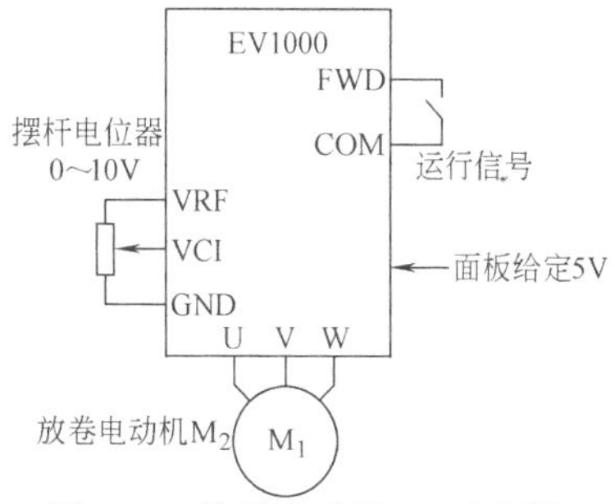

图6-27　放卷电动机 M_2 变频器控制回路的接线示意图

2）有断线的自动检测和保护功能。在系统工作过程中由于张力过大或其他原因导致线缆断开，或系统异常失去张力时，变频器能够自动检测和判断，给出故障信号，并且自动停机。

本放卷装置中摆杆位置是通过摆杆支点处安装的电位器输出信号来指示的。该电位器的输出值与摆杆位置量的对应关系可以调整。本系统从 EV1000 变频器取得 10V DC 电源加在电位器两端，因此摆杆位置量的反馈信号为 0～10V 的模拟量。为了方便起见，将摆杆在水平位置时电位器的输出值调整到中间值 5V，放卷装置控制系统的给定值则通过变频器面板直接设定为 5V。该系统中变频器控制回路的接线示意图如图 6-27 所示。

6.7.5　系统的特点

1）线速度可以用电位器平滑调节，张力也可以通过改变摆杆重锤的位置进行调整；

2）由于摆杆具有张力储能功能，即使张力出现一定幅度的异常波动，也不影响系统的正常工作；

3）因为 EV1000 变频器具有双极性的 PI 调节器，在张力突然减小，放线装置可以迅速减速甚至于自动反转回拉，保证了系统的平稳运行；

4）使用这种方案，只需要通用的变频器就可以方便地完成线缆的恒张力同步收放卷等功能；

5）当出现断线或因意外造成系统失去张力时，变频器能够马上自动检测出来，并采取报警、停机等应急措施；

6）系统结构简单，调试便捷，且设备投入成本低。

本章小结

1. 变频器的额定参数主要分为输入侧的额定值和输出侧的额定值，另外还有频率指标。

2. 变频器的频率给定方法有面板给定、预置给定和外接给定三种方式；变频器的外接给定又有外接电压给定和外接电流给定两种情况。

3. 变频器与工作频率有关的设置有基本频率和最高频率、上限频率和下限频率。设定升速时间的基本原则是在电动机的起动电流不超过允许值的前提下，尽可能地缩短升速时间。变频器的升速方式主要有线性方式、S 形方式和半 S 形方式。

4. 变频器降速时间的设定原则与升速时间一致。直流制动功能是为了克服低速爬行现象而设置的。

5. 各种变频器对外接控制端子的安排是各不相同的，名称也各异。总的来讲，变频器的外接控制端子可分为输入控制端子和输出控制端子两大类。

6. 变频器的调试和功能参数设置可分为变频器的空载通电实验、变频器带电动机空载运行、带载试运行和与上位机相连进行系统调试四大步。

7. 选择变频器时必须充分了解变频器所驱动的负载特性、工作环境等因素。常见负载类型有三种：恒转矩负载、恒功率负载和平方转矩负载。变频器的选型应遵循一定的原则。

8. 变频器容量的选择可分三步来进行：①了解负载性质和变化规律，计算出负载电流的大小或作出负载电流图 $I=f(t)$ 。②预选变频器容量及其他参数。③校验预选变频器。必要时进行过载能力和起动能力的校验。若都通过，则预选的变频器容量便选定了；否则从②开始重新进行，直到通过为止。

9. 变频器的安装要满足一定的条件，而其接线应按照一定的方法进行。

10. 变频器在应用过程中可能会产生故障，故障类型有参数设置类故障、过压类故障、过流故障、过载故障、过热和输出不平衡故障等。

11. 变频器在应用过程中会接收和发出电磁干扰，应采取一定的措施进行隔离或抑制。

习　　题

6-1　通用变频器的额定参数有哪些？

6-2　通用变频器的工作频率有哪几种给定方法？

6-3　通用变频器的升速方式有哪几种？

6-4　简述变频器的调试和功能参数设置方法。

6-5　变频器的选型应遵循什么原则？

6-6　变频器的常见故障及其产生原因是什么？

6-7　什么是电磁兼容性？

第7章　网络运动控制及PROFIBUS总线控制

网络运动控制及PROFIBUS总线控制技术是自动化领域的重要控制技术。本章首先介绍了拖动系统的多电动机同步网络运动控制原理，并对在现代拖动控制系统中经常涉及到的一些数字化转速检测元件进行介绍，然后介绍了PROFIBUS总线控制技术，最后以应用实例的形式帮助学生理解网络控制原理及PROFIBUS总线技术。

7.1　拖动系统的多电动机同步网络运动控制原理

多电动机同步协调运转控制系统在工业生产中广泛存在，如连续轧钢机等多变量控制系统。在多变量控制的实践中，有很多场合需要各受控量的控制过程相互配合和协调，使各变量之间保持某种协调关系，使整个系统处在技术上合理、经济上合算的协调工作状态中。例如，在印染机械中，要求速度上升均匀、协调，使织物通过加工机械各部分的张力恒定。多台电动机的同步网络控制问题直接影响系统的可靠性和控制精度。随着科学技术的不断发展，曾出现过各种各样的同步传动形式。多电动机协调控制是制造与生产过程中经常用到的很重要的控制，其中有要求几台电动机的轴严格同步传动的，如门形吊车、水闸闸门、升降桥等；有的则要求几台电动机转角或转速的比值按某一规律连续变化，如造纸机、塑料薄膜机等。在这些系统中多个电动机之间协调结果的好坏，直接影响生产效率及产品质量。因此，多电动机同步一直是人们不懈研究的课题之一，具有非常重要的现实意义。

7.1.1　同步运动控制的概念

同步运动控制是指多个轴之间的运动协调控制，可以是多个轴在运动全程中进行同步，也可以是在运动过程中的局部速度同步，主要应用在需要有电子齿轮箱和电子凸轮功能的系统控制中。工业上有印染、印刷、造纸、轧钢、同步剪切等行业。相应的运动控制器的控制算法常采用自适应前馈控制，通过自动调节控制量的幅值和相位，来保证在输入端加一个与干扰幅值相等、相位相反的控制作用，以抑制周期干扰，保证系统的同步控制。

随着工业现场网络总线技术的发展，基于网络的运动控制器获得了极大的发展，并已经开始应用于多轴同步控制中。越来越多的传统的以机械轴同步的系统开始采用网络运动控制器控制，这样可以减少系统的维护成本，并增加系统的柔性。

7.1.2　同步运动控制的原理

一般说来，同步关系是各受控量应满足的某种线性或非线性函数关系：

$$f(y_1, y_2, \cdots, y_n) = c$$

常见的是比例关系：

$$\mu_1 y_1 = \mu_2 y_2 = \cdots = \mu_n y_n \tag{7-1}$$

当比例系数$\mu_i = 1$时，即为最简单的同步关系。

下面从几种方法出发，对现已存在的电气同步控制理论与实际应用加以分析。

1. 基于同一给定电压的并联运行方法

这是一种最简单的同步控制方法。各直流调速系统采用同一给定电压，电动机之间的速度协调关系由同步系数 α 决定，其控制原理如图 7-1 所示。

稳态时 $n_{tg}=n_1$，$n_{tg}=(1/\alpha_1)\ n_2$，$n_{tg}=(1/\alpha_2)\ n_3$，…，取 $\alpha=1$ 即为通常的同步系统。这种方法电路简单，容易实现，且起动时不存在速度滞后问题，跟随性能很好。但系统采用开环控制时，如某一电动机负载发生变化会引起一定的速度误差。

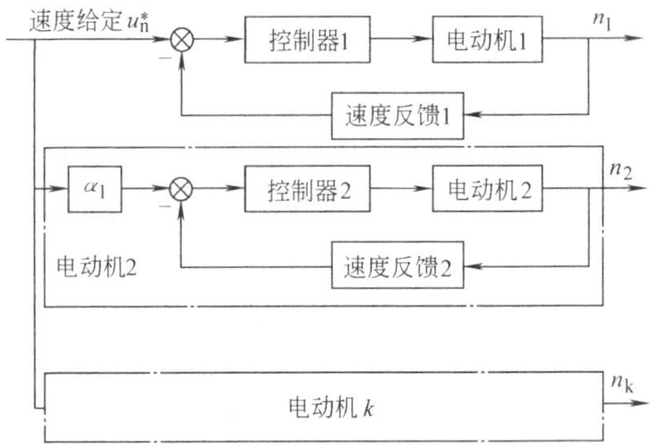

图 7-1 基于同一给定电压的并联运行同步控制

用数字锁相环可构成直流多机拖动电轴同步系统。锁相环可以将信号频率锁定在给定标准信号频率上，并能在一定频带范围内跟踪给定频率的变化。该方法相对于用机械内传动链实现的多机同步，具有明显的优越性，能适用于造纸、印染等特性指标和控制精度要求不高的生产机械。

2. 基于同一给定电压的串联运行方法

这种方法以前一台电动机的转速输出作为下一台电动机的速度给定，两电动机之间的速度协调关系由同步系数 α 决定。当 $\alpha=1$ 时，即为通常的同步控制。这种控制电路简单易行，但在阶跃输入起动过程的恒流升速阶段，后一台电动机要比前一台电动机的转速稍有滞后，起动过程跟随性能不很理想，抗扰性也不十分理想。

目前有一种利用 PID 算法、单片机控制技术和光电数字测量技术的多电动机同步传动的微机控制装置。该装置能自动测量和处理接在从动机上的光电码盘的输出信号，并根据系统的同步控制要求，自动地调节从动机，从而实现从动机与主令机协调运行，满足系统的同步要求。

另外，还有一种将模糊控制用于多电动机的协调控制，并利用自适应来加强鲁棒性的控制方式。解决了模糊控制器参数自适应调整算法的复杂性与多电动机协调控制系统对实时性的高要求之间的矛盾。经仿真获得了跟踪能力强、动态特性好、超调小的特性。

3. 基于补偿原理的控制方法

这种方法在各电动机间，用同一给定电压或以前一台电动机的转速输出作为下一台电动机的速度给定的基础上，比较主动电动机和从动电动机的转速，其差值经补偿器加到从动电动机或主动电动机的控制输入端，电动机之间的速度协调关系由同步系数 α 决定，其补偿原理如图 7-2 所示。

图 7-2 所示为基于补偿器原理的并联运行同步控制，仿真结果表明，并联运行的多电动机同步驱动系统加转速补偿后，起动过程跟随性能和稳态性能均有提高，抗扰性能尤其得到提高，因此这是一种理想的同步控制方案；串联运行的多电动机同步驱动系统加转速补偿后，同步跟随性能和抗扰性能也同样得到提高，可以实现高精度、高可靠性同步运转。

另外，还有一种直流调速电轴的最优控制方法，即把各个状态变量及电动机间的位置（转角）偏差引出，应用具有抗扰性的最优调节器方法对各电动机进行补偿，实现多台直流电动机的同步协调运转。该方法能通过电路参数的调整，很方便地在线改变转角同步系数和转速同步系数，适用于造纸、电缆等辊筒的同步传动。

4. 基于现代控制理论的控制方法

随着社会生产力水平的不断提高，传统的控制方法已经不能满足生产工艺对多电动机速度同步控制精度要求，因此出现了许多基于现代控制理论的同步控制方法。例如，把模型参考自适应控制应用在印染工业设备的多电动机同步拖动系统中；引入控制功能模块化的思想；利用负荷平衡控制来解决因电动机参数差异造成的负荷不均衡问题等。

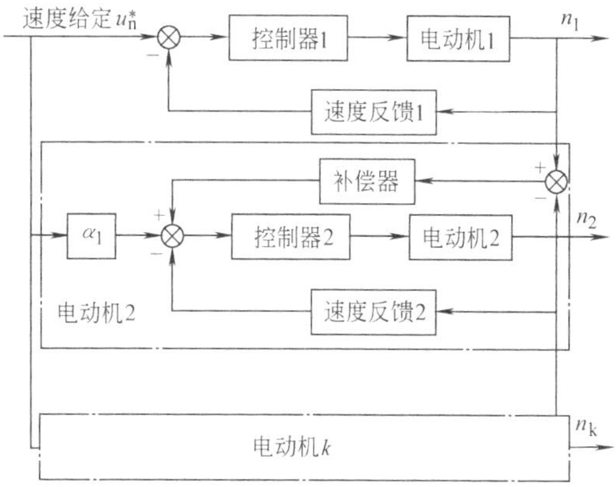

图 7-2 基于补偿器原理并联运行同步控制

5. 电气同步控制系统中的其他问题及需要解决的实际问题

生产工艺对同步控制系统性能的要求经量化和折算后可以表达为稳态和动态性能指标。一般来讲，这些指标常常在各种场合下都能碰到，它们之间可能还是相互矛盾的，因此在具体选择参数时，须在二者之间折衷。另外，用电轴同步系统控制多机分部拖动，控制精度的高低及动、静态特性的好坏，是其能否付诸实用的关键指标。

电气同步控制需要解决的实际问题有：

1）开发实时电轴同步控制算法，是否满足自适应同步控制的要求。

2）在多电动机同步调速系统中，由于各同步电动机之间存在严重的耦合作用，如何考虑和分析这些耦合作用，实现传动电动机的高精度速度同步控制是一个亟待解决的具有实际工程意义的重要课题。

3）由于目前工业上广泛采用的是全数字直流调速系统或交流调速系统，因此在开发同步控制算法时，除考虑被控对象的特点外，还应从可靠性、实用性、便于实现及降低成本等几个方面考虑。

7.2 转速检测元件

在交直流单电动机或多电动机同步拖动控制系统中，为了满足控制要求，经常需要采取闭环控制方式，这就要求对电动机的转速进行检测。常采用的转速检测元件有测速发电机、光电旋转编码器等。光电旋转编码器可直接输出数字信号，容易实现高控制精度的数字控制系统，因此此处主要介绍光电旋转编码器的结构及测速原理。

7.2.1 数字测速指标

数字测速的主要技术指标有：

1. 分辨率

设被测转速由 n_1 变为 n_2 时，引起测量计数值改变了一个字，则测速装置的分辨率定义为

$$Q = n_1 - n_2(\text{转/分})$$

Q 越小，测速装置的分辨能力越强；Q 越小，系统控制精度越高。

2. 测速精度

测速精度是指测速装置对实际转速测量的精确程度，常用测量值与实际值的相对误差来表示，即

$$\delta = \frac{\Delta n}{n} \times 100\%$$

测量误差 δ 越小，测速精度越高，系统控制精度越高。δ 的大小取决于测速元件的制造精度和测速方法。

3. 检测时间 T_c

检测时间是指两次转速采样之间的时间间隔。检测时间对系统的控制性能有很大影响。检测时间越短，系统响应越快，对改善系统性能越有利。

7.2.2 数字测速方法

1. 旋转编码器

在数字测速中，常用光电式旋转编码器作为转速或转角的检测元件。通过测量被测物体的旋转角度测速，将测量到的旋转角度转化为脉冲电信号输出。常用的光电旋转编码器有增量式和绝对式两种。

(1) 增量式旋转编码器

用光信号扫描分度盘（分度盘与转动轴相联），通过检测、统计信号的通断数量来计算旋转角度。

1）用 TTL 与 HTL 信号的增量编码器（如图 7-3 所示）。

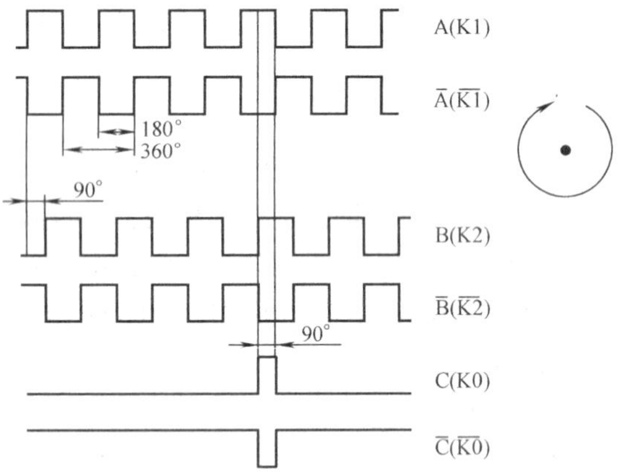

图 7-3　TTL 与 HTL 信号的增量编码器

2）用正弦或余弦信号分辨的增量编码器（如图 7-4 所示）。

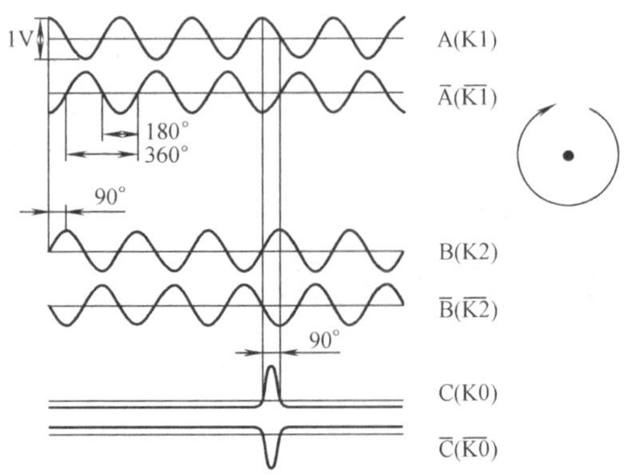

图 7-4　正弦或余弦信号分辨的增量编码器

3）增量式旋转编码器的特点：

① 编码器每转动一个预先设定的角度，将输出一个脉冲信号，通过统计脉冲信号的数量来计算旋转的角度，因此编码器输出的位置数据是相对的。

② 由于采用固定脉冲信号，因此旋转角度的起始位置可以任意设定。

③ 由于采用相对编码，因此掉电后旋转角度数据会丢失，需要重新复位。

4）增量式旋转编码器的选型。选型时主要考虑以下几点：

① 旋转一周对应的脉冲数（256，512，1024，2048 等）；

② 输出信号类型（TTL，HTL，Push-Pull Mode）；

③ 电压类型（5V，24V）；

④ 最大旋转速度。

（2）绝对式旋转编码器

1）绝对式旋转编码器工作原理。用光信号扫描分度盘（分度盘与传动轴相连）上的格雷码刻度盘，以确定被测物的绝对位置值，然后将检测到的格雷码数据转换为电信号，以脉冲的形式输出测量的位移量。其输出编码有二进制码、二-十进制（BCD 码）和循环码（格雷码）等，图 7-5 所示为循环码编码盘。

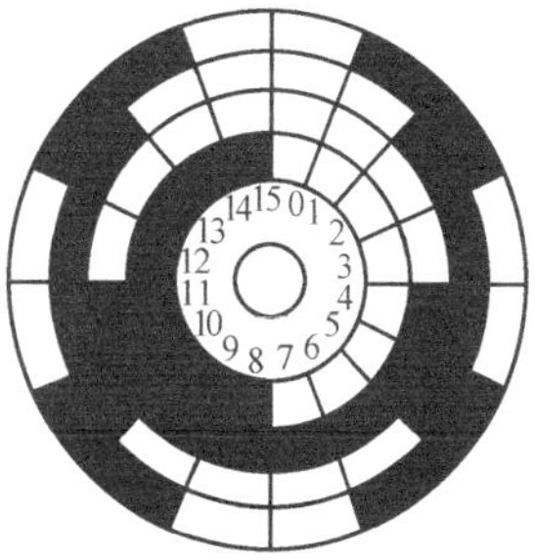

图 7-5　循环码编码盘

轴位和数码的对照表如表 7-1 所示。

表 7-1　旋转编码器轴位和循环码对照表

轴位置	循环码	轴位置	循环码
0	0000	8	1100
1	0001	9	1101
2	0011	10	1111
3	0010	11	1110
4	0110	12	1010
5	0111	13	1011
6	0101	14	1001
7	0100	15	1000

2）绝对式旋转编码器的特点：

① 在一个检测周期内，对不同的角度有不同的格雷码编码，因此编码器输出的位置数据是惟一的。

② 因使用机械连接的方式，在掉电时编码器的位置不会改变，上电后立即可以取得当前位置数据。

③ 检测到的数据为格雷码，因此不存在模拟量信号的检测误差。

3）绝对式旋转编码器选型。选型时主要考虑：

① 单编码盘／多编码盘（测量一个或二个旋转变量）；

② 代码（格雷码，BCD 码，二进制码）；

③ 信号传输方式（并口，串口）；

④ 分辨率；

⑤ 最大旋转速度。

2. 旋转编码器的安装

由于编码器属于高精度机电一体化设备，所以编码器轴与用户端输出轴之间，需要采用弹性软连接，以避免因用户轴的串动、跳动而造成编码器轴系和码盘的损坏。

旋转编码器安装时在机械方面有如下要求：

① 安装时注意允许的轴负载；

② 应保证编码器轴与用户输出轴的不同轴度 <0.20mm，与轴线的偏角 <1.5°；
③ 安装时严禁敲击和摔打碰撞，以免损坏轴系和码盘；
④ 长期使用时，定期检查固定编码器的螺钉是否松动（每季度一次）。

在电气方面有如下要求：
① 接地线应尽量粗，一般应大于 1.5mm^2；
② 编码器的输出线彼此不要搭接，以免损坏输出电路；
③ 编码器的信号线不要接到直流电源上或交流电流上，以免损坏输出电路；
④ 与编码器相连的电动机等设备，应接地良好，不要有静电；
⑤ 配线时应采用屏蔽电缆；
⑥ 开机前，应仔细检查，产品说明书与编码器型号是否相符，接线是否正确；
⑦ 长距离传输时，应考虑信号衰减因素，选用具备输出阻抗低，抗干扰能力强的型号；
⑧ 避免在强电磁波环境中使用。

在环境方面有如下要求：
① 编码器是精密仪器，使用时要注意周围有无振动源及干扰源；
② 不是防漏结构的编码器不要溅上水、油等，必要时要加上防护罩；
③ 注意环境温度、湿度是否在仪器使用要求范围之内。

3. 旋转编码器测速原理

旋转编码器测速的基本原理是由光电式旋转编码器产生与被测转速成正比的脉冲，测速装置将输入脉冲转换为以数字形式表示的转速值。

采用旋转编码器的数字测速方法有：M 法、T 法和 M/T 法三种。

（1）M 法测速　M 法测速即脉冲直接计数方法。在一定的时间 T_c 内测取旋转编码器输出的脉冲个数 M_1，用以计算这段时间内的平均转速，称作 M 法测速。如图 7-6 所示。

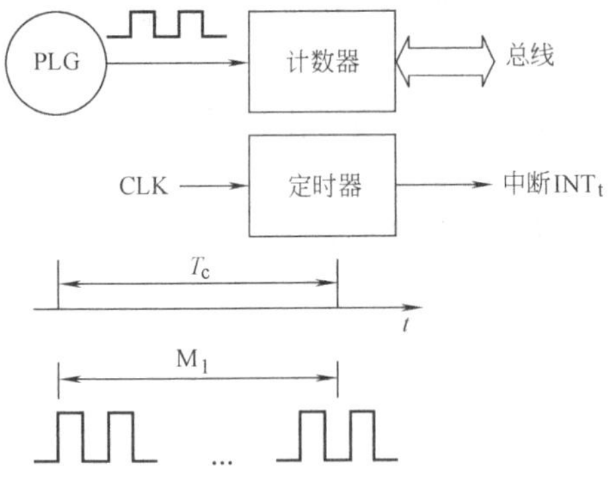

图 7-6　M 法测速电路与波形图

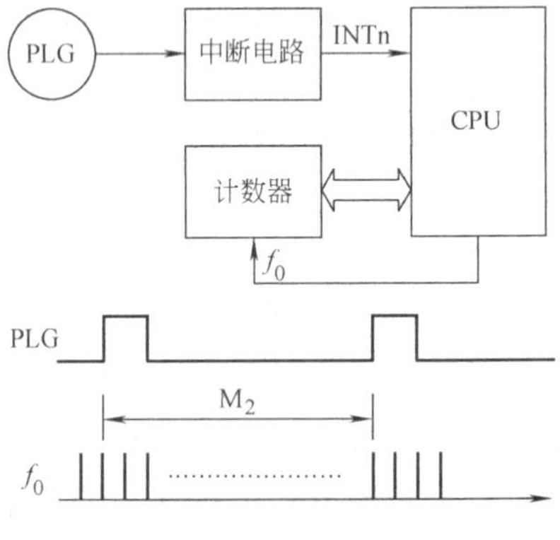

图 7-7　T 法测速电路与波形

由图 7-6 可知 M 法测速的工作原理是：由计数器记录旋转编码器（PLG）发出的脉冲信号；定时器每隔时间 T_c 向 CPU 发出中断请求 INT_t；CPU 响应中断后，读出计数值 M_1，并将计数器清零重新计数；根据计数值 M_1 计算出对应的转速值 n。

因此 M 法测速的转速计算公式为

$$n = \frac{60M_1}{ZT_c} \tag{7-2}$$

式中　Z——PLG 每转输出的脉冲个数。

M 法测速的分辨率：

$$Q=\frac{60(M_1+1)}{ZT_c}-\frac{60M_1}{ZT_c}-\frac{60}{ZT_c} \tag{7-3}$$

M 法测速误差率：

$$\delta_{max}=\frac{\frac{60M_1}{ZT_c}-\frac{60(M_1-1)}{ZT_c}}{\frac{60M_1}{ZT_c}}\times 100\%=\frac{1}{M_1}\times 100\% \tag{7-4}$$

在式（7-4）中，Z 和 T_c 均为常值，因此转速 n 正比于脉冲个数。高速时 Z 大，量化误差较小。随着转速的降低，误差增大，转速过低时将小于 1，测速装置便不能正常工作。所以，M 法测速只适用于高速段。

（2）T 法测速　T 法测速即脉冲时间计数方法。在编码器两个相邻输出脉冲的间隔时间内，用一个计数器对已知频率为 f_0 的高频时钟进行记数，并由此来计算转速，称作 T 法测速。其测速电路及波形如图 7-7 所示。

T 法测速电动机转速计算公式：

$$n=\frac{60f_0}{ZM_2} \tag{7-5}$$

T 法测速的分辨率：

$$Q=\frac{60f_0}{Z(M_2-1)}-\frac{60f_0}{ZM_2}=\frac{60f_0}{ZM_2(M_2-1)} \tag{7-6}$$

T 法测速误差率：

$$\delta_{max}=\frac{\frac{60f_0}{Z(M_2-1)}-\frac{60f_0}{ZM_2}}{\frac{60f_0}{ZM_2}}\times 100\%=\frac{1}{M_2-1}\times 100\% \tag{7-7}$$

低速时，编码器相邻脉冲间隔时间长，测得的高频时钟脉冲个数 M_2 多，所以误差率小，测速精度高，故 T 法测速适用于低速段。

（3）M/T 法测速　M/T 法测速即脉冲时间混合计数方法。M 法测速在高速段分辨力强，T 法测速在低速段分辨力强；因此，可以将两种测速方法相结合，取长补短。既检测 T_c 时间内旋转编码器输出的脉冲个数 M_1，又检测同一时间间隔的高频时钟脉冲个数 M_2，用来计算转速，称作 M/T 法测速。M/T 法测速电路结构如图 7-8 所示。

图 7-9 所示为 M/T 法测速波形示意图。

M/T 法测速的工作原理是：T_0 定时器控制采样时间；M_1 计数器记录 PLG 脉冲；M_2 计数器记录时钟脉冲。

设高频时钟脉冲的频率为 f_0，则准确的测速时间 $T_t=M_2/f_0$，电动机转速计算公式为

$$n=\frac{60M_1}{ZT_t}=\frac{60M_1f_0}{ZM_2} \tag{7-8}$$

M/T 法测速的分辨率：

$$Q = \frac{60f_0M_1}{ZM_2(M_2-1)} \tag{7-9}$$

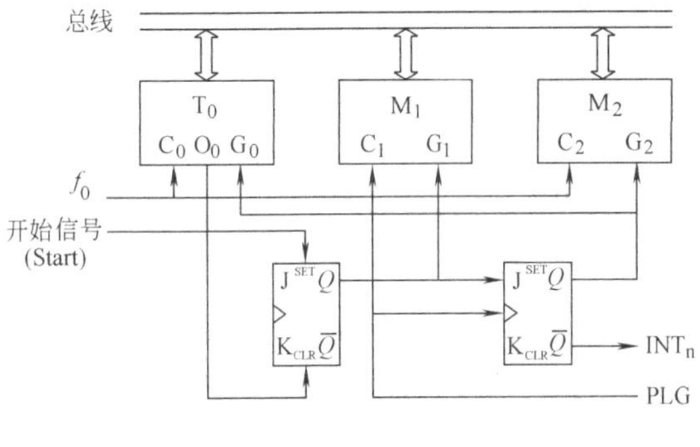

图 7-8　M/T 法测速电路结构

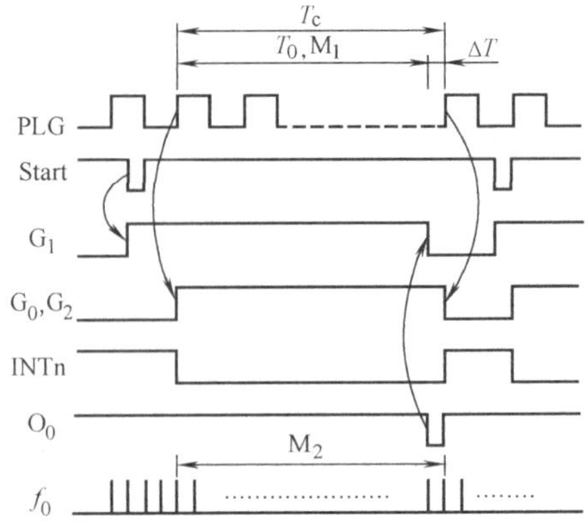

图 7-9　M/T 法测速波形示意图

M/T 法测速的检测精度：低速时 M/T 法趋向于 T 法，在高速段 M/T 法相当于 T 法的 M_1 次平均，而在这 M_1 次中最多产生一个高频时钟脉冲的误差。因此，M/T 法测速可在较宽的转速范围内，具有较高的测速精度。

7.3　PROFIBUS 总线控制技术

目前，工业生产的许多生产现场，如大型生产线等，具有设备多、距离远、现场分散等实际情况。由于大规模集成电路的发展，新的控制技术不断涌现，在生产现场环境下安装的自动化设备，如传感器，调节器、发送器、触摸屏、驱动器（交直流调速器）及可编程序控制器（PLC）等设备智能化，即内置 CPU 控制器，完成诸如线性化、量程转换、数字滤波甚至回路调节等功能。因此，对于这些智能现场设备增加一个串行数据接口（如 RS-232/485）是非常方便的。有了这样的接口，控制器就可以按其规定协议，通过串行通信方式（而不是 I/O 方式）完成对现场设备的监控。如果设想全部或大部分现场设备都具有串行通信接口，并具有统一的通信协议，控制器只需一根通信电缆就可将分散的现场设备连接，完成对所有现场设备的监控，这就是现场总线技术的初始设想。

7.3.1　现场总线技术及 PROFIBUS 现场总线

1. 现场总线（Fieldbus）技术

现场总线（Fieldbus）是安装在生产过程区域的现场设备、仪表与控制室内的自动控制装置、系统之间的一种串行、数字式、多点通信的数据总线。其中，“生产过程”包括断续生产过程和连续生产过程两类。现场总线是以单个分散的、数字化、智能化的测量和控制设备作为网络节点，用总线相连接，实现相互交换信息，共同完成自动控制功能的网络系统与控制系统。

2. 现场总线技术产生的意义

1）现场总线（Fieldbus）技术是实现现场级控制设备数字化通信的一种工业现场层网络

通信技术；是一次工业现场级设备通信的数字化革命。现场总线技术可使用一条通信电缆将现场设备（智能化、带有通信接口）连接，用数字化通信代替4-20mA/24VDC并行信号传输，完成对现场设备的遥测、遥控等功能。

2）传统的现场级自动化监控系统采用一对一连线、4-20mA/24VDC并行信号传输，信息量有限，难以实现设备之间及系统与外界之间的信息交换，使自控系统成为工厂中的"信息孤岛"，严重制约了企业信息集成及企业综合自动化的实现。图7-10为传统的现场级与车间级自动化监控及信息集成系统。

3）基于现场总线的自动化监控系统采用计算机数字化通信技术，使自控系统与设备加

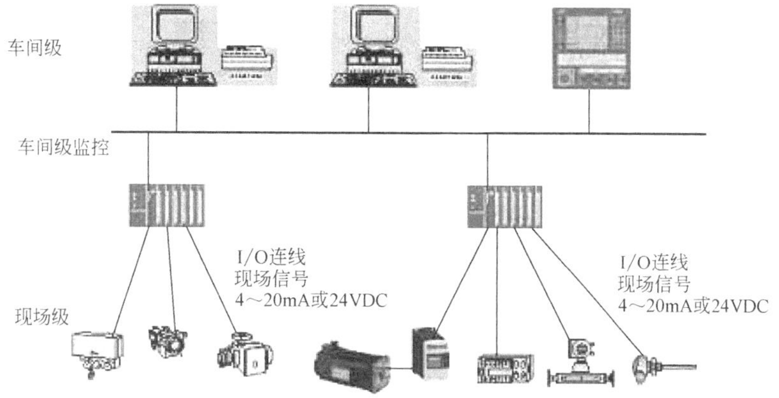

图7-10　传统的现场级与车间级自动化监控及信息集成系统

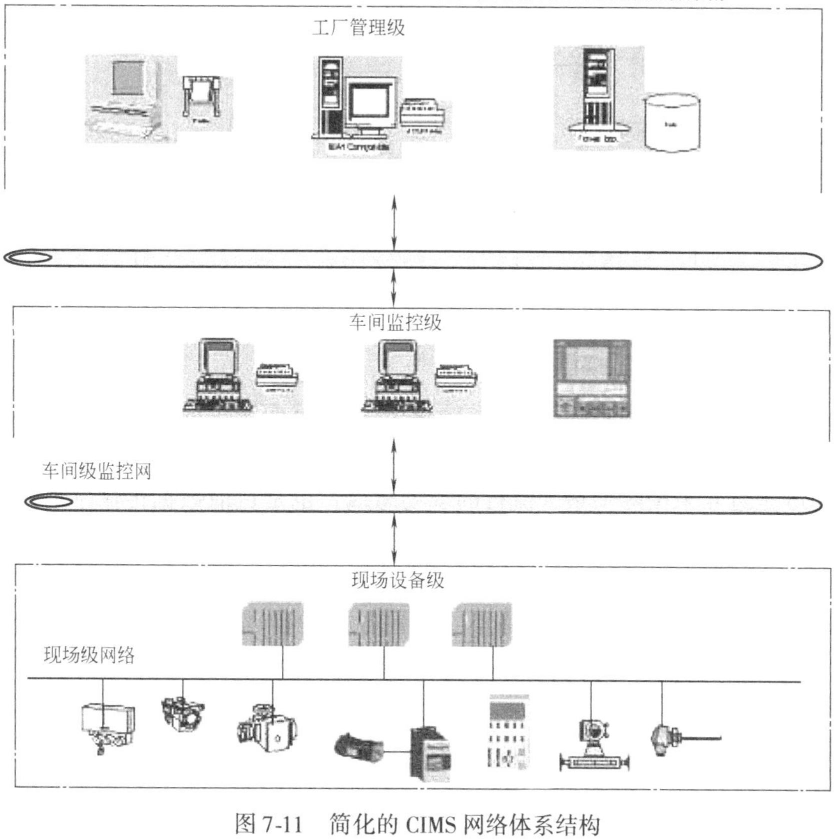

图7-11　简化的CIMS网络体系结构

入工厂信息网络，构成企业信息网络底层，使企业信息沟通的覆盖范围一直延伸到生产现场。在计算机集成制造系统（CIMS）中，现场总线是工厂计算机网络到现场级设备的延伸，是支撑现场级与车间级信息集成的技术基础。图 7-11 为简化的 CIMS 网络体系结构。

目前，工业生产中经常应用的现场总线有：FF 现场总线、LONWORKS 总线、CAN-BUS 现场总线、WorldFIP 现场总线、P-NET 现场总线和 PROFIBUS 现场总线等。图 7-12 为基于现场总线的现场级与车间级自动化监控及信息集成系统。

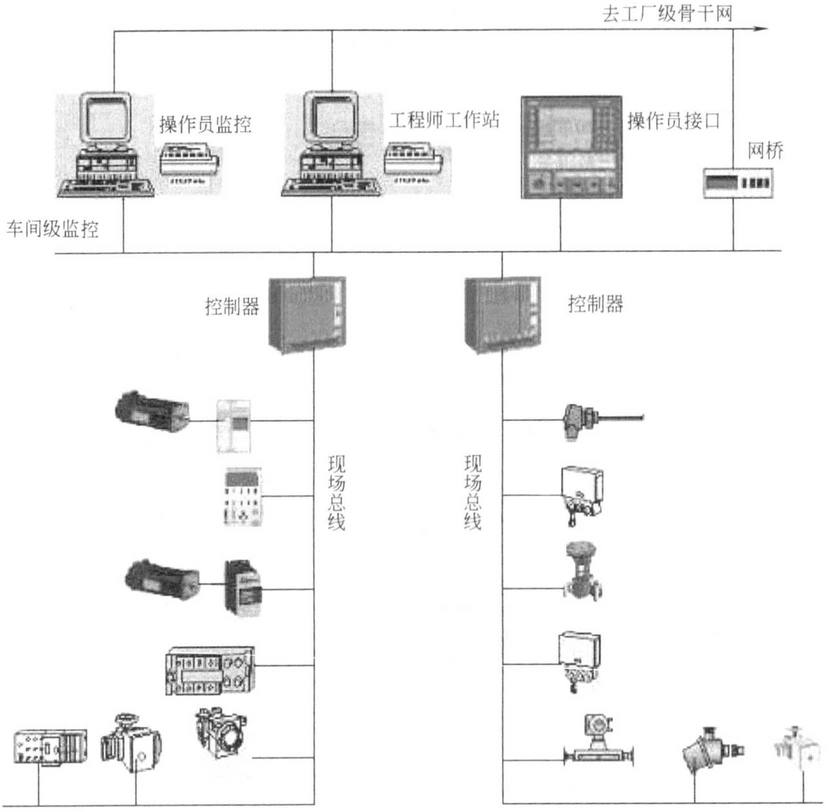

图 7-12　基于现场总线的现场级与车间级自动化监控及信息集成系统

3. PROFIBUS 现场总线技术

PROFIBUS 现场总线技术是随全数字信号系统的发展而产生的，是由德国组织开发的工业现场总线协议标准——PROFIBUS 现场总线标准（DIN19245）。

PROFIBUS 是近年来国际上最为流行的现场总线，也是目前数据传输率最快的一种现场总线（传输率可达 12Mbit/s），因此在很多领域内有广泛的应用。本节重点介绍 PROFIBUS 现场总线。

（1）PROFIBUS 现场总线的主要特点　各种各样的自动控制设备，如可编程序控制器（PLC）、计算机（PC）、执行机构，监视屏甚至传感器和驱动器等，均可通过 PROFIBUS 交换信息。PROFIBUS 是最成功的开放现场总线，它在广泛的领域内得到了应用，其主要特点为：

1）开放性。PROFIBUS 保证不同厂家的产品不需要附加的接口均可互相通信。

2）不依赖生产厂家。为数众多的生产厂家提供优质的 PROFIBUS 产品，用户可自由选择他们最合适的产品。

3）节省硬件和安装费用。减少对硬件成分（I/O，终端块、隔离栅）的依赖，实现更容易、更快捷和低成本的安装。

4）应用广泛。PROFIBUS现场总线技术成熟，它已在众多工业领域（加工业、过程自动化、智能大楼、自动控制等）得到了应用。目前已经有几百家厂商为迅速增大的市场提供产品。

（2）PROFIBUS现场总线的组成　PROFIBUS目前有三种互相兼容的模块构成（如图7-13所示）：PROFIBUS-FMS（通用目的自动化）PROFIBUS-DP（工厂自动化）PROFIBUS-PA（过程自动化）。

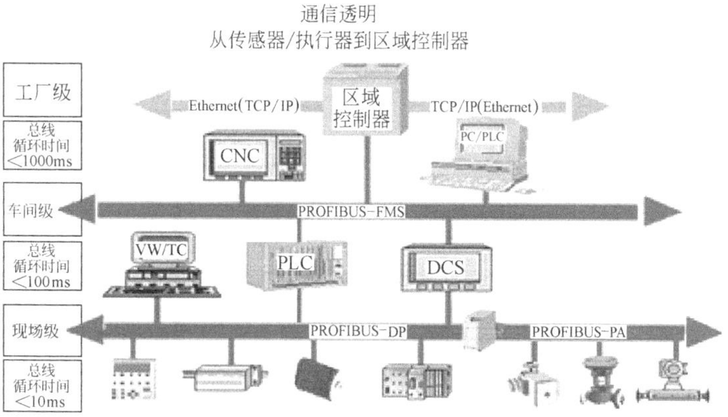

图7-13　PROFIBUS的系统模型

1）PROFIBUS-FMS。在工业现场通信当中，这是最通用的模块，采用多主通信方式，它可提供大量的通信服务，用以完成以中等传输速度进行的循环和非循环的通信任务。

2）PROFIBUS-DP。一种优化过的模块，即插即用，高效廉价，适用于对时间要求严格的场合，而在自动控制系统和外围设备之间进行通信，用以取代价格昂贵的24V/4～20mA并行信号线。

3）PROFIBUS—PA。用于对安全性要求较高的过程自动化场合及由总线供电的站点。

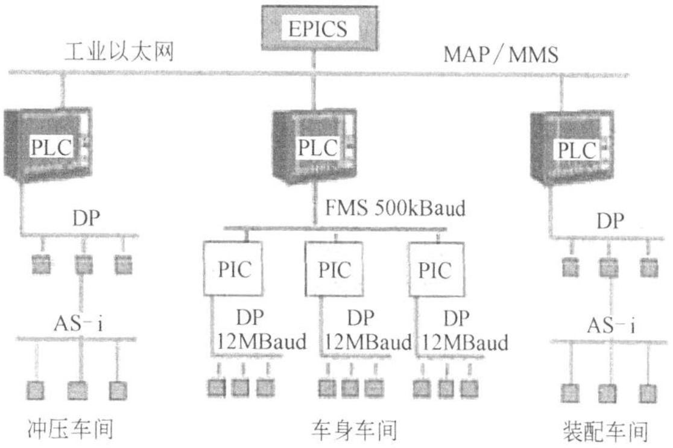

图7-14　Opel工厂的网络结构示意图

（3）PROFIBUS的应用　PROFIBUS应用范围很广，主要涉及到的领域包括：制造业自动化、汽车制造、装瓶系统、仓储系统、楼宇自动化、交通管理自动化、供热、空调系统、过程工业自动化、清洗工厂、化工和石化工厂、造纸和纺织品工厂、电力工业和电力输送、发电厂等。例如，PROFIBUS在德国Bochum的汽车生产厂GM（Opel）中的应用，图7-14为Opel工厂的网络结构示意图。

该厂生产车间采用PROFIBUS总线控制取得了显著效益：

1）对每个车身，PROFIBUS-DP控制机器人处理2000多个焊接操作。

2）PROFIBUS-DP用在组装线上，每天生产1200辆轿车。

3）PROFIBUS-DP 用在冲压车间，每天处理 22000t 钢材。

7.3.2 PROFIBUS 现场总线协议结构

PROFIBUS 协议结构是根据 ISO7498 国际标准，以开放式系统互联网络（OSI）作为参考模型的。该模型共有七层，如图 7-15 所示。

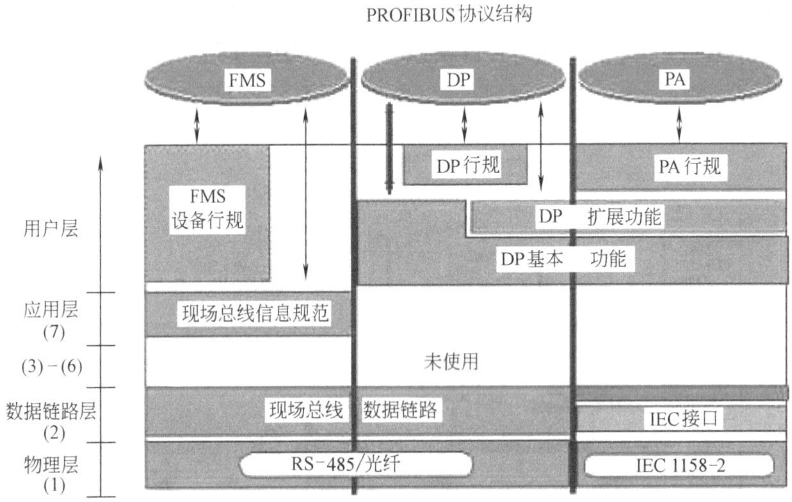

图 7-15 PROFIBUS 协议结构图

（1）PROFIBUS-DP：定义了第一、二层和用户接口。第三到七层未加描述。用户接口规定了用户及系统以及不同设备可调用的应用功能，并详细说明了各种不同 PROFIBUS-DP 设备的设备行为。

（2）PROFIBUS-FMS：定义了第一、二、七层，应用层包括现场总线信息规范（FMS）和低层接口（LLI）。FMS 包括了应用协议并向用户提供了可广泛选用的强有力的通信服务。LLI 协调不同的通信关系并提供不依赖设备的第二层访问接口。

（3）PROFIBUS-PA：PA 的数据传输采用扩展的 PROFIBUS-DP 协议。另外，PA 还描述了现场设备行为的 PA 行规。根据 IEC1158-2 标准，PA 的传输技术可确保其本征安全性，而且可通过总线给现场设备供电。使用连接器可在 DP 上扩展 PA 网络。

7.3.3 PROFIBUS 传输技术

PROFIBUS 提供了三种数据传输类型：

1）基于 PROFIBUS-DP 和 PROFIBUS-FMS 的 RS-485 传输。

2）基于 PA 的 IEC1158-2 传输。

3）光纤。

7.3.4 PROFIBUS 现场总线访问协议

三种 PROFIBUS（DP、FMS、PA）均使用一致的总线访问协议。该协议是通过 OSI 参考模型第二层（数据链路层）来实现的。它包括了保证数据可靠性技术及传输协议和报文处理。

（1）在 PROFIBUS 中，第二层称之为现场总线数据链路层（FDL）。介质存取控制（MAC）具体控制数据传输的程序，MAC 必须确保在任何一个时刻只有一个站点发送数据。

（2）PROFIBUS 协议的设计要满足介质存取控制的两个基本要求：

1）在复杂的自动化系统（主站）间的通信，必须保证在确切限定的时间间隔中，任何一个站点要有足够的时间来完成通信任务。

2）在复杂的程序控制器和简单的 I/O 设备（从站）间通信，应尽可能快速又简单地完成数据的实时传输。

因此，PROFIBUS 总线访问协议主站之间应采用令牌传送方式，主站与从站之间采用主从方式。

（3）令牌传递程序保证每个主站在一个确切规定的时间内得到总线访问权（令牌）。在 PROFIBUS 中，令牌传递仅在各主站之间进行。

（4）主站得到总线存取令牌时可与从站通信。每个主站均可向从站发送或读取信息。因此，可能有三种系统配置：纯主－从系统、纯主－主系统、混合系统。

（5）图 7-16 所示为一个由 3 个主站、7 个从站构成的 PROFIBUS 系统。3 个主站之间构成令牌逻辑环。当某主站得到令牌报文后，该主站可在一定时间内执行主站工作。在这段时间内，它可依照主－从通信关系表与所有从站通信，也可依照主－主通信关系表与所有主站通信。

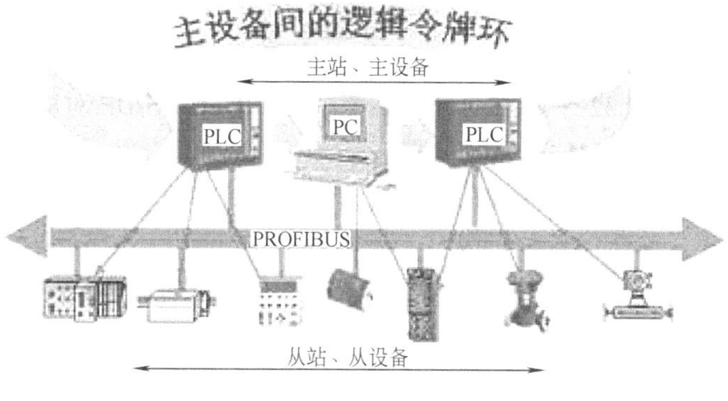

图 7-16　3 个主站、7 个从站构成的 PROFIBUS 系统

（6）在总线系统初建时，主站介质存取控制 MAC 的任务是制定总线上的站点分配并建立逻辑环。在总线运行期间，断电或损坏的主站必须从环中排除，新上电的主站必须加入逻辑环。

（7）第二层的另一重要工作任务是保证数据的可靠性。PROFIBUS 第二层的数据结构格式可保证数据的高度完整性。

（8）PROFIBUS 第二层按照非连接的模式操作，除提供点对点逻辑数据传输外，还提供多点通信，其中包括广播及有选择广播功能。

7.3.5　PROFIBUS-DP 总线

PROFIBUS-DP 用于现场层的高速数据传送。主站周期地读取从站的输入信息并周期地向从站发送输出信息。总线循环时间必须要比主站（PLC）程序循环时间短。除周期性用户数据传输外，PROFIBUS-DP 还提供智能化现场设备所需的非周期性通信，以进行组态、诊断和报警处理。

1. PROFIBUS-DP 的基本功能

1）传输技术：RS-485 双绞线、双线电缆或光缆。波特率从 9.6Kbit/s 到 12Mbit/s。

2）总线存取：各主站间令牌传递，主站与从站间为主－从传送。支持单主或多主系统。总线上最多站点（主－从设备）数为 126。

3）通信：点对点（用户数据传送）或广播（控制指令）。循环主－从用户数据传送和非循环主－主数据传送。

4）运行模式：运行、清除、停止。

5）同步：控制指令允许输入和输出同步。同步模式：输出同步；锁定模式：输入同步。

6）功能：DP 主站和 DP 从站间的循环用户数据传送。各 DP 从站的动态激活和可激活。DP 从站组态的检查。强大的诊断功能，三级诊断信息。输入或输出的同步。通过总线给 DP 从站赋予地址。通过总线对 DP 主站（DPM1）进行配置。每 DP 从站的输入和输出数据最大为 246B。

7）可靠性和保护机制：所有信息的传输按海明距离 HD＝4 进行。DP 从站带看门狗定时。对 DP 从站的输入/输出进行存取保护。DP 主站上带可变定时器的用户数据传送监视。

8）设备类型：第二类 DP 主站（DPM2）是可进行编程、组态、诊断的设备。第一类 DP 主站（DPM1）是中央可编程序控制器，如 PLC、PC 等。DP 从站是带二进制值或模拟量输入输出的驱动器、阀门等。

2. PROFIBUS-DP 基本特征

1）速率：在一个有着 32 个站点的分布系统中，PROFIBUS-DP 对所有站点传送 512 bit/s 输入和 512 bit/s 输出，在 12M bit/s 时只需 1ms。

2）诊断功能：经过扩展的 PROFIBUS-DP 诊断能对故障进行快速定位。诊断信息在总线上传输并由主站采集。诊断信息分三级：

① 本站诊断操作：本站设备的一般操作状态，如温度过高、压力过低。

② 模块诊断操作：一个站点的某具体 I/O 模块故障。

③ 通道诊断操作：一个单独输入/输出位的故障。

3. PROFIBUS-DP 系统配置和设备类型

PROFIBUS-DP 允许构成单主站或多主站系统。在同一总线上最多可连接 126 个站点。系统配置的描述包括：站数、站地址、输入/输出地址、输入/输出数据格式、诊断信息格式及所使用的总线参数。每个 PROFIBUS-DP 系统可包括以下三种不同类型设备：

1）一级 DP 主站（DPM1）：一级 DP 主站是中央控制器，它在预定的信息周期内与分散的站（如 DP 从站）交换信息。

2）二级 DP 主站（DPM2）：二级 DP 主站是编程器、组态设备或操作面板，在 DP 系统组态操作时使用，完成系统操作和监视目的。

3）DP 从站：DP 从站是进行输入和输出信息采集和发送的外围设备（I/O 设备、驱动器、HMI、阀门等）。

图 7-17 所示为单主站系统：在总线系统的运行阶段，只有一个活动主站。

图 7-18 所示为多主站系统：总线上连有多个主站。这些主站与各自从站构成相互独立的子系统。每个子系统包括一个 DPM1、指定的若干从站及可能的 DPM2 设备。任何一个主

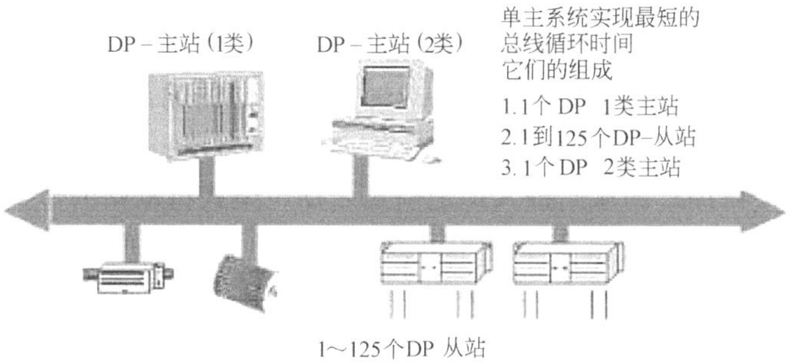

图7-17 单主站系统

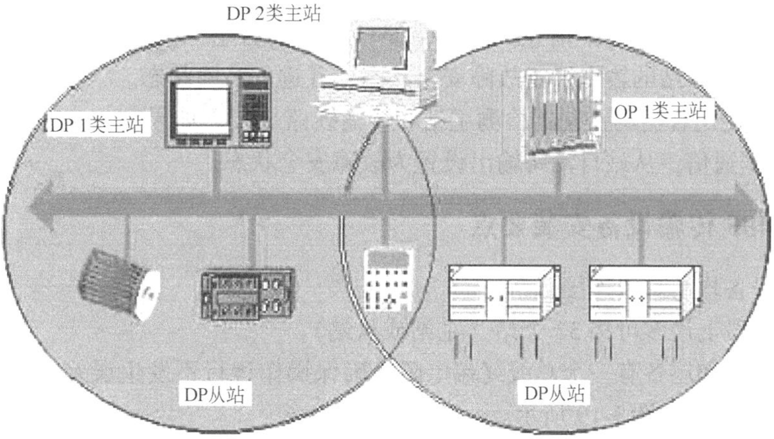

PROFIBUS－DP多主系统的组成：3个主设备(1类或2类)、1～124个DP从站

图7-18 多主站系统

站均可读取DP从站的输入/输出映像，但只有一个DP主站允许对DP从站写入数据。

4. DPM1和DP从站间的循环数据传输

DPM1和相关DP从站之间的用户数据传输是由DPM1按照确定的递归顺序自动进行。在对总线系统进行组态时，用户对DP从站与DPM1的关系作出规定，确定哪些DP从站被纳入信息交换的循环周期，哪些被排斥在外。

DPM1和DP从站间的数据传送分三个阶段：参数设定、组态、数据交换。在参数设定阶段，每个从站将自己的实际组态数据与从DPM1接受到的组态数据进行比较。只有当实际数据与所需的组态数据相匹配时，DP从站才进入用户数据传输阶段。因此，设备类型、数据格式、长度以及输入输出数量必须与实际组态一致。

5. DPM1和系统组态设备间的循环数据传输

除主－从功能外，PROFIBUS-DP允许主－主之间的数据通信，这些功能使组态和诊断设备通过总线对系统进行组态。

6. 同步和锁定模式

除DPM1设备自动执行的用户数据循环传输外，DP主站设备也可向单独的DP从站、一组从站或全体从站同时发送控制命令。这些命令是通过有选择的广播命令发送的。使用这一功能将打开DP从站的同步及锁定模式，用于DP从站的事件控制同步。

主站发送同步命令后，所选的从站进入同步模式。在这种模式中，所编址的从站输出数据锁定在当前状态下。在这之后的用户数据传输周期中，从站存储接收到输出的数据，但它的输出状态保持不变；当接收到下一同步命令时，所存储的输出数据才发送到外围设备上。用户可通过非同步命令退出同步模式。

锁定控制命令使得编址的从站进入锁定模式。锁定模式将从站的输入数据锁定在当前状态下，直到主站发送下一个锁定命令时才可以更新。用户可以通过非锁定命令退出锁定模式。

7. 保护机制

对 DP 主站 DPM1 使用数据控制定时器对从站的数据传输进行监视。每个从站都采用独立的控制定时器。在规定的监视间隔时间中，如数据传输发生差错，定时器就会超时。一旦发生超时，用户就会得到这个信息。如果错误自动反应功能“使能”，DPM1 将脱离操作状态，并将所有关联从站的输出置于故障安全状态，并进入清除状态。

对 DP 从站使用看门狗控制器检测主站和传输线路故障。如果在一定的时间间隔内发现没有主机的数据通信，从站自动将输出设置为故障安全状态。

7.3.6 RS-485 传输设备安装要点

1）全部设备均与总线连接。

2）每个分段上最多可接 32 个站（主站或从站）。

3）每段的头和尾各有一个总线终端电阻，确保操作运行不发生误差。两个总线终端电阻必须始终接电源，如图 7-19 所示。

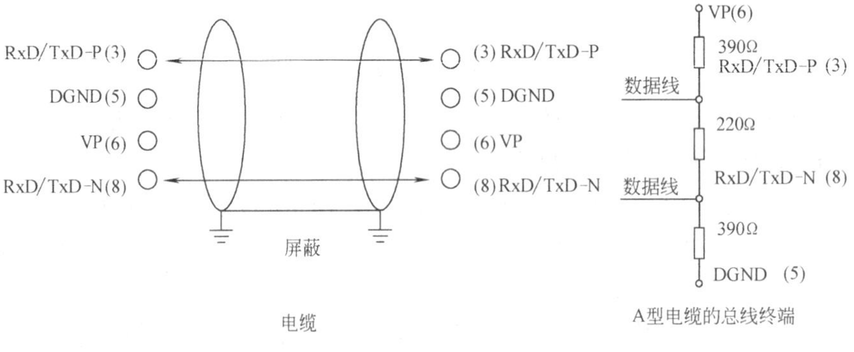

图 7-19 PROFIBUD-DP 和 PROFIBUS-FMS 的电缆接线和总线终端电阻

4）当分段站超过 32 个时，必须使用中继器用以连接各总线段。串联的中继器一般不超过 3 个。见图 7-20 所示。

5）电缆最大长度取决于传输速率。如使用 A 型电缆，则传输速率与长度如下表 7-2 所示。

表 7-2 A 型电缆传输速率与长度对照表

波特率/（kbit/s）	9.6	19.2	93.75	187.5	500	1500	12000
距离/（段/m）	1200	1200	1200	1000	400	200	100

6）A 型电缆参数：阻抗：135-165Ω；电容：<30pF/m；回路电阻：110Ω；线规：0.64mm；导线面积：>0.34mm^2。

7）基于 RS-485 的传输技术的 PROFIBUS 网络，最好使用 9 针 D 形插头，插头针脚定义和接线如图 7-19 所示。

8）当连接各站时，应确保数据线不要拧绞，系统在高电磁发射环境（如汽车制造业）下运行应使用带屏蔽的电缆，屏蔽可提高电磁兼容性（EMC）。

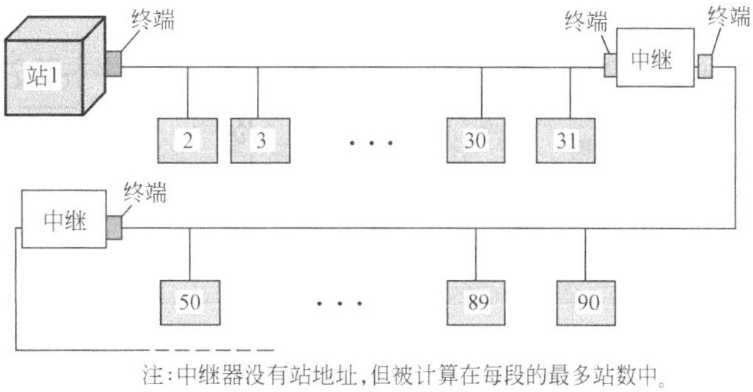

图 7-20　每个分段上最多可接 32 个站（主站或从站）

9）如用屏蔽编织线和屏蔽箔，应在两端与保护接地连接，并通过尽可能的大面积屏蔽接线来覆盖，以保持良好的传导性。另外建议数据线必须与高压线隔离。

10）超过 500Kbit/s 的数据传输速率时应避免使用短截线段，应使用市场上现有的插头，使数据输入和输出电缆直接与插头连接，而且总线插头可在任何时候接通或断开而并不中断其他站的数据通信。

7.4　网络控制系统及 PROFIBUS 总线应用举例

目前，许多工业生产领域同时涉及到多电动机同步控制和 PROFIBUS 总线控制的具体应用情况。本节以钢板横剪生产线电气控制系统的实现为例作一应用介绍。

7.4.1　钢板横剪生产线的组成

近几年，我国钢铁工业的技术发展非常迅速，新设备、新技术不断涌现，控制精度高、自动化程度高、生产效率高、技术先进、易于维护及低投入的钢板横剪生产线是目前国内钢板生产经营企业共同追求的重要设备之一，而生产线的电气控制系统是该设备的指挥中心。因此，技术先进、性能优异的全数字化控制系统对于打破国外公司对我国的技术封锁、提升我国此类设备的技术含量、提高钢铁生产经营企业的高品质板材的产量、降低损耗和减少优质钢板的进口及增加板材出口创汇等都具有十分重要的意义。

该数控横剪生产线控制系统在实现方法上，采用了当今工业自动化控制技术发展方向之一的总线控制——PROFIBUS-DP 网络技术，选择 S7-300 CPU 315-2DP 作为控制核心，TP270 触摸屏为人机交互设备，6RA70 系列直流驱动器为执行设备；在技术实现上解决了多台电动机的同步问题等。

图 7-21 所示为钢板横剪生产线设备分布示意图。该生产线主要由开卷机、粗矫机、齐头剪、过渡架、圆盘剪、活套坑、精矫机、剪板机、输送台和落料架等构成。

7.4.2　钢板横剪生产线电气控制系统实现

1. PROFIBUS 总线控制方案的确定

从图 7-21 可以看出，该钢板横剪生产线具有设备多、距离远、现场分散等实际情况，在控制方案实施过程中，遵循技术先进、控制系统构成简单、性能优越、投资少、运行可

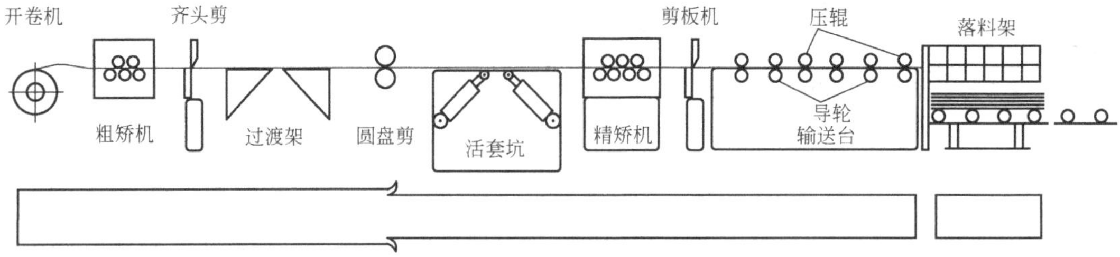

图 7-21　钢板横剪生产线设备分布图

靠、维护方便的原则组织实施。

2. 电气控制系统组成

该数控横剪生产线的控制系统组成情况如下。

通信网络：PROFIBUS-DP。

主站：1 个，主站设备是 PLC（西门子公司 S7-300 CPU315-2DP）。

从站：10 个，从站设备分别为触摸屏 2 个、调速器 4 个、PLC 远程 I/O 端（ET200M）4 个。

该系统结构图如图 7-22 所示。整个控制系统由 12 个主要子系统组成。

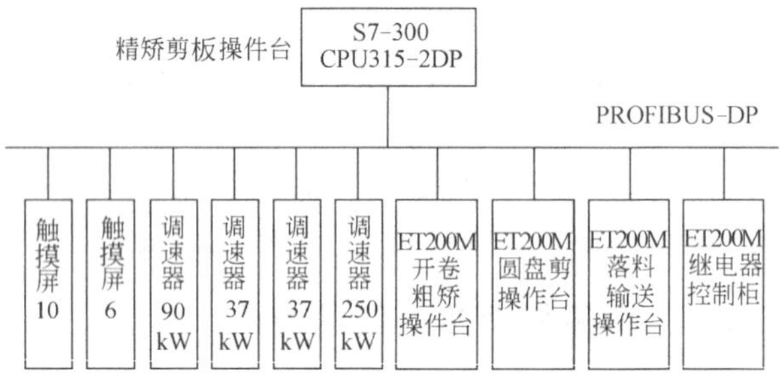

图 7-22　控制系统组成

1）同步传动子系统：系统结构框图如图 7-23 所示，生产工艺要求 $v_1 = v_2 = v_3$。粗矫、圆盘剪和精矫机由三组四台电动机共同拖动同一块钢板，因此要求四台电动机必须是在线速度同步条件下运行，又因为粗矫、圆盘剪和精矫机三组系统与钢板接触的辊径不一样、而要求的力矩也不一样，所以各组的转速比和电动机容量都不一样，对实现同步运行的技术水平和技巧性的要求比较高。

2）钢板自动剪切子系统：当板长接近设定要求时，让四台电动机同时制动，当制动结束时，如果实际板长等于给定板长（误差 ±1mm），剪板机剪切，剪切完毕后四台电动机又同时起动，板长计数器重新开始计数；如果实际板长不等于给定板长（误差大于 ±1mm），剪板机不剪切，等待人工干涉。

3）矫正辊位置自跟踪子系统：无论是粗矫机还是精矫机，当钢板厚度一定时，它们的辊缝就一定，当在触摸屏上输入辊缝高度时，矫正辊自动跟踪到指定高度。如果实际辊缝大于给定辊缝，那么实际辊缝就会自动变小一直到等于给定辊缝为止；如果实际辊缝小于给定辊缝，那么实际辊缝就会自动变大，一直到等于给定辊缝为止。

4）中间桥自动升降子系统：在薄板模式下，当粗矫出现板尾时，中间桥能自动升到活套坑的中部；当剪板机进行找基准剪切板头时，中间桥能自动降到活套坑的底部并且让四台电动机同时起动自动送料。

5）输送台导辊与压辊自动升降子系统：在钢板输送台上有 6 对导辊和压辊，当基准剪切完毕后这 6 对导辊和压辊就会自动旋转，当精矫机送出的钢板接近哪一对导辊和压辊时，

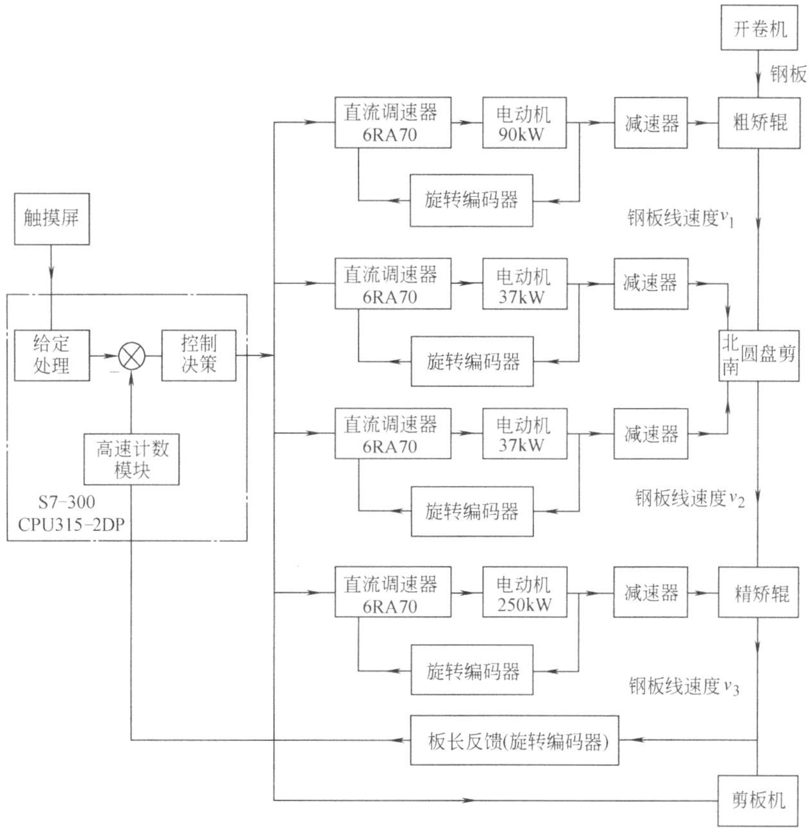

图 7-23 同步控制系统结构图

那一对的压辊就会自动抬起。当剪切完毕后所抬起的压辊同时落下。每剪切一张钢板循环一次。

6）钢板自动落料、落料架自动降落与码垛子系统：当钢板在落料架上方时落料架自动打开使钢板降落到钢板托架，并且钢板托架在每下落一块钢板后能自动降落和码垛一次。

7）废边机自动起动、停止与恒张力卷取控制子系统：当圆盘剪起动时，废边机自动跟随起动，当没有废边时，废边机自动停止。

8）开卷控制子系统：全部都是液压控制，控制过程全部是手动。

9）钢板窜带子系统：在窜带引头时如果连续按住点动按键大于5s，窜带速度提高一倍。

10）齐头剪自动起动停止子系统：当窜带经过圆盘剪后齐头剪自动停止工作以节约电能。

11）液压系统管理系统：由于液压系统自已有压力恒定和自动保温系统，所以我们仅设定压力的大小和温度的高低。

12）系统故障自诊断与操作引导子系统等等。

7.4.3 西门子 S7-300PLC 同 6RA70 系列直流调速器通信实现

该系统中直流调速器通过安装直流调速器附加选件板 ADB 板、LBA 板、通信板 CBP2 板，使直流调速器构成一个 PROFIBUS-DP 从站。这样，就可以在触摸屏上控制电动机起停、正反转、调速以及读取直流调速器工作状态和报警信息等功能。这样节省了直流调速器上需要连接的所有控制线，极大地提高了控制系统的设计水平和可靠性。

1. 通信电路的连接

PROFIBUS 的硬件接口为 D 形九针插头。连接时可采用西门子提供的总线连接器，按图 7-24 接线，并在两端打开终端电阻开关。

图 7-24　通信线路的连接

2. 参数设置

（1）设置调速器参数

在硬件连接完毕后，需要对调速器的以下参数进行设置，以便 CBP 能够正常工作。

1）设置 PPO（参数过程数据对象）类型；

2）设置报文监控时间；

3）设置 CBP 的 PROFIBUS 站点地址；

4）设置 CBP 的参数使能状态；

（2）设置 PLC 参数

1）对 CPU 的 DP 接口进行参数设置，使其能够参数化 CBP；

2）PPO；

3）CBP 站点地址。

3. PROFIBUS 板（CBP2）的启动过程

在槽中的排列顺序决定了能否对调速器进行正确参数化。装在具有低字母槽中的板是第 1 块板，装在具有高字母槽中的板是第 2 块板。第 1 块板通过相应参数的变址 1、第 2 块板通过变址 2 进行参数化。下面介绍重要的通讯参数设置：

1）U712 PPO 型，在报文的参数段和过程数据段中定义为字数（仅在 PPO 型不能通过 PROFIBUS-DP 主站来设定时才需要）。

2）P918 总线地址（即 CPU 在组态时分配给该 CBP2 从站的地址号）

3）U927 参数化使能（即使修改的调速器参数生效）。

4）第 1 块或第 2 块通信板过程数据是通过相应的连接器或开关量连接器来连接。

电子板电源断开后再合上或 U710.001 或 U710.002 置为 0 后，参数 U712，U722 和 P918 的值才能传送到附加板上，即参数才有效。

4. 报文协议

PROFIBUS-DP 主要使用主 - 从方式，通常周期性地与传动装置进行数据交换。对于可变速传动，在 PROFIBUS 结构中，周期型通道 MSCY_C1 的可用数据结构被定义为 PPO，这个通道经常称为标准通道，可用数据结构分成不同两部分且能用报文分别传送：过程数据组（PZD）部分，（包括控制字，设定值，状态字和实际值）；参数部分（PKW - 参数识别值）

用于读、写参数值。

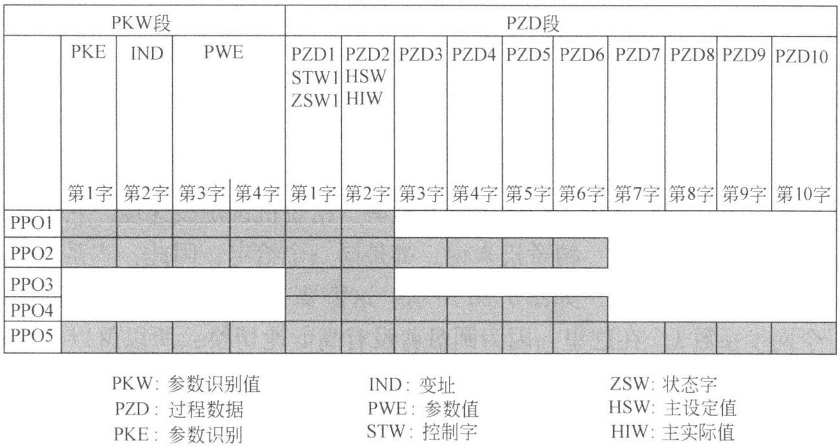

图 7-25 PPO 类型

当总线系统启动时，这种用于 PROFIBUS 主站到寻址传动装置的 PPO 类型可以被选用。选用哪种类型的 PPO（如图 7-25 所示），取决于在自动化网络中传动装置的功能。过程数据在传动系统中总是以最高优先级进行传送和处理。在这里，采用了最简单的 PPO3 型。

5. 诊断手段

CBP2 的 LED 显示（LED 闪烁，表示正常工作）如下：

红色 LED 表示 CBP2 状态；

黄色 LED 表示在 SIMOREG 同 CBP2 间进行通信；

绿色 LED 表示在 CBP2 同 PROFIBUS 间进行通信。

7.4.4 板厚≥8mm（厚板）时系统同步控制

在该数控横剪生产线中，根据生产要求，分为手动运行（穿带）和自动运行两种工作方式。在穿带过程中，线速度很低，约为 6m/min。当钢板进入粗矫机时，粗矫机开始转动；当钢板进入圆盘剪时，粗矫机要跟随圆盘剪正反转；当钢板进入精矫机时，粗矫机、圆盘剪都跟随精矫机正反转。在自动运行方式，又分为厚板和薄板两种模式。在厚板模式下，钢板不走活套坑，粗矫机、圆盘剪都跟随精矫机，要求三部分完全同步。在薄板模式下，钢板走活套坑，活套坑里的三对限位开关起关键作用。这时，只要求粗矫机与圆盘剪完全同步。

在这里以厚板模式为例，结合 7.1 节多台电动机同步理论分析，寻求粗矫机、圆盘剪、精矫机拖动电机同步，即线速度相同的实现方法。

经分析易得，系统中电动机转速与线速度之间的关系式：

$$v = nm\phi\pi$$

式中 v——线速度；

n——电动机转速；

m——齿轮箱转速比；

ϕ——辊径。

分别用 n_1，n_2，n_3 代表粗矫机、圆盘剪、精矫机电动机的转速，当线速度相同时，转

速比为

$$n_1 = \frac{m_2\phi_2}{m_1\phi_1}n_2$$

$$n_3 = \frac{m_2\phi_2}{m_3\phi_3}n_2$$

在实现电动机同步的过程中，遵循便于实现、控制方法简单、满足实际要求的原则。实际操作时，操作工人在触摸屏上给粗矫机、圆盘剪、精矫机设定线速度，它们的值都是一样的，也就是对粗矫机、圆盘剪、精矫机来说，都是同一个给定，因此，本系统采取的是基于同一给定电压的并联运行方法，如图 7-26 所示。这需要在程序中或者在直流调速器中对给定参数乘一个同步系数 k。在这里，因为圆盘剪没有高低速切换，所以就以它为基准，令 $k_2=1$，则

$$k_1 = \frac{m_2\phi_2}{m_1\phi_1}$$

$$k_3 = \frac{m_2\phi_2}{m_3\phi_3}$$

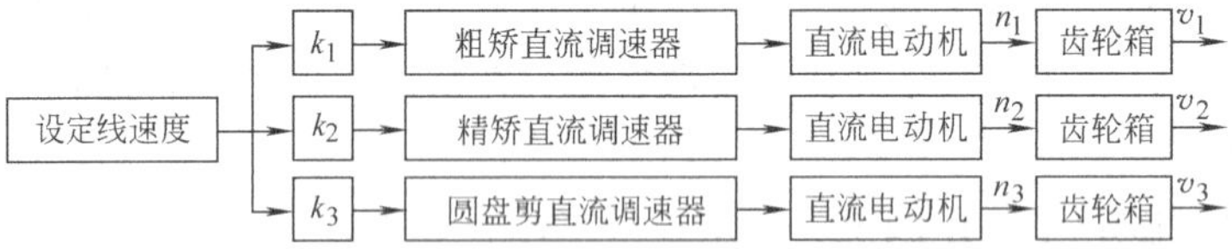

图 7-26 基于同一给定电压的并联运行方法

以上是系统中实现多台电动机同步的基本方法。除此以外，由于电动机功率不同、齿轮转速比不同、辊径不同、阻力矩不同，存在多变量耦合问题，所以带来了电动机起停时的不同步，功率小的电动机起停都较快，功率大的电机起停都较慢。对于此问题，可通过调整调速器输出的上升时间和下降时间来解决，上升时间和下降时间具体设成多少，由试验反复调整获得。

本节分析的钢板横剪生产线控制系统采用了 PROFIBUS 总线控制技术，通过同一给定电压的并联运行方法解决了系统中的多电动机同步问题，获得了良好的控制效果。

本章小结

1. 同步运动控制是指多个轴之间的运动协调控制，可以是多个轴在运动全程中进行同步，也可以是在运动过程中的局部速度同步，主要应用在需要有电子齿轮箱和电子凸轮功能的系统控制中。

2. 同步控制实现的方法有：基于同一给定电压的并联运行方法，基于同一给定电压的串联运行方法，基于补偿原理的控制方法和基于现代控制理论的控制方法等。

3. 常采用的转速检测元件有测速发电机、光电旋转编码器等。数字测速的主要技术指标有：分辨力、测速精度和检测时间。

4. 常用的光电旋转编码器有增量式和绝对式两种。旋转编码器测速的基本原理是由光电式旋转编码器产生与被测转速成正比的脉冲，测速装置将输入脉冲转换为以数字形式表示

的转速值。采用旋转编码器的数字测速方法有：M 法、T 法和 M/T 法三种。

5. 现场总线（Fieldbus）是安装在生产过程区域的现场设备、仪表与控制室内的自动控制装置、系统之间的一种串行、数字式、多点通信的数据总线。

6. PROFIBUS 现场总线具有开放性、不依赖生产厂家、节省硬件和安装费用及应用广泛的特点。它由 PROFIBUS-FMS 、PROFIBUS-DP 、PROFIBUS-PA 三个模块构成。

7. PROFIBUS 协议结构是根据 ISO7498 国际标准，以开放式系统互联网络 SIO 作为参考模型的。PROFIBUS 提供了三种数据传输类型：用于 DP 和 FMS 的 RS-485 传输、用于 PA 的 IEC1158-2 传输和光纤。PROFIBUS 总线访问协议，主站之间采用令牌传送方式，主站与从站之间采用主从方式。

8. PROFIBUS-DP 用于现场层的高速数据传送。PROFIBUS-DP 允许构成单主站或多主站系统。在同一总线上最多可连接 126 个站点。系统配置的描述包括：站数、站地址、输入/输出地址、输入/输出数据格式、诊断信息格式及所使用的总线参数。

习　题

7-1　什么是同步运动控制？

7-2　同步运动控制实现的方法有哪些？

7-3　采用旋转编码器的数字测速方法有哪几种？各有什么特点？

7-4　什么是现场总线技术？

7-5　PROFIBUS 现场总线有什么特点？

7-6　PROFIBUS 现场总线有哪几部分组成？

7-7　简述 PROFIBUS 总线访问协议？

附　　录

附录 A　Simulink/Power System 模块库

A1　Simulink 模型库简介

在 MATLAB 命令窗口给出 Simulink 命令，或单击 MATLAB 工具栏中 Simulink 图标，则可打开 Simulink 模型库窗口，如图 A-1 所示。下面对常用的模块组和模块作一概述。

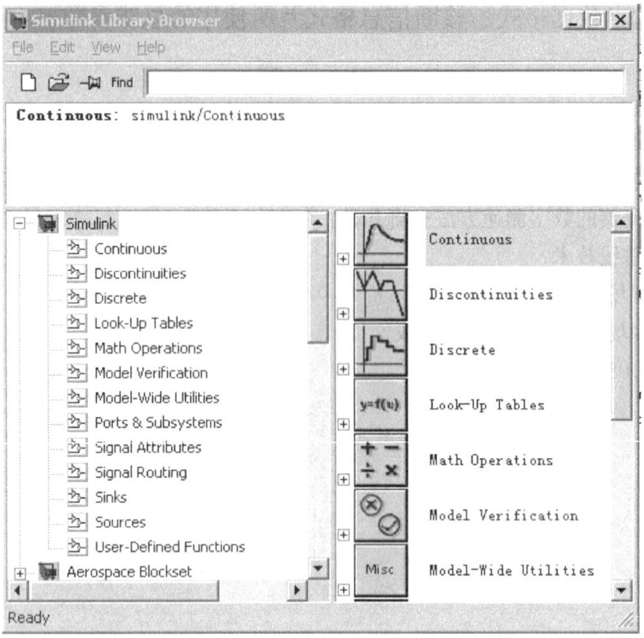

图 A-1　Simulink 模型库界面

1. 连续模块组（Continuous）及其用途

连续模块组包括的主要模块及其图标如图 A-2 所示。表 A-1 列出了这个模块组中所有标准基本模块的名称与用途。

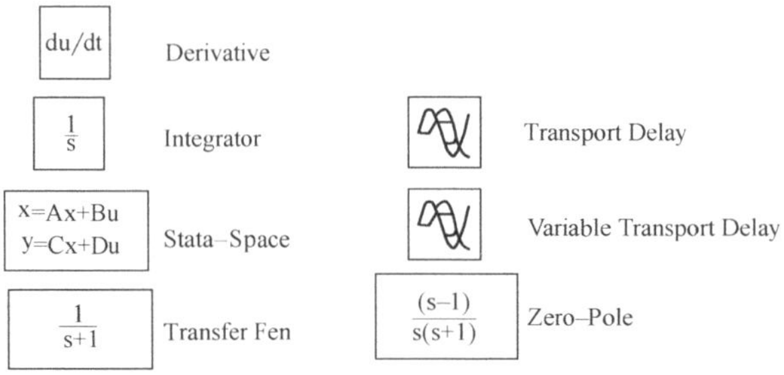

图 A-2　连续模块组

表 A-1　连续模块的名称与用途

模块名称	模块用途	模块名称	模块用途
Derivative	对输入信号进行微分	Transport Delay	对输入信号进行给定量的延迟
Integrator	对输入信号进行积分	Varible Transport Delay	对输入信号进行不定量的延迟
State-Space	建立一个线性状态空间模型		
Transfer Fen	建立一个线性传递函数模型	Zero-Pole	以零—极点形式建立一个传递函数模型

2. 数学运算模块组（Math Operations）及其用途

表 A-2 列出了数学运算模块组中所有标准基本模块的名称与用途。图标如图 A-3 所示。

3. 非线性系统模块组（Discontinuities）及其用途

非线性系统模块组及其图标如图 A-4 所示。表 A-3 列出了这个模块组中所有基本模块的名称与用途。

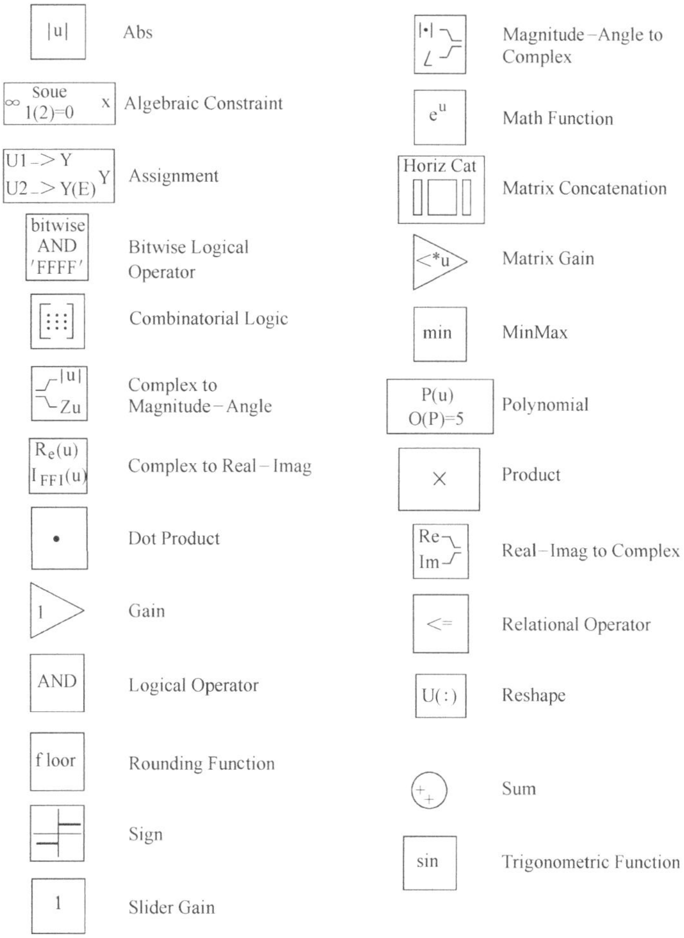

图 A-3　数学运算模块组

表 A-2　数学运算模块的名称与用途

模块名称	模块用途	模块名称	模块用途
Abs	求绝对值或求模（对复数）	MinMax	求极大与极小值
Algebraic Constraint	强制输入信号为零	Product	对输入信号求积或商
Assignment	对信号进行分配	Polynomial	多项式
Combinatorial logic	建立逻辑真值表	Real Imag to Complex	由实部与虚部求复数
Complex to Magnitude – Angle	求复数的幅值与相角	Relational Operator	比较操作符
Complex to Real-Imag	求复数的实部与虚部	Rounding Funtion	取整函数
Dot Product	求点积（内积）	Sign	取输入的正负符号
Gain	对输入信号乘上一个常数增益	Slider Gain	以滑动形式改变增益
Logical Operator	逻辑操作符	Sum	对输入信号求代数和
Magnitude-Angle to Complex	由幅值与相角求复数	Trigonometric Function	三角函数
Math Function	数学运算函数	Bitwise Logical Operator	按位逻辑运算
Matrix Concatenation	矩阵串联器	Reshape	信号维数改变器
Matrix Gain	对输入信号乘上一个矩阵增益		

表 A-3　非线性系统模块的名称与用途

模块名称	模块用途	模块名称	模块用途
Backlash	在输出不变区中，输出不随输入变化而改变；在输出不变区外，输出随输入成正比变化	Quantizer	对输入进行阶梯状量化处理
		Rate Limiter	限制信号的变化速率不超过规定的限制值
Coulomb& Viscous Friction	在原点不连续，在原点以外具有线性增益	Relay	在正负限定值输出的带有滞环的继电特性
Dead Zone	提供一个死区特性	Saturation	对输出信号进行限幅的饱和特性
Hit Crossing	检测输入信号的零交叉点		

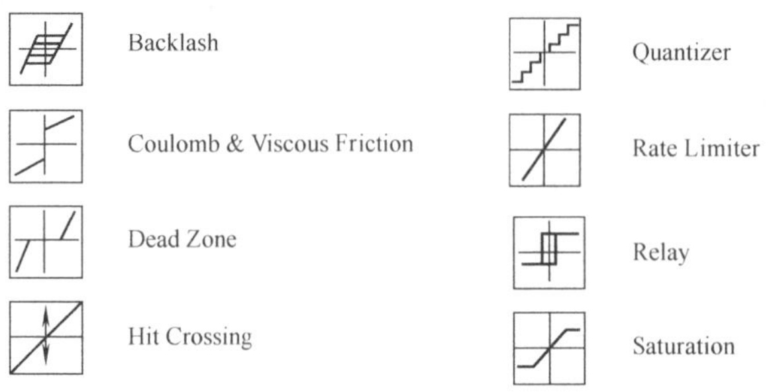

图 A-4　非线性系统模块组

4. 信号与系统模块组（Signal Routing）及其用途

信号与系统模块组及其图标如图 A-5 所示。表 A-4 列出了信号与系统模块组中所有基本模块的名称和用途。

表 A-4　信号与系统模块的名称与用途

模块名称	模块用途	模块名称	模块用途
Bus Creator	由输入产生总线信号	GotoTag Visibility	定义 Goto 模块标记 Tag 的有效范围
Bus Selector	从输入中选择信号	Manual Switch	手动开关
Data Store Memory	为数据存储器定义内存区域	Merge	将输入信号合并为标量输出信号
Data Store Read	从指定的数据存储器中读数据	Multiport Switch	在多输入中选择一个输出
Data Store Write	写数据到指定的数据存储器	Mux	将向量或标量组合成大向量
Demux	将向量分为标量或小向量	Selector	选择输入的元素
From	接受 Tag 标记相同的 Goto 模块的信号	Switch	当第二个输入端信号大于临界值时，输出第一个输入端的信号，否则输出第三个输入端的信号
Goto	将信号输送到标记 Tag 相同的 Form 模块		

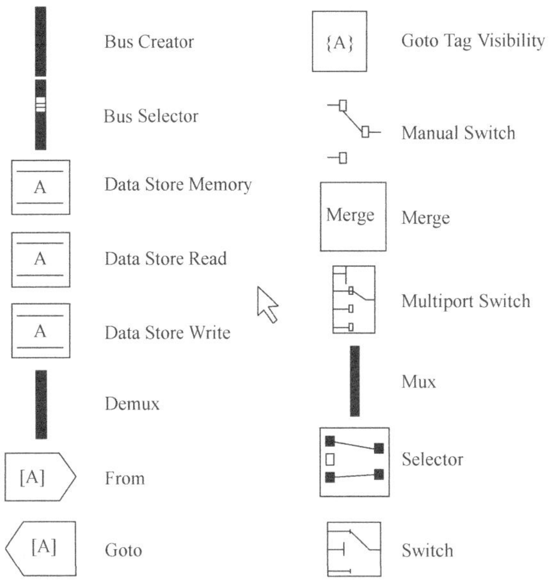

图 A-5　信号与系统模块组

5. 输出模块组（Sinks）及其用途

输出模块组及其图标如图 A-6 所示。表 A-5 列出了这个模块组中所有标准基本模块的名称与用途。

表 A-5　输出模块的名称与用途

模块名称	模块用途	模块名称	模块用途
Display	以数值形式实时显示输入信号	Terminator	中断输出信号
Floating Scope	悬浮信号显示器	To File	把数据输出到文件中
Out1	为子系统或模型提供输出端口	To Workspace	把数据输出到 MATLAB 工作空间
Scope	信号显示器	XY Graph	在 MATLAB 图形窗口显示信号的 X-Y 二维图形
Stop Simulation	当输入不为零时停止仿真		

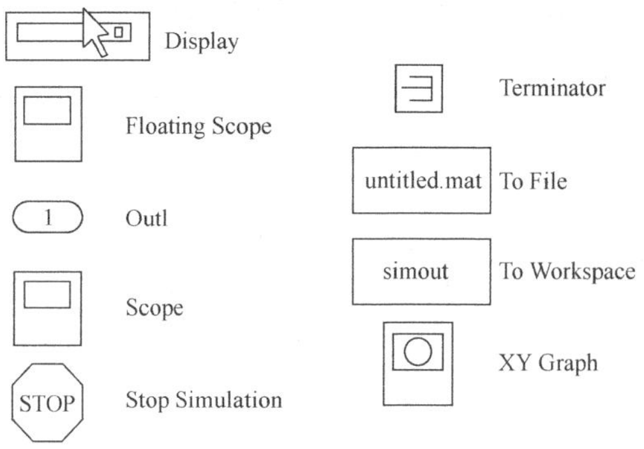

图 A-6　输出模块组

6. 输入源模块组（Sources）及其用途

输入源模块组及其图标如图 A-7 所示。表 A-6 列出输入源模块的名称与用途。

表 A-6　输入源模块的名称与用途

模块名称	模块用途	模块名称	模块用途
Band-Limited White Noise	有限带宽白噪声	Pulse Generator	固定时间间隔的脉冲发生器
Chirp Signal	产生一介输出频率随时间变化的正弦信号	Ramp	线性增加或减小的信号（斜坡信号）
Clock	显示当前仿真时间	Signal Builder	信号产生器
Constant	生成一个常值	Random Number	正态分布的随机信号
Digital Clock	在规定的采样间隔显示当前仿真时间	Repeating Sequence	产生规律重复的线性信号（如锯齿形）
From Workspace	从当前工作空间定义的矩阵中读数据	Signal Generator	产生各种不同的波形
From File	从文件中读数据	Sine Wave	产生一个正弦波
Ground	接地信号	Step	产生一个阶跃函数
In1	为子系统或模型提供输入端口	Uniform Random Number	平均分布的随机信号

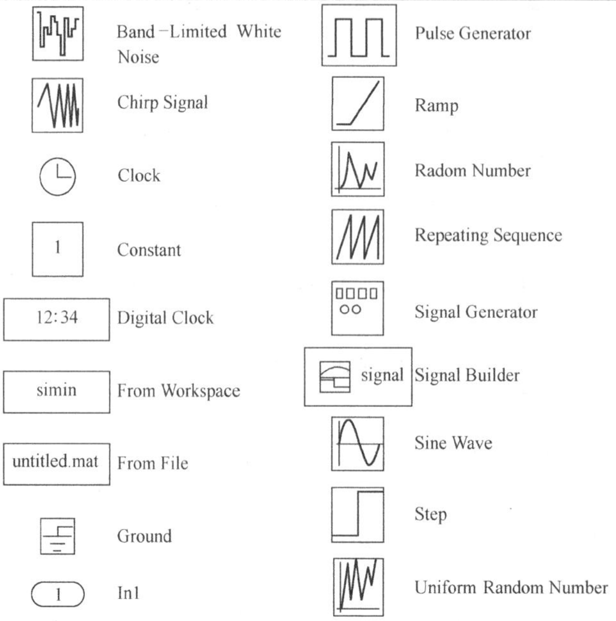

图 A-7　输入源模块组

A2 电力系统（Power System）模块库简介

在 Simulink 模块窗口中，找到“SimPowerSystems”模块库，点击打开，就显示出该模块库中包括的模块和模块组，如图 A-8 所示。读者可根据需要到相应的模块组中找到自己所需要的模块。例如需要电源，点击“Electrical Sources”，就显示出电源模块组，如图 A-9 所示；若需要连接器，点击“Connectors”，就显示出连接器模块，如图 A-10 所示。对于“Simulink Extras”附加模块库使用方法同上，不再赘述。

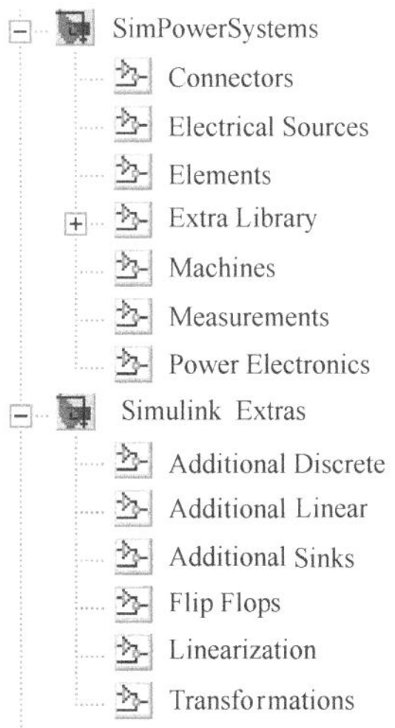

图 A-8 电力系统模块库和附加模块库界树图

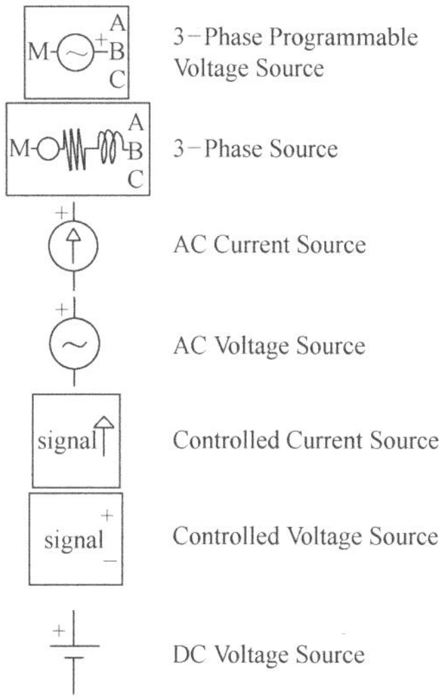

图 A-9 电源模块组

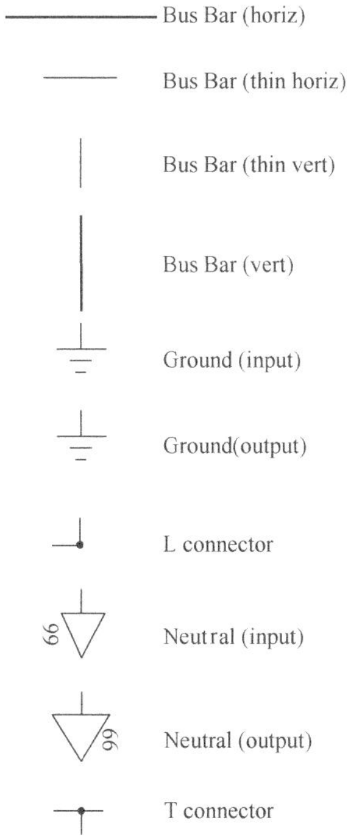

图 A-10 连接器模块组

附录 B　欧陆 590 操作面板菜单系统目录中英文对照

B1　欧陆 590 人机接口（操作面板）树形图式目录中英文对照

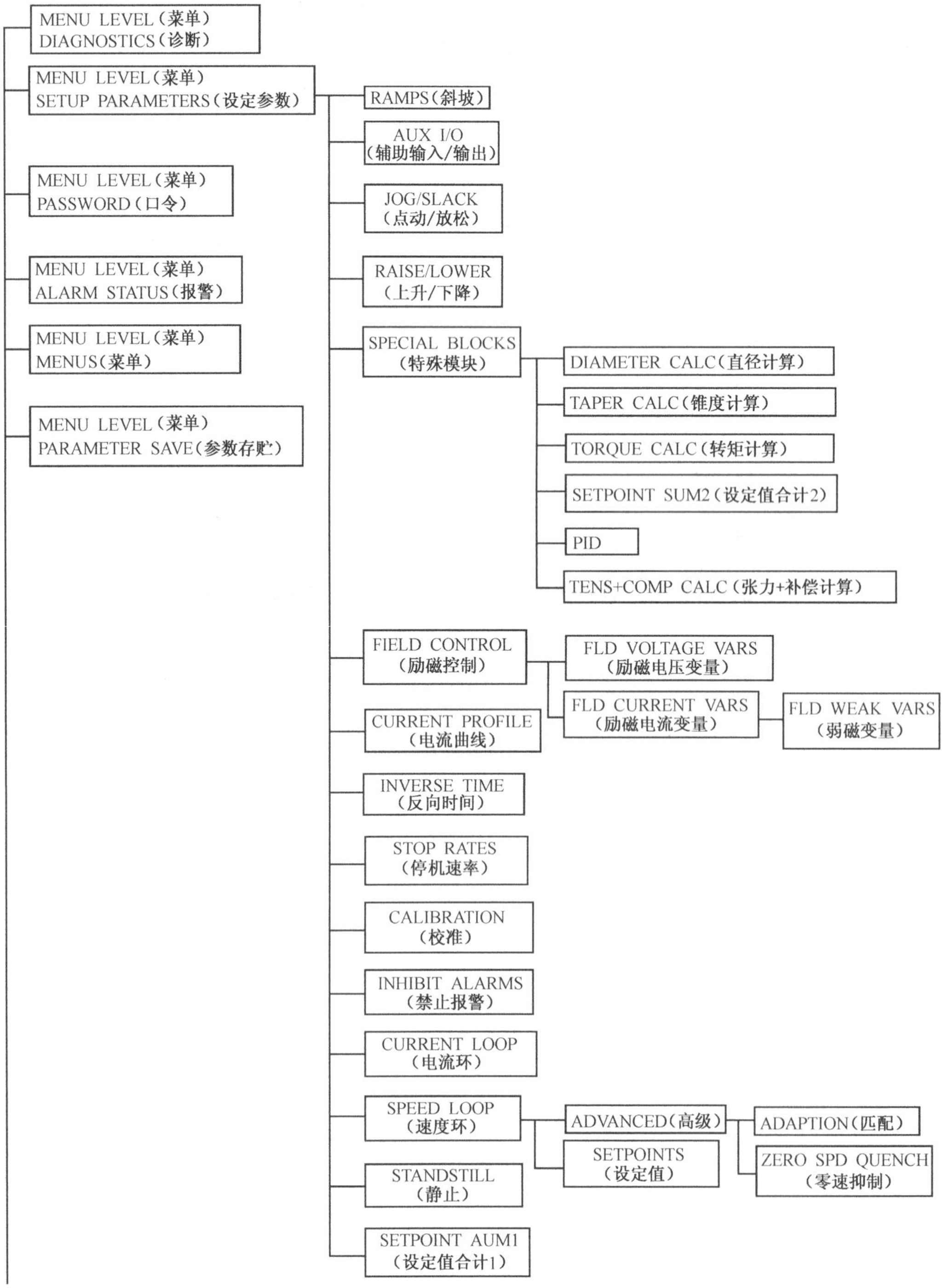

（续）

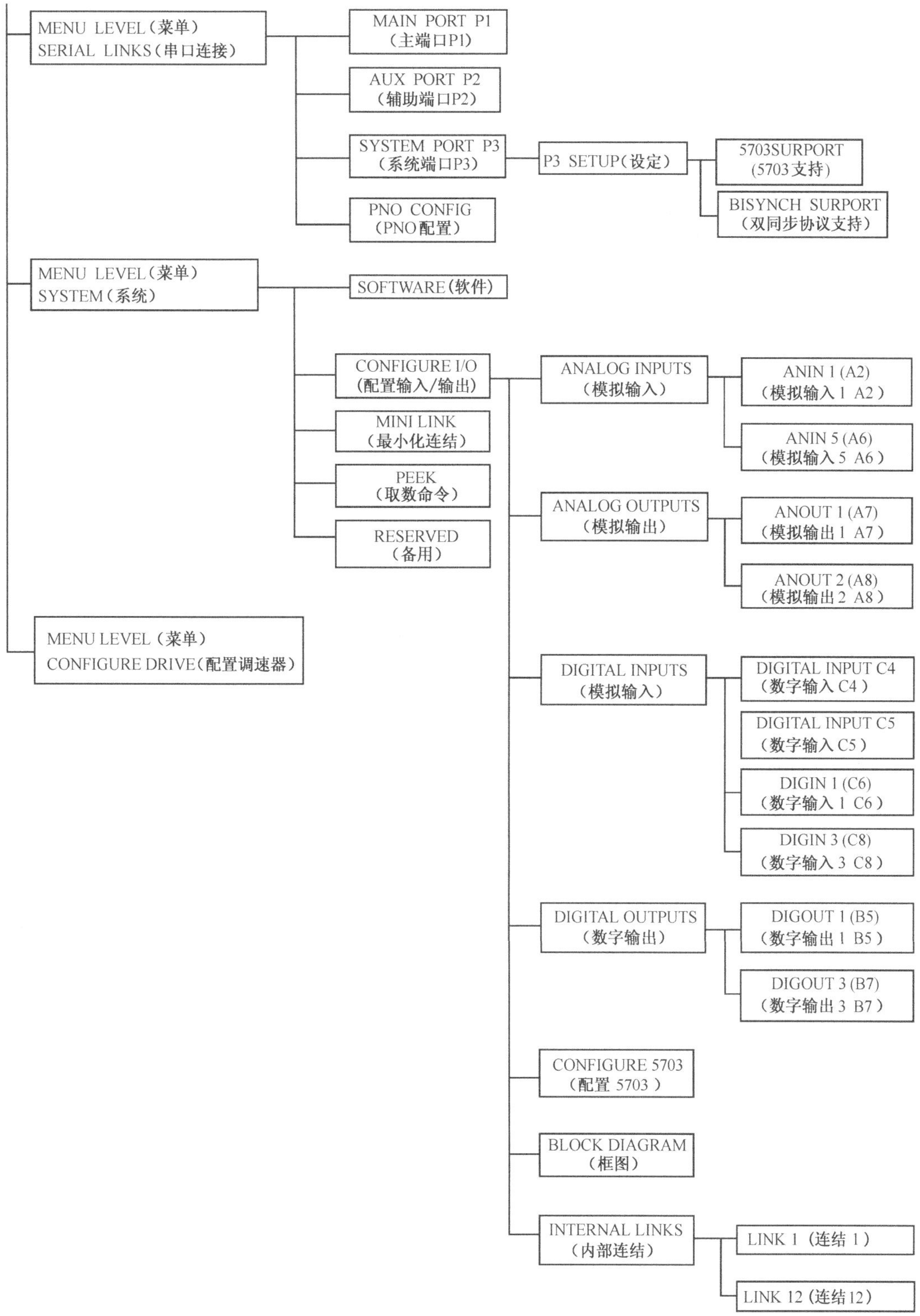
MENU LEVEL（菜单）
SERIAL LINKS（串口连接）
MAIN PORT P1
（主端口P1）
AUX PORT P2
（辅助端口P2）
SYSTEM PORT P3
（系统端口P3）
P3 SETUP（设定）
5703SURPORT
（5703支持）
BISYNCH SURPORT
（双同步协议支持）
PNO CONFIG
（PNO配置）
MENU LEVEL（菜单）
SYSTEM（系统）
SOFTWARE（软件）
CONFIGURE I/O
（配置输入/输出）
MINI LINK
（最小化连结）
PEEK
（取数命令）
RESERVED
（备用）
ANALOG INPUTS
（模拟输入）
ANIN 1 (A2)
（模拟输入 1 A2）
ANIN 5 (A6)
（模拟输入 5 A6）
ANALOG OUTPUTS
（模拟输出）
ANOUT 1 (A7)
（模拟输出 1 A7）
ANOUT 2 (A8)
（模拟输出 2 A8）
MENU LEVEL（菜单）
CONFIGURE DRIVE（配置调速器）
DIGITAL INPUTS
（模拟输入）
DIGITAL INPUT C4
（数字输入 C4）
DIGITAL INPUT C5
（数字输入 C5）
DIGIN 1 (C6)
（数字输入 1 C6）
DIGIN 3 (C8)
（数字输入 3 C8）
DIGITAL OUTPUTS
（数字输出）
DIGOUT 1 (B5)
（数字输出 1 B5）
DIGOUT 3 (B7)
（数字输出 3 B7）
CONFIGURE 5703
（配置 5703）
BLOCK DIAGRAM
（框图）
INTERNAL LINKS
（内部连结）
LINK 1（连结 1）
LINK 12（连结 12）

B2 欧陆 590 人机接口（操作面板）菜单式目录中英文对照

诊断 DIAGNOSTICS

速度给定 SPEED DEMAND [89]
速度反馈 SPEED FEEDBACK [207]
速度偏差 SPEED ERROR [297]
电流给定 CURRENT DEMAND [299]
电流反馈 CURRENT FEEDBACK [298]
正电流箝位 POS I CLAMP [87]
负电流箝位 NEG I CLAMP [88]
有效正电流极限 ACTUAL POS I LIM [67]
有效负电流极限 ACTUAL NEG I LIM [61]
反向时间输出 INVERSE TIME O/P [203]
处于电流限幅 AT CURRENT LIMIT [42]
处于零速 AT ZERO SPEED [77]
处于零设定值 AT ZERO SETPOINT [78]
处于静止 AT STANDSTILL [79]
堵转跳闸 STALL TRIP [112]
斜坡 RAMPING [113]
程序停机 PROGRAMME STOP [80]
传动起动 DRIVE START [82]
传动允许 DRIVE ENABLE [84]
操作方式 OPERATING MODE [212]
励磁允许 FIELD ENABLE [169]
励磁给定 FIELD DEMAND [183]
励磁电流反馈 FIELD I FBK [300]
励磁触发角 FLD FIRING ANGLE [184]
模拟输入 1（A2） ANIN 1（A2） [50]
模拟输入 2（A3） ANIN 2（A3） [51]
模拟输入 3（A4） ANIN 3（A4） [52]
模拟输入 4（A5） ANIN 4（A5） [53]
模拟输入 5（A6） ANIN 4（A6） [54]
模拟输出 1（A7） ANOUT 1（A7） [55]
模拟输出 2（A8） ANOUT 2（A8） [56]
起动（C3） START（C3） [68]
微动输入（C4） DIGITAL INPUT（C4） [69]
启动（C5） DIGITAL INPUT（C5） [70]
数字输入 1（C6） DIGIN 1（C6） [71]
数字输入 2（C7） DIGIN 2（C7） [72]
数字输入 3（C8） DIGIN 3（C8） [73]
数字输出 1（B5） DIEOUT 1（B5） [74]
数字输出 2（B6） DIEOUT 2（B6） [75]
数字输出 3（B7） DIEOUT 3（B7） [76]
上升/下降输出 RAISE/LOWER O/P [264]
PID 输出 PID OUTPUT [41]
设定值合计 1 输出 SPT SUM 1 OUTPUT [86]
斜坡输出 RAMP OUTPUT [85]
速度设定值 SPEED SETPOINT [63]
端电压 TERMINAL VOLTS [57]
反电动势 BACK EMF [60]
测速输入（B2） TACH INPUT（B2） [308]
编码器 ENCODER [206]

设定参数（SETUP PARAMETERS）

斜坡 RAMPS

斜坡加速时间 RAMP ACCEL TIME [2]
斜坡减速时间 RAMP DECEL TIME [3]
恒加速 CONSTANT ACCEL [4]
斜坡保持 RAMP HOLD [118]
斜坡输入 RAMP INPUT [5]
S 斜坡百分数 % S-RAMP [266]
斜坡阀值 RAMPING THRESH [286]
自动复位 AUTO RESET [287]
外部复位 EXTERNAL RESET [288]
复位值 RESET VALUE [422]
最小速度 MIN SPEED [126]

辅助输入/输出 AUX I/O

辅助起动 AUX START [161]
辅助点动 AUX JOG [227]
辅助允许 AUX ENABLE [168]
辅助数字输出 1 AUX DIGOUT 1 [94]
辅助数字输出 2 AUX DIGOUT 2 [95]
辅助数字输出 3 AUX DIGOUT 3 [96]
模拟输出 1 ANOUT 1 [128]
模拟输出 2 ANOUT 2 [129]

点动/慢动 JOG/SLACK

点动速度 1 JOG SPEED 1 [218]
点动速度 2 JOG SPEED 2 [219]
拉紧 1 TAKE UP 1 [253]
拉紧 2 TAKE UP 2 [254]
爬行速度 CRAWL SPEED [225]

（续）

方式　MODE	[228]
斜坡速率　RAMP　RATE	[355]
上升/下降 RAISE/LOWER	
复位值　RESET　VALUE	[255]
增加速率　INCREASE　RATE	[256]
减少速率　DECREASE　RATE	[257]
上升输入　RAISE　INPUT	[261]
降低输入　LOWER　INPUT	[262]
最小值　MIN　VALUE	[258]
外部复位　EXTERNAL　RESET	[307]
专用模块　SPECIAL　BLOOK	
直径计算　DIAMETER　CALC.	
线速度　LINE　SPEED	[424]
卷筒速度　REEL　SPEED	[437]
最小直径　MIN　DIAMETER	[425]
最小速度　MIN　SPEED	[426]
复位值　RESET　VALUE	[462]
外部复位　EXTERNAL　RESET	[463]
斜坡速率　RAMP　RATE	[453]
直径　DIAMETER	[427]
锥度计算　TAPER　CALC	
锥度　TAPER	[438]
张力设定值　TENSION　SPT	[439]
锥度给定　TAMPERED　DEMAND	[452]
张力修整　TENSION　TRIM	[440]
总张力给定　TOT. TENS. DEMAND	[441]
转矩计算　TORQUE　CALC.	
转矩给定　TORQUE　DEMAND	[432]
张力使能　TENSTON　ENABLE	[433]
过卷　OVER　WIND	[434]
设定值全计 2　SETPOINT　SUM 2	
输入 2　INPUT 2	[445]
输入 1　INPUT 1	[443]
输入 0　INPUT 0	[444]
比率 1　RATIO 1	[446]
比率 0　RATIO 0	[447]
除数 1　DIVIDER 1	[466]
除数 0　DIVIDER 0	[448]
极限　LIMIT	[449]
设定值合计 2 输出　SET　SUM　OUTPUT	[451]
PID	
比例增益　PROP. GAIN.	[404]
积分时间常数　INT. TIME　CONST.	[402]
微分时间常数　DERIVATIVE　TC	[401]
正极限　POSITIVE　LIMIT	[405]
负极限　NEGATIVE　LIMIT	[406]
输出换算值（修整）　O/P　SCALER（TRIM）	[407]
输入 1　INPUT 1	[410]
输入 2　INPUT 2	[411]
比率 1　RATIO 1	[412]
比率 2　RATIO 2	[413]
除数 1　DIVIDER 1	[418]
除数 2　DIVIDER 2	[414]
使能　ENABLE	[408]
积分失效　INT. DEFEAT	[409]
滤波器时间常数　FILTER　T. C.	[403]
方式　MODE	[473]
最小分布增益　MIN　PROFILE　GAIN	[474]
分布增益　PROFILE　GAIN	[475]
励磁控制　FIELD　CONTROL	
励磁启动　FIELD　ENABLE	[170]
励磁控制方式　FLD　CTRL　MODE	[209]
励磁电压变量　FLD　VOLTAGE　VARS	
输出输入比率　RATIO　OUT/IN	[210]
励磁电流变量　FLD　CURRENT　VARS	
设定值　SETPOINT	[171]
比例增益　PROP. GAIN	[173]
积分增益　INT. GAIN	[172]
磁场弱磁变量　FLD. WEAK　ENABLE VARS	
磁场弱磁启动　FLD. WEAK　ENABLE	[174]
电动势超前项　EMFLEAD	[175]
电动势滞后项　EMFLAG	[176]
电动势增益　EMF　GAIN	[177]
最小励磁电流　MIN　FLD　CURRENT	[179]
最大电压　MAX　VOLTS	[178]
反向电动势反馈超前　BEMF　FBK　LEAD	[191]
反向电动势反馈滞后　BEMF　FBK　LAG	[192]
励磁中止延时　FLD　QUENCH　DELAY	[185]
励磁中止方式　FLD. QUENCH　MODE	[168]
电流曲线　CURRENT　PROFILE	
速度中断点 1（低）　SPD. BRK　1（LOW）	[32]

（续）

速度中断点 2（高） SPD. BRK 2（HIGH）[31]
最大电流断点 1（SPD1） IMAX BRK 1（SPD1）[93]
最大电流断点 2（SPD2） IMAX BRK 2（SPD1）[33]
反向时间 INVERSE TIME
最终值 AIMING PONT [204]
延时 DELAY [199]
速率 RATE [200]
停机速率 STOP RATES
停机时间 STOP TIME [27]
停机极限 STOP LIMIT [217]
接触器延时 CONTACTOR DELAY [302]
程序停机时间 PROG STOP TIME [26]
程序停机极限 PROG STOP LIMIT [216]
程序停机电流极限 PROG STOP I LIM [91]
停机零速 STOP ZERO SPEED [29]
校准 CALIBATION
电枢电压校准 ARMATURE V CAL. [20]
IR 补偿 IR COMPENSATION [21]
编码器 转/分 ENCODER RPM [22]
编码器线 ENCODER LINES [24]
模拟测速仪校准 ANALOG TACH CAL [23]
零速偏置 ZERO SPD. OFFSET [10]
电枢电流（A9） ARMATURE I（A9）[25]
速度反馈报警电平 SPD FBK ALMLEVEI [180]
堵转阀值 STALL THRESHOLD [263]
堵转跳闸延时 STALL TRIP DELAY [224]
超速电平 OVER SPEED LEVEL [188]
励磁电流校准 FIELD I CAL. [182]
禁止报警 INHIBIT ALARMS
励磁故障 FIELD FAIL [19]
5703RCV（接收）误差 5703 RCV ERROR [111]
堵转跳闸 STALL TRIP [28]
跳闸复位 TRIP RESET [305]
速度反馈报警 SPEED FBK ALARM [81]
编码器报警 ENCODER ALARM [92]
电流环 CURRENT LOOP
电流限幅定标 CUR. LIMT/SCALER [15]
主电流极限 MAIN CURR. LIMIT [421]
比例增益 PROP. GAIN [16]
自动调谐 AUTOTUNE [18]
前馈 FEED FORWARD [136]
积分增益 INT. GAIN [17]
断续点 DISCONTINUOUS [137]
附加给定 ADDITIONAL DEM [30]
双极箝位 BIPOLAR CLAMPS [90]
REGEN（再生）方式 REGEN MODE [201]
POS. I（正电流）箝位 POS. I CLAMP [301]
NEG. I（负电流）箝位 NEG. I CLAMP [48]
电流给定隔离 IDMD. ISOLATE [119]
速度环 SPEED LOOP
比例增益 PROP. GAIN [14]
积分时间常数 INT. TIME CONST. [13]
积分失效 INT. DEFEAT [202]
编码器符号 ENCODER SIGN [49]
速度反馈选择 SPEED FBK SELECT [47]
电枢电压反馈 ARM VOLTS FBK
模拟测速机反馈 ANALOG TACH FBK
编码器反馈 ENCODER
模/编组合反馈 ENCODER/ANALOG
先进自适应功能 ADVANCED
方式 MODE [268]
速度中断点 1（低） SPD BRK 1（LOW）[269]
速度中断点 2（高） SPD BRK 2（HIGH）[270]
比例增益 PROP. GAIN [271]
积分时间常数 INT. TIME CONST. [272]
斜坡电流增益 I GAIN IN RAMP [274]
位置环 P 增益 POS. LOOP P GAIN [273]
零速抑制 ZERO SPD. QUENCH
零速电平 ZERO SPD. LEVEL [284]
零电流电平 ZERO I LEVEL [285]
设定值 SETPOINTS
设定点 1 SETPOINT 1 [289]
符号 2（A3） SIGN 2（A3）[9]
比率 2（A3） RATIO 2（A3）[7]
设定点 2（A3） SETPOINT 2（A3）[290]
设定点 3 SETPOINT 3 [291]
设定点 4 SETPOINT 4 [41]
最大给定 MAX DEMAND [357]
最小给定 MIN DEMAND [358]

（续）

静止 STANDSTILL	
静止逻辑 STANDSTILL LOGIC	[11]
零阀值 ZERO THRESHOLD	[12]
源标记号 SOURCE TAG	[306]
设定值合计 1 SETPOINT SUM 1	
比率 1 RATIO 1	[6]
比率 0 RATIO 0	[208]
符号 1 SIGN 1	[8]
符号 0 SIGN 0	[292]
除法器 1 DIVIDER 1	[419]
除法器 0 DIVIDER 0	[420]
“死区”（非灵敏区）宽度 DEADBAND WIDTH	[131]
极限 LIMIT	[357]
输入 2 INPUT 2	[423]
输入 1 INPUT 1	[100]
输入 0 INPUT 0	[309]
口令 PASSWORD	
输入口令 ENTER PASSWORD	[120]
改变口令 CHANGE PASSWORD	[121]
报警状态 INHIBIT ALARMS	
正常字 HEALTH WORD	[115]
正常存储器 HEALTH STORE	[116]
菜单 MENUS	
全菜单 FULL MENUS	[37]
菜单延时 MENU DELAY	[38]
语言 LANGUAGE	
参数存放 PARAMETER SAVE	
串行线路 SERIAL LINKS	
主端口（P1） MAIN PORT（P1）	
串行线路启动 SRLLINK ENABLE	[146]
组标识符（GID） GROUP ID（GID）	[138]
单元标识符（UID） UNIT ID（UID）	[139]
ASCII/二进制 PROTOCOL	[148]
波特率 BAUD RATE	[150]
改变带（BIN） CHANGE EBAND（BIN）	[144]
出错报告 ERROR REPORT	[158]
参数号 7 PNO. 7	[142]
奇偶校验 PARITY	[334]
辅助端口（P2） AUX PORT（P2）	
串行线路启动 SRL LINK ENABLE	[147]
组标识符（GID） GROUP ID（GID）	[140]
单元标识符（UID） UNIT ID（UID）	[141]
ASCII/二进制 PROTOCOL	[149]
波特率 BAUD RATE	[151]
ESP 支持（ASCII） ESP SUP.（ASCII）	[153]
改变带（BIN） CHANGEBAND（BIN）	[145]
出错报告 ERROR REPORT	[159]
参数号 7 PNO. 7	[143]
系统端口（P3） SYSTEM PORT P3	
P3 设定 P3 SETUP	
方式 MODE	[130]
5703 支持 5703 SURPORT	
设定值比率 SETPT. RATIO	[132]
设定值符号 SETPT. SIGN	[133]
5703 输入 5703 INPUT	[187]
5703 输出 5703 OUTPUT	[189]
双同步支持 BISYNCH SURPORT	
组标识符（GID） GROUP ID（GID）	[329]
单元标识符（UID） UNIT ID（UID）	[330]
ESP 支持（ASCII） ESP SUR.（ASCII）	[328]
改变带（BIN） CHANGEBAND（BIN）	[331]
出错报告 ERROR RERORT	[332]
参数号 7 PNO. 7	[333]
P3 波特率 P3 BAUD RATE	[198]
转存人机接口 P3 DUMP MMI→P3	
从 PC 机输入数据 UDP XFER←P3	
把数据存到 PC UDP XFER→P3	
参数号配置 PNO CONFIG	
参数号 112 PNO 112	[312]
参数号 113 PNO 113	[313]
⋮	⋮
参数号 127 PNO 127	[327]
系统 SYSTEM	
软件 SOFTWARE	
配置输入输出 CONFIGURE I/O	
配置启动 CONFIGURE ENABLE	[39]
模拟输入 ANALOG INPUTS	
模拟输入 1（A2） ANIN 1（A2）	
校准 CALIBRATION	[230]
最大值 MAX VALUE	[231]
最小值 MIN VALUE	[232]

（续）

目的标记　DESTINATION　TAG　[246]
模拟输入2（A3）　ANIN　2（A3）
校准　CALIBRATION　[233]
最大值　MAX　VALUE　[234]
最小值　MIN　VALUE　[235]
模拟输入3（A4）　ANIN　3（A4）
校准　CALIBRATION　[236]
最大值　MAX　VALUE　[237]
最小值　MIN　VALUE　[238]
目的标记　DESTINATION　TAG　[249]
模拟输入4（A5）　ANIN　4（A5）
校准　CALIBRATION　[239]
最大值　MAX　VALUE　[240]
最小值　MIN　VALUE　[241]
目的标记　DESTINATION　TAG　[250]
模拟输入5（A6）　ANIN　5（A6）
校准　CALIBRATION　[242]
最大值　MAX　VALUE　[243]
最小值　MIN　VALUE　[244]
目的标记　DESTINATION　TAG　[247]
模拟输出　ANALOG　OUTPUTS
模拟输出1（A7）　ANOUT　1（A7）
得到10VR百分数　%TO　GET　10V　[245]
模数　MODULUS　[362]
PLL比率　PLL　PROR　[276]
P　PLL　INT　[277]
滤波器时间常数　FILTER T. C.　[386]
电枢终端停止　ARM　ENDSTOP　[279]
扫描时间常数　SCAN　TC　[283]
HF　C/O磁盘增益　HF　C/O　DISC GAIN　[280]
HF　C/O滤波器时间常数　HF　C/O FELTER　TC　[281]
反向电动势阀值　BEMF　THRESHOLD　[282]
模拟偏置IP　ANALOG　IP　OFFSET　[265]
同步偏置　SYNC　OFFSET　[388]
di/dt　[205]
禁止平均反馈　DISABLE　MEAN　FBK　[355]
转换偏置　CHANGEOVER　BIAS　[366]
备用励磁　STANDBY　FIELD　[471]
3-相励磁　3-PHASE　FIELD　[476]
浏览　PEEK
浏览数据　PEEK　DATA　[123]
浏览换算　PEEK　SCALE　[124]
微型连接　mini　LINK
数值1　VALUE　1　[339]
数值2　VALUE　2　[340]
⋮　⋮
数值7　VALUE　7　[345]
数值8　VALUE　8　[379]
⋮　⋮
数值14　VALUE　14　[385]
逻辑1　LOGIC　1　[346]
逻辑2　LOGIC　2　[347]
⋮　⋮
逻辑8　LOGIC　8　[352]

参考文献

[1] 陈伯时 . 电力拖动自动控制系统［M］. 2 版 . 北京：机械工业出版社，2000.

[2] 陈伯时 . 电力拖动自动控制系统——运动控制系统［M］. 北京：机械工业出版社，2003.

[3] 王兆安，黄俊 . 电力电子技术［M］. 北京：机械工业出版社，2000.

[4] 王君艳 . 交流调速［M］. 北京：高等教育出版社，2003.

[5] 冯垛生，邓则名 . 电力拖动自动控制系统［M］. 广州：广东高等教育出版社，1998.

[6] 李华生 . 交流调速控制系统［M］. 北京：电子工业出版社，2003.

[7] 刘竞成 . 交流调速系统［M］. 上海：上海交通大学出版社，1994.

[8] 张燕宾 . SPWM 变频调速应用技术［M］. 北京：机械工业出版社，2002.

[9] 陈伯时，陈敏逊 . 交流调速系统［M］. 北京：机械工业出版社，1998.

[10] 吴忠智，吴加林 . 变频器应用手册［M］. 北京：机械工业出版社，2001.

[11] 周渊深 . 交直流调速系统与 MATLAB 仿真［M］. 北京：中国电力出版社，2003.

[12] 浣喜明，姚为正 . 电力电子技术［M］. 北京：高等教育出版社，2004.

[13] 李良仁 . 变频调速技术与应用［M］. 北京：电子工业出版社，2004.

[14] 宋书中 . 交流调速系统［M］. 北京：机械工业出版社，1999.

[15] 李礼贤 . 电力拖动于控制［M］. 北京：机械工业出版社，1995.

[16] 郭宗仁，吴亦锋，郭永 . 可编程序控制器应用系统设计及通信网络技术［M］. 北京：人民邮电出版社，2000.

[17] 黄忠霖 . 控制系统 MATLAB 计算及仿真［M］. 北京：国防工业出版社，2001.

[18] 魏克新，王云亮，陈志敏 . MATLAB 语言与自动控制系统设计［M］. 北京：机械工业出版社，1997.

[19] 张瑞丰 . 精通 MATLAB6. 5［M］. 北京：中国水利水电出版社，2004.

[20] 阳宪惠 . 现场总线技术及其应用［M］. 北京：清华大学出版社，1999.

[21] 孟红莉 . 基于 Profibus-DP 现场总线技术的 6SE70 变频器群控系统［J］. 自动化技术 . 2002，31（3）.

[22] 范俭 . 关于双机传动机械系统定速比控制及同步控制的研究［D］. 沈阳：东北大学，1993.

[23] 王金榜，李振中，杨长安，等 . 数字锁相环直流多电机拖动电轴同步系统的实验研究［J］. 电气传动，1990，20（1）：12－18.

[24] 吴慎言，高建会 . 模型参考自适应控制应用在多电机同步拖动中的初步研究［J］. 电气自动化，1989，11（1）：17－19.

[25] 于海生，韩达生 . 多电机同步传动微机控制装置的研制［J］. 青岛大学学报，1999，14（1）：41－44.

[26] 杨同辉 . 自适应模糊控制在多电机协调中的应用［D］. 广州：华南理工大学，1997.

[27] 童调生 . 多台直流电动机同步协调运转的最优控制［J］. 电工技术学报，1987，2（1）：42－47.

[28] 刘福才，张学莲 . 基于补偿原理多电机同步协调运转的内模控制［J］. 电气传动，2002，32（3）：23－25.

[29] 刘福才，张学莲 . 多级电机同步驱动系统的内模控制［J］. 基础自动化，2002，9（1）：16－18.

[30] 韩绍坤，张立华 . 多电机传动系统的典型功能模块及控制算法分析［J］. 电机与控制学报，1999，3（4）：255－257.

[31] 黄毅群 . 多电机并联运行控制系统的仿真研究［D］. 武汉：华中理工大学，1998.

[32] 孟红莉 . 基于 Profibus－DP 现场总线技术的 6SE70 变频器群控系统［J］. 自动化技术 . 2002，

31 (3) .

[33] 赵德安，赵不贿，刘星桥，等. 一种基于 PLC 和 Profibus – DP 总线的张力自适应控制系统 [J] . 信息与控制 . 2002，31 (2) .

[34] 曾毅，张明，孙晓军. 变频调速控制系统的设计与维护 [M] . 济南：山东科学技术出版社 . 1999 年 .

[35] 张井岗，曾建湖，孙志毅. 直流电动机调速系统的内模控制 [J] . 电机与控制学报，1998，2 (6)：126 – 128.

[36] 舒迪前. 预测控制系统及其应用 [M] . 北京：机械工业出版社，1998.